[新版 zsh & bash 対応]

macOS
×コマンド入門

ターミナルとコマンドライン、基本の力

西村 めぐみ [著]
Nishimura Megumi

新居 雅行 [技術監修]
Nii Masayuki

技術評論社

> 本書は『[基礎知識＋リファレンス] macOSコマンド入門——ターミナルとコマンドライン、基本の力』(西村めぐみ著、新居雅行技術監修、技術評論社、2017)を元に、大幅な加筆/修正、目次構成の変更、最新情報へのアップデートを行ったものです。

本書に記載された内容は、情報の提供のみを目的としております。したがって、本書を参考にした運用は必ずご自身の責任と判断において行ってください。

本書記載の内容に基づく運用結果について、著者、ソフトウェアの開発元/提供元、株式会社技術評論社は一切の責任を負いかねますので、あらかじめご了承ください。

本書に記載されている情報は、とくに断りがない限り、2020年3月時点での情報に基づいています。ご使用時には変更されている場合がありますので、ご注意ください。

本書に登場する会社名、製品名は一般に各社の登録商標または商標です。本文中では、™、©、®マークなどは表示しておりません。

本書に寄せて　macOSとコマンドの話

　本書を手に取られた方の中には、本書のタイトルにある「コマンド」(*command*)って何のことだろうと思っている方もいらっしゃるでしょう。一般的な意味での「命令」かと言うと、間違いではないのですが、パソコンのある種の使い方を総称して「コマンド」と呼ぶのが一般的です。コマンドを利用してパソコンを操作できることを知らない方が相対的には増えているようにも思います。

　現在のスマホ(*smartphone*)が登場して十余年、スマホを持っているのが当たり前となる一方、一般の人たちの中でのパソコンの立ち位置は大きく変化しました。昔は家庭にパソコンがあったものの、最近だとオフィスや会社にはあるが持っていないという方も増えてきています。スマホのコンテンツ制作やシステム開発などを支えているのはパソコンなので、なくなることはあり得ないのですが、パソコンが身近だった時代は遠い昔になってしまった感があります。

　MacやAppleのファンは今でもたくさんいますし、実用的な意味でMacを使っている人もたくさんいます。多くの方は、使い勝手の良い点やデザイン性からMacを選択するのが傾向です。もちろん、それでほぼ100％のことができてしまいます。しかしながら、Macでは「コマンド」を使って操作するという世界があるのです。本書を読むことで、そういう世界をまったく知らない方でも、コマンドがどんなもので、どんな用途に使えるのかを理解していただけるでしょう。

　操作そのものや、具体的な個別の機能は本書を読んでいただくとして、コマンドがどのような場面で使われていて、学習すると何が得られるのかについてここでは説明しましょう。まず、コマンドを知っている人としては、プログラム開発やネットワークなどのエンジニアということになります。彼らは一般人と差別化するためだけにコマンドを習得しているわけではなく、コマンドだと早く作業を進められることや、通常の利用方法では大変なことやできないようなシステムの深い部分の作業ができること、そしてまとめて作業ができることが使っている大きな理由です。

　しかしながら、エンジニアしか利用価値がない、あるいは習得できないというわけではありません。もちろん、エンジニアと同じモチベーションで学習することは非常に良いことです。

　一方で、コンピュータを少しでも深く理解するきっかけがほしい方にとっては、コマンドはとても良い題材になります。通常の利用環境は、美しいグラフィックスで必要なものしか見えなくすることで使い勝手を高めています。一方、コマンドの世界は素のコンピュータが垣間見れるという意味では、今まで見たことないようなファイルがあって、それがMac全体の動作に関係していることなど、いろいろな発見があるはずです。ただし、あまりに素なので、最初は取り掛かるのが大変かもしれません。はじめて使うとまず何をすればいいか、まったくわからないと思います

が、それが普通です。はじめて取り組む方が何をすればいいのかをお伝えするのが本書の立ち位置であると思ってみてください。少しずつ、簡単なところから、習得しましょう。Macにこんな側面があったのかと思われると思いますが、複雑なコンピュータの裏側を垣間見ることができるとすれば、興味を持っていただけるのではないかと思います。

　コマンドを知れば、サーバで使われているようなLinuxはもちろんのこと、Windowsの使い方に関しても新たな知見が得られるでしょう。macOSとLinuxは本書でも紹介されていますが、コマンドはよく似ています。Windowsのコマンドは以前は独特でありそれは今でもありますが、Linuxなどに近いコマンドで作業する動作も最近では可能になっています。このように、コマンドはMacを取り巻く世界だけのしくみではなく、コンピュータ一般の世界での一つの体系でもあります。

　本書でコマンドの世界に興味を持っていただき、Macをより効果的に活用できるようになることを願っています。

2020年3月　新居 雅行

Column

「Mac」と「macOS」について

　Appleは「Mac」と総称される製品を製造/販売する唯一の会社です。過去に他社から販売された経緯がありますが、ここ20年以上は単独一社の製品です。発売当初はMacintosh（マッキントッシュ）だったのですが、その頃から愛称として使われていたMacが現在では商品名になっています。一方、Macで稼働する基本ソフトウェア（稼働するための必須の基盤となるソフトウェア）の名称が現在はmacOS（マックオーエス）となっていますが、90年代中頃はMac OS（マックオーエス）、21世紀になる頃はMac OS X（マックオーエステン）と呼ばれていました。

　このあたりから「Mac」は何を指すのかはかなり曖昧になってきているのですが、これもハードとソフトが一体化した製品であることを暗に印象づけるAppleのマーケティングの巧妙さが見え隠れする部分でもあります。かくして、Macはプラットフォーム全般からハードウェア、あるいはファンそのものを指すなど極めてコンテキスト依存な単語となりました。

まえがき　使える道具を増やす

本書は、macOSのコマンドを知り、活用していくための解説書です。コマンドによる操作に興味を持ち、使ってみたいと思っている方、あるいは何らかの必要に迫られてコマンドを使いこなせるようになりたいという方を対象としています。

コンピュータの操作をキーボードからの文字入力によって操作する、そのときに使うのがコマンドです。macOSはほとんどのことがGUI（*Graphical User Interface*、画面上のアイコン等で操作するインターフェイス）で行えるようになっていますが、たまに「これはコマンドじゃないとできない」という操作があったり、「これはGUIでやるよりコマンドで行う方がずっと速くて正確だ」という操作があったりします。コマンドを日常的に使用する人は「コマンドでないとできないこと」に加えて、「コマンドの方が楽にできること」をコマンド操作で行っています。

もちろん、GUIの方が楽な作業もたくさんあります。コマンドでできることはすべてコマンドでやらないといけない、ということはありません。その都度、使いやすい方を選べば良いのです。この「両方使える」というのがポイントです。使える道具が増えるのです。コマンドによる操作という今までと異なる道具を手にすることで、コマンドならではの操作ができるようになるだけではなく、新しい発想が生まれて「macOSでできること」がさらに増えることでしょう。

本書の執筆にあたり、新居雅行氏に多くのご助言をいただきました。幅広くかつ深い知識と、歴史を知る方からの言葉を頂戴できるのは大変心強いことでした。ここに感謝の意を記させていただきます。

本書では、初学者向けに動作内容がわかりやすいコマンドを中心に取り上げる一方で、コマンド実行に必要なOS関連の基礎知識、マニュアルの読み方やコマンドの調べ方など、応用力の元となる知識の解説に力を入れました。また、今回の新版ではmacOS Catalina（10.15）からデフォルトシェルとなったzshと、それまでのデフォルトシェルで広くUnix系OSで定番のbashに対応しました。巻末附録にコマンドラインの活用例として、Python環境の構築（Homebrewとpyenv）やRaspberry Piのセットアップ（SSHとVNC経由の操作環境まで）を紹介しています。

本書を通じて、macOSの、さらにはコンピュータの新たな世界が少しでも広がればと思っています。コマンドラインを知ることで見えてくる世界を感じていただければ幸いです。

2020年3月　西村 めぐみ

本書の構成

各章の概要は以下のとおりです。

第1章　[入門]macOSとコマンドライン

「コマンド」を入力する場所や入力した内容のことを「コマンドライン」と言います。ここではコマンドラインがどのようなものかを少しだけ試しているほか、コマンドの使い方を理解する上で役立つ知識として、macOSの成り立ちや歴史、Unix系OSとの関係について簡単に紹介しています。

第2章　ターミナルとFinderの基本

コマンド入力に使用するアプリケーションである「ターミナル」の設定や、普段見ている「フォルダ」がターミナルではどのように見えるかなどを確認する章です。後半のFinderとターミナルを連携させる方法は、コマンド入力に少し親しんだら、改めて読み返してみてください。

第3章　シェル&コマンドラインの基礎

コマンドラインの基礎部分を取り上げた章です。入力に楽をする方法やコマンドの組み合わせ方などを扱います。最後に、macOSを操作する上で重要な意味を持つroot（ユーザ）についても解説しています。第3章までを把握すれば、コマンドラインの日常的な利用ができるようになるでしょう。

第4章　ファイルシステム

そもそもファイルシステムとは何か、どのような用語が使われているか、また、macOS Catalina（10.15）で新しく取り入れられたシステムはコマンドラインからはどのように見えるか、などを解説しています。

第5章　ファイル&ディレクトリの探検

コマンドによるファイルやディレクトリの操作について扱います。普段Finderで操作しているようなことが、コマンドラインでできるようになるでしょう。実際に試せるように、テスト用のファイルを作成していますのでぜひ同じコマンドを入力してみてください。

第6章　ファイルの属性とパーミッション

ファイルやディレクトリについてさらに理解を深めるための章です。ファイルの所有者や更新日時などの情報をどのように確認するか、あるいは、読み書き可能などの許可をどのように設定するか、また、ファイルを探したり圧縮したりといった操作についても扱います。

第7章　シェルの世界[zsh/bash対応]

ファイルの操作を通じてコマンドラインに慣れてきたら、シェルについてもう少し詳しく学習してみましょう。macOS Catalina（10.15）から標準シェルとなったzshと、これまでの標準シェルであるbashについて、まずは共通の操作について、次にそれぞれの環境設定について解説します。

第8章　テキスト処理とフィルター

　コマンドラインの得意分野であるテキスト処理の章です。まずは表示に関するコマンド、続いて並べ替えや置換などの簡単な加工を扱い、最後に高度なテキスト処理としてgrepと正規表現、sed、awk、vi(vim)コマンドを扱います。

第9章　プロセスとコマンドの関係

　プロセス関連のコマンドによってmacOSで現在何が行われているかを調べ、シグナルによって実行中のプロセスに対して働きかける方法を扱います。また、ジョブコントロールやシステムを再起動する方法なども取り上げています。

第10章　システムとネットワーク

　システム全体の情報とネットワーク、そしてシステムのメンテナンスについての章です。これらの項目は、macOSでは基本的にGUIで操作しますが、コマンド操作に置き換えることで使い勝手が向上するかもしれません。

第11章　Homebrew×パッケージ管理

　Homebrewはソフトウェアのインストールやアップデートなどを安全に効率良く行う「パッケージ管理システム」の一つです。パッケージ管理システムの役割と、Homebrewの具体的な利用方法を紹介します。

Appendix A　[基本コマンド&オプション]クイックリファレンス

　本編で登場したコマンドを中心に、便利なコマンドの基本の使い方と主要オプションを紹介しています。本編での登場ページも掲載していますので、あわせて参考にしてみてください。

Appendix B　コマンドラインで広がる世界

　最後に、おもにパーソナルユースを想定し、コマンドラインを実際に使う具体例を2つ取り上げています。B.1節はHomebrewとpyenvによるPython環境の構築です。Pythonを使いたい人にはもちろん、Pythonを使う予定がなくても、シンボリックリンクやシェルの設定がどのように働いているかを見ていくことで、これまで見てきたさまざまな設定や操作への理解が深まります。B.2節は小型のシングルボードコンピュータ「Raspberry Pi」の環境をmacOSで構築し、macOSから操作しています。コマンドラインであればさまざまな操作ができること、Unix系OSであれば、macOS以外のPCも同じように操作できることが実感できるでしょう。

本書で取り上げるコマンドや扱わない内容について

　本書では、コマンドにはじめて接する方々に向けて、ファイル操作やテキスト操作を主軸とした基本的なコマンドおよび学習しやすいコマンドを中心に取り上げています。また、実行例として示している内容は、個人用のマシンを想定しています。サーバ管理などで用いるコマンドは解説していません。

本書の読者対象および想定する前提知識

　本書は「macOSでコマンドを使ってみたい方」を対象としています。また、はじめてコマンドラインに取り組む方を想定していますが、macOSそのものの入門書ではないため、ある程度の基本操作ができる方を対象としています。

- macOSを使っている人
- ほかのOSに親しんでいて、これからmacOSを始める人

「基本操作ができる」とは、たとえば以下の操作ができる方を想定しています。

- [アプリケーション]フォルダ内の[ユーティリティ]にある[ターミナル]を起動する
- [システム環境設定]を開く
- 各アプリケーションの[環境設定]メニューを開く
- 日本語入力モードのON/OFFを切り替える

　パソコンやmacOSそのものの各種基本事項については、本書の範囲を超えるため説明を行っていません。別途参考書などを参照してください。
　なお、本書では初学者の方々を想定し、注釈や参照ページが多めに付してありますが、基本的に飛ばしてかまいません。気になったときだけ参照してみてください。

動作確認環境について

　動作確認はmacOS Catalina (10.15)で行っています。本書で取り上げているコマンドの多くは、macOS Mojave (10.14)以前のバージョンにも収録されていますが、実際に使用する際には各コマンドのマニュアルやヘルプもあわせて確認してください。マニュアルやヘルプの確認方法は、3.3節「コマンドの基礎知識」で解説を行っています。

本書の読み方　各種実行例やユーザ名、テスト用ファイル、削除時の注意点

　第1章〜第3章は、とくに基本事項を重点的に扱っています。各コマンドは見本どおりに入力して試せるようになっています。

　実行例では、よく使われるオプションやファイルの指定を掲載しています。「dir1」「dir2」などはディレクトリ名、「file1」「file2」などはファイル名を表しています。拡張子がある方が理解しやすい箇所については「file1.txt」のように示しています。

　実行結果などで表示されるファイルやフォルダの内容は、実行する環境やインストールされているアプリケーションなどの影響で異なることがあります。

　コマンドを実行しているユーザの名前（アカウント名、次ページを参照）として「nishi」を使用しています。実行例と同じ内容を試す場合、nishi部分は自分のアカウント名に置き換えて実行してください。また、nishi(自分自身)以外のユーザとして「minami」も使用しています。

　第5章および7.2節では、実行例をそのまま試せるように、実行サンプルの中でテスト用のファイルやディレクトリを作成しています。これらのファイルは各コマンドの項で試したらすぐに削除してかまいません。テスト用のファイルはデスクトップに作成しているので、コマンド操作に慣れていない方はFinderで削除しても差し支えありません。**コマンドラインでのファイル削除**はFinderのように「ゴミ箱」は使用されず、**すぐに削除される**ので慎重に操作してください。

本書の補足情報

　本書の補足情報は、以下より辿ることができます。

URL https://gihyo.jp/book/2020/978-4-297-11225-7/

[基礎知識]macOSの「アカウント名」と本書で扱う「ユーザ名」について

macOSでは基本的に、[システム環境設定]-[ユーザとグループ]でユーザの作成を行います(図a)。その際、[アカウント名]と[フルネーム]を設定します(図a❹)。コマンドラインで「ユーザ名」として扱われるのはこの[アカウント名]で、ホームフォルダ(ホームディレクトリ)の名前としても使用されます。本書では「ユーザ名」という呼び方で統一して解説しています。

なお、[フルネーム]には仮名や漢字も使用できますが、[アカウント名]は半角の英数字および「_」(アンダースコア)に限られます。

図a [システム環境設定]-[ユーザとグループ]

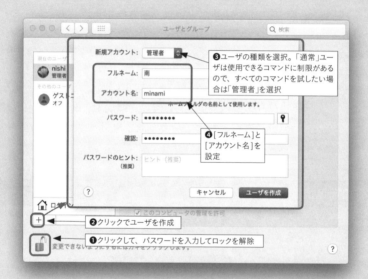

●──テスト用ユーザ作成のススメ

コマンドを試すにあたり、事前に「テスト用ユーザ」を作っておくことをお勧めします。図a❸で「管理者」を選択して、テスト用ユーザを作成しておきましょう。テスト用ユーザならば、デスクトップにあるファイルをまとめて削除するような操作も気軽に試すことができます。「管理者」としているのは、管理者でないと試せないコマンドがあるためです。ちなみに、macOSでは、たとえ「管理者」でもシステムの起動に必要なファイルなどは簡単に削除できないようになっています。

なお、コマンドラインの場合はdsclコマンド(*directory service command line utility*)で

ユーザの追加なども行うことができますが[注a]、macOSでの標準的なユーザ環境を確実に作れるよう、[システム環境設定]メニューの使用をお勧めします。

● ── ユーザの種類

macOSでユーザの新規作成を行う場合、特別な理由がなければ、[新規アカウント]でユーザのタイプとして「管理者」または「通常」を選択します[注b]。「管理者」はアプリケーションのインストールやユーザの追加、システム環境設定の変更などを行うことができるユーザです。macOSをインストールする際に最初に作ったユーザは「管理者」となります。

「通常」のユーザは自分用のアプリケーションを追加したり自分専用の設定を変更することはできますが、ほかのユーザも使用できるアプリケーションのインストールやシステム環境設定の変更を行うことはできません。

すでに作成されているユーザの場合、[システム環境設定]-[ユーザとグループ]で、[このコンピュータの管理を許可]を有効にすると「管理者」、無効にすると「通常」となります(**図b**)。

図b [このコンピュータの管理を許可]の有効/無効

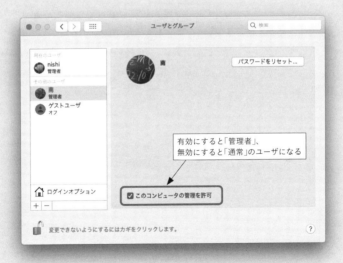

注a macOSではほかのUnix系OSで見られる/etc/passwdによるユーザ管理ではなく、「ドメイン」(*domain*)でユーザを管理しています。また、adduserコマンドやuseraddコマンドも収録されていません。

注b 「通常」「管理者」のほか、「共有のみ」という選択肢があります。macOS Mojave(10.14)までは、さらに「ペアレンタルコントロールで管理」という選択肢もあり、利用できる時間帯などをに制限が加えられるようになっていましたが、macOS Catalina (10.15)ではこれらの制限は[システム環境設定]-[スクリーンタイム]で行うように変更されました。「共有のみ」はログインや設定の変更などはできないユーザで、ほかのコンピュータから共有ファイルにアクセスだけ許可したい場合などに使用します。

──[補足] macOSの「グループ」について

　macOSで[システム環境設定]-[ユーザとグループ]では、ユーザのほかに「グループ」も作成できます。[ユーザとグループ]の[新規アカウント]で「管理者」や「通常」ではなく「グループ」を選択すると、新しいグループが作成されます。グループはファイルの共有や画面の共有の管理に使用します。

　[ユーザとグループ]では、このグループにどのユーザを追加するかを設定します。左側の一覧でグループを選択（登録したグループが一覧にない場合は「グループ」の▼マークをクリック）すると、右側に[メンバーシップ]欄が表示されるので、所属させたいユーザを選択します。ユーザは複数のグループに所属することが可能です。

　たとえば、外付けハードディスクなどに特定のグループだけが読み書きできるようにしたい場合は、共有の設定したいディスクやフォルダを右クリックして[情報を見る]を選択し、一番下の[共有とアクセス権]にグループを追加し、「everyone」（ここでは、p.109で解説しているパーミッションの「その他」に該当）のアクセス権を「アクセス不可」にします。なお、設定できるのはmacOS用にフォーマット（p.63）された記憶媒体に限られます。所有者や所有グループについては第6章（p.107）で扱っています。

　[ユーザとグループ]で作成したグループはターミナルでも使用できますが、グループ名に日本語を使用していた場合、適宜半角の英数字および「_」に置き換えられます。ターミナルでのグループ名はidコマンド（p.121）で確認できます。everyoneやstaffなど、macOSがデフォルトで作成しているグループと一緒に表示されます。

目次 ● [新版 zsh&bash対応] macOS×コマンド入門　ターミナルとコマンドライン、基本の力

本書の構成 vi
[基礎知識] macOSの「アカウント名」と本書で扱う「ユーザ名」について x

第1章
[入門] macOSとコマンドライン 1

1.1 はじめてのコマンドライン　まずは試してみよう 2

コンピュータを「文字」で操作する　コマンドとコマンドライン 2
ターミナル　コマンド入力に使うアプリケーション 2
プロンプトとカーソル 3
コマンドの入力 3
コマンドラインの表記方法 4
コマンドのオプションと引数 4
ターミナルとシェルの関係 5

1.2 macOSの特徴　OSの基礎、Unix系OSという一面、macOSの変遷 6

基本となるソフトウェア「OS」 6
　OSの中心部分は「カーネル」 6
　macOSのベースは「Darwin」 7
　Unix系OSの特徴 7
Unix系OSの歴史 7
　UNIXは研究所で誕生し、無償公開されていた 7
　Unixの系統の1つが「BSD系」 8
　商用UNIXの登場とUnix系OSの進化 8
　さまざまなディストリビューション 8
　POSIX、商標UNIXとSUS　UNIXの標準規格 8
Unix系OS間の違い　系統の違いはコマンドラインに影響する? 8
Unix系OSと操作環境　ウィンドウを使うかどうかは設定で決める 9
macOSの歴史 9
　Classic Mac OS 9
　新しいOS「Mac OS X」の誕生 10
　ハードウェアの変化　PowerPCからIntel Macへ 10
　Mac OS Xから「OS X」へ名称変更 10
　OS Xから「macOS」へ名称変更 10
　Darwinの歴史 10
　バージョンと名称の変遷 11
macOSとX Window System 11
　Darwin用のXは「XQuartz」 12

第2章
ターミナルとFinderの基本 13

2.1 ターミナルの基本　起動と終了、設定の確認 14

ターミナルの起動と終了 14
　複数のターミナルを起動して使う 14
　シェルを終了させる 14

xiii

	ターミナルの設定	15
	プロファイルで見た目をカスタマイズ	15
	ウィンドウタイトルに表示する内容	16
	ターミナルで使用するシェルの設定	17
	テキストエンコーディングの設定	17
	「\」(バックスラッシュ)の基礎知識	18
	「\」の表示を確認	18
	いろいろな地域の言語を使えるようにするしくみ	19
	テキストエンコーディングと文字コード	19
	日本語環境で使われているテキストエンコーディング	19
	世界中の文字を表すことを目指して作られた「Unicode」	20
	[言語と地域]の設定	20

2.2 Finderとコマンドライン　フォルダとディレクトリ、openコマンド　22

	Finderの基本　フォルダとディレクトリ	22
	フォルダはディレクトリを視覚化したもの	22
	フォルダとディレクトリはどう対応しているか	23
	ホームディレクトリ	24
	Finderとターミナルとの連携	24
	ドラッグ&ドロップでファイル名を簡単に入力する	24
	[セキュリティとプライバシー]-[フルディスクアクセス]の設定	26
	Finderからターミナルを開く	26
	Finderにパスを表示する設定	27
	パスバーを表示する	28
	ウィンドウのタイトルにパスを表示する	28
	ターミナルからアプリケーションを起動する3つの方法　openコマンド	30
	❶ターミナルからFinderのウィンドウを開く	30
	❷ターミナルからデータファイルを開く	30
	テスト用ファイルの作成	31
	openコマンドで開いてみよう	32
	❸ターミナルから好きなアプリケーションを起動する	33

第3章 シェル&コマンドラインの基礎　35

3.1 シェル概論　コマンドラインを担う「シェル」を知る　36

	シェルの役割　コマンド入力をカーネルに伝える	36
	コマンドラインでのあれこれはシェルが受け持っている	36
	シェルでできることは「シェルスクリプト」で自動化できる	36
	シェルは環境の設定にも使われている	36
	シェルの種類　macOSの標準シェルはzsh	37
	シェルによる違い　コマンドは共通、コマンドラインの機能は異なる	37
	プロンプトで使われている記号の意味	38
	シェルスクリプトの基礎知識	38
	シェルスクリプト以外のスクリプト　macOSにインストールされているスクリプト言語	39

3.2 [速習]コマンドライン入力　効率の良い方法をマスター　40

	コマンドラインの編集と履歴の活用	40
	コマンドラインの編集	40
	前に入力した内容を呼び出す　ヒストリ	40
	補完機能の活用	40

	コマンド名の補完	40
	ファイル名の補完	41
	複数の候補がある場合	41
ファイルをまとめて指定		**42**
	「*」にはすべてがあてはまる	42
	「?」は何か1文字を表す	42
	「パス名展開」はシェルの仕事	42
パイプとリダイレクトの活用		**43**
	パイプでコマンドの出力をほかのコマンドに渡す	43
	リダイレクトで出力結果をファイルに保存する	44
	リダイレクトで既存ファイルに「追加」する	44
画面のクリア clearコマンド		**44**

3.3 コマンドの基礎知識　コマンドの使い方&調べ方　　45

環境変数PATHとコマンドの優先順位　コマンドを動かす前に		**45**
	コマンドを実行するにはパスが必要	45
	PATHの役割　「パスが通って」いれば省略できる	45
	PATHの確認　PATHに登録されているディレクトリ	45
	PATHに登録されているディレクトリの使い分け	46
シェルに組み込まれているコマンド　ビルトインコマンド		**46**
コマンドの優先順位　①エイリアス、②ビルトインコマンド、③PATH		**46**
	「何」が実行されているのかを知るには　whichコマンド、typeコマンド	47
コマンドのルール　オプション、引数、サブコマンド		**47**
	ショートオプションとロングオプション	47
	オプションの組み合わせ方	48
	引数があるオプション	48
	ヘルプやバージョンを表示するオプション	49
	サブコマンド	49
コマンドのマニュアルを確認　man		**50**
	manコマンドでマニュアルを表示する	50
	ターミナルのメニューでマニュアルを参照する	51
	manで表示されるマニュアルの構成	51
SYNOPSIS(書式)の読み方		**52**
	SYNOPSIS内の[ ]は省略可能であることを表す	53
	「...」は複数指定可能であることを表す	53
	「|」はどちらかを選択することを示す	53
マニュアルの章番号		**54**
ビルトインコマンドのマニュアル		**54**

3.4 管理者よりも強力なユーザ「root」　sudo/rootless機能　　56

ユーザの種類と権限		**56**
	「root」って何だろう	56
	rootの権限を使えるsudoコマンド	56
	rootでシェルを使う	57
新しいセキュリティ機能「rootless」　SIP		**58**
	ディレクトリが保護されているかを確認する　拡張属性「com.apple.rootless」	58

第4章 ファイルシステム　　59

4.1 ファイルシステムの基礎知識　APFS/フォーマット/パーティション/マウント　　60

ファイルシステムの基礎知識 60
- ファイルシステムの種類　macOS、Windows、Unix系OS 60
- 新しいファイルシステム「APFS」.. 60
- APFSとHFS+の選択のバリエーション　暗号化、大文字/小文字、ジャーナリング 61
- ファイルシステムとコマンドラインの関係　ファイル操作系のコマンドは共通 61

フォーマット　記憶媒体を特定のファイルシステム用に準備 63
- パーティション　記憶媒体はパーティションを作って管理 63
- ボリューム　フォーマットされた領域には名前を付けて管理 63

マウント　記憶媒体をOSからアクセスできるようにする 63
- /Volumes　macOSのマウントポイント 64
- APFSの「コンテナ」と「ボリューム」.. 64

4.2 ファイルシステムの操作　[ディスクユーティリティ]/diskutil/デバイスノード/df/mount 65

[ディスクユーティリティ]と情報の表示 65
- [ディスクユーティリティ]でコンテナも表示する 66

ディスクの情報の調査/マウント/修復　diskutil 69
接続されているディスクの確認と情報表示　diskutil list 69
- デバイスノード　デバイス単位の操作時に、ディスクやボリュームの指定に用いる 70
- マウント状況や使用量などの確認　diskutil info 70
- ボリュームのマウント/マウント解除/イジェクト　diskutil mount/umount/eject 71

ディスクの空き領域の表示　df 72
マウント状況とファイルシステムの確認　mount 73

第5章
ファイル&ディレクトリの探検 75

5.1 ディレクトリ　「/」(ルート)、「~」(ホーム)、「.」(カレント)、「..」(親)、絶対パス&相対パス 76

macOSのディレクトリツリー　ファイルはディレクトリによって整理されている 76
- Firmlinks　ファイルシステムの新たなしくみ 77
ルートディレクトリを見てみよう　「/」.. 77
- ルートディレクトリの下にあるディレクトリを見る場合 78
ホームディレクトリを見てみよう　「~」.. 78
- ホームディレクトリの下にあるディレクトリを見る場合 78
自分以外のユーザのホームディレクトリを表示する方法 78
カレントディレクトリは「現在の作業場」.. 79
- カレントディレクトリの下にあるディレクトリを確認する 79
- 違うディレクトリをカレントディレクトリにする　cd 79
パスの基本　パスの表し方 80
- 絶対パス(フルパス)と相対パス、親ディレクトリを表す「..」............................. 81
- 相対パスと絶対パスを使ったコマンド操作 81
- カレントディレクトリを表す　「.」.. 82
- 「~」と組み合わせて指定する 82
- 「~」を使った指定も絶対パス 83
ディレクトリを表す記号のまとめ 83

5.2 ドットファイル　普通のファイルなのに見えないファイル(!?) 85

見えないファイル「ドットファイル」.. 85
- ドットファイルを表示してみよう　ls -a、-A 85
- ワイルドカードでドットファイルを指定する 86
ドットファイルは「隠れている」ファイル 86

5.3 コマンドによるファイルとディレクトリの操作　mkdir/rmdir/rm/mv/cp ... 87

- ディレクトリの作成　mkdir ... 87
- 空のディレクトリの削除　rmdir ... 88
  - ディレクトリが削除できない場合 ... 88
- ファイルやディレクトリの削除　rm ... 88
  - ディレクトリの削除　-R ... 90
  - 確認メッセージを表示せずに削除する　-f ... 90
  - -R(-r)オプションを使用する際の注意点 ... 90
- ファイルやディレクトリの移動/名前の変更　mv ... 91
  - mvでディレクトリの移動/名前の変更をする場合 ... 92
  - mvでファイル名を変更する際の注意点 ... 93
- ファイルやディレクトリのコピー　cp ... 94
  - コピー先にディレクトリを指定する　補完機能を使う習慣をつけてミス防止 ... 95
  - ディレクトリのコピー　-R ... 96
  - コピー先のディレクトリがある場合の注意点 ... 97

5.4 シンボリックリンク　ハードリンクとinode/ln/エイリアスとの違い ... 100

- ハードリンク&シンボリックリンク ... 100
  - ハードリンクとinode　ファイルやディレクトリには固有の番号がある ... 101
  - 「ハードリンク数」の意味　サブディレクトリの数+2 ... 101
  - ハードリンク数の変化を見てみよう ... 101
  - シンボリックリンク　ファイルやディレクトリへのリンク ... 102
- シンボリックリンクの作成　ln ... 102
  - シンボリックリンクの削除 ... 104
  - リンク先の削除 ... 104
  - ディレクトリのシンボリックリンクの作成　作り方はファイルのときと同じ ... 105
  - Finderの「エイリアス」との違い ... 105

第6章
ファイルの属性とパーミッション ... 107

6.1 ファイル&ディレクトリの属性　パーミッション/ファイルフラグ/ACL/拡張属性 ... 108

- ファイルの情報を眺めてみよう　属性 ... 108
- 読み/書き/実行の許可を管理する「パーミッション」　パーミッションは3種類×3組 ... 109
  - ファイルの「読み/書きの許可」　r/w ... 111
  - ファイルの「実行許可」　x ... 111
  - ディレクトリのパーミッションはどう働くか ... 111
  - ホームディレクトリのパーミッション ... 111
- このほかの属性　ファイルフラグ、ACL、拡張属性 ... 112
  - ファイルフラグ　Finderの表示や変更可能かを決める ... 112
  - ACL　アクセス制限を細かく定義する ... 113
  - 拡張属性　Finderでの表示方法などを保存する ... 113

6.2 ファイル情報の表示　ls/stat ... 115

- ファイルリストの表示　ls ... 115
  - 詳細情報を表示する　-l ... 116
  - ディレクトリやシンボリックリンクの情報を表示する　-l、-d ... 117
  - ドットファイルを表示する　-a、-A ... 118
  - ファイルの種類を表示する　-F、-G ... 119
  - サブディレクトリの中も表示する　-R ... 119
  - ファイルの更新日で並べ替える　-t ... 120

xvii

ファイルの属性情報の表示　stat 120

6.3 ファイルの所有者やパーミッションの変更　chmod/chflags/chown/touch 122

パーミッションの変更　chmod 122
　パーミッションを表すアルファベットと数値 123
　パーミッションとマスク値 123
　デフォルトのパーミッション 124
　chmodとデフォルトのパーミッション 124
　ACL情報の操作 124
ファイルフラグの変更　chflags 125
　ファイルを「変更禁止」にする　uchg属性 125
ファイルの所有者とグループの変更　chown 127
ファイルなどの更新日や最終アクセス日の変更&新規ファイルの作成　touch 127

6.4 ファイルの検索/圧縮/同期　find/zip/unzip/tar/gzip/guzip/rsync/du 129

ファイルの検索　find 129
　検索するディレクトリの階層を指定するには　-maxdepth 130
　検索対象外とする条件を加えるには　-prune 130
ファイルを検索して削除　-exec、-ok 131
ZIP形式による圧縮と展開　zip、unzip 131
　リソースフォークや拡張属性は含めず圧縮できる　他OSとやりとりする際に便利 132
　パス名展開を使用した場合の注意点 132
　サブディレクトリも含めて圧縮する 133
　条件に合うファイルを探してZIPファイルにする　-i 133
　findコマンドと組み合わせてZIPファイルにする　-@ 134
　ZIPファイルを作成して元のファイルを削除する　-m 134
　ZIP形式のファイルを展開する　unzip 135
　一部のファイルだけを展開する 136
アーカイブの作成/展開　tar 136
ファイルの圧縮と伸張　gzip、gunzip 138
ディレクトリの同期　rsync 138
　ファイルの削除も同期する 140
　ドットファイルを除外する 141
ディレクトリのディスク使用量の集計　du 141
　指定したディレクトリの集計のみを表示 142
　シンボリックリンクの注意点 142
　ドットファイルの注意点 142

第7章
シェルの世界[zsh/bash対応] 145

7.1 [入門]コマンドの組み合わせ&実行　入出力/パイプ/リダイレクト/Nullデバイス/コマンド置換/サブシェル 146

パイプとリダイレクト　|　>　>>　2>　< 146
　入出力を変更するパイプとリダイレクト 146
　「標準入力」と「標準出力」 146
　第2の出力「標準エラー出力」 147
　パイプは何をしているのか 147
　フィルターコマンド　標準入力から受け取った内容を加工して標準出力へ出力 147
　リダイレクトは何をしているのか 148
　標準入力のリダイレクト　< 148
　標準出力と標準エラー出力を保存する　>　1>　2>　&> 148
　リダイレクトでファイルに追加する　>>　1>>　2>> 149

xviii

　　　　出力を「捨てる」　Nullデバイス(/dev/null) 149
　　　　すべての出力をパイプする 150
　　　　パイプとリダイレクトを組み合わせる　マルチIO(zsh)、tee(bash) 150
　　　　パイプとリダイレクトのまとめ 151
　　複数コマンドを1行で実行　; && || & 152
　　　　複数のコマンドを1行のコマンドラインで実行する　; 152
　　　　1行で実行できるとなぜ便利なのか　ヒストリやエイリアスで活用しやすくなる 152
　　　　先に実行したコマンドの結果によって処理を変える　&& 153
　　　　先に実行したコマンドが終わるのを待たずに次の処理をする　& 153
　　コマンド置換　` `　$( ) 154
　　　　コマンドの実行結果を引数にする 154
　　　　コマンドの実行結果を引数の一部として使用する 154
　　　　コマンド置換の「ネスト」 155
　　サブシェル　( ) 155
　　　　サブシェルを使って標準エラー出力をパイプに渡す 155

7.2　コマンドライン入力の省力化　ヒストリ/エイリアス/各種展開/ショートカット 157

　　ヒストリ(コマンド履歴)の活用 157
　　　　コマンド履歴を一覧表示する　history 157
　　　　ヒストリ番号を使って実行する　! !! 157
　　エイリアス(コマンドエイリアス)の設定と活用　alias/unalias 158
　　　　エイリアスを定義する　alias 158
　　　　定義済みのエイリアスを確認する 159
　　　　定義済みのエイリアスを削除する　unalias 159
　　　　グローバルエイリアス(zshのみ)　引数にエイリアスを使う 159
　　　　接尾辞エイリアス(zshのみ)　拡張子ごとのエイリアス 159
　　パス名展開　* ? [ ] 160
　　　　パス名展開で使用される記号 160
　　　　「*」は任意の文字列、「?」は任意の1文字 160
　　　　文字を限定した指定をする　[ ] 161
　　このほかの展開 161
　　　　ブレース展開　{ } 161
　　　　チルダ展開　~ 161
　　各種展開を組み合わせてみよう 162
　　　　「.*」でドットファイルを表示する 162
　　　　echoコマンドで展開の結果を確認 162
　　パス名展開ができなかった場合　zshとbashの違い 162
　　　　zshの場合　パス名展開に失敗すると、コマンドが実行されない 163
　　　　bashの場合　パス名展開されないままの文字列を引数にしてコマンドが実行される 163
　　記号の意味を打ち消す　\ ' ' " " 164
　　　　「\」と「' '」と「" "」の違い 164
　　ターミナルで使えるキーボードショートカット　よく使う操作を簡単に 165
　　　　ターミナルウィンドウ関係の操作 165
　　　　表示や実行を制御する操作 165
　　　　ヒストリと行内編集関係 165

7.3　zshの設定　環境変数、シェル変数、設定ファイル 167

　　環境変数とシェル変数　シェルやコマンドの動作を変える 167
　　　　「変数」って何？　変数の役割、参照方法 167
　　　　シェル変数は、環境変数とどう違う？ 167
　　シェル変数と環境変数の定義と値の表示 168
　　　　定義されている環境変数の値を変更する 168
　　　　環境変数を設定してコマンドを実行する 169

zshの設定ファイル 169
- システム全体用の設定ファイルと個人用/ユーザ固有の設定ファイル 169
- 「~/.zshrc」の作成と編集 169

テキストエディットを使う際の注意 170
- ［注意❶］標準テキストで保存する 170
- ［注意❷］スマート引用符をOFFにする 171

設定ファイルの動作確認　source 171

zshの設定ファイルはどう読み込まれる? 171

シェルの起動方法と設定ファイルの使い分け
- インタラクティブシェル、ログインシェル、ノンインタラクティブシェル 172
- シェルの設定ファイルと実行順　設定ファイルは起動方法によって異なる 173
- なぜ異なる設定ファイルを使用するのか　人間向けの処理を行うかどうかがポイント ... 173

zshの設定例　エイリアス、プロンプトの表示、シェルオプション 174
- エイリアスを設定する 174
- プロンプトの表示内容を変更する 174

シェルオプションによるシェルの動作設定 175
- コマンド実行時にディレクトリ末尾の「/」を削除しない　AUTO_REMOVE_SLASH 177
- 補完候補の表示をbashと同様にする　BASH_AUTO_LIST 177
- コマンド入力を補正する　CORRECT 177

7.4　bashの設定　設定ファイルと設定例 178

bashの設定ファイル　ユーザ設定は「~/.bash_profile」へ 178
- システム全体用の設定ファイルと個人用/ユーザ固有の設定ファイル 178
- 「~/.profile」と「~/.bash_profile」の違い 179
- 「~/.bash_profile」の作成と編集 179
- 設定ファイルの動作確認　source 179
- bashの設定ファイルはどう読み込まれる? 180

bashの設定例　エイリアス、プロンプトの表示、シェルオプション 180
- エイリアスを設定する 181
- プロンプトの表示内容の変更 181
- プロンプトの色を変更する 182

シェルオプションによるシェルの動作設定 183

「The default interactive shell is now zsh.」を表示しない 184

第8章
テキスト処理とフィルター 187

8.1　テキストの表示　more/less/head/tail/cat/say 188

1画面ごとの表示　more/less 188
- コマンドの実行結果を表示しながらファイルにも保存する 189
- 表示開始位置を指定する 189
- 表示内容を検索する 190

先頭と末尾の表示　head、tail 191
- headでコマンドの実行結果を素早く確認 192

ファイルの表示と連結　cat 192
- キーボードから入力した内容をファイルに保存する 193

テキストの読み上げ　say 194
- ほかの話者(ほかの言語)を指定する　-v 194

8.2　テキストの加工　sort/cut/tr/iconv/wc/diff 195

テキストの並べ替え	sort	195
数の大小で並べ替える		196
フィールドを指定して並べ替える		196
文字の切り出し	cut	196
CSVファイルから必要な部分だけを取り出す		197
文字列の置き換え	tr	198
特定の文字や制御文字を削除する		198
固定長のデータをCSVやタブ区切りにする		199
テキストエンコーディング（文字コード）の変換	iconv	201
使用できるテキストエンコーディングを確認する		201
テキストファイルの行数／単語数／文字数	wc	202
実行結果の件数を数える		203
テキストファイルの比較	diff	203
context形式		205
unified形式		205

8.3 高度なテキスト処理　grep/sed/awk/vi(vim) ... 207

文字列の検索	grep	207
検索パターンに正規表現を使用する　シンボリックリンクをリストアップする2つの例		207
基本正規表現と拡張正規表現		208
複数のパターンで検索する		210
前後関係やファイル中の位置がわかるようにする		210
コマンドによるテキスト編集	sed	211
sedによる処理の基本		211
行番号で処理を行う		211
検索パターンで処理を行う		212
行を指定する方法		212
置き換えコマンド		213
正規表現で文字の一部を取り出す		213
パターン全体を取り出す		214
パターン処理によるテキスト操作	awk	214
パターンとアクション		215
パターン（条件）の指定方法		215
BEGINとEND		216
出力を加工する		216
区切り文字を変更する		217
テキストエディタ	vi(vim)	217

第9章 プロセスとコマンドの関係 ... 221

9.1 プロセスとシグナル　［アクティビティモニタ］/top/ps/killall/kill ... 222

プロセスの基礎知識	222
コマンドの実行≒プロセスの開始	222
topコマンドでプロセスを表示する	223
topでコマンドが実行されている様子を見てみよう	223
実行中のプロセスの表示　ps	224
プロセスID　プロセスにはIDがある	225
プロセスと端末　「端末と結び付けられているプロセス」の存在	226
親プロセスと子プロセス　プロセスには親子関係がある	226
親プロセスを辿る　親プロセスのIDを調べる	226
プロセスに「シグナル」を送る	228

xxi

「killall Finder」はFinderにシグナルを送っている 228
シグナル送信前後の「PID」の変化を見る 228
プロセスIDを指定してシグナルを送る　kill 228
シグナルの種類 229
シグナルに対しどう動くかは受け取り手次第 230
プロセスの親子関係と起動/終了 230
終了しているはずなのに存在している「ゾンビプロセス」 230

9.2　ジョブの役割　ジョブコントロール/jobs/fg/bg/nohup 234

ジョブコントロールの基礎知識 234
　プロセスはカーネルが、ジョブはシェルが管理している 234
　[control]+[Z]でジョブを一時停止する　zshの例 234
　[control]+[Z]でジョブを一時停止する　bashの例 235
　ジョブの再開 236
フォアグラウンドジョブとバックグラウンドジョブ 236
　バックグラウンドジョブのメリット 236
　バックグラウンドジョブとして起動する　findコマンドをバックグラウンドで実行する例 237
　複数のジョブを切り替える 237
　[control]+[C]でジョブを終了させる 238
　バックグラウンドジョブと親プロセスの終了　nohup 238

9.3　システムの再起動とシャットダウン　reboot/halt/shutdown 241

システムの再起動とシャットダウン　reboot、halt 241
タイミングを指定した再起動とシャットダウン　shutdown 241
　シャットダウンや再起動のタイミングを指定する 242
　シャットダウンや再起動を中止する 242

第10章
システムとネットワーク 243

10.1　システム環境設定　[システム情報]/system_profiler/systemsetup/defaults 244

システムのバージョン情報の表示　sw_vers、uname 244
システムの詳細情報の表示　system_profiler 245
インストールされているアプリケーションの名前、バージョン、場所の表示 246
　システム環境設定の情報 248
システムの環境設定の変更　systemsetup 249
アプリケーション設定の一覧表示/操作　defaults 249
　ドメインを一覧表示する　defaults domains 250
　ドメインのキーを一覧表示する　defaults read 251
プロパティリストの表示/操作　plutil 251
　アプリケーションの設定をデフォルトに戻す 252
自動起動や定期実行の設定　launchctl 253
　現在ロードされているサービスを表示する❶　launchctl list 253
　現在ロードされているサービスを表示する❷　launchctl print 254
　システムのサービスを表示する 254
　ユーザのサービスを表示する 255
　詳細情報から設定ファイルと実行コマンドを探す 256

10.2　ネットワーク設定　[ネットワーク]/ifconfig/networksetup/scutil/hostname/ping 257

ネットワーク設定とインターネット接続の基礎知識 257

ネットワークインターフェイス 257
　　　IPv4とIPv6 258
　　　ローカルIPアドレスとグローバルIPアドレス 258
　　　グローバルIPアドレスを確認する 259
　　ネットワーク設定の表示/変更　ifconfig、networksetup 259
　　　Wi-Fiネットワークに接続する 261
　　ホスト名の表示と設定　scutil、hostname 261
　　　macOSの3つの名前 262
　　　hostnameによるホスト名の表示と設定 262
　　接続相手の確認　ping 263
　　　pingで応答がない/応答までに時間がかかる場合 263

10.3　リモート接続とダウンロード　[共有]/ssh/ssh-keygen/ssh-copy-id/ssh-add/curl ... 265

　　リモート接続　ssh 265
　　　SSH接続用の公開鍵と秘密鍵の作成　ssh-keygen、ssh-copy-id、ssh-add 266
　　　GitHubにSSH接続するための例 268
　　ファイルのダウンロード　curl 268
　　　リダイレクトされている場合 269
　　　ファイルを連番で指定する 270

10.4　システムのメンテナンス　[Spotlight]/mdutil/mdworker/tmutil/softwareupdate 271

　　Spotlight検索のインデックスの管理　mdutil 271
　　　Spotlight検索&登録情報のメタデータの表示　mdfind、mdls 272
　　　インデックス構築を行う　mdworker 272
　　Time Machineの操作　tmutil 273
　　　バックアップ先とバックアップ状況を確認する 274
　　　バックアップからファイルを復元する 274
　　　Time Machineバックアップとハードリンク 274
　　　ローカルスナップショットを削除する 275
　　ソフトウェアアップデート　softwareupdate 275

第11章
Homebrew×パッケージ管理 277

11.1　[入門]パッケージ管理システム　パッケージ管理の役割と主要な選択肢 278

　　パッケージ管理システムの役割 278
　　　インストール 278
　　　アップデート(更新) 278
　　　アンインストール 278
　　どのようなパッケージ管理システムがあるか 279

11.2　Homebrewのセットアップ　インストール/主要ディレクトリ/基本用語 280

　　Homebrewのインストール 280
　　　インストールコマンドの実行 280
　　　Homebrewの実行コマンド 281
　　　Homebrewの更新とメンテナンス 281
　　　Homebrewのアンインストール 282
　　Homebrewのディレクトリと用語 282
　　　Homebrewのディレクトリ 282
　　　Formula 282
　　　Cellar 282

xxiii

Cask 283
Homebrewのリポジトリ 283
Homebrewのマニュアル 283

11.3 パッケージのインストール/更新/アンインストール brew install/list/outdated/upgrade/uninstall/unlink/cleanup ... 284

パッケージのインストールと更新 brew install 284
 パッケージはどのようにインストールされているか 285
 パッケージはどこにダウンロードされているか 285
パッケージの更新 brew outdated、brew upgrade 286
パッケージのアンインストール brew uninstall 286
 [参考]コマンドを一時的に使用不可にしたい場合 brew unlink/link 287
キャッシュファイルの削除 brew cleanup 288
ウィンドウアプリケーションのインストールとアンインストール brew cask 288
 Caskのパッケージはどのようにインストールされているか 289

11.4 パッケージの検索と情報の確認 brew search/info/cat/home 290

パッケージ(Formula)の検索 brew search 290
パッケージ情報の確認 brew info/cat/home 290

Appendix A
[基本コマンド&オプション]クイックリファレンス 293

A.1 macOSアプリケーションの実行と設定

open macOSアプリケーションの実行 294
defaults アプリケーション設定の一覧表示/操作 294

A.2 マニュアルの閲覧

-h ヘルプの表示(コマンド全般) 294
man マニュアルを表示/検索 295
help bashのビルトインコマンドの使い方を表示[bash] 295

A.3 コマンドライン環境

pwd カレントディレクトリの表示 295
cd カレントディレクトリの移動 295
alias コマンドエイリアスを設定/表示 295
unalias コマンドエイリアスを削除 296
history ヒストリ(コマンド履歴)を表示 296
fc ヒストリ(コマンド履歴)を表示する、編集して実行する 296
source 現在のシェルでファイルを実行 297
eval 引数を連結してシェルで実行 297
type シェルが実行しているコマンドの検索 297
which コマンドの検索 297
whence/where/which/type シェルが実行しているコマンドの検索[zsh] 297
hash シェルが記憶しているコマンドのパスを確認、リセット 298

A.4 環境変数/シェル変数/シェルオプション

echo 文字列の表示、変数の値の表示 298
printenv/env 環境変数の表示/設定 298
export 環境変数の設定 299

	set/setopt/unsetopt　シェルオプションの設定と表示［zsh］	299
	set/shopt　シェルオプションの設定と表示［bash］	299

A.5　プロセス

	ps　実行中のプロセスの表示	300
	top　実行中のプロセスの監視/表示	301
	kill/killall　プロセスの終了/再起動	301
	halt/reboot/shutdown　システムの終了/再起動	302

A.6　rootおよびユーザ関連

	sudo　コマンドをほかのユーザとして実行	302
	id/whoami/groups　ユーザの識別情報を表示	302

A.7　ファイルシステム

	diskutil　ディスクの状況の確認/修復	303
	mount　ディスクをマウント	303
	umount　ディスクのマウントを解除	304
	df　ディスクの空き領域の確認	304
	du　ディレクトリのディスク使用量の確認	304
	dd　ブロック単位でファイルをコピー、変換	305

A.8　ファイルの操作❶　属性やパーミッションの表示と変更

	ls　ファイルリストの表示	306
	stat　属性の表示	308
	chflags　ファイルフラグの変更	308
	xattr　拡張属性の表示/変更	309
	chmod　パーミッションの変更	309
	chown　所有者/グループの変更	310
	chgrp　所有グループの変更	310
	touch　ファイルやディレクトリの最終更新日と最終アクセス日の変更	310
	file　ファイルの種類の確認	311

A.9　ファイルの操作❷　コピー、削除

	mkdir　ディレクトリの作成	311
	rmdir　空のディレクトリの削除	312
	rm　ファイルやディレクトリの削除	312
	mv　ファイルやディレクトリの移動/名前の変更	312
	cp　ファイルやディレクトリのコピー	312
	ln　シンボリックリンクの作成	313
	rsync　ディレクトリの同期	313

A.10　ファイルの操作❸　検索

	find　ファイルの検索	314
	mdfind　Spotlightを利用したファイルの検索	316
	dot_clean　リソースフォークを削除する	317

A.11　ファイルの操作❹　圧縮、展開

	zip　ZIP形式での圧縮	317
	unzip　ZIPファイルの展開	318

A.12 フィルターとテキスト処理

- **tar** アーカイブの作成/展開 318
- **gzip/gunzip** ファイルの圧縮/伸張 320

- **cat** ファイルの表示/複数ファイルの連結 320
- **head** 先頭部分の表示 320
- **tail** 末尾部分のみ表示 321
- **more/less** 1画面ごとの表示 321
- **say** テキストの読み上げ 322
- **sort** テキストの並べ替え 323
- **uniq** 重複行の除去/抽出 323
- **cut** 文字の切り出し 323
- **tr** 文字列の置き換え 324
- **iconv** テキストエンコーディング(文字コード)の変換 324
- **wc** テキストファイルの行数/単語数/文字数 325
- **diff** テキストファイルの比較 325
- **grep** 文字列の検索 326
- **sed** コマンドによるテキスト編集 327
- **awk** パターン処理によるテキスト操作 329
- **vi(vim)** テキストエディタ 329

A.13 システムの情報/メンテナンス

- **sw_vers/hostinfo** macOSのバージョンやシステムの情報の表示 331
- **uname** カーネルの名前やバージョンを表示 331
- **date** システム時刻の表示と設定 331
- **system_profiler** システムの詳細な情報を表示 332
- **systemsetup** システムの設定を表示/変更 333
- **launchctl** 自動実行/定期実行の設定を行う 333
- **plutil** プロパティリストの表示/操作 334
- **mdutil** Spotlightのインデックスの管理 335
- **tmutil** Time Machineの操作 335
- **softwareupdate** ソフトウェアアップデート 336

A.14 ネットワーク

- **scutil** ホスト名の表示/設定 336
- **hostname** ホスト名の表示/設定 336
- **ifconfig** ネットワーク設定の表示 337
- **networksetup** ネットワーク設定の表示/変更 337
- **ping** 接続相手の確認 338
- **route/traceroute** ネットワークの「経路」を表示 338
- **nslookup** 接続先のIPアドレスとドメインを調べる 338
- **arp** IPアドレスとMACアドレスの対応を調べる 339
- **netstat** 現在の通信状態を調べる 339
- **ssh** セキュアな通信によるリモート接続 339
- **ssh-keygen** 公開鍵と秘密鍵の作成 339
- **ssh-copy-id** 公開鍵を接続先にコピー 340
- **scp** リモートマシンとの間でファイルをコピー 340
- **curl** ファイルのダウンロード 341

A.15 Homebrew

brew　Homebrewの操作を行う 341

Appendix B
コマンドラインで広がる世界 343

B.1 Python環境の構築　Homebrew & pyenv 344

macOSとPython 344
Pythonのバージョンによる違い 344
Python、pyenv、anaconda環境のインストール 345
pyenvのインストール 345
pyenvによるPythonのインストール 345
pyenv用の環境設定 346
シェルの設定ファイルに追加 347
pyenvでPythonのバージョンを切り替える❶ 347
pyenvでPythonのバージョンを切り替える❷ 348
pyenvによるAnacondaのインストール 349

B.2 macOSで簡単接続！Raspberry Pi　セットアップ、VNC＆SSH経由の操作に挑戦 . 350

Raspberry Piの基礎知識 350
Raspberry Pi用のOS　Raspbianなど 350
Raspberry PiへのOSのインストール 351
❶インストールイメージのダウンロード　curl 351
［参考］ダウンロードが中断された場合 353
❷ダウンロードファイルの照合　shasum 353
❸ダウンロードしたZIPファイルの展開　unzip 354
❹デバイス番号の確認とデバイス間のファイルの転送　diskutil list、dd 354
diskutil listによるデバイス番号の確認 355
ddコマンドによる転送 355
ddの途中経過を確認する 356
どのような状態で書き込まれているか 356
❺設定ファイルの追加　vi(vim)、touch 357
Wi-Fi用の設定ファイル 358
SSH接続を有効化するファイル 358
❻SDカードのイジェクト　diskutil eject 358
❼Raspberry PiにSSHでリモート接続 359
SSHによる接続 359
SSH接続時のWARNING（警告）が表示された場合 359
❽VNCによる接続のための設定　raspi-config 360
VNC用のパスワードの設定　vncpasswd 361
VNCの認証方法の変更　systemctl 362
画面共有でVNC接続 362
Raspbianのデスクトップでの VNCの認証方式の変更方法 363
❾Wi-Fiパスワードの書き換え　wpa_passphrase 364
❿sudoでパスワードの入力を求める設定 365
⓫suコマンドでrootユーザになる設定　passwd 365

索引 367

Column

- 補完機能を積極的に使おう　入力ミスの削減、指定ミスの発見 5
- macOSとiOSの関係は？ 6
- Boot Campや仮想環境　Macで、ほかのOSも使ってみたい 12
- ターミナルの「マーク」と「ブックマーク」 21
- Finderでもタブ補完を使いたい！ 25
- フォルダではない姿で表示されるディレクトリ　バンドル 29
- [概観]macOSとUnix系OSのルートにあるディレクトリ 34
- ワイルドカードと正規表現 43
- macOS独自のコマンドを探す 55
- sudoコマンドとsuコマンド 57
- ファイル名やディレクトリ名の大文字/小文字 62
- macOS Catalina（10.15）のシステムボリューム　「rootless」、システム保護の強化、Firmlinks 67
- mount/umountコマンドによるマウントとマウント解除 74
- カレントディレクトリとプロンプト 84
- 「.DS_Store」って何だろう　おなじみのドットファイル（！？） 86
- フォルダ名のローカライゼーション 99
- フォルダの日本語名表示を試す 99
- ディレクトリへのシンボリックリンクの補完方法を変更する（bash） 106
- ユーザIDとグループID 110
- リソースフォーク 114
- ユーザの所属グループとプライマリグループ　id（コマンド）❶、groups 121
- 特別なパーミッション 126
- コマンドによるコピー＆ペースト　pbcopy/pbpasteコマンド 128
- ファイル名を指定するオプション、動作を決定づけるオプションの指定 137
- 圧縮/伸張だけを行うコマンド 139
- リッチテキスト　textutilコマンドで標準テキストに変換 143
- 実ユーザ/実グループと実効ユーザ/実効グループ　id（コマンド）❷ 144
- デバイスファイルへのリダイレクト　キャラクタスペシャルファイル、ブロックスペシャルファイル 156
- ディレクトリ名だけで移動する　AUTO_CD 163
- 「**/」による再帰（zsh） 166
- デフォルトのシェルの変更　chshコマンド 185
- AppleScriptをコマンドラインで動かそう 186
- 文字の置き換えと文字列の置き換え 200
- タブとスペース　expand、unexpand 206
- GNU版awkによるCSVの加工 218
- psコマンドのオプション　-aとa 227
- 実行中のシェルの切り替え　exec 231
- プロセス、スレッド、プロセスグループ、セッション、ジョブ、そしてタスク 233
- ウィンドウアプリケーションとバックグラウンドジョブ 240
- コマンドラインでアプリケーションを開く　open 247
- MACアドレス　ネットワークのハードウェアアドレス、arp（コマンド） 260
- ファイル共有のプロトコル　APFSではSMBかNFSを使用する 262
- さまざまなネットワークコマンド　nslookup、route、traceroute、netstat 264
- wget　Webサイトをまるごとダウンロードする 269
- 「サービスプロセス」とlaunchdの役割 270
- 「ライブラリ」と「依存関係」 279
- Homebrewの用語　Cellar、Formula、Cask 289
- ソースコードからのインストール 291
- GPLとBSDライセンス 366

第1章
[入門]macOSとコマンドライン

本章では「macOS」と「コマンドライン」の基礎知識を扱います。

コマンドとコマンドラインは、単語と文章の関係に似ています。コマンド単体を知るだけではなく、コマンドライン、つまりコマンドをどこで入力し、どのように組み合わせていくかを知ることが活用の鍵となります。

また、macOSおよびUnix系OSの歴史についても簡単に取り上げています。用語や呼び名の整理がおもな目的ですが、歴史を少しでも知っていると「そういうことか」と納得できることが増えるでしょう。

1.1 はじめてのコマンドライン まずは試してみよう
1.2 macOSの特徴 OSの基礎、Unix系OSという一面、macOSの変遷

はじめてのコマンドライン

まずは試してみよう

macOSでは、コマンドはどんな場所でどんな風に実行するのでしょうか。まずは実際に簡単なコマンドを実行してみましょう。

コンピュータを「文字」で操作する　コマンドとコマンドライン

コマンド(*command*)とは命令という意味ですが、パソコン(*Personal Computer*)で**コマンド**と言うと`ls`や`cd`のような文字による命令を指すのが一般的です。このコマンドを入力する場所や、入力する内容のことを**コマンドライン**(*command line*)と言います。

本項では、コマンドを試しながら、コマンド実行の基本や用語を見ていきます。

ターミナル　コマンド入力に使うアプリケーション

macOSの「**ターミナル**」というアプリケーションでコマンドを入力し、実行してみましょう。[アプリケーション]-[ユーティリティ]にある[ターミナル]から起動できます(**図A**)[注1]。

図A　[アプリケーション]-[ユーティリティ]にある[ターミナル]のアイコン

注1　ターミナル(ターミナル.app)はLaunchpadの[その他]内またはSpotlight検索で「ターミナル」や「terminal」で検索して起動することもできます。「.app」についてはp.29のコラムを参照。

プロンプトとカーソル

ターミナルを開くと、図Bのように「`Last login:`」という行が表示されます。これは、直近のログインがいつ、どこからのものかを示しており、ターミナルをはじめて実行した場合は「`on console`」、実行したことがあれば「`on ttys000`」のように端末名(後述)が表示されます。

続いて、**プロンプト**(*prompt*)が「 ホスト名 :~ ユーザ名 $ 」のような形式で表示されています。ホスト名部分は、通常は[システム環境設定] - [共有]の[コンピュータ名]が使用されます(p.261)。プロンプトは「入力を促すもの」という意味で、プロンプトの後ろには**カーソル**(*cursor*)が表示されます。カーソルは入力待ちであることを示しています。

図B　プロンプトとカーソル(zshの例※)

※ Mojave以前の環境からアップグレードした場合、デフォルトのシェルはbashとなる。デフォルトのシェルはchshコマンド(p.185)、またはターミナルの設定でも変更できる(p.17)

コマンドの入力

ターミナルのカーソルが表示されている箇所で、たとえば、`ls␣/Library`と入力して return を押すと`/Library/`(Finderでは非表示、p.112)という場所にあるファイルが一覧表示されます。なお、コマンドの入力は英字入力モードで行います。`ls /Library/`のように最後に「/」記号を入れることもあります(後述)が、今回の場合は省略可能です。

「補完機能」を使うとコマンド入力が少し楽になります。たとえば、`ls /L`まで入力して tab を押すと「`ls /Library/`」(最後の「/」まで補完される)となります(**図C**)。また、以前入力した内容は↑↓で呼び出して再度実行することができます。これを「ヒストリ機能」と言います。

図C　lsコマンドの実行

※ zsh(後述)では、`ls /Library/` return と実行すると、コマンドラインの表示が「`ls /Library`」に置き換わることがある(p.177)。

コマンドラインの表記方法

「コマンドラインで`ls /Library`と入力して`return`を押す」ことを、以下のように示します。行頭の「`%`」部分はプロンプトを示しているので[注2]、入力するのは「`ls`」からです。

```
% ls /Library                    「ls /Library」部分を入力して return を押して実行
```
入力する文字列はこの部分

コマンドのオプションと引数

コマンドを実行する際、動作を指定する**オプション**(option)と、処理の対象を指定する**引数**(parameter/argument)を指定することがあります[注3]。

たとえば、先ほども入力した`ls`は「ファイルリストを表示する」コマンドで、図D❶のように`ls`のみでも実行できます。`ls`のみで実行すると、現在作業している場所(ターミナルを開いた直後の場合は[ホーム])にあるファイルやフォルダ[注4]が一覧表示されます。

❷のように`ls -l`として実行すると、同じ内容が詳しい情報付きで表示されます。`-l`部分が「オプション」で、ここでは「長い(long)書式で表示せよ」という意味です。

オプションと引数を指定したい場合は、一般に「 コマンド名 オプション 引数 」の順番で指定します。コマンドを先頭に書き、オプションや引数は半角のスペース(空白)で区切ります。`-l`オプションと`/Library`を指定したい場合は❸`ls -l /Library`のようにします。`ls`コマンドで「どの場所を表示するか」を指定している`/Library`部分が「引数」です。オプションや引数が複数ある場合も、半角の空白で区切って指定します。

図D　コマンドのオプションと引数

```
% ls                          ❶lsコマンドを何も指定せずに実行
Desktop      Downloads    Movies       Pictures
Documents    Library      Music        Public
```
現在作業している場所にあるファイルとディレクトリが表示された

```
% ls -l                       ❷lsコマンドを-lオプション付きで実行
total 0
drwx------+   9 nishi  staff   288  3  1 19:45 Desktop
drwx------+   3 nishi  staff    96  3  1 17:58 Documents
drwx------+   3 nishi  staff    96  3  1 17:58 Downloads
drwx------@  53 nishi  staff  1696  3  1 18:04 Library
＜中略＞
drwxr-xr-x+   4 nishi  staff   128  3  1 17:58 Public
```
この場所にあるファイル(フォルダは含まれない)によるディスクの使用量を512バイト単位のブロック数で表示(p.116で詳述)

```
% ls -l /Library              ❸オプションの-lと引数の/Libraryを同時に指定
total 0
drwxr-xr-x@   5 root   wheel   160  1 23 21:41 Apple
drwxr-xr-x   12 root   admin   384  3  1 18:42 Application Support
＜以下略＞
```

[注2]　「プロンプトで使われている記号の意味」(p.38)で後述。
[注3]　どちらもまとめて引数と呼ぶ場合もありますが、本書では前者をオプション、後者を引数と区別しています。
[注4]　ここでは親しみやすいように「フォルダ」という用語を使っていますが、コマンド操作時には「ディレクトリ」と呼ぶのが一般的です(p.22)。

ターミナルとシェルの関係

　ここで試してみたように、macOSではコマンドを入力するのに「ターミナル」を使います。ターミナルは**シェル**（*shell*）のためのウィンドウです。シェルは、ユーザからのコマンド入力を受け取り、その内容に従ってOS（後述）の機能を呼び出し、実行結果をターミナルに表示します。つまり、私たちはシェルを通じてコマンドを実行しており、シェルを使うためにターミナルを開いているのです。シェルについては第3章で取り上げます。

　ターミナルのようなソフトウェアは「仮想端末」「端末ソフトウェア」と呼ばれることがあります。「端末」にはコンピュータ本体に信号を送る末端（*terminal*）にある装置、情報の出入口という意味合いがあります。ターミナルは複数のウィンドウやタブを開くことができますが（p.14）、この1つ1つが「端末」です。端末にはそれぞれ「**ttys000**」や「**ttys001**」のような名前が付いており、コマンドをどの端末で動かしているのかがわかるようになっています（p.226）。

Column

補完機能を積極的に使おう　入力ミスの削減、指定ミスの発見

　補完機能には入力を楽にするだけでなく、コマンド名やファイル名の入力ミスを減らす効果があります。とくにファイル名の補完では、「補完されるかどうか」でファイルがあるかないかを判断できることが重要です。たとえば、cpコマンドは **cp file1 file2** でfile1がfile2にコピーされますが、オプションを指定していない場合、file2が存在していても警告メッセージ無しで上書きコピーされます。

　ここで、**cp file1 file2** と入力して tab を押したときに、スペースが自動で入ったら「file2」が補完された、すなわちfile2が存在しているとわかります。file2の後ろにスペースが入らなかった場合は補完が成功していないので、file2という名前のファイルは存在しないとわかります。新しい名前のファイルとしてコピーしようとしているならばこれで問題ないとわかりますし、上書きしようとしているのであればファイル名の指定が違っていると気付くことができます。また、zsh（後述）では、ファイル名の先頭文字を入れなくても tab キーで候補のファイルが表示されます。補完機能について、詳しくは第3章で取り上げます（bashと同じ動作にする方法はp.177を参照）。

　なお、tab で補完できない場合にはベル音を鳴らしますが、この音を鳴らさないようにしたい場合は［ターミナル］の［環境設定］-［プロファイル］にある［詳細］で、［ベル］内の［オーディオベル］を無効にします。このとき、［ビジュアルベル］を有効、［ビジュアルベル］の［消音時のみ］を無効にすると、ベル音の代わりに常にターミナルウィンドウが光るようになります。

```
❶file1がありfile2はない場合
% ls                          lsコマンドを実行して確認
file1                         file1がある
% cp f tab                    fまで入力して tab で補完
% cp file1                    補完されて「cp file1_（スペース）」となる
% cp file1 file2 tab          file2（コピー先のファイル名）を入力して念のため tab
% cp file1 file2              変化しないのでfile2は存在しないとわかる
❷file1とfile2がある場合
% ls                          lsコマンドを実行して確認
file1   file2                 file1とfile2がある
% cp file1 tab                cp f でファイル名の共通部分である「file」まで補完されるので、「1」を入力して tab で補完
% cp file1                    補完されて「cp file1_（スペース）」となる
% cp file1 file2 tab          file2（コピー先のファイル名）を入力して念のため tab
% cp file1 file2              file2の後に_（スペース）が入る（＝補完された）のでfile2が存在することがわかった
```

5

macOSの特徴

OSの基礎、Unix系OSという一面、macOSの変遷

　macOSは「Unix系OS」という一面も持っています。macOSの何がどう「Unix系」で、Unix系であるとはどのようなことなのでしょうか。

基本となるソフトウェア「OS」

　コンピュータは**CPU**（*Central Processing Unit*、プロセッサ）、**メモリ**（*memory*）、**入出力装置**（*input/output device*）といったハードウェアの組み合わせでできており、そのハードウェアを使いこなすためには複雑な処理が必要です。これらの制御を行っているのが**OS**（*Operating System*）です。コンピュータ全体を管理し、コントロールして、さまざまなアプリケーションを実行できる環境を整えるという重要な役割を持つソフトウェアです。ハードウェアを操作する基本となる部分を担うのがmacOSというOSで、macOSの上でSafariやiTunesなどのアプリケーションが動いているのです[注5]。

OSの中心部分は「カーネル」

　カーネル（*kernel*）とはOSの核となる部分です。たとえば、ディスク装置などのハードウェアへのアクセス、プロセスの管理（メモリ配分、CPUの時間配分、CPUが複数あればその配分）などを行っています。macOSのカーネルは「Mach（マーク）」と言います[注6]。

[注5] ソフトウェアを基本ソフトウェアとしてのOSとOS上で動かすアプリケーションソフトウェアで分ける場合は上記の解説のとおりですが、「macOSの操作方法」「macOS Catalinaにアップグレードする」のような文脈での「macOS」はOSとともにインストールされる各種アプリケーションも含めたソフトウェア一式を指します。

[注6] 「Kernel and Device Drivers Layer」（Mac Technology Overview）
　　URL　https://developer.apple.com/library/content/documentation/MacOSX/Conceptual/OSX_Technology_Overview/SystemTechnology/SystemTechnology.html

---

Column

macOSとiOSの関係は？

　iPhoneアプリを開発するにはmacOS環境が最適です。iPhoneをフル活用したいのでMacを買ったという人も多いかもしれません。iPhoneやiPadには**iOS**というOSが搭載されていますが、このiOSもmacOSと同じくDarwinベース（次ページを参照）です。同じAppleが開発したOSというだけではなく、コアの部分が同じOSでもあるのです。

　iOSアプリの開発にはmacOSの統合開発環境である**Xcode**を使いますが、macOSユーザであればApp Storeで無償でダウンロードできます。開発用のドキュメント類も公開されており、iTunes Storeではチュートリアル動画も配布されています。なお、iOSアプリの開発には、以前は有償のApple Developer Programへの登録が必要でしたが、iOS 9に対応した「Xcode 7」からは開発と実機テストまでは登録不要となりました。App Storeで公開するには登録が必要ですが、自分用のアプリであれば無償で開発に挑戦できるようになっています。

macOSのベースは「Darwin」

macOSのベースとなるOSは **Darwin** です。たとえば、コマンドラインでOSの名前を確認するunameコマンド（p.244）では、以下のように -v（または -a）オプションで現在動作しているDarwinのバージョンが確認できます。

```
% uname                         OSの名前を表示
Darwin
% uname -v                      カーネル（Darwin）のバージョンを表示
Darwin Kernel Version 19.3.0: Thu Jan  9 20:58:23 PST 2020; root:xnu-6153.81.5~1/RELEASE_X86_64
```

Darwinは2000年にAppleがリリースしたUnix系のOSで、オープンソースかつフリーソフトウェアとして公開され[注7]、現在も開発が続けられています。

このDarwinにさまざまなソフトウェアや変更を加えて製品化したOSがmacOSです。そして、macOSもまたUNIXの標準化規格（後述）に則ったUNIXです。

Unix系OSの特徴

ところで、Unix系OSにはどんな特徴があるでしょうか。まず、「開発者用に作られて育ってきたシステムである」という特徴があります。開発環境が整っており、新たにソフトウェアを作ってみたい人のための情報も豊富です。macOSで言えば、Xcodeという無償で使える開発環境があり、簡単にインストールして使うことができます。

そして、Unix系OSは個人用のコンピュータではなく研究所などで複数の利用者が共有して同時に使用するコンピュータ前提に誕生したので、最初から複数のユーザで使用できるマルチユーザ（*multiuser*）環境であること、複数のプログラムを同時に動かすマルチタスク（*multitasking*）[注8]環境であることが挙げられます。現在はマルチユーザ／マルチタスクの環境というのはとくに珍しいものではありませんが、誕生のときからそのために設計されており、複数の人が同時に使うのが当然であるというのはやはりUnix系OSの特徴と言えるでしょう。

また、Unix系OSで使われているコマンド、とくに基本的な操作に使われるコマンドには共通のものがたくさんあります。たとえば、p.3で使用したlsコマンドは使用できるオプションに若干の違いはあるものの、Linuxなどでも同じように使用できます。

Unix系OSの歴史

前節のとおりmacOSはUnix系のOSですが、「Unix系」とは何か、Unix系OSがいくつもの系統に分かれているのはどんな経緯だったのか、UNIXの歴史を振り返ってみましょう。

UNIXは研究所で誕生し、無償公開されていた

UNIXの開発は、1969年にAT&TのBell Laboratories（ベル研究所）で始まりました。UNIXは、おもに大型汎用機やワークステーションで利用されていましたが、最初の頃は研究用途として開発されており、設計内容が公開され自由に利用できるようになっていました。

自然な流れとして、さまざまな企業や団体がUNIXを自分の環境に合わせて独自に改造して使用しました。その結果、同じ「UNIX」と名乗っていても内容に隔たりが生じてくることになります。

注7 「PureDarwin」（Darwinの情報を公開し、配布している） URL https://www.puredarwin.org
注8 「タスク」（*task*）は処理、作業という意味（p.233）。「マルチタスク」は複数の処理を内部で切り替えながら実行することによって、並行して処理できるようにするしくみ。

Unixの系統の1つが「BSD系」

このような経緯から、Unixにはいくつかの大きなグループがあります。とくに大きな勢力となったのが**BSD系**と呼ばれるグループです。BSDとはBerkeley Software Distributionの略で、1970年代から1980年代にUCB（*University of California, Berkeley*、カリフォルニア大学バークレー校）で開発されて、大学や研究所などの教育機関で広く普及しました。

現在はBSD自体の開発は休止されていますが、派生システムであるFreeBSDやNetBSD、OpenBSDなどは現在も開発が続けられています。macOSもこの「BSD系」です。BSD系の商用OSにはSun Microsystems（当時）が開発したSunOS（後のSolaris）があります。

商用UNIXの登場とUnix系OSの進化

1980年代に入り、AT&TはUNIXを商用のOS「UNIX System V」（SysV、システムファイブ）としてリリースしました。当時UNIXが動作するコンピュータは高価なものであり、UNIXのライセンス料も高価でした。フリーで開発が続けられていたBSD系にしても、対象としているコンピュータは大企業や大学で使うワークステーションや大型汎用機です。1984年にIBMがPC/AT（*Personal Computer for Advanced Technologies*、System Unit 5170）というパソコンを発売し、小規模な会社や家庭でもコンピュータが使えるようになりましたが、この頃のパソコンは非力で、Unix系OSは使われていませんでした。

そんななか、当時フィンランドの学生だったLinus Torvalds氏がパソコンで使えるUnix風OSであるLinuxを公開しました。最初に公開されたのはカーネルのみで、OSとして使えるようにするための画面表示や入力その他を行うためのソフトウェアは、Linus氏だけではなく世界中の多くの人々が開発し公開しました。

さまざまなディストリビューション

現在、カーネルを中心にOSとして利用できるように組み合わせたソフトウェアのセットは「ディストリビューション」（*distribution/distro*）と呼ばれており、さまざまな種類が存在します。それぞれ特徴がありますが、とくに大きな違いはソフトウェア（パッケージ、後述）の管理方法です。たとえば、CentOSをはじめとするRed Hat系と呼ばれるディストリビューションでは「rpm」というパッケージ形式が使われています。DebianやUbuntuでは「deb」というパッケージ形式が使用されています。

POSIX、商標UNIXとSUS　　UNIXの標準規格

コマンドのヘルプや関連文書を見るとPOSIXという言葉が頻繁に登場します。さまざまなUnix系OSが誕生し育ったなか、互換性を保つために誕生した規格が**POSIX**（*Portable Operating System Interface for unix*）です。POSIXのルールに沿って開発されたソフトウェアは同じように動作させることができる環境の実現を目指しており、多くのUnix系OSがPOSIXに準拠しています。

また、現在は「UNIX」という商標はThe Open Groupという国際的な標準化団体によって管理されています。The Open Groupが定めている規格は**SUS**（*Single UNIX Specification*）と言い、SUSの認証を受けたUNIXと名乗ることができることになっています。macOS（OS X）の場合、Mac OS X v10.5 LeopardでSUSの認定を受けています。

Unix系OS間の違い　　系統の違いはコマンドラインに影響する？

Unix系OS間でのおもな違いとしては、ファイルシステム（p.60）や環境設定周り、たとえばOSが起動するときの手順や、OSとともにバックグラウンドで動いているデーモン（*daemon*）

と呼ばれるプログラムの起動や設定の方法などが挙げられます。また、新しくコマンドをインストールするときのスタイルが異なります。ディレクトリ構成（システムファイル等をどこに配置するかのルール）も、共通化されている部分と各OSで異なる部分とがあります。

一方、本書で取り上げる「コマンドラインでの操作」の面で言えば、あまり変わらないと言って良いでしょう。なぜなら、前述のとおりコマンドラインで私たちの入力を待っているのは「シェル」（後述）というプログラムであり、シェルにはいくつか種類があるものの、大抵のUnix系OSで同じプログラムが使えるからです。その他のコマンド類も同様です[注9]。

macOSではさらに、一般的なUnix系コマンドにプラスしてアプリケーションの設定を操作する defaults コマンド（p.249）やディスクを操作する diskutil コマンド（p.69）のようなmacOS独自のコマンド（p.55）が追加されています。なお、macOSにないコマンドもUnix系のコマンドであれば、ほとんどの場合、簡単にインストールすることができます（第11章）。

Unix系OSと操作環境　　ウィンドウを使うかどうかは設定で決める

Unix系OSは、しばしばコマンドラインだけの状態でも利用されています。この場合、電源を入れてOSが起動し文字の表示と入力が可能になると、ログインを受け付けるプログラムが実行され、ユーザ名とパスワードの入力を促すメッセージが表示されます。

ログインに成功すると、ユーザごとの設定に応じたシェルが起動します。シェルはユーザのコマンド入力を受け取り、カーネルの機能を呼び出してコマンドを実行します。つまり、シェルが起動すると利用者がコマンドラインが使えるようになるということです。いわば、先ほどコマンド入力を試した「ターミナル」だけの状態です。

macOSのようにグラフィカルな操作環境（後述）を利用する設定の場合、ログインの前にウィンドウ画面の表示などをするためのプログラムが動きます[注10]。システムの準備ができるとログイン用の画面が表示され、ログインに成功するとデスクトップが表示されます。グラフィカル環境でコマンドラインを使いたい場合は仮想端末を使います。1.1節で触れたとおり、仮想端末とはソフトウェアによる端末のことで、macOSでは「ターミナル」が該当します。

macOSの歴史

Macに搭載されているOSは、現在は「macOS」と呼ばれています。1984年の発売当初より長らく「System」にバージョン番号を付けて呼ばれていましたが、後に「Mac OS」（1997〜）、「Mac OS X」（2001〜）、「OS X」（2012〜）、「macOS」（2016〜）と変化しています。名称の変遷と歴史をざっと振り返ってみましょう。

Classic Mac OS

現在、Mac OS X以前のOSは「Classic Mac OS」と総称されています。1984年に発売された初代Macintoshから搭載されているOSで、この頃はアプリケーションに対して「System Software」と呼ばれており、その後「System」と呼ばれるようになりました。Macintoshはユーザの使い勝手が重視されており、グラフィカルで、マウスによる直感的な操作ができることで注目を集めました。この時代のコンピュータはコマンドライン操作しかできないものが多く、Macintoshを特別

注9　ただし、同じ名前でのコマンドでもバージョンの違いから、使い方は同じでも使えるオプションが異なるケースがあります。p.366のコラム「GPL と BSDライセンス」もあわせて参照してください。

注10　Linuxなどの場合、ログインの後に使いたいときだけコマンド操作でグラフィカル環境（X Window System、p.11）を起動するように設定されている場合もあります。

な存在であると捉えていたパソコンユーザも多いでしょう。

その後、1995年に発表された「Sytem 7.5.1」の起動画面に「Mac OS」という名称が表示されるようになり、1997年1月に「Mac OS 7.6」が発表されました。なお、翌1998年に発売された初代iMacにはMac OS 8が搭載されています。初代iMacは、カラフルなスケルトンボディという斬新なデザインと入手しやすい価格帯で注目を集めました。Classic Mac OSの操作はあくまでマウスが中心で、標準ではコマンドラインが使用できませんでした。

新しいOS「Mac OS X」の誕生

Mac OSはバージョン9系列が最後となり、2001年に**Mac OS X**（マックオーエステン）が発売され、Macに搭載するOSは大きな変貌を遂げました。Mac OS Xはこれまでのg Mac OSとは異なる技術で開発されており、Mac OSのグラフィカルで直感的な操作性をそのままに、内部はUnixベースで安定している、Unix系のソフトウェアも使えると注目を集めました。また、Mac OS Xをリリースする過程で、コアOSをオープンソースとしたDarwinが生み出され、macOS、iOSと名前を変えて分岐した現在でも、DarwinとしてOSの一部のソースが公開されています。

なお、Mac OS Xの10.0～10.4までは、従来のMac OS環境は「Classic環境」としてサポートされていたのでMac OS 9.2.2用のソフトウェアも動かすことができました。

ハードウェアの変化　PowerPCからIntel Macへ

Mac OSがMac OS Xになってからの大きな出来事は**Intel Mac**の登場でしょう。当時のMacは「PowerPC」というCPUを搭載したハードウェア用に開発されてきましたが、Mac OS X v10.4 Tigerの途中からはIntelのCPUを搭載したMac、通称Intel Macに対応しました。さらに、Mac OS X v10.6 Snow LeopardからはIntel Mac専用となりました。なお、昨今はIntel Macという呼び名はあまり使われていません。

Mac OS Xから「OS X」へ名称変更

2012年のOS X Mountain Lion（10.8）から、名称の中の「Mac」がなくなりました。見た目や操作性に大きな変更があったわけではありませんが、カレンダーや連絡帳などのアプリケーション名がiOSと統一されたり、iOSで使われているアプリと同等のアプリケーションが標準で追加されたりしました。ちなみに、OSの名称にネコ科の動物名が使われたのはこのバージョンが最後です。

OS Xから「macOS」へ名称変更

OS Xは2016年にリリースされたmacOS Sierra（10.12）から**macOS**に名称が変わりました。こちらも、見た目には大きな変更はありませんが、iOSに搭載されていた音声システムSiri（シリ）などが追加されています。さらに、2017年にリリースされたmacOS High Sierra（10.13）では、**APFS**（*Apple File System*）という新しいファイルシステムが正式にサポートされました[注11]。

Darwinの歴史

ここで、Darwinの年譜も簡単に紹介します。まず、1999年に最初のバージョン（version 0.1）が公開されました。そして、2年後の2001年にDarwinの1.3.1が公開されます。これがMac OS X（Cheetah）、すなわちMac OS Xの最初のバージョンに相当します。

この後バージョンのナンバリングのルールが若干変化しますが、2007年のバージョン9.0

注11　APFSは、Mac OS拡張フォーマット（HFS+）の後継となるファイルシステムで、macOS Sierra（10.12）で開発版が公開されていました。ファイルシステムについては第4章で取り上げます。

がMac OS X v10.5 Leopardに、2014年のバージョン14.0（14.0.0）がOS X Yosemite（10.10）に対応しています。

バージョンと名称の変遷

Mac OS Xには「Tiger」や「Leopard」、OS Xには「Mavericks」や「El Capitan」、macOSには「Sierra」や「Catalina」などの名称があります。バージョンと名称の対応は**表A**のとおりです。

表A バージョンと名称

リリース	バージョン	名称	備考
1999.3	-	-	Darwin公開
2001.3	10.0	Mac OS X (Cheetah)	Darwin 1.3.1 相当
2001.9	10.1	Mac OS X v10.1 (Puma)	Darwin 1.4.1 相当
2002.8	10.2	Mac OS X v10.2 (Jaguar)	Darwin 6.0.1 相当（Darwinのナンバリングルールが変更された）
2003.1	10.3	Mac OS X v10.3 Panther	初代iMac以降の機種に対応。Darwin 7.0 相当
2005.4	10.4	Mac OS X v10.4 Tiger	Intel Mac登場。Darwin 8.0 相当
2007.1	10.5	Mac OS X v10.5 Leopard	SUS取得（正式にUNIXとなる）。Darwin 9.0 相当
2009.8	10.6	Mac OS X v10.6 Snow Leopard	PowerPCの公式サポート終了。Darwin 10.0 相当
2010.1	10.7	Mac OS X v10.7 Lion	Darwin 11.0.0 相当
2012.2	10.8	OS X Mountain Lion	Darwin 12.0.0 相当
2013.6	10.9	OS X Mavericks	Darwin 13.0.0 相当
2014.6	10.10	OS X Yosemite	Darwin 14.0.0 相当
2015.6	10.11	OS X El Capitan	Darwin 15.0.0 相当
2016.9	10.12	macOS Sierra	Darwin 16.0.0 相当
2017.9	10.13	macOS High Sierra	Darwin 17.0.0 相当（iOS 11）
2018.9	10.14	macOS Mojave	Darwin 18.0.0 相当（iOS12）
2019.10	10.15	macOS Catalina	Darwin 19.0.0 相当（iOS13）

macOSとX Window System

何かと何かをつなげて、やりとりする部分を「インターフェイス」と言います。コンピュータで言えば、人間（ユーザ）とコンピュータの間を結び付ける部分が「ユーザインターフェイス」であり、その部分がグラフィカルであればGUI（*Graphical User Interface*）、文字によるコマンドベースであればCUI（*Character User Interface*）またはCLI（*Command Line Interface*）と呼ばれます。Unix系システムでは、このGUI部分に**X Window System**が使われています。

X Window SystemはMIT（*Massachusetts Institute of Technology*、マサチューセッツ工科大学）で開発され、**X**あるいは現在のバージョンである**X11**と呼ばれています。X11にはいくつかのリリースがあり、X11R6（*X version 11 release 6*）やX11R7（*X version 11 release 7*）のように表記されることもあります。

なお、XはX.Org Foundationによってメンテナンスおよび配布が行われています[注12]。

注12 URL https://www.x.org

Darwin用のXは「XQuartz」

　macOSは独自のウィンドウシステムを備えているためXを使用する必要はありませんが、Unix系OSの仲間なのでXを導入することも可能です。Darwin環境用のXは「XQuartz」という名前で開発されており、XQuartzプロジェクトのWebサイト[注13]で配布されています（図A）。

図A　XQuartz

インストールすると［アプリケーション］-［ユーティリティ］から起動できる

注13 https://www.xquartz.org

Column

Boot Campや仮想環境　Macで、ほかのOSも使ってみたい

　macOSはIntel Macで動作しますが、IntelのCPUで動作するほかのOSをMacで動かす方法について簡単に取り上げます。Microsoft WindowsをMacで動かす方法として、macOSおよびOS Xに含まれているBoot Campというしくみを使うことができます。［アプリケーション］-［ユーティリティ］にある「Boot Campアシスタント」を起動すると、Windowsをインストールするためのウィザードが開始します。ただし、Boot Campの場合、起動（*boot*、ブート）時にmacOSを使うかWindowsを使うか選択するというスタイルなので、OSを切り替えるのには再起動が必要です[注a]。

　一々再起動するのではなく同時に使いたいという場合はVMwareやVirtualBox、Parallelsのような「仮想環境」と呼ばれるソフトウェアを使うと良いでしょう。仮想環境にはWindowsのほかに、Linux等のUnix系OSも簡単にインストールすることができます。Unix系OSの場合は無償で使えるディストリビューションパッケージが配布されているので比較的手軽に試すことができます。いずれの場合もOSは別途入手する必要があります。

　その他の比較的新しい方法としてDockerも人気があります。こちらはおもにUnix系の開発環境やサーバ環境を構築するのに使われています。仮想環境の場合、まず元々のOS（ホストOS）上に仮想的なハードウェアを作り、その仮想的なハードウェアに対してOS（ゲストOS）をインストールしてゲストOS用のプログラムを動かしますが、Dockerの場合はホストOS上に**コンテナ**（*container*）と呼ばれる独立した実行環境を作り、その中でプログラムを動かします。

注a　macOS High Sierra（10.13）で採用された新しいファイルシステム「APFS」（p.60）を使用する場合、起動時に手動で選択する必要があります。 https://support.apple.com/en-us/HT208123

第2章
ターミナルとFinderの基本

　本章のテーマは、コマンドを入力する際に使用する「ターミナル」(ターミナル.app) です。ターミナルを活用していく上で便利な設定や、macOSでコマンドラインを活用する上で欠かせない「Finder」との連携について取り上げます。入力サンプルや実行画面を参考にしながら、手元の環境でコマンドを実行して、コマンドラインに親しんでみてください。

2.1　ターミナルの基本　起動と終了、設定の確認
2.2　Finderとコマンドライン　フォルダとディレクトリ、openコマンド

ターミナルの基本

起動と終了、設定の確認

本節では「ターミナル」の起動と終了、設定について順に取り上げていきます。また、コマンドラインを活用する上で重要なテキストエンコーディング(文字コード)について解説します。

ターミナルの起動と終了

第1章でも述べたとおり、コマンドの入力を受け付けて実行結果を表示する役割を持つプログラムを**シェル**(*shell*)と言います。

macOSでは、「ターミナル」(ターミナル.app)でコマンドを入力します。ターミナルはp.2で試したとおり、[アプリケーション]-[ユーティリティ]にある「ターミナル」などから起動します。ターミナルはこれから頻繁に使うので、Dockに追加しておくと良いでしょう。ターミナルを実行するとDockにターミナルのアイコンが表示されるので、右クリックして[オプション]-[Dockに追加]を有効にする(**図A**)ことでDockに追加できます。

図A　Dockに登録

複数のターミナルを起動して使う

コマンドの実行結果を見ながら別のコマンドを実行したりするなど、複数のターミナル(端末)を使うと便利なことがよくあります。新しいターミナルはターミナルの[シェル]メニュー、または `command` + `N` で新しいウィンドウ、`command` + `T` で新しいタブを開くことも可能です(**図B**)。なお、ウィンドウやタブのタイトルに表示する内容はターミナルの環境設定(p.15)で変更できます。

シェルを終了させる

ターミナルのウィンドウやタブを閉じる([×]ボタンをクリックまたは `command` + `W`)と、シェルも終了します。コマンドを実行中の場合、ターミナルを閉じるとともにそのコマンドも終了します。終了方法が不明なコマンドや、キー入力を受け付けなくなって終了できないような場合も、ターミナルを閉じれば終了します。コマンドで終了させたい場合は、killコマンドまたはkillallコマンドを使用します(p.228の「プロセスに『シグナル』を送る」で後述)。

図B 複数のターミナル（新規ウィンドウや新規タブ）を開く

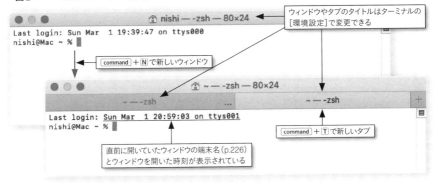

ターミナルの設定

［ターミナル］-［環境設定］では、ターミナルのデザインやターミナルウィンドウの表示内容、起動コマンドなどを設定できます。設定画面はバージョンによって若干異なりますが、ここでは本書原稿執筆時点最新版の macOS Catalina（10.15）に収録されているバージョン2.10のターミナルの設定画面を使用しています。

プロファイルで見た目をカスタマイズ

［ターミナル］-［環境設定］-［プロファイル］をクリックすると、ターミナルの画面デザインを設定できます。プロファイルは複数作成することができ、好みのデザインのプロファイルを元にしてカスタマイズすることもできます。背景イメージや色、フォントのサイズ、カーソルのデザインなどは［プロファイル］-［テキスト］から適宜選択して変更します（**図C**）。

図C ターミナルの環境設定（［プロファイル］-［テキスト］）

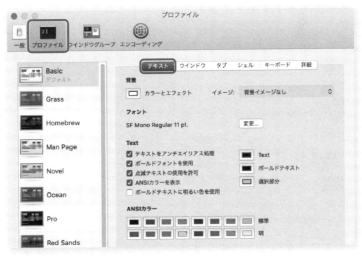

ウィンドウタイトルに表示する内容

ターミナルのタイトルには、現在実行中のコマンドのほか、さまざまな情報を表示できます。ウィンドウタイトルに設定する内容は、[プロファイル]-[ウィンドウ]で設定します。[動作中のプロセス名]を有効にしておくと、現在実行しているコマンドの名前がわかります(**図D**)。なお、デフォルトで有効になっているので、変更する必要はありません。

図D ターミナルの環境設定([プロファイル]-[ウィンドウ])

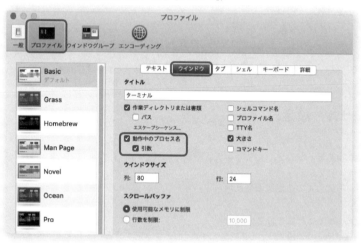

また、[プロファイル]-[タブ]で、タブのタイトルの表示も変更できます(**図E**)[注1]。

図E ターミナルの環境設定([プロファイル]-[タブ])

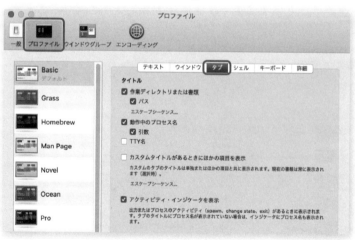

注1 ターミナルのバージョン2.6以降。ターミナルのバージョン2.6はOS X El Capitan(10.11)に収録されています。なお、本編で触れたとおり、本書原稿執筆時点最新版のmacOS Catalina(10.15)のターミナルはバージョン2.10です。

ターミナルで使用するシェルの設定

　ターミナルで使用する標準のシェルは［ターミナル］-［環境設定］-［一般］で設定します。ターミナルで使用する標準のシェルは［ターミナル］-［環境設定］-［一般］で設定します。macOS Catalina（10.15）のデフォルトシェルはzshですが、macOS Mojave（10.14）以前の環境からアップグレードしている場合、bashを使用するようになっています（第3章）。本書は、zshおよびbashでの実行を前提としています。

　普段使用するシェルの変更はchshコマンド（p.185）で行いますが、［プロファイル］で使い分けるという方法もあります。プロファイルでシェルを設定する場合は［コマンドを実行］にチェックマークを入れて、シェルのコマンド名を指定し、［シェル内で実行］のチェックを外します（**図F**）。実行時のプロファイルは、ターミナルの［シェル］-［新規ウィンドウ］またはDockのターミナルを右クリックして［新規ウィンドウ（プロファイル）］で選択します。

図F　　ターミナルの環境設定（［プロファイル］-［シェル］）

テキストエンコーディングの設定

　ターミナルでは、テキストエンコーディングは「UTF-8」（p.20）を使用するのが一般的です。［ターミナル］-［環境設定］-［プロファイル］にある［詳細］で、［言語環境］内の［テキストエンコーディング］で設定します（**図G**）。

図G ターミナルの環境設定（[プロファイル] - [詳細]）

「\」（バックスラッシュ）の基礎知識

　日本語環境のコマンドラインで問題になりやすいのが「¥」の表示と入力です。元々アメリカで使用されていたASCIIコード（ISO/IEC 646の元になった規格）では「\」（バックスラッシュ）として定義されていた記号がJIS規格で「¥」に割り当てられたため、同じキーの入力が環境によって「\」と表示されたり「¥」と表示されることがあります[注2]。

　しかし、UTF-8環境では両者は別々の記号として使用可能です。このため、macOSのキーボード設定でも¥でどちらを入力できるか決められるようになっています。コマンドラインでは「\」を使う機会が多いので、キーボードから「\」が入力できているかを確認しておきましょう。通常の設定であればJISキーボード（日本語配列）の場合、[delete]の左側の¥で入力できます。また、「\」を確実に入力する方法として[option]＋¥もあります。

「\」の表示を確認

　ターミナルで「\」が入力できているかを確認するために、「\」がどう表示されるかを確認してみましょう。ここでは「`cat /etc/bashrc`」で確認する方法を紹介します。

　「`cat /etc/bashrc`」は「/etc/bashrcというファイルの内容を表示する」という意味です。/etc/bashrcはbash用の設定ファイルで、その中の「**PS1=**」からはじまる行で「\」記号を使用しています[注3]。ここを見ることで「\」がどのように表示されるかを確認できます（**図H❶**）。

　PS1=の行で表示される「\」と同じものをキーボードから入力できているかどうかを確認し

注2　言語やテキストエンコーディングのほかに、表示に使用しているフォントの影響を受けることがあります。
注3　PS1ではbashのプロンプトを設定しています。プロンプトにはユーザ名などを表示するのが一般的で、bashではその設定に「\」記号を使用します（p.181）。なお、zshでもPS1を使用しますが、ユーザ名などの設定には「%」記号を使用します（p.174）。

ておいてください（図H❷）。❷で入力したものが❶と同じ記号であれば、「\」と「¥」のどちらが表示されていても問題ありません。なお、入力のテストは英字入力モードで行います。

図H　バックスラッシュの表示と入力を確認

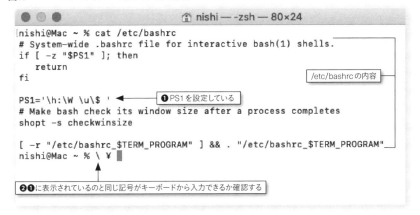

いろいろな地域の言語を使えるようにするしくみ

　macOSでは、［システム環境設定］-［言語と地域］で、日本語以外の言語も使用できるようになっています。ここで、言語関係で使われる用語について簡単に押さえておきましょう。

テキストエンコーディングと文字コード

　コンピュータは、情報を0と1による2進数（*binary*）によって処理します。したがって、文字をコンピュータで扱うには、何らかの形で0と1で表現する必要があります。たとえば「**a**」は **01100001**、「**b**」は **01100010** といった具合です。

　データを一定の規則に基づいて変換することをエンコード（*encode*）、変換する方法を**符号化**または**エンコーディング**（*encoding*）と言います。文字を符号化する方法が**テキストエンコーディング**です。また、文字に割り当てられたコードのことを**文字コード**と言います。ただし、「文字コード」という言葉は、割り当てられたコードの集合（*charset*、符号化文字集合）や、割り当てるときの方式（符号化方式）という意味で使われることがあり、「方式」と捉えた場合、テキストエンコーディングと文字コードの意味は同じです。macOSの設定画面では「テキストエンコーディング」と示されており、本書の解説でも「テキストエンコーディング」を使用します。

日本語環境で使われているテキストエンコーディング

　文字を0と1で表すには、いろいろな方法があります。英語圏では比較的簡単で、アルファベットの大文字/小文字によく使われる記号を加えても128種類、つまり7ビットで足ります。コンピュータでは8ビット＝1バイト単位で処理することが多いので、1文字を「先頭を常に0とした1バイト」で表すことになりました。これがいわゆる「ASCIIコード」です。

　一方、日本語は1バイトをフルに使って256種類にしてもカバーできません。そこで、2バイトで1文字を表すように設計したコード体系が作られました。2バイトを使って表す文字のことを**2バイト文字**と呼ぶことがあります。現在は3バイト以上で1文字を表すタイプの文字

19

コードもあり、総称として**マルチバイト文字**とも呼ばれています。

日本語用の2バイト文字に**Shift_JIS**と**EUC-JP**(日本語EUC)があります。Classic Mac OS (Mac OS Xより前のOS)やWindows環境ではShift_JISが採用され[注4]、一方、Unix系OSでは日本語EUCが一般的でした。

世界中の文字を表すことを目指して作られた「Unicode」

世界中でコンピュータが使われるようになり、新しく作られたのがUnicodeです。Unicodeは、世界中の主要な文字を一括して扱うことを目指して作られた規格で、最近のWindowsシステムや、macOS (Mac OS X以降)でも使用されています。

Unicodeでは表現する文字コード(エンコーディング)が複数作られており、現在広く使われているのは**UTF-8**と**UTF-16**です。UTF-8は、ASCII文字(英数字と一部の記号)はASCIIコードと同じ1バイト、その他の文字は2〜6バイト(日本語で使用する文字の多くは3バイト)使って表現します。したがって、ASCIIコードのみで書かれているテキストデータはそのままUTF-8に移行できます。一方、UTF-16はアルファベットも漢字も2バイトで表現します。

[言語と地域]の設定

ところで、macOSの設定には[言語と地域]という項目があります。日本で暮らして日本語を使っていると、文字も言語も地域も日本というケースが多いかもしれませんが、世界に目を向ければ状況はさまざまです。たとえば同じ英語を使っていても、アメリカでは日付を「1/24/1984」のように月/日/年の順で、イギリスでは「24/1/1984」のように日/月/年の順で表します。通貨の単位も異なります。[言語と地域]はこれらを設定する画面です(**図I**)。

図I [システム環境設定]-[言語と地域]

注4 Classic Mac OSではShift_JISをAppleが拡張して独自の文字を追加した、いわゆる「MacJapanese」と呼ばれる文字コードが使われていました。

ターミナルでも言語と地域の設定が必要になることがあります。これを「ロケール」(ロカール、locale)と呼び、環境変数(environment variable)のLANG (p.167)を使って設定します。古くは言語だけを指定していましたが、現在は言語と地域とテキストエンコーディングを組み合わせて「 言語 _ 地域 . テキストエンコーディング 」と設定するようになっています。日本語はja、日本はJPと表すので、日本語で、日本で、UTF-8を使うなら「ja_JP.UTF-8」となります。

環境変数に日本語のロケールが設定されている場合、シェルやコマンドが表示するメッセージが日本語になることがあります[注5]。ほかの言語も同様です。特別な表現として「Common」を意味する「C」があり、「LANG=C」と設定するとデフォルトの言語、一般的にはアメリカ英語(en-US)による表示となります。

注5　日本語に対応していない場合もあり、その場合はデフォルトの言語のままとなります。

Column

ターミナルの「マーク」と「ブックマーク」

ターミナルはOS X El Capitan (10.11)でバージョンアップして、「マーク」や「ブックマーク」といった機能が追加されました。

コマンドを入力した行は両端に [と] のような「マーク」が表示され、command + ↑、command + ↓で移動できるようになっています(図a)。マークはデフォルトで表示されているので、表示をなくしたい場合は、ターミナルの[表示] - [マークを非表示]を選択、または[編集] - [マーク]で[プロンプトの行を自動的にマーク]をOFFにします。

「ブックマーク」とは、ターミナルの途中に印を付けておく機能です。たとえば、よく使うコマンドラインや気になるエラーメッセージが出たときなどにメニューの[編集] - [ブックマーク]でブックマークを挿入しておくことができます。ブックマークはターミナルの画面を閉じるまで保持されます。ターミナルの画面表示内容やブックマークを保持したままシステムを再起動したい場合は、システム全体を終了する際にもターミナルは開いたままにしておき、かつシステム終了時の確認画面で[再ログイン時にウィンドウを再度開く]を有効にしてください。

図a　実行済みのプロンプト行にマークが付いている

Finderとコマンドライン

フォルダとディレクトリ、openコマンド

macOSでファイル操作に使用するアプリケーションは「Finder」です。本節では、Finderの表示とコマンドラインで表示されるファイルやディレクトリの関係、そしてFinderを活用したコマンドライン入力について取り上げます。

Finderの基本　フォルダとディレクトリ

はじめに、コマンドラインで表示される内容とFinderでの表示との関係を整理しましょう。macOSのGUI環境では、ファイルを操作する際に「Finder」を使います。Finderにはファイルとフォルダが表示されており、フォルダを選択することでそのフォルダに保存されているファイルの一覧を参照します。一方、コマンドラインではディレクトリを指定してさまざまな操作を行います。

フォルダはディレクトリを視覚化したもの

コンピュータではたくさんのファイルを使用します。ファイルを整理するためのしくみが**ディレクトリ**（*directory*）です。ディレクトリを作り、その中にファイルを配置することでファイルを整理整頓します。もちろんディレクトリの中にディレクトリを作ることも可能です。

そして、macOSのGUI環境ではFinderというアプリケーションが、ディレクトリを「フォルダ」として視覚化しています。たとえば、「ターミナル」は「アプリケーション」フォルダの中にある「ユーティリティ」フォルダに収納されています（**図A**）。ここでは、位置をわかりやすくするために、Finderを[カラム表示]にしています。

図A　［アプリケーション］-［ユーティリティ］

「書類」や「ダウンロード」はユーザごとに用意されているフォルダです。これらは、Finderのサイドバーにある[場所]でmacOSをインストールした場所やデバイス(通常はデフォルトの[Macintosh HD])を選ぶと「ユーザ」内に表示されるユーザ名(アカウント名)のフォルダの中にあります。ユーザ名のフォルダを**ホーム**(*home*)と言います。自分のホームは家のアイコンで示され、Finderで command + shift + H を押下すると開くことができます(**図B**)。

図B [ユーザ] - [(家のアイコン) ユーザ名]

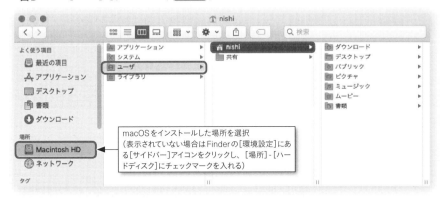

フォルダとディレクトリはどう対応しているか

コマンドラインでは、「アプリケーション」フォルダは「/System/Applications」のように表します。また、「ユーティリティ」は「アプリケーション」の中にあるので「/System/Applications/Utilities」のように表現します[注6]。なお、macOS Catalina(10.5)より前の環境で実行している方は、本節で使用しているディレクトリ名から/System部分を除いて、**ls /Applications/Utilities** のように実行してください。

ディレクトリにあるファイルやフォルダの一覧はlsコマンドで表示でき、ユーティリティにあるファイルやフォルダの一覧は「**ls /System/Applications/Utilities/**」で表示できます。**図C ❶**のlsの部分から入力します。tab を活用して「**ls /S** tab **A** tab **U** tab 」に続いて return を入力すると、❷のように実行結果が表示されます[注7]。なお、表示される内容は実行する環境ごとに若干異なります。

図C lsコマンドで Utilitiesディレクトリ(ユーティリティフォルダ)を表示

```
% ls /System/Applications/Utilities/   ……❶「ls /S tab A tab U tab 」で入力して return
Activity Monitor.app         Grapher.app          ❷以下のように実行結果が表示される
AirPort Utility.app          Keychain Access.app
Audio MIDI Setup.app         Migration Assistant.app
<以下略>
```

注6　macOS Mojave(10.14)まではアプリケーションのインストール先は/Applicationsでした。macOS Catalina(10.15)での/Applicationsはユーザがインストールしたアプリケーションが格納されており、Finderの「アプリケーション」には/Applicationsと/System/Applicationsを合わせた内容が表示されています。なお、日本語の表示名はシステムライブラリで定義されています。p.99のコラム「フォルダ名のローカライゼーション」もあわせて参照してください。

注7　前述のとおり、補完機能を使うと「ls /System/Applications/Utilities/」のように、最後に「/」が表示されます。ディレクトリであることを示すもので、ここではあってもなくても動作は同じです。zshで実行した場合、補完で入力された末尾の「/」は実行時に削除されます。

ディレクトリは「Applications」の中の「Utilities」……のように階層化されていますが(p.76)、一番上のディレクトリは**ルートディレクトリ**(*root directory*)と呼ばれています。Finderでは、ルートディレクトリはmacOSをインストールしたディスク(前述のとおり、デフォルトでは「Macintosh HD」)として表示されています。

ルートディレクトリは「/」1文字で表し、コマンドラインでは「`ls /`」でルートディレクトリの内容を表示できます(第5章で後述)。以下のように実行してみると、Finderの表示よりもたくさんのディレクトリがあることがわかります。これは一部のディレクトリがFinderでは表示しないように設定されているためです[注8]。

```
% ls /                              ルートディレクトリの内容を表示
Applications    Volumes     etc         sbin
Library         bin         home        tmp
System          cores       opt         usr
Users           dev         private     var
```

ホームディレクトリ

前述のとおり、各ユーザの個人用のファイルを保存する場所はFinderでは「ホーム」と呼ばれ、家のアイコンで示されています。

同じ場所をコマンドラインでは**ホームディレクトリ**(*home directory*)と呼び、自分のホームディレクトリは「~」(チルダ)で表せます[注9]。したがって「`ls ~`」でホームディレクトリの内容を表示できます。以下のように実行すると、Desktopディレクトリ(デスクトップ)やDocumentsディレクトリ(書類フォルダ)が表示されます。なお、JISキーボードでは「~」を shift + ^ で入力します。USキーボード(英語配列)の場合は shift + ` (tab の上にあるキー)で入力できます。

```
% ls ~                              ホームディレクトリの内容を表示
Desktop         Downloads   Movies      Pictures
Documents       Library     Music       Public
```

Finderとターミナルとの連携

Finderで表示しているファイルやフォルダをターミナルで操作したいというとき、ドラッグ&ドロップで入力する方法と、右クリックでターミナルを開くという方法があります。

ドラッグ&ドロップでファイル名を簡単に入力する

ファイルやフォルダをドラッグしてターミナルの画面にドロップすると、コマンドラインにファイルやフォルダの「パス」(*path*)が入力できます。ここで言う「パス」とは「ファイルの場所+ファイル名」という意味です。

たとえば、lsコマンドで表示するファイルやフォルダを指定したい場合は、`ls`と␣(スペース)を入力した状態でアイコンをターミナルにドロップします(図D、図E)。続いて、 return を押すと、ドラッグ&ドロップしたファイルやフォルダを表示できます。`ls`の部分を`file`にするとファイルの種類が、`ls -l`にするとファイルの詳細情報が表示できます。

注8 p.112の「ファイルフラグ」もあわせて参照してください。
注9 ホームディレクトリは、macOS環境の場合、ルートからの位置で表すと「/User/ユーザ名」となっています。ほかのUnix系環境では「/home/ユーザ名」などが使われています。

図D　❶「ls ␣」(スペース)まで入力してファイルやフォルダをドラッグ＆ドロップ

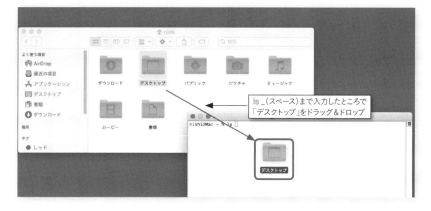

図E　❷ドラッグ＆ドロップしたファイルやフォルダのパスが入力された

Column

Finderでもタブ補完を使いたい！

Finderで「深い」ところにあるフォルダを開くのは少々手間がかかります。とくにコマンドラインに慣れてくると、1つ1つクリックするのではなくパス指定で開きたくなるものです。

そのようなときは、Finderメニューの[移動]-[フォルダへ移動]（ command + shift + G ）でフォルダの場所を指定して移動することができます（図a）。「/A」あるいは「/あ」まで入力してから tab を押すと「/アプリケーション/」が補完されたり、「/L」あるいは「/ら」の後に tab を押すと「/ライブラリ/」が補完されるなど、フォルダ名をある程度覚えていると移動が楽になります。

図a　 command + shift + G で指定のフォルダへ移動

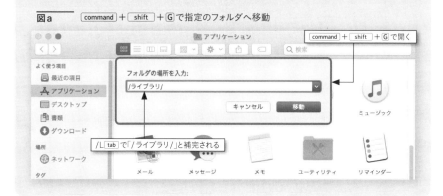

[セキュリティとプライバシー] - [フルディスクアクセス]の設定

なお、コマンドラインでデスクトップや書類を使用する際に、「"ターミナル"から"デスクトップ"フォルダ内のファイルにアクセスしようとしています。」のようなメッセージが表示されることがあります(図F)。[OK]をクリックするとコマンドが実行されます。ターミナルからはこのほかにもさまざまな場所にアクセスするので、その都度許可するか、システム環境設定の[セキュリティとプライバシー] - [フルディスクアクセス]でターミナルの許可を追加してください(図G)。

図F　　　デスクトップや書類の場合、初回実行時に確認のメッセージが表示される

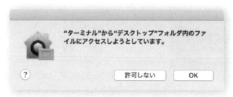

図G　　　[セキュリティとプライバシー] - [フルディスクアクセス]

❶クリックしてロックを解除する

❷[フルディスクアクセス]で[ターミナル]にチェックマークを入れる([ターミナル]が表示されていない場合は[+]ボタンで追加)

❸[今すぐ終了]でターミナルが終了する

Finderからターミナルを開く

フォルダを右クリックして表示されるメニューから、ターミナルを開くこともできます(図H)[注10]。「このフォルダにあるファイルをコマンドラインで操作したい」場合に便利です。

注10　macOS Mojave (10.14)からデフォルトで有効になっていますが、それ以前のバージョンの場合設定が必要です。なお、OS X El Capitan (10.11)の場合は、右クリックの[サービス]メニューに表示されます。

図H　右クリックのメニューからターミナルを開くことができる

　右クリックメニューにない場合は、[システム環境設定]-[キーボード]-[ショートカット]で左側のリストから[サービス]を選択し、[ファイルとフォルダ]下にある[フォルダに新規ターミナル]または[フォルダに新規ターミナルタブ]にチェックを入れて有効にします(図I)。これで、フォルダで右クリックしたときのメニュー[フォルダに新規ターミナル]または[フォルダに新規ターミナルタブ]が追加されます。

図I　[システム環境設定]-[キーボード]-[ショートカット]で[サービス]を設定

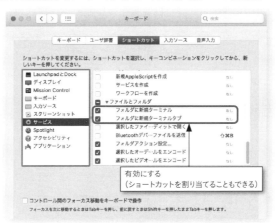

Finderにパスを表示する設定

　Finderとターミナルを一緒に使う場合、Finderにパスが表示されている方がどこに何があるか把握しやすくなります。パスバーを表示する方法と、ウィンドウのタイトルにパスを表示する方法があります。

パスバーを表示する

Finderの[表示]メニューにある[パスバーを表示]で、パスバーを表示できます。パスバーには、現在選択しているファイルやフォルダのパスが表示されます(**図J**)。

なお、パスバーに表示されているフォルダをダブルクリックしてそのフォルダへ移動することもできます。

図J Finderにパスバーを表示した

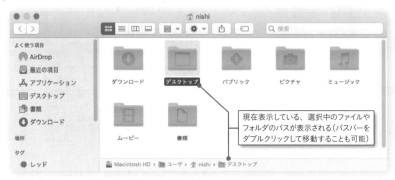

ウィンドウのタイトルにパスを表示する

パスバーの表示はFinderで見るぶんにはわかりやすいのですが、フォルダ名が日本語で表示されるなど、Finder独自の表示スタイルになっていてターミナルでの見え方とは異なります。そこで、Finderのタイトル表示をパス付きの表示に変える方法も紹介します(**図K**)。

図K ウィンドウのタイトル表示をパス付きに変更

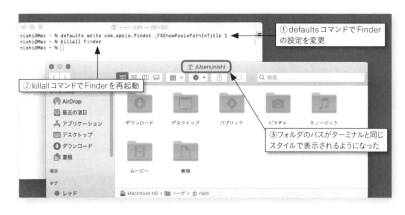

変更方法は、ターミナルで以下のコマンドを実行します。まず❶のとおり入力して[return]を押します。ターミナルには実行結果は何も表示されませんが、次の入力待ちのプロンプトが表示されます。defaultsコマンドはmacOS独自のコマンドで、設定メニューからは変更できない項目を変更するときなどに使います(p.249)。

続いて❷「killall Finder」を入力して[return]を押します。これは実行中のプロセスを終了

させたいときに使うコマンドで、今回の場合、Finderに設定を反映して再起動してもらいたいのでこのように実行しています。ターミナルには実行結果は何も表示されませんが、デスクトップが再描画されます。実行結果は図K③のようになります。

❶❷を実行してもタイトル表示が変わらない場合は **_FXShowPosixPathInTitle** 部分などの綴りが間違っている可能性がありますので、確認してみてください。

```
Finderのタイトルにパスを表示するコマンド
% defaults write com.apple.finder _FXShowPosixPathInTitle 1    ❶
% killall Finder                                               ❷
```

Column

フォルダではない姿で表示されるディレクトリ　バンドル

　macOSのFinderでは、アプリケーションが1つのアイコンで表示されていますが、実際にはこれは「アプリケーション名.app」という名前のディレクトリです。Finderでは、アイコンの右クリックメニューにある［パッケージの内容を表示］で内容を確認できます（図a）。このようなディレクトリを「バンドル」（bundle）あるいは「バンドルディレクトリ」（bundle directory）と言います。

　一方、コマンドラインでは通常のディレクトリ同様、lsコマンドで中身を確認できます（図b）。単に表示するだけであれば問題が起きることはとくにありませんが、中のファイルを移動や削除すると、アプリケーションが動作しなくなることがあるため注意してください。

図a　右クリックして［パッケージの内容を表示］で内容を確認できる

図b　Safari（Safari.app）をlsコマンドで表示

```
% ls /Applications/Safari.app           lsコマンドでSafari.appを表示
Contents                                Contentsがある
% ls /Applications/Safari.app/Contents  Contentsを表示
Info.plist      PkgInfo     Resources    _CodeSignature
MacOS           PlugIns     XPCServices  version.plist
```

ターミナルからアプリケーションを起動する3つの方法　openコマンド

openコマンドを使うと、ターミナルからウィンドウアプリケーションを起動することができます。以下では3つのopenコマンドの使い方を紹介します。

❶ターミナルからFinderのウィンドウを開く
❷ターミナルからデータファイルを開く
❸ターミナルから好きなアプリケーションを起動する

❶ターミナルからFinderのウィンドウを開く

openコマンドでディレクトリ（フォルダの場所）を指定すると、Finderでその場所を表示するウィンドウが開きます。たとえば、以下のように「open /Library」と指定すれば、Finderでライブラリフォルダが表示されます（**図L**）。「open /L」まで入力して tab を押すと残りが自動で入力されるので、return を押してください注11。現在ターミナルで開いている場所であれば「open .」とします。「.」（ピリオド1つ）は、現在作業している場所（カレントディレクトリ、p.79で後述）を表す記号です。

```
openコマンドでFinderを開く
% open /Library            /Libraryを開く（ライブラリフォルダが表示される）
```

図L　openコマンドを使ってFinderでフォルダを開く

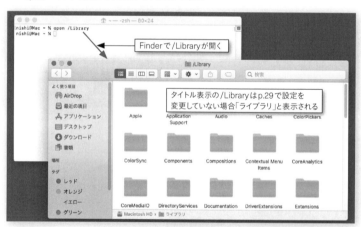

❷ターミナルからデータファイルを開く

「open ファイル」のように、ファイルを指定することも可能です。テスト用のファイルを作成して、実際に試してみましょう。

注11　今回の操作の場合、末尾の「/」を省略しても実行内容は変わりません。前述のとおり、tab で入力した場合、「open /Library/」のように入力時点では最後に「/」が表示されます。

テスト用ファイルの作成

テキストエディットで「Hello」と書いたファイルを「sample.txt」という名前で「書類」に保存します。このファイルは第5章でも使用します。

[アプリケーション]で「テキストエディット」を選択してテキストエディットを起動します（**図M**）。後で、別のコマンド操作でもファイルを閲覧したいので、[フォーマット]メニューで[標準テキストにする]を選択してください[注12]。内容は何でもかまいませんが、ここでは簡単に「Hello」とします（**図N**）。

図M ❶テキストエディットを起動

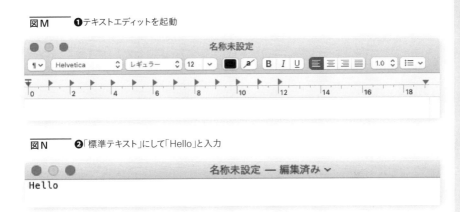

図N ❷「標準テキスト」にして「Hello」と入力

ファイルを保存してテキストエディットを終了します。[ファイル]-[保存]（command + S）で「sample」という名前を付けて保存します。拡張子「.txt」が自動で付くので、保存されるファイル名は「sample.txt」となります。場所は「書類」、標準テキストのエンコーディングは[Unicode（UTF-8）]としてください。この状態で[保存]ボタンをクリックして、ファイルを保存します（**図O**）。ここまでできたら、テキストエディットはいったん終了させてください。

図O ❸書類フォルダに「sample.txt」という名前で保存

注12 テキストエディットは、デフォルトではフォントの色やサイズなどを変更できる「リッチテキスト」（*Rich Text Format*、RTF）と呼ばれる形式でファイルを編集/保存します。リッチテキストの場合、画面には書式変更用のボタンやルーラ（目盛り）が表示されます。p.143のコラム「リッチテキスト」もあわせて参照してください。

openコマンドで開いてみよう

それでは、openコマンドで開いてみましょう。先ほどの操作で、「書類」に「sample.txt」というファイルが保存されています。Finderでは「TXT」というアイコンで、ファイル名には「sample」だけ表示されています[注13]。

ターミナルで **open** に続けて _(スペース)を入力しておいて、この「sample」ファイルをFinderからターミナルにドラッグ&ドロップします(**図P**)。書類フォルダは「Documents」というディレクトリなので、コマンドラインは「**open /Users/ユーザ名/Documents/sample.txt**」のようになります。return でopenコマンドが実行されて、今回の場合はテキストエディットが起動します(**図Q**)。

なお、「"ターミナル"から"書類"フォルダ内のファイルにアクセスしようとしています。」というメッセージが表示されることがあります。この場合、[OK]をクリックするとテキストエディットが開きます。

図P ❹「open _」まで入力してアイコンをドラッグ&ドロップ

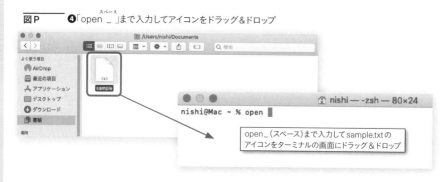

図Q ❺ファイル名が入力されるので return で起動

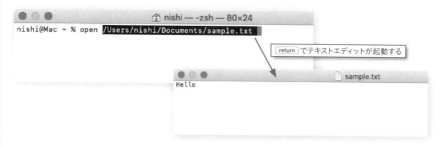

ほかのファイルも同様に開くことができます。「**open ファイル**」でファイルを開いた場合、ファイルに設定されているデフォルトのアプリケーションが起動します。openコマンドで何が起動するかはファイルの[情報]-[このアプリケーションで開く]で確認できます(**図R**)。

注13　Finderでは、テキストエディットの「.txt」やスクリーンキャプチャの「.png」など、アプリケーションが自動で付けた拡張子は非表示となります。Finderの[環境設定]-[詳細]で「すべてのファイル名拡張子を表示」をオンにすると、常に表示されるようになります。

| 図R | ファイルの[情報]画面（ファイルを右クリックして[情報を見る]で表示） |

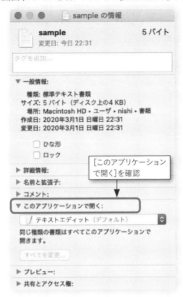

3 ターミナルから好きなアプリケーションを起動する

　[情報]に表示される[このアプリケーションで開く]は原則としてファイルの拡張子ごとに決まっていますが、openコマンドを用いて「**open -a** `アプリケーション名` `ファイル`」または「**open** `アプリケーションパス` `ファイル`」で使用するアプリケーションを指定することもできます。

　たとえば、プレビュー(.app)で表示するならば「**open -a preview** `ファイル`」、テキストエディットで開くならば「**open -a textedit** `ファイル`」のようにします。パス（ファイルの場所）を使って実行する場合、`tab`による補完機能を使うことができます。プレビューであれば、「**open /S**」まで入力して`tab`、**A**を入力して`tab`、**Pre**まで入力して`tab`、のように入力するのが手軽でしょう。アプリケーション名やアプリケーションパスは、[システム情報]の画面や、system_profilerコマンドで確認できます(p.246)。

　以下の例のように第7章で紹介するエイリアス機能を使うと、プレビュー用のコマンドに短い名前を付けて、たとえば「**preview** `ファイル`」で実行できるように設定できます。

```
% open -a preview sample.png ……………………… プレビューでsample.pngを開く
% open /System/Applications/Preview.app sample.png ……… アプリケーションパスで開く
% alias preview='open -a preview'
                      ……… 上記で「open -a preview」に「preview」というエイリアスを付けた※
% preview sample.png ……………………………………… プレビューでsample.pngを開く
```

※ ターミナルを閉じるまで有効。いつも使いたい場合はシェルの設定ファイルに書いておく(zsh➡p.167、bash➡p.178)。

> Column

[概観]macOSとUnix系OSのルートにあるディレクトリ

ディレクトリについては第5章で後述しますが、ここでmacOSとUnix系OSの「/」(ルートディレクトリ、p.24)直下にあるディレクトリの一覧を紹介しておきます[注a]。

普段Finderから使用するのは/Applications(アプリケーション)や/Users下にある各ユーザのホームディレクトリで、ターミナルではホームディレクトリに加えてUSBメモリなど、OSが入っているボリュームとは別にマウントしたディレクトリにアクセスする際に使用する/Volumesを使用します。また、**PATH**(p.45)に登録されている/binや/sbin、およびシステム全体の設定ファイルが配置されている/etcディレクトリを参照します。

macOS独自のおもなディレクトリ

- **/Applications**(アプリケーション)➡ユーザがインストールしたアプリケーションが配置されている(Finderの「アプリケーション」には/Applicationsと/System/Appliationsを合わせた内容が表示されている)
- **/Library**(ライブラリ)➡全ユーザが利用できるアプリケーションから使用されるフォントや設定ファイルなどを保存する(個人用の設定は各ユーザのホームディレクトリ下のLibraryに保存)
- **/System**(システム)➡OSのファイルやシステム全体用のアプリケーションが配置されている。この場所は読み取り専用(リードオンリー、read only)でユーザには変更できない
- **/Users**(ユーザ)➡各ユーザのホームディレクトリ(p.24)が配置されている
- **/Volumes**➡ハードディスクやUSBメモリ等のマウントポイント(p.64)として使用する

Unix系OS全般で使用するおもなディレクトリ

- **/bin**➡lsコマンド等、コマンドラインで使用する必須コマンドが配置されている
- **/cores**➡カーネルのコアダンプ(トラブル発生時のカーネルの情報を保存するファイル)が保存される
- **/dev**➡「デバイスファイル」や「デバイスノード」と呼ばれる、ハードディスクやプリンタなど、各種デバイスにアクセスするために使用するファイルのディレクトリ(p.70)
- **/etc**➡システム全体用の設定ファイルを保存する(実体は/private/etc)
- **/home**➡ホームディレクトリ。macOSでは/Usersを使用
- **/net**➡ネットワークディレクトリ用のマウントポイント[注b]
- **/private**➡/varや/tmpの実体が作られているディレクトリ(書き換えが頻繁に起こるディレクトリの実体が配置されている)
- **/sbin**➡コマンドラインで使用する必須コマンドのうち、システムのメンテナンス等に用いられるコマンドが配置されている
- **/tmp**(実体は/private/tmp)➡一時的に保存するファイルやディレクトリを配置する。再起動したり一定時間が経過されると削除される
- **/usr**➡ユーザが普段使用するコマンドやマニュアル等を配置。/usr/binや/usr/localがある(p.46)
- **/var**(実体は/private/var)➡ログファイルなどを保存するディレクトリでシステムが使用。rootユーザのホームディレクトリ(/var/root)も配置されている

注a • macOS **URL** https://developer.apple.com/library/archive/documentation/FileManagement/Conceptual/FileSystemProgrammingGuide/FileSystemOverview/FileSystemOverview.html
• Unix系OS共通(FHS) **URL** http://www.pathname.com/fhs/

注b Unix系OSで使用されている自動マウント用のコマンドであるautomount向けのマウントポイント、/etc/auto_masterで設定。通常は使用しない。

第3章
シェル&コマンドラインの基礎

　本章は、コマンドライン環境を支える「シェル」の章です。シェルにはどのような役割があるのかという基礎知識と、macOSのターミナルで使われている「zsh」というシェルについて取り上げます。また、「シェルスクリプト」についても簡単に紹介しています。

　次に、コマンドラインでの入力方法に合わせて、コマンドを組み合わせて実行するための基本的な方法も紹介します。

　最後に、macOSを含むUnix系OSを理解する上で不可欠となる「root」という特別なユーザについて取り上げます。

3.1　シェル概論　コマンドラインを担う「シェル」を知る
3.2　[速習]コマンドライン入力　効率の良い方法をマスター
3.3　コマンドの基礎知識　コマンドの使い方&調べ方
3.4　管理者よりも強力なユーザ「root」　sudo/rootless機能

シェル概論

コマンドラインを担う「シェル」を知る

本節では、シェルの役割と、シェルによってどのようなことができるかを見ていきます。

シェルの役割　コマンド入力をカーネルに伝える

第1章で「カーネル」という言葉を紹介しました。カーネルはOSの核となる部分で、CPUやメモリなどを制御しています。そして、キーボードなどから入力したコマンドを受け取ってカーネルに伝える役割をしているのが、**シェル** (*shell*、殻) というソフトウェアです。カーネルを包んでいるかのように存在しているのでこう呼ばれています[注1]。

コマンドラインでのあれこれはシェルが受け持っている

ターミナルを開くとプロンプトが表示されています。このプロンプトの表示はシェルの役割で、シェルの設定によって表示内容を変更することができます。

コマンドラインで `return` を入力すると、シェルは入力内容に応じてコマンドを実行したり、コマンドが見つからなければその旨メッセージを表示したりします。このほか、`tab` でファイルやディレクトリの名前の続きを自動で入力できる「補完」や、`↑``↓` で以前入力したコマンドを呼び出す「ヒストリ」もシェルの機能です。

シェルでできることは「シェルスクリプト」で自動化できる

シェルで実行したいコマンドをあらかじめファイルに書いておいて、まとめて実行させたり自動実行させたりすることができます。これを**シェルスクリプト** (*shell script*) と言います。スクリプトとは「台本」という意味で、シェルスクリプトはいわばシェルのための台本です。シェルは、シェルスクリプトに書かれた処理を次々と実行します (p.38)。

シェルは環境の設定にも使われている

Unix系OSが起動する際に動くプログラムの一部は、シェルスクリプトでできています。これらは「起動スクリプト」とも呼ばれ、システム全体の環境を整えるためのコマンドを順番に実行したり、環境変数を設定したりしています。また、シェルの設定ファイルも、シェルが1行ずつ読んで実行するように書かれています[注2]。

環境変数とは、ユーザの設定やシステムの情報などをプログラムの中で簡単に取得するのに利用されているしくみです (p.167)。たとえば、現在設定されている内容は以下のように printenv コマンドで一覧表示できます。言語 (**LANG**) やユーザ名 (**USER**) などが設定されている様子がわかります。

注1　インタラクティブシェル (対話型シェル) とノンインタラクティブシェル (非対話型シェル) については第7章で後述。

注2　現在のmacOSではlaunchd (p.270) に移行されましたが、以前はほかのUnix系OS同様、起動時にinitプロセスとrcスクリプトが使用されていました。/etcディレクトリにはrcスクリプト用の環境設定ファイルである「/etc/rc.common」が残っています。rcスクリプトの中でsourceコマンド (p.171) を使って読み込み実行するファイルです。なお、Linuxではinitからsystemdへの移行が進んでいます。systemdの設定等を行うコマンドはsystemctl (p.362) で、launchctl (p.253) に相当します。

```
┌─ printenvコマンドで環境変数を一覧表示（実行結果は一部略）─────────────────┐
│ % printenv                                                              │
│ LANG=ja_JP.UTF-8              ……… 言語の設定                             │
│ TERM_PROGRAM=Apple_Terminal   ……… 端末のプログラム名                     │
│ SHELL=/bin/zsh                ……… シェル                                │
│ USER=nishi                    ……… ユーザ名                              │
│ PATH=/usr/local/bin:/usr/bin:/bin:/usr/sbin:/sbin ……… パス（コマンドサーチパス）│
└─────────────────────────────────────────────────────────────────────────┘
```

シェルの種類　　macOSの標準シェルはzsh

ところで「シェル」は一般名詞です。シェルにはいくつかの選択肢があり、Unix系OSでは、ユーザがシェルを自由に選択できるようになっています[注3]。

macOSのターミナルで使われているデフォルトのシェルはMojave（10.14）までは**bash**で、Catalina（10.15）ではアップグレードした場合は同じくbashですが、新規インストール時は**zsh**に変わりました[注4]。

macOSにインストールされているシェルは「/etc/shells」で確認できます[注5]。ごく短いテキストファイルなので、catコマンドを使ってファイルの内容を表示してみましょう。本書はzshを使って解説していますが、ほかのシェルにも興味がある方はターミナルの設定で専用のプロファイルを作成すると良いでしょう（p.17）。

```
┌─ インストールされているシェルを確認 ─────────────────────────────────────┐
│ % cat /etc/shells                 ……… catコマンドで/etc/shellsを表示     │
│ ＜中略：実行結果の冒頭の「#」から始まる3行はコメント＞                    │
│ /bin/bash  … macOS Mojaveまでのデフォルトのシェル。/bin/shを元に機能を強化されている│
│ /bin/csh   … BSD標準のシェルでC言語と同じような文法のシェルスクリプトが書ける│
│ /bin/dash  … POSIX互換を重視した小型軽量シェルでスクリプトの処理が高速（Debian Almquist shell）│
│ /bin/ksh   … AT&Tが開発した/bin/shと完全上位互換でcshの機能も取り入れられている│
│ /bin/sh    … Bourneシェル（通称Bシェル）。このリストでは最も古くからあるシェル│
│ /bin/tcsh  … FreeBSD標準のシェルで、cshと完全互換かつ機能が強化されている │
│ /bin/zsh   … Bシェル系だがtcshの機能も取り入れられている。macOS Catalinaのデフォルトシェル│
│ コマンド名がフルパス（ファイルの所在地まで含めた指定。p.80で後述）でリストアップされている│
└─────────────────────────────────────────────────────────────────────────┘
```

シェルによる違い　　コマンドは共通、コマンドラインの機能は異なる

コマンドはどのシェルから呼び出されても同じように動作するので、「コマンドを使う」という点では、シェルによる違いはほとんどありません。しかし、補完機能をはじめとするコマンドの入力を助ける機能や、コマンドから出力された結果を操作するときにはシェルによる違いが出てきます。また、シェルスクリプトの書き方もシェルによって異なります。

注3　Unix系OS全般、とくにLinux環境ではbashがよく使われていて、比較的新しく多機能なzshも人気があります。また、Windows環境でもWindows 10 Anniversary Updateから「Bash On Windows」が登場、現在は「Windows Subsystem for Linux（WSL）」機能を有効にすることで、bashを含むLinuxコマンドライン環境が使用可能になっています。

注4　Mac OS X（Cheetah）からMac OS X v10.2（Jaguar）まではBSD系Unixの標準シェルであるtcshがデフォルトのシェルとなっていました。

注5　/etc/shellsは、厳密には「ログインシェルとして使用できるコマンドのリスト」です。ログインシェルはシステムにログインすると最初に実行されるコマンドなので、セキュリティ上、/etc/shellsに書かれているものに限定されています。

プロンプトで使われている記号の意味

　macOSのデフォルトのプロンプトは、zshの場合は「`nishi@Mac ~ %`」のように「ユーザ名@ホスト名 ~ %」、bashの場合は「`Mac:~ nishi$`」のように「ホスト名:~ ユーザ名$」となっていますが、プロンプトに何を表示するかはシェルの設定ファイルで自由に変更できます。ただし、最後の記号は、zshとtcshは「`%`」を、bashは「`$`」を使うという習慣があります[注6]。また、いずれのシェルのときも「root」という特別なユーザ(p.56)で実行しているときは「`#`」を使います。

　本書のサンプルも含めコマンドラインのサンプルでは、一般ユーザ(root以外のユーザ)で実行できるコマンドは「`%`」を使って「`% cat /etc/shells`」のように示します。この場合、一般ユーザで`cat /etc/shells`と入力して[return]を押せば実行できることがわかります。

```
zshの一般ユーザでコマンドを実行する場合の表記
% cat /etc/shells ……………… 一般ユーザでcatコマンドを実行
```
```
bashの一般ユーザでコマンドを実行する場合の表記
$ cat /etc/shells ……………… 一般ユーザでcatコマンドを実行
```

　また、「`# ls /var/root`」のように示されていれば、rootで`ls /var/root`を実行するのだとわかります。/var/rootはrootユーザのホームディレクトリで、root以外のユーザはlsコマンドで中を表示することはできません。

```
rootでコマンドを実行する場合の表記（シェル共通）
# ls /var/root ……………… rootでlsコマンドを実行
```

シェルスクリプトの基礎知識

　前述のとおり、シェル用のスクリプトを「シェルスクリプト」と言います。スクリプト自体はテキストファイルなので手軽に作ることができます。実際に試してみましょう。以下のように、「書類」フォルダ(Documentsディレクトリ)に「hello」という簡単なスクリプトを作って実行します。

```
% cd ~/Documents …… 自分の「書類」フォルダに移動
% cat > hello …… これからキーボードで入力する内容をhelloというファイルに保存※
echo I am $USER.
echo Hello, World!
                  …………………… 2行入力したら[control]+[D]で終了
```

※ catは前ページの実行例のように通常はテキストファイルの表示や連結を行うコマンド(p.192)で、リダイレクト(p.43)と組み合わせると「キーボードからの入力をファイルに保存」という使い方ができる。[control]+[D]は入力の終了を表すキー操作で、ここではキーボードからの読み込みを終了するという意味になる。

　echoはメッセージを表示するコマンドです。今回の場合は実行すると「`I am $USER.`」と「`Hello, World!`」という2行を表示することになります。$USERの部分は環境変数(p.167)を参照しており、実行時に自分のユーザ名に置き換わります。

　スクリプトを実行するには、大きく分けて2つの方法があります。❶スクリプトを処理するコマンドを指定して実行する方法、❷ファイル名で実行する方法です。❶の方法は、たとえば`zsh hello`で上記で保存した「hello」の内容をzshに実行させることができます。なお、

注6　ここで取り上げているもののほか、コマンドの途中で改行をするケースがあり、この場合の2行め以降は「`>`」で表します。2行め以降のプロンプトをセカンダリプロンプト(*secondary prompt*)と言い、zsh、bashともにシェル変数PS2で設定します。（通常のプロンプトはシェル変数PS1で設定）。

ここではzshを使っていますが、bashでも同じ内容を試すことができます。適宜置き換えて実行してください。また、masOS Catalina（10.15）以前の環境でもzshは使用可能です。

```
% zsh hello ················· zshにhelloというスクリプトを実行させる
I am nishi.
Hello, World!
```

続いて、❷ファイル名で実行できるようにしてみましょう。まず、スクリプトの1行めに、そのスクリプトを処理するコマンドを「`#! /bin/zsh`」のように指定します注7。ここではテキストエディットを使って追加しましょう注8。

「書類」フォルダにある「hello」を右クリックして、［このアプリケーションで開く］-［テキストエディット］でテキストエディットを開きます。1行めに「`#! /bin/zsh`」という行を加えて上書き保存して、テキストエディットを終了します（**図A**）。

図A テキストエディット

chmodコマンド（p.122）でファイルに実行の許可を与えます（❶）。実行許可を与えたスクリプトファイルは❷のようにパス名とファイル名で実行できるようなります注9。

```
% chmod +x hello ················ ❶helloに実行許可属性（パーミッション）を追加
% ./hello ················ ❷カレントディレクトリにあるhelloを実行
I am nishi.
Hello, World!
```

紙幅の都合で本書で紹介できるのはここまでですが、シェルスクリプトでは単純にコマンドを並べるだけではなく、条件分岐や繰り返し処理のようなプログラミングも可能です。

シェルスクリプト以外のスクリプト macOSにインストールされているスクリプト言語

シェル以外にもスクリプトを実行できるコマンドがあります。代表的なものにPython、Ruby、PHP、Perlなどがあり、macOSには4つとも標準でインストールされています注10。いずれも高度な処理を行うことが可能で、プログラミング言語として親しまれています。スクリプトを書ける言語という意味で、スクリプト言語と呼ばれます。

言語名はたとえば「Python」のように表記するのが一般的ですが、コマンド名は小文字の「python」です。Pythonで処理するスクリプトであれば、1行めは「`#! /usr/bin/python`」のように指定します。

注7 この行はshebang（*sharp-bang*、シェバンまたはシバン）と呼ばれています。「!」に続くスペースは省略可能です。
注8 ターミナルで使用できるテキストエディタについて興味がある方はp.217のviの解説を参照してください。
注9 実行時のパス名については後述します（p.45の「コマンドの基礎知識」を参照）。
注10 macOS Catalina（10.15）で収録されているバージョンは、Python 2.7.16、Ruby 2.6.3p62、PHP 7.3.8（10.15.3では7.3.11）、Perl 5.18.4です。いずれも「`python --version`」のように実行することでバージョンを確認できます。

[速習]コマンドライン入力

効率の良い方法をマスター

コマンドラインを使いこなすとは、すなわちシェルを使いこなすことです。本節で知っておきたい便利な操作を基本から押さえておきましょう。zsh と bash のコマンドラインについて、詳しくは第7章で改めて取り上げます。

コマンドラインの編集と履歴の活用

シェルでは、前に入力した内容を呼び出して再利用することができます。コマンドラインは編集できるので、同じ内容を実行したいときだけではなく、コマンドやファイル名が間違っていたなどちょっと修正したいといった場合にも便利です。なお、ここではコマンドラインでのキー操作について基本的なものを紹介しています。キー操作についてはp.165の「ターミナルで使えるキーボードショートカット」の表A〜表Dも参考にしてください。

コマンドラインの編集

コマンドラインの履歴は、[←][→]でカーソルを動かして編集できます。カーソル直前の文字は[delete]で削除できます注11。また、[control]+[A]で行頭に、[control]+[E]で行末に移動します。

前に入力した内容を呼び出す　ヒストリ

以前入力したコマンドの履歴を、[↑]または[control]+[P]で呼び出すことができます。この機能を**ヒストリ**と言います(p.157)。[control]+[P]は前に戻るという操作で、遡り過ぎてしまった場合は[↓]または[control]+[N]で戻ります。

補完機能の活用

コマンド名や、コマンドラインで指定するディレクトリ名やファイル名の部分を入力する際に、冒頭だけ入力して残りをシェルが補うという機能を**補完**(タブ補完)と言います。

コマンド名の補完

たとえば以下のように ifc と入力して[tab]または[control]+[I]でコマンド名が補完されて「ifconfig␣」となります。[tab]と[control]+[I]の機能は同じです。コマンド名の後には、␣(スペース)が自動で入るので、オプションや引数をそのまま続けて入力できます。

```
% ifc[tab] ……………………………補完されて「ifconfig␣(スペース)」となる※
```

※ ifconfigはネットワークインターフェイスの設定を参照/設定するためのコマンドで、[return]を押して実行するとネットワークに割り当てられているIPアドレスなどが確認できる(p.259)。

注11　Macの[delete]の動作は一般にカーソル直前の文字の削除([control]+[H]相当)になっており、カーソル直後の文字(ターミナルの場合はカーソルと重なっている位置の文字)の削除は[fn]+[delete]または[control]+[D]で行います。ほかのOSでは、カーソル直前文字の削除は[Back space]、カーソル位置の文字の削除は[delete]で行います。

ファイル名の補完

　コマンド名とスペース、あるいはファイル名とオプションとスペースに続けてファイル名の先頭部分を入力して tab を押すとファイル名が補完されます。たとえば、以下の❶のように **cat /etc/sh** まで入力して tab を押すと、ファイル名の残りが補われます。

　スペースを含むファイル名の場合、ファイル名全体を「" "」または「' '」で囲むか、スペースの前に「\」を付けます（p.164）。❷と❸は、カレントディレクトリに「My Song 01.mp3」というファイルがある場合の実行例です。

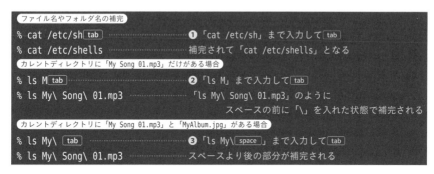

複数の候補がある場合

　先頭が同じ名前のファイルが複数ある場合は、共通部分までが補完されます。たとえば、/etcには「**csh.**」から始まるファイルが「csh.cshrc」「csh.login」「csh.logout」の3つあるので、以下の❶のように **ls /etc/cs** まで入力して tab を押すと共通部分である **ls /etc/csh.** までが補完されます。

　❷でさらに tab を押すとベル音が鳴り注12、候補である「csh.cshrc」「csh.login」「csh.logout」が表示されます。続きとして❸「**c**」を入力して tab を押すと、最後まで補完されて❹「**ls /etc/csh.cshrc␣**」のようになります。後ろに␣（スペース）が入ることですべて補完されたとわかります。

```
複数候補がある場合の補完
% ls /etc/cs                    ❶ tab を押す
% ls /etc/csh.                  ❷/etc/csh.まで補完されるので tab を押す（bashは2回）
csh.cshrc   csh.login   csh.logout   複数の候補が表示された
% ls /etc/csh.c                 ❸「c」を入力して tab を押す
% ls /etc/csh.cshrc             ❹最後まで補完された。後ろに␣（スペース）が入る
```

　また、zshの場合、候補が表示されている状態で tab を押すと、候補が順番にコマンドラインに入力されます。

　bashの場合は、共通部分まで補完された後に tab を押すとベル音が鳴り、もう一度 tab を押すと補完の候補が表示されます。続きの文字を入力して tab を押すと、その先が補完されます。

注12　ターミナルの設定で、ベル音を鳴らさないようにすることができます（p.5）。

ファイルをまとめて指定

ファイル名を「*」や「?」で一括指定することができます。どんな文字の代わりにもできるという意味で「ワイルドカード」(*wild card*) と呼ばれることがあります。ここでは、ごく基本的な使い方を示します。

「*」にはすべてがあてはまる

`ls`コマンドは、「`ls ファイル`」で指定したファイルをリスト表示しますが、「`ls text*`」のように*を付けることで、「名前がtextから始まるすべてのファイル」を表示することができます。*はファイル名の途中や最後にも指定できます。

たとえば、以下の❶のように`ls /etc/cs*`と指定すると、/etcディレクトリにある、名前がcsから始まるファイルやディレクトリ[注13]が一覧表示できます。❷`ls /etc/*rc`ならば、名前がrcで終わるものという意味になります。

```
ワイルドカードの使用例
% ls /etc/cs*                      ❶
/etc/csh.cshrc   /etc/csh.login   /etc/csh.logout
/etcのcsから始まるファイルが表示された
% ls /etc/*rc                      ❷
/etc/bashrc      /etc/irbrc       /etc/mail.rc    /etc/zshrc
/etc/csh.cshrc   /etc/locate.rc   /etc/nanorc
/etcのrcで終わるファイルが表示された
```

「?」は何か1文字を表す

何か1文字を指定したい場合には「?」を使います。たとえば、以下の❶のように`ls /bin/*sh`とした場合、/binディレクトリにある、名前がshで終わるファイルやディレクトリが一覧表示されるのに対し、❷のように`ls /bin/?sh`とした場合は「何か1文字＋sh」なので、合計3文字で末尾がshであるものが表示されることになります。

```
「*」と「?」の違い
% ls /bin/*sh                      ❶
/bin/bash     /bin/dash     /bin/sh      /bin/zsh
/bin/csh      /bin/ksh      /bin/tcsh
/binにあるshで終わるファイルが表示された
% ls /bin/?sh                      ❷
/bin/csh      /bin/ksh      /bin/zsh
/binにあるshで終わる3文字のファイルが表示された
```

「パス名展開」はシェルの仕事

コマンドラインで「*」や「?」が指定されているとき、あてはまるファイルやディレクトリがあると、シェルが実際のファイル名に置き換えてからコマンドに引き渡しています。これを**パス名展開**(*pathname expansion*)と言います。たとえば、`ls /etc/cs*`の場合、該当するファイ

注13　該当するディレクトリがある場合、そのディレクトリの内容も一緒に表示されます。

ルは「/etc/csh.cshrc」「/etc/csh.login」「/etc/csh.logout」なので、実際には「`ls /etc/csh.cshrc /etc/csh.login /etc/csh.logout`」が実行されています。

パイプとリダイレクトの活用

パイプとリダイレクトを使うことで、複数のコマンドを組み合わせて使ったり、出力結果を保存したりすることができます。どちらもよく使う機能です。ここでは基本的な使い方を示します。

パイプでコマンドの出力をほかのコマンドに渡す

コマンドの出力をほかのコマンドに渡したいときは、**パイプ**($pipeline$)を使います。

パイプは「`|`」という記号で表します。たとえば、以下のように`ls -l /Library | head`で、`ls -l /Library`の結果を`head`コマンドに渡すことができます。headは「先頭部分だけ表示する」というコマンドです(p.191)。今回の場合、`ls -l /Library`の実行結果の最初の10行分だけが表示されます。同様に、1画面ずつ表示したい場合は`ls -l /Library | more`のようにします[注14]。

```
パイプの使用例
% ls -l /Library | head
total 0
drwxr-xr-x@  5 root  wheel   160  1 23 21:41 Apple
drwxr-xr-x  12 root  admin   384  3  1 18:42 Application Support
drwxr-xr-x   8 root  wheel   256 12 14 09:13 Audio
drwxrwxrwt   6 root  admin   192  3  1 17:58 Caches
drwxr-xr-x   2 root  wheel    64 12 14 07:09 ColorPickers
drwxr-xr-x   4 root  wheel   128  3  1 17:38 ColorSync
drwxr-xr-x   2 root  wheel    64 12 14 08:15 Components
drwxr-xr-x   3 root  wheel    96 12 14 07:04 Compositions
drwxr-xr-x   2 root  wheel    64 12 14 08:15 Contextual Menu Items
lsコマンドの実行結果のうち、先頭10行だけが表示された
```

注14 `more`は、長いテキストファイルを1画面ずつ停止しながら表示する際に使用するコマンドです(p.188)。[space]で次の1画面、[return]で次の1行を表示、[Q]キーで終了します。

Column

ワイルドカードと正規表現

本文で述べたとおり、コマンドラインではワイルドカードの「`*`」や「`?`」を使ってパス名(ファイル名やディレクトリ名)を指定しますが、これとは別に「`*`」や「`?`」などの記号を使って文字列を表す方法として「**正規表現**」($regular\ expression$)があります。正規表現とは文字を文字そのものではなく、たとえば「アルファベット1文字」や「数字とアルファベットの組み合わせ」のように一般化して表現するための手法です。正規表現は、文字列を検索する`grep`コマンドや、テキストを編集する`sed`コマンド、PythonやRubyなどさまざまなスクリプト言語で使用されています。

コマンドラインの「`*`」や「`?`」を使ったパス名展開はあくまでシェルの機能であり、正規表現とは意味合いも書き方も異なります。

リダイレクトで出力結果をファイルに保存する

コマンドの出力をファイルに保存したいときには**リダイレクト**(*redirection*)を使います。リダイレクトは「`>`」という記号で表します。たとえば、以下のように ls コマンドの実行結果を filelist.txt に保存するのであれば、`ls > filelist.txt` のようにします。

```
リダイレクトの使用例
% ls > filelist.txt          lsの結果をfilelist.txtに保存
% open filelist.txt          openコマンドでfilelist.txtを開く（p.30）。デフォ
                             ルト設定の場合、テキストエディットが起動
```

filelist.txt というファイルがすでにある場合、上書きされるので注意が必要です。ls コマンドで事前に確認する、`tab` でファイル名が補完されない（＝ファイルが存在しない）ことを確かめる（p.5）などしておきましょう。

リダイレクトで既存ファイルに「追加」する

以下の❶のように「`>` ファイル 」でリダイレクトすると、ファイルが存在するかどうかにかかわらず、指定した名前のファイルが新規作成されます。つまり前述のとおり、既存のファイルを指定した場合、新しい内容で上書きされることになります注15。

ファイルに追加したい場合は「`>>` ファイル 」のように「`>>`」で指定します（❷）。なお、指定したファイルが存在しない場合は新規作成、すなわち「`>`」と同じ結果となります。

```
% ls /bin > filelist.txt            ❶ls /binの結果をfilelist.txtに保存
% ls /usr/bin >> filelist.txt       ❷ls /usr/binの結果をfilelist.txtに追加
```

なお、ここで保存した filelist.txt はこの後の操作には不要なので削除してかまいません。

コマンドラインでは rm コマンド（p.88）を使って以下のように削除できます。ファイルは［ゴミ箱］へ移動するのではなく即座に削除されるので、ファイル名をよく確認してから実行しましょう。

```
% rm filelist.txt           filelist.txtを削除
 ファイルが削除された（問題なく削除できた場合、メッセージは表示されない）
```

画面のクリア　clearコマンド

ターミナルでコマンドを試している際、以前の実行結果が表示されていると見づらく感じることがあります。そのようなときには **clear** コマンドを使います。以下のように実行すると画面がクリアされ、プロンプトがターミナルウィンドウの一番上に表示されます。

```
% clear           画面がクリアされてプロンプトが一番上の位置になる
```

なお、それ以前の実行結果はウィンドウ内に残っており、ターミナルウィンドウのスクロールバーを操作すると表示できます。ターミナルウィンドウ全体をクリアしたい場合は、ターミナルのキーボードショートカット（p.165）である `command` ＋ `K` を使用します。

注15　シェル変数 noclobber（p.183）がセットされていると、リダイレクト時の上書きを禁止できます。zsh、bash ともに「`set -o noclobber`」で上書き禁止、「`set +o noclobber`」（常に上書き、デフォルト）となります。常に設定しておきたい場合はシェルの設定ファイルに追加する必要があります。なお、noclobber の設定を問わず「`>|` ファイル名 」のようにすることで常に上書きが可能です。

コマンドの基礎知識
コマンドの使い方&調べ方

Unix系OSでコマンドを動かすには、いくつかのルールがあります。本節では、コマンドの種類と「パス」の概要、そしてコマンドについて調べる方法を解説します。

環境変数PATHとコマンドの優先順位　コマンドを動かす前に

Unix系OSでコマンドを動かすには、大きく3つのルールがあります。

そもそもは、❶「そのOSで実行可能な形式」である必要があります。たとえば、Windows用のxcopyコマンド(xcopy.exe)をmacOSに持ってきても動かすことはできません。

次に❷「権限」です。コマンドを実行するには実行を許可するというパーミッション(許可属性)が必要です。パーミッションについて、詳しくは第6章で取り上げます。

そして❸「場所」です[注16]。Unix系OSでコマンドを使うには、どこにあるコマンドを実行するかをきちんと指定する必要があります。ここでは❸について、少し詳しく見ていきます。

コマンドを実行するにはパスが必要

macOSで実行可能な内容で、パーミッションの設定で実行の許可(パーミッション)が与えられていれば、パス名付きでコマンドを指定することでそのコマンドを実行できます。パスの指定は絶対パスでも相対パスでも良く、たとえばカレントディレクトリにあるmycommandというコマンドであれば、コマンドラインで`./mycommand`のように指定して実行します[注17]。「`.`」はカレントディレクトリを示す記号です。

PATHの役割　「パスが通って」いれば省略できる

「コマンドファイルをパス付きで指定する」と言っても、今まで使ってきたlsコマンドやcatコマンドにはパス名を付けていませんでした。

これは「**コマンドサーチパス**(command search path、コマンド検索パス)に登録してあるディレクトリにあるファイルは、パス名を省略して良い」というルールがあるためです。コマンドサーチパスは、**PATH**という**環境変数**[注18]で設定します。「パス」だけでこのコマンドサーチパスを指したり、環境変数PATHにディレクトリを追加することを「パスを通す」と表現したりすることがあります。

PATHの確認　PATHに登録されているディレクトリ

`echo $PATH`で、環境変数PATHの内容(コマンドサーチパスの設定内容)を確認できます。

注16　p.38の「hello」で試したように、スクリプトファイルの場合はスクリプトを処理するコマンド(p.38ではzsh)をコマンドラインで入力することで実行することが可能です。

注17　パスやカレントディレクトリについては5.1節で詳しく解説していますので、適宜参照してください。

注18　環境変数とは、シェルが管理している値の1つで、本文にあるようにechoコマンドで個々の値を確認できるほか、printenvコマンドで一覧表示ができます(p.168)。

```
% echo $PATH ............................ PATHを確認
/usr/local/bin:/usr/bin:/bin:/usr/sbin:/sbin
```

パスは「:」で区切られています。したがって、デフォルトでは以下の7つのディレクトリにパスが通っている、すなわち、これらのディレクトリにあるコマンドは、lsのようにコマンド名のみで実行できるということになります。同じ名前のコマンドがあった場合、先に指定されているディレクトリのものが優先されます。

❶ /usr/local/bin

❷ /usr/bin

❸ /bin

❹ /usr/sbin

❺ /sbin

PATHに登録されているディレクトリの使い分け

前出の❶〜❺のディレクトリはmacOSだけではなくUnix系OSで一般的に利用されているもので、sbinはおもにメンテナンス用コマンドのディレクトリ、binはそれ以外のときにも使うコマンドのディレクトリという括りです。❸/binと❺/sbinには、システムの起動や最低限のメンテナンスを行うのに必要なコマンドが、❷/usr/binと❹/usr/sbinにはそれ以外の一般コマンドがインストールされています。

/usr/local/binはユーザが独自に追加するコマンドのためのディレクトリです。設定としては用意されていますがデフォルトでは存在しないため、自分で作成する必要があります[注19]。

シェルに組み込まれているコマンド　ビルトインコマンド

コマンドラインで使用するコマンドには/binや/sbin、/usr/binなどにあるコマンドのほかに、「シェルに内蔵されているコマンド」があります。これが**ビルトインコマンド**（*built-in command*）で、組み込みコマンド、内部コマンドなどと呼ばれることもあります。これまで何回か登場してきているcdコマンドやechoコマンドがビルトインコマンドです[注20]。

コマンドの優先順位　①エイリアス、②ビルトインコマンド、③PATH

コマンドをパス名無しで実行すると、シェルは①エイリアス、②ビルトインコマンド、③**PATH**のディレクトリを先頭から探すという優先順位で、該当するコマンドを実行します。

したがって、たとえば/usr/local/binに新しく「cd」という名前の実行可能ファイルを追加しても、ビルトインコマンドであるcdが実行されることになります。この場合、違う名前にするか、パス名付きで実行するか、エイリアスを登録することで/usr/local/binのcdを実行できます。また、エイリアスが常に最優先されるので、コマンド名と同じ名前でエイリアスを登録しておくことで「常に使用するオプション」を決めておくことができます（p.158）。

注19　パッケージ管理システムHomebrew（第11章）は/usr/local/binを使用するようになっています（インストール時に自動で作成される）。

注20　ほかのOSやシェルとの互換性のために、同じ動きの/bin/echoや/usr/bin/cdも用意されています。

「何」が実行されているのかを知るには　whichコマンド、typeコマンド

コマンドラインで実行しているコマンドがエイリアスなのかビルトインコマンドなのか、どちらでもないとしたらどこにあるコマンドが呼び出されているのかは、typeコマンドで確認できます。

たとえば、以下の❶のように**type cd**でcdコマンドを調べると「**cd is a shell builtin**」と表示されるので、ビルトインコマンドであることがわかります。ビルトインではない場合、❷のようにシェルがどこにあるファイルを実行しているかが表示されます。このようなコマンドは、ビルトインコマンドと区別するために「外部コマンド」と呼ぶことがあります。エイリアスの場合もその旨表示されます。❸ではp.33で定義した「**preview**」というエイリアスを表示しています。

```
typeコマンドでコマンドの種類と場所を探す（zsh/bash共通）
% type cd                                           ❶
cd is a shell builtin                               cdはシェルのビルトイン
% type ls                                           ❷
ls is /bin/ls                                       /bin/lsが実行される
% type preview                                      ❸
preview is an alias for open /System/Applications/Preview.app
```

zshの場合、whichコマンドでも同じ内容を調べることができます（❶'❷'❸'）[注21]。

```
whichコマンドでコマンドの種類と場所を探す（zshのみ）※
% which cd                                          ❶'
cd: shell built-in command                          cdはシェルのビルトイン
% which ls                                          ❷'
/bin/ls                                             /bin/lsが実行される
% which preview                                     ❸'
preview: aliased to open /System/Applications/Preview.app    previewはエイリアス
```

※ bash環境で実行すると、❶'は同名の外部コマンドである/usr/bin/cdが表示される。❸'は同名コマンドが存在しないため何も表示されない。

コマンドのルール　オプション、引数、サブコマンド

第1章で取り上げたとおり、**ls -l /Library**の**-l**のような指定を**オプション**（*option*）と言い、**/Library**部分にあたる処理対象を示すような指定を**引数**（*argument*）と言います。どのようなオプションが使えるか、引数を使用するかどうかはコマンドによって異なりますが、指定方法には共通したルールがあります。

ショートオプションとロングオプション

オプションは「ショートオプション」と「ロングオプション」があります。**ショートオプション**は、**-l**や**-a**のように「**-**」（ハイフン1つ）とアルファベット1文字で指定します。**ロングオ**

注21　bashの場合、whichというビルトインコマンドがないため、外部コマンドである/usr/bin/whichが実行されます。ビルトインコマンドやエイリアスは外部コマンドでは探すことができないため、本文のように「何」が実行されているのかを確実に調べるにはtypeコマンドを使う方が良いでしょう。

プションは--allのように「--」(ハイフン2つ)と英単語で指定します[注22]。

grepコマンドで試してみましょう。grepコマンドは「ファイルから指定した文字列を探す」というコマンドですが、オプションで「大文字/小文字を区別しない」という指定が可能です。たとえば、「/etc/bashrcというファイルからps1という文字を探す、大文字/小文字は区別しない」ならば次の2種類の方法で指定できます。

ショートオプションとロングオプションの使用例（どちらも同じ意味）
```
grep -i ps1 /etc/bashrc
grep --ignore-case ps1 /etc/bashrc
```

このように、コマンドによっては同じ動作に対してショートオプションとロングオプションの2種類が割り当てられていることがあります。ロングオプションは、入力の手間はかかりますが、指定内容がわかりやすくなります。コマンドラインの入力では短い方を、エイリアス設定やスクリプトではロングオプションを使うという使い分けをしても良いでしょう。

また、ショートオプション同士でも「-iと-yは同じ意味」のように、複数の指定方法が存在するコマンドがあります。これはおもに互換性のために用意されています。

オプションの組み合わせ方

オプションは原則として、どのような順番で使用してもかまいません。また、ショートオプションは1つにまとめて指定することができます。たとえば先ほどのgrepコマンドは、-nまたは--line-numberで行番号付きで表示することができます。これを-i(--ignore-case)と組み合わせて、以下のように指定することができます。

オプションを組み合わせる例（いずれも同じ意味）
```
grep -i -n ps1 /etc/bashrc
grep -in ps1 /etc/bashrc
grep -i --line-number ps1 /etc/bashrc
grep --ignore-case --line-number ps1 /etc/bashrc
```

引数があるオプション

コマンドによっては「引数があるオプション」も存在します。たとえば、grepコマンドでは、結果の前後を表示するというオプションがあり、--context=2のように行数を指定します。ショートオプションの場合は-C 2とします[注23]。

引数付きのオプション（いずれも同じ意味）
```
grep -i -C 2 ps1 /etc/bashrc
grep -i --context=2 ps1 /etc/bashrc
grep --ignore-case --context=2 ps1 /etc/bashrc
```

ショートオプションの場合はまとめることができますが、引数があるオプションの場合は

注22　GNUコマンドはロングオプションとショートオプション、BSD系コマンドはショートオプションだけを使用する傾向にあります。

注23　grepコマンドの場合、さらに-C2とスペース無しで指定することもできます。このような指定が可能かどうかはコマンドによって異なります。

「オプションの直後の文字列が引数として扱われる」というルールがあるため、引数の直前になるように指定します。以下に例を示します。

```
――― 引数があるショートオプションをまとめる場合 ―――
grep -iC 2 ps1 /etc/bashrc ……… ─Cが2の直前にある➡OK
grep -Ci 2 ps1 /etc/bashrc ……… ─Cと2が離れている➡NG
grep -C 2 -i ps1 /etc/bashrc ……… ─Cが2の直前にある➡OK
```

オプションは「まとめることができる」というだけで、まとめなくてはいけないというわけではありません。引数とセットになっているオプションの場合、無理にまとめないほうがコマンドラインは読みやすくなるでしょう。

```
――― -C, -i, -nを組み合わせた指定の例 ―――
grep -in -C 2 ps1 /etc/bashrc ……… オプションをまとめた例
grep -C 2 -i -n ps1 /etc/bashrc …… オプションをまとめない例
```

ヘルプやバージョンを表示するオプション

コマンドの使い方やオプションの一覧（いわゆるマニュアル、ヘルプなど）は後述するmanコマンド（p.50）で確認できますが、**--help**オプションでヘルプ内容を確認できるようになっているコマンドもあります。また、コマンドによっては**-V**や**--version**オプションでコマンドのバージョン[注24]が確認できます。

```
% grep --help ―――――――――――――――― ヘルプを表示
usage: grep [-abcDEFGHhIiJLlmnOoqRSsUVvwxZ] [-A num] [-B num] [-C[num]]
        [-e pattern] [-f file] [--binary-files=value] [--color=when]
        [--context[=num]] [--directories=action] [--label] [--line-buffered]
        [--null] [pattern] [file ...]
% grep --version ―――――――――――――― バージョンを表示
grep (BSD grep) 2.5.1-FreeBSD
```

サブコマンド

コマンドによっては、**サブコマンド**（subcommand）を使って実行内容を指定するものもあります。たとえば、ディスク情報の表示など［アプリケーション］-［ディスクユーティリティ］（後述）相当の操作を行うdiskutilコマンドの場合、一覧を表示するならば**list**、詳細情報であれば**info**というサブコマンドを使います。さらに、サブコマンドごとに使用できる引数やオプションがあります。

```
% diskutil list ―――――――――――― diskutilコマンドでサブコマンドlistを実行
/dev/disk0 (internal, physical):
   #:                       TYPE NAME                    SIZE       IDENTIFIER
   0:      GUID_partition_scheme                        *68.7 GB    disk0
```

注24　コマンドによっては、GNU版とBSD版（p.366）があったり、同じGNU版、BSD版でもOSによってデフォルトで収録されているバージョンが異なっていることがあります。たとえばmacOS Catalina（10.15）に収録されているgrepコマンドは本文の実行例のとおりBSD版ですが、LinuxではGNU版が広く使用されています。GNU版とBSD版、あるいはバージョンによって、使用できるオプションが異なることがあるため、時には確認が必要です。

```
   1:                        EFI EFI                  209.7 MB    disk0s1
   2:              Apple_APFS Container disk1          68.4 GB    disk0s2
<以下略>

% diskutil info -all ················ diskutilコマンドでサブコマンドinfoをオプション付きで実行
   Device Identifier:       disk0 ········ デバイスを特定する際に使用する名前
   Device Node:             /dev/disk0 ····· デバイスにアクセスするために使用する
   Whole:                   Yes                                     ディレクトリ名
   Part of Whole:           disk0
   Device / Media Name:     VMware Virtual SATA Hard Drive
<以下略>
```

コマンドのマニュアルを確認　man

　システムに収録されているコマンドや設定ファイルには、マニュアルが用意されています。コマンドのマニュアルはmanコマンドを使い、「`man` `コマンド名`」で参照します。

manコマンドでマニュアルを表示する

　「`man` `コマンド名`」でコマンドのマニュアルを表示します。たとえば、lsコマンドのマニュアルならば`man ls`で表示します。表示にはlessコマンド(p.188)が使用されており、`space`で次のページを表示、`↑``↓`や2本指の上下スワイプでスクロール、`Q`キーで表示を終了できます。manに表示されている内容を検索したい場合は、`/`キーに続けて検索文字列を入力して`return`キーを押します。

```
% man ls ··························· man lsでlsコマンドのマニュアルを表示
LS(1)                    BSD General Commands Manual                   LS(1)

NAME
     ls -- list directory contents

SYNOPSIS
     ls [-ABCFGHLOPRSTUW@abcdefghiklmnopqrstuwx1%] [file ...]

DESCRIPTION
     For each operand that names a file of a type other than directory, ls
     displays its name as well as any requested, associated information.  For
     each operand that names a file of type directory, ls displays the names
     of files contained within that directory, as well as any requested, asso-
     ciated information.

     If no operands are given, the contents of the current directory are dis-
     played.  If more than one operand is given, non-directory operands are
     displayed first; directory and non-directory operands are sorted sepa-
     rately and in lexicographical order.
<中略：lsコマンドの解説や使い方が表示される>
: ····· `space`で1画面分、`return`で1行進む（`↑``↓`も使用可能）。`Q`で終了。キー操作で検索も可能 (p.190)
```

ターミナルのメニューでマニュアルを参照する

ターミナルにコマンド名が表示されているのであれば、マウスでコマンド名部分を選択して右クリックをして[manページを開く]でもマニュアルを参照できます。

たとえば、コマンドラインで入力した「ls」の部分を選択して右クリックすると、lsコマンドのmanページが表示されます(図A)。背景色が黄色のターミナルが開いて、`man ls`の内容が表示されます(図B)。内容がすべて表示された状態になっているので、適宜スクロールして参照します。検索は command + F ([編集]メニューの[検索]-[検索])で行います。

図A ターミナルで[manページを開く]

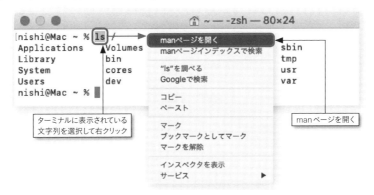

図B 別のターミナルが開き、man lsの内容が表示された

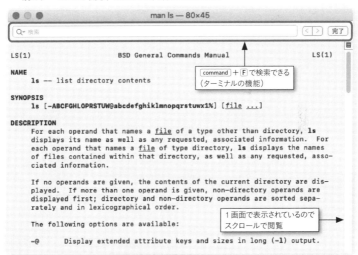

manで表示されるマニュアルの構成

マニュアルを表示すると、以下の❶のように1行めにコマンドと「章番号」(p.54)が表示されます。一般コマンドは**(1)**、システム関連コマンドは**(8)**です。❷「**NAME**」にコマンド名と1行の説明が書かれており、❸「**SYNOPSIS**」にコマンドの書式、そして❹「**DESCRIPTION**」の説明

が続きます。

　このように、macOSに収録されているmanファイルは英語版ですが、ほかのOSで使われているmanファイルには日本語訳もあるため、インターネットで検索すると日本語のマニュアルも参照できます。ただし、インターネットで検索したマニュアルの場合、macOSに収録されているコマンドとはバージョンが違うなどの理由で、使用できるオプションが異なることがあります。macOSのマニュアルとあわせて参照すると良いでしょう。

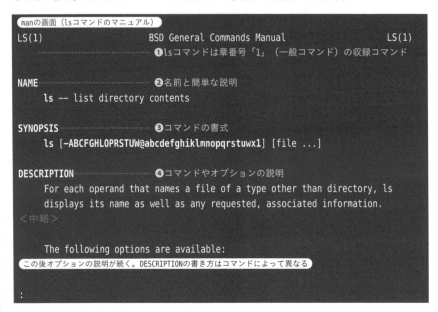

SYNOPSIS（書式）の読み方

　SYNOPSISには、コマンドラインで使用できるオプションなどが書かれています（**図C**）。通常は、「コマンド オプション 引数」の順で書くので、SYNOPSISでもコマンド名に続いて、オプション、その次に引数が書かれています。

　manコマンドで表示される内容は、コマンドの作成者やメンテナンスを行っているチームのメンバーが、多くの場合はボランティアベースで作成したものです[注25]。したがって、説明のスタイルや用語はコマンドによって多少異なります。

　たとえば、lsコマンド（図C❶）やpsコマンド（図C❸）の場合はショートオプションをまとめて例示しているのに対し、openコマンド（図C❷）の場合は1つ1つ個別に表示しています。いずれの場合も、表記に使う記号のルールは共通です。

　サブコマンドがある場合は、サブコマンド部分に「**command**」や「**verb**」のように書かれていることが多く（図C❹）、具体的なサブコマンドについては別途「COMMANDS」や「VERBS」のよ

注25　manの日本語訳は「JM Project」によるものが有名です。JMプロジェクトはおもにLinux関連のマニュアルを対象としているので、GNU版のコマンドマニュアルが翻訳されています。BSD系の翻訳では「jpmanプロジェクト」があります。現在は更新されていませんが、コマンドに関しては多少古くても十分参考になるでしょう。
- JM Project　URL https://linuxjm.osdn.jp/index.html
- jpmanプロジェクト　URL http://www.jp.freebsd.org/man-jp/

うな見出しが用意されています。

図C SYNOPSISの例

❶ lsコマンドのSYNOPSIS

```
ls [-ABCFGHLOPRSTUW@abcdefghiklmnopqrstuwx1] [file ...]
```
                                          オプション   引数

❷ openコマンドのSYNOPSIS

```
open [-e] [-t] [-f] [-F] [-W] [-R] [-n] [-g] [-h]
     [-b bundle_identifier] [-a application] file ...
     [--args arg1 ...]  ← 引数の後に指定するオプション    引数
```

❸ psコマンドのSYNOPSIS

```
ps  [-AaCcEefhjlMmrSTvwXx] [-O fmt | -o fmt]
    [-G gid[,gid...]] [-g grp[,grp...]]
    [-u uid[,uid...]] [-p pid[,pid...]]
    [-t tty[,tty...]] [-U user[,user...]]
ps  [-L]
```
                  オプション（引数は使用しない）

❹ diskutilコマンドのSYNOPSIS

```
diskutil [quiet] verb [options]
```
                       サブコマンド

SYNOPSIS内の[ ]は省略可能であることを表す

SYNOPSIS内の**[ ]**で囲まれた部分は省略可能です。したがって、lsコマンドの場合はlsのみで実行可能で、必要に応じてオプションやファイルを指定すれば良いことがわかります（図C❶）。図C❷のpsコマンド、図C❸のopenコマンドもオプションは無しで実行できることがわかります。

なお、openコマンドのオプションには**[-a application]**のように書かれているものがありますが、これは「**-a**オプションには**application**を示す引数を指定する」という意味合いです。**application**部分に具体的に何を指定すれば良いかは、その後のDESCRIPTIONパートに書かれています。

「...」は複数指定可能であることを表す

lsコマンドとopenコマンドは、コマンドの引数部分に**file ...**のように記載があります。「これはfileを示す引数を複数指定できる」という意味です。file部分の内容についてはDESCRIPTIONパートに書かれています。

なお、lsコマンドの場合は**[file ...]**なので、「lsの引数は任意で、複数指定が可能」、openコマンドの場合は**file ...**なので「openの引数は必須で、複数指定可能」とわかります。psコマンドの場合、コマンド自体の引数はありませんが**[-p pid[,pid...]]**のように引数を持つオプションがあるとわかります。**-p**オプションは表示するプロセスのIDを指定するオプションですが、「**-p**オプションにはpidを示す引数が必須、複数指定可能でその場合は『,』で区切る」とわかります。

「|」はどちらかを選択することを示す

SYNOPSISの「|」は「OR」（または）という意味を表しています。psコマンドの**[-O fmt | -o**

`fmt]`部分は、「`-O fmt`または`-o fmt`」という意味で、全体が`[ ]`が囲まれていることから、「どちらも省略可能だが、`-O`と`-o`は同時に指定できない、`-O`も`-o`も`fmt`を示す引数を取る」ということがわかります。`fmt`はここではフォーマットを表していますが、詳しい書き方はやはりDESCRIPTIONで確認します。

マニュアルの章番号

マニュアルは章番号で分類されており、マニュアルのヘッダ部分に「コマンド名(章番号)」で表示されています。たとえばlsコマンドは「`LS(1)`」で章番号「1」、sudoコマンドは「`SUDO(8)`」で章番号「8」です。章の構成はOSによって若干異なりますが、概ね**表A**のようになっています。

同じ名称のマニュアルが複数の章に収録されていることがあります。たとえば`passwd`は、ユーザのパスワードを変更するpasswdコマンドについては章番号「1」に、passwdコマンドが参照している/etc/passwdファイルについては章番号「5」に収録されています。章番号「1」と「5」では章番号「1」が優先されて表示されるので、`man passwd`は章番号「1」のコマンドマニュアルが表示されますが、もし/etc/passwdの書式を詳しく知りたい場合は`man 5 passwd`のように章番号を指定して表示します。なお、manが参照しているファイルは/usr/share/man以下に章別で保存されており、章の優先順位は/etc/man.confファイルの「MANSECT」で設定されています。

表A マニュアルの章番号[※]

章番号	タイトル	意味
1	General Commands	一般コマンド
2	System Calls（開発環境）	システムコール
3	Library Functions（開発環境）	ライブラリ関数
4	Kernel Interfaces	カーネルインターフェイス(/devにあるデバイスなど)
5	File Formats	ファイル形式(設定ファイルの書式等)
6	Games	ゲーム
7	Miscellaneous Information	その他
8	System Manager's Manual	システム管理コマンド
n	Tcl/Tk Built-In Commands	Tcl/Tk(スクリプト言語とGUIツールキットの名前)関係

※ 章番号「2」と「3」は、開発環境を追加するとインストールされる。

ビルトインコマンドのマニュアル

zshのビルトインコマンドのマニュアルは`man zshbuiltins`で表示できます。たくさんあるので、検索したい場合は/キーを押して、その後に調べたいコマンドを入力します[注26]。bashの場合は「help」というビルトインコマンドがあり、「`help` ビルトインコマンド名」でビルトインコマンドのヘルプを表示することができるほか、`man bash`でもビルトインコマンドの使い方を調べることができます。

注26 `man cd`のように、cdコマンドやechoコマンドなどのビルトインコマンドを指定すると「`BUILTIN(1)`」が表示されますが、これは`man builtin`の画面で、ビルトインコマンド全般のマニュアルです。

```
ZSHBUILTINS(1)                                          ZSHBUILTINS(1)

NAME
      zshbuiltins - zsh built-in commands

SHELL BUILTIN COMMANDS
      Some  shell  builtin  commands  take options as described in individual
      entries; these are often referred to in the list below  as  `flags'  to
      avoid  confusion  with  shell options, which may also have an effect on
      the behaviour of  builtin  commands.  In  this  introductory  section,
      `option' always  has the meaning of an option to a command that should
      be familiar to most command line users.
<中略>
:⋯⋯⋯⋯⋯⋯⋯⋯⋯⋯⋯⋯⋯⋯⋯⋯「/」と入力するとプロンプトが「/」に変わる
↓
/cd⋯⋯⋯⋯⋯⋯⋯⋯⋯⋯「/」に続けて「cd」と入力して return キーを押すと該当位置へジャンプ※
```

※ 同じ文字列を繰り返し検索したい場合は、小文字の n で下方向に、大文字の N で上方向に検索。

Column

macOS独自のコマンドを探す

　macOS独自のコマンドのマニュアルには、多くの場合「Mac OS X」あるいは「macOS」という言葉が含まれています。マニュアル全体からの文字列検索は、manの **-K** オプションを使い **man -K 'Mac OS X'** で行います。ただし、この方法だと、該当するコマンドを見つけるごとにマニュアルを表示するかどうかの確認メッセージが表示されるので、ざっと眺めてみたいような場合には少々煩わしいかもしれません。そこで、manで参照しているファイルから直接grepで探すという方法を紹介します。

　manで参照しているファイルは、テキストファイルなのでgrepコマンド(p.207)で検索できます。ただし、一部のmanファイルはgzipコマンド(p.138)で圧縮されているので、grepコマンドの代わりにgzipファイルを対象に検索できるzgrepコマンドを使用します。使用できるオプションはgrepと共通です。

　manファイルは章番号(p.54)別で「/usr/share/man/man章番号」にインストールされているので、章番号「1」から探すなら **zgrep -l 'Mac OS X' /usr/share/man/man1/***、「Mac OS X」と「macOS」両方を指定して検索したい場合は **zgrep -l -e 'Mac OS X' -e 'macOS' /usr/share/man/man1/*** のようにします。

```
% zgrep -l 'Mac OS X' /usr/share/man/man1/*    …grep (zgrep) コマンドでmanファイルを検索
/usr/share/man/man1/AppleFileServer.1
/usr/share/man/man1/afscexpand.1
/usr/share/man/man1/analyticsd.1
/usr/share/man/man1/arch.1
/usr/share/man/man1/asctl.1
<以下略>
```

管理者よりも強力なユーザ「root」

sudo/rootless機能

本章の最後では、コマンドラインを活用していく上で重要な「ユーザの種類」について解説します。「rootless」というmacOSの新しいセキュリティ機能についても簡単に紹介します。

ユーザの種類と権限

macOSで使うユーザの種類には「管理者」と「通常」がありますが(p.xi)、Unix系OSでもあるmacOSには「管理者」よりさらに強力な「root」という特別なユーザがいます。

「root」って何だろう

root(ルートユーザ)はシステムにおけるあらゆる権限を持つUnix系OSで最も重要なユーザで、スーパーユーザ(*superuser*)とも呼ばれています。「root」というユーザ名でログインします。

rootは、原則としてあらゆる領域の読み/書きの権限があります。たとえば、rootはほかのユーザのファイルにもアクセスできるし、システムの起動に必要なシステムファイルも書き換えることができます。操作ミスでシステムすべてのファイルを削除してしまう、といった「事件」をニュースなどで見かけたことがあるかもしれません。これもrootでログイン中ならば十分に起こり得ることです。

rootの権限を使えるsudoコマンド

rootはこのような特殊な権限を持つので、rootでログインして何か作業をするのは危険です。そこで、通常は**sudo**というコマンドで「**rootの権限で**」コマンドを**実行**します。

前述のとおり、macOSの場合rootのホームディレクトリは/var/rootにあり、lsコマンドで内容を表示するにはroot権限が必要です。そこで、**sudo ls /var/root**と実行すると、lsコマンドをroot権限で実行することができます。

sudoコマンドを実行すると、「**Password:**」というパスワードプロンプトが表示されるので、現在ログインしているユーザのパスワードを入力してください。パスワードは画面には表示されません。また、sudoによるコマンドの実行を中断したい場合は`control`+`C`を入力します。なお、sudoコマンドを実行できるのは「管理者」のみです[注27]。

```
% ls /var/root
ls: root: Permission denied      /var/rootディレクトリは表示できない
% sudo ls /var/root              rootの権限でls /var/rootを実行
Password:                        ここで自分のパスワードを入力(入力内容は表示されない)
.CFUserTextEncoding    .forward         Library         lsの結果が表示された※
```

※ rootの場合、「ls」で「ls -A」(ドットファイルも表示するオプション。p.85で後述)が実行されるようになっている。

注27 管理者は「admin」グループに属するユーザで、adminグループに所属するユーザはsudoコマンドを実行できるよう設定されています(p.57)。

rootでシェルを使う

sudo -sでroot権限でシェルを動かすことができます。プロンプトが「**#**」に変わることや、自分のユーザ名を表示できるwhoamiコマンドでrootと表示されることを確認してみましょう。

exitで元のユーザに戻ります。rootのまま作業を続けることがないように必要なときだけ使う習慣をつけましょう。通常は「**sudo** `コマンド名` 」でそのコマンドだけをroot権限で実行します。

```
% sudo -s ………………………root の権限でシェルを動かす
Password: ……………………自分のパスワードを入力※
root@Mac ~ # ………………root用のプロンプトになった（bash環境の場合は「bash-3.2#」）
root@Mac ~ # whoami ……whoamiコマンドで自分のユーザ名を表示
root …………………………rootと表示された（現在、rootとしてシェルを実行しているとわかる）
root@Mac ~ # exit
exit
% ………………………………元のユーザに戻った
```

※ sudoを使った直後の場合、パスワードの入力を求められない場合がある。

Column

sudoコマンドとsuコマンド

Unix系OSで、root権限でコマンドラインを使用したい場合、**su**というコマンドを使うことがあります。suコマンドは、rootのパスワードさえ知っていれば細かい設定をしなくても簡単にrootになって作業できるため、個人で構築しているサーバで作業するような場合には便利です。なお、macOSでsuコマンドを使ってrootになるには、「rootを有効にする」という設定が必要です[注a]。

suコマンドはsudoより古いコマンドで、「ほかのユーザになる」（*substitute user*）という意味のコマンドです。**su**を実行すると、まずパスワードの入力が求められます。ここで、**rootのパスワード**を入力するとrootになり、exitコマンドで元のユーザに戻るまではずっとroot権限でコマンドを実行できるようになります。なお、rootからは「**su** `ユーザ名` 」で、パスワード無しでほかのユーザになることも可能です。

rootユーザでログインすることを可能にしていると、rootのパスワードを知った第三者がログインしてシステムを自由に操作できるようになってしまいます。もちろんこれはセキュリティ上好ましくありません。

sudoコマンドの場合、設定ファイル（/etc/sudoers）で、ユーザごとにsudoで特定のコマンドを実行する許可だけを与えることができます。macOSの場合、システム管理設定で「管理者」となっているユーザで（adminグループに属するユーザ）あれば、sudoであらゆるコマンドを実行できるようにあらかじめ設定されています。

注a　［ディレクトリユーティリティ］（open -a "directory utility"）でロックを解除し、［編集］メニューの［ルートユーザを有効にする］で有効にできます。目的の操作が終わったら、同じ［編集］メニューで無効に戻しましょう。

新しいセキュリティ機能「rootless」　SIP

　現在のmacOSには、万能なはずのrootでも削除できないファイルが存在します。これは、**SIP**（*System Integrity Protection*）、通称「rootless」と呼ばれる新しい保護システムによるものです。rootlessはOS X El Capitan（10.11）から導入されました。

　rootlessが設定されている場所には、たとえrootでもファイルを追加することはできず、そこにあるファイルを削除することもできません。具体的には「/bin」「/sbin」「/usr」「/System」などが該当します[注28]。GUI環境でアプリケーションを追加するときは/Applicationsや/Libraryを、コマンドを追加する際は/usr/localを使えば、rootlessでもとくに問題のない運用が可能です。

　しかし、OS X El Capitan（10.11）より前のmacOSや、ほかのUnix系OSで開発されたソフトウェアの中には、root権限で/usr/binなどに書き込む前提で作られているソフトウェアも存在します。このような場合、「rootで実行したのに`Operation not permitted`エラーが出た！」といったことが起こります。

　rootlessモードはcsrutilというコマンドで無効化／有効化することができます[注29]が、無効化すると当然のことながらセキュリティレベルを下げることになるのでお勧めしません。インストール時の問題であれば、多くの場合、インストール先を変更するだけで解決します。

ディレクトリが保護されているかを確認する　拡張属性「`com.apple.rootless`」

　ディレクトリがrootlessで保護されているかどうかは、「`com.apple.rootless`」という拡張属性（p.113）が設定されているかどうかでわかります。拡張属性は以下のように`ls -l@`で確認できます。

```
% ls -l@ /                                    「/」を拡張属性付きで表示
total 9
drwxrwxr-x+   6 root  admin   192  1 23 21:49 Applications
drwxr-xr-x   62 root  wheel  1984  3  5  2020 Library
drwxr-xr-x@   8 root  wheel   256  1 23 21:49 System
        com.apple.rootless        0 ………………Systemにはrootlessが設定されている
drwxr-xr-x    5 root  admin   160  3  1 17:58 Users
drwxr-xr-x    7 root  wheel   224  3  8  2020 Volumes
drwxr-xr-x@  38 root  wheel  1216  1 23 21:58 bin
        com.apple.rootless        0 ………………binにrootlessが設定されている
drwxr-xr-x    2 root  wheel    64 12 14 07:07 cores
dr-xr-xr-x    3 root  wheel  4297  3  1 18:47 dev
<以下略>
```

注28　p.34のコラム「［概観］macOSとUnix系OSのルートにあるディレクトリ」や第5章で取り上げていますので、あわせて参照してください。
注29　実行するにはリカバリモードでの起動が必要です。

第4章
ファイルシステム

本章は「ファイルシステム」の章です。そもそもファイルシステムとは何か、そしてmacOSではどのようなファイルシステムが使われているかを確認しましょう。そして、ファイルシステムを操作する際に使われる用語と、コマンドラインではどのように操作するのかを解説します。

4.1 ファイルシステムの基礎知識　APFS/フォーマット/パーティション/マウント
4.2 ファイルシステムの操作　［ディスクユーティリティ］/diskutil/デバイスノード/df/mount

ファイルシステムの基礎知識

APFS／フォーマット／パーティション／マウント

ファイルをどう管理するか、どのような属性を持たせるか、ハードディスクやUSBメモリにどう記録するかを決めるのが「ファイルシステム」です。

ファイルシステムの基礎知識

ファイルを管理する際の考え方と、それを実現させた機構を**ファイルシステム**(*file system*)と言います。ファイルシステムにはさまざまな種類があり、最大でどのくらいのサイズまで扱うことができるかやアクセス権の管理方法、ファイルにどのような属性を持たせるかはファイルシステムによって異なります。

ファイルシステムの種類　macOS、Windows、Unix系OS

macOSでは、**HFS+**(*Hierarchical File System Plus*)および**APFS**(*Apple File System*)というファイルシステムが使われています。HFS+は[ディスクユーティリティ]では「Mac OS拡張」または「OS X拡張」と表示されます。「APFS」はmacOS High Sierra(10.13)から採用された新しいファイルシステムです。

Windowsでは、DOS時代から使われている**FAT**(*File Allocation Table*)の拡張版「FAT32」や「exFAT」、Windows NTやWindows XP以降は「NTFS」(*NT File System*)が使われています。

Unix系OSでは、たとえばLinux環境であれば「ext2」(*second extended filesystem*)や「ext3」「ext4」「ReiserFS」「XFS」などがあります。また、CDやDVDでは「UDF」(*Universal Disk Format*)が使われています注1。

macOSでは、FATとexFATも読み書きできますが、NTFSは読み込みのみとなります注2。ext2やext4を使用するにはまた異なるソフトウェアが必要です。一方、HFS+をWindows環境で読み書きするには特別ソフトウェアが必要です。FreeBSDの場合は5.3-RELEASE以降、Linuxはカーネル2.4.22以降で使用可能です。

新しいファイルシステム「APFS」

2017年のmacOS High Sierra(10.13)から、OS標準のファイルシステムが従来のHFS+から**APFS**に変更されました注3。APFSは、macOS Sierra(10.12)までの標準ファイルシステムであるHFS+の後継という位置付けとなっており、大容量ディスクやSSD注4への最適化、セキュリティ面の強化などが図られています。また、従来のTime Machineによるバックアッ

注1　UDFには複数のバージョンがあり、DVDはUDF 1.02やUDF 1.50などが使用されています。
注2　NTFSに書き込むためのソフトウェアとして、「Mounty」や「NTFS-3G」などがあります。
注3　APFSはmacOS Sierra 10.12.2 beta (開発版) から導入されています。 URL https://www.apple.com/jp/newsroom/2017/06/macos-high-sierra-delivers-advanced-technologies-for-storage-video-and-graphics/
注4　Solid State Drive。フラッシュメモリによるストレージで、従来型のハードディスク(磁気ディスク)と違い物理的な動作がないため、衝撃に強くとくに読み込みが高速とされています。

プ（*backup*）とは別に、クローン（*clone*）注5やスナップショット（*snapshot*）注6を作成する機能も加わりました。

APFSとHFS+の選択のバリエーション　暗号化、大文字/小文字、ジャーナリング

　ディスクユーティリティでは、APFSとHFS+（Mac OS拡張）フォーマットでは「暗号化するかどうか」「大文字と小文字を区別をするかどうか」を選択することができます。

　暗号化とはその名のとおり、ディスクへの記録を暗号化します。暗号化されたディスクを使用するにはパスワードが必要になります。たとえば、Mac本体やバックアップ用の媒体が盗難にあった場合、ディスクが暗号化されていないと情報が盗まれてしまう可能性が高くなります。

　大文字/小文字を区別とは、ファイルやディレクトリ名の大文字と小文字を区別するかどうかという意味です。macOSをインストールするボリュームは大文字/小文字を区別しない設定となっているため、たとえば「File1.txt」が保存されている場所に「file1.txt」を保存するとファイルが上書きされることになります。一方、区別する設定になっている場合は「File1.txt」と「file1.txt」は別々のものとして扱われるため、同じ場所に「File1.txt」と「file1.txt」を保存できるようになります。

　なお、区別しない設定の場合も並び順では大文字/小文字が考慮されるため、lsコマンドの表示では、大文字の名前→小文字の名前の順で表示されます。Unix系OSではファイル名の大文字と小文字を区別するのが一般的で、「目立たせたいファイル」の名前は大文字で付けておくような習慣があります。

　Mac OS拡張で表示されている**ジャーナリング**（*journaling*）とは、ファイルシステムの整合性を保つための機能で、ディスク上のファイルに対する変更を記録します。停電などでシステムが正常に終了できなかった場合も、記録（ジャーナル）を使うことでファイルを正しい状態に戻すことができます。現在のディスクユーティリティではHFS+をジャーナル無しの状態にすることはできませんが、diskutilコマンド（p.69）ではジャーナルの記録を停止させることができます注7。

　なお、通常はデフォルトの設定である、大文字/小文字を区別しない「Mac OS拡張（ジャーナリング）」を選択するのが良いでしょう。盗難に備える場合は「暗号化」を選択します。

ファイルシステムとコマンドラインの関係　ファイル操作系のコマンドは共通

　ファイルシステムが違えばファイルの管理方法が違うわけなので、コマンドも当然違う……ということになってしまうと、操作する方は大変です。その辺はOSが面倒を見てくれるので、マウントした後は、OSが対応しているファイルシステムであれば、cdコマンドやlsコマンドなど、通常のコマンドは同じように使えるようになっています注8。

　ファイルシステムそのものを操作するコマンドの場合は、オプションやサブコマンドで区別します。

注5　ファイルをコピーする際に、データそのものを複製するのではなく「複製した」という情報を記録することで処理を高速化しディスクスペースの使用効率を上げることができます。

注6　ファイルシステムのある時点での状態を保存しておくしくみで、ディスクの残り容量などに応じて自動で保存されますが、手動で保存することも可能です。

注7　「diskutil disableJournal パーティション 」（パーティションについては後述）でジャーナルを停止します。OS X 10.10（Yosemite）までは、［ディスクユーティリティ］で option を押しながらファイルメニュー開くことで「ジャーナル記録を停止」が選択できました。なお、Catalinaを含むOS X 10.11（El Capitan）以降の［ディスクユーティリティ］ではジャーナルの停止はできませんが、［ファイル］メニューでジャーナルの記録を開始することは可能です。

注8　保存できるファイルサイズやファイルの個数が異なるなどの違いはあります。

Column

ファイル名やディレクトリ名の大文字/小文字

p.61でも触れているとおり、macOSをインストールするボリュームではファイル名の大文字/小文字は区別されません。したがって、「File1.txt」というファイルがすでにある場所に、新しく「file1.txt」というファイルを作成しようとするとエラーになり、cpコマンドでコピーした場合はファイルが上書きされることになります。

ディレクトリ名も同様です。たとえば、大文字/小文字を区別しない環境では、同じ場所に「Dir1」と「dir1」というディレクトリを作成することはできません(**図a**)。これに対し、区別をする環境では「Dir1」と「dir1」を作成することができます(**図b**)。確認のために使用しているlsコマンドの **-F** はディレクトリに「/」を表示するオプションです。

大文字/小文字が区別されていない様子は、lsコマンドでも確認できます。**図c** は大文字/小文字を区別しない環境、つまり普段使用している環境のホームディレクトリでlsコマンドを実行しています。**-l** は前述のとおり、詳しい書式で表示するオプション、**-i** はinode番号(p.101)を表示するオプション、**-d** はディレクトリの情報を表示するオプションです。「Desktop」と「desktop」がまったく同じものを指している様子がわかります。したがって、**cd Desktop** と **cd desktop** では同じ場所に移動することになります。ただし、ディレクトリが作成されたときの名前は「Desktop」なので、小文字の「d」では tab による補完ができません。

図a 大文字/小文字を「区別しない」環境の例❶

```
% mkdir Dir1
% mkdir dir1
mkdir: dir1: File exists
```
Dir1ディレクトリがすでにあるため、作成できない

図b 大文字/小文字を「区別する」環境の例

```
% mkdir Dir1
% mkdir dir1
% ls -F
Dir1/  dir1/
```
Dir1ディレクトリとdir1ディレクトリが作成された

図c 大文字/小文字を「区別しない」環境の例❷

```
% ls -lid Desktop desktop ……………… lsコマンドでDesktopとdesktopを表示(ホームディレクトリで実行)
28715 drwx------@ 13 nishi  staff  416  3 11 11:52 Desktop
28715 drwx------@ 13 nishi  staff  416  3 11 11:52 desktop
% cd desktop ………………………………… desktopへ移動。小文字で入力しているので補完されない
% pwd ………………………………………… カレントディレクトリのパス名を表示 (p.80)
/Users/nishi/desktop …………………… カレントディレクトリはdesktop(Desktopと同じ場所、tab による補完はできない)
% cd ……………………………………………… いったんホームディレクトリへ戻る
% cd Desktop ………………………………… Desktopへ移動
% pwd ………………………………………… カレントディレクトリのパス名を表示
/Users/nishi/Desktop …………………… カレントディレクトリはDesktop
```

フォーマット　記憶媒体を特定のファイルシステム用に準備

ハードディスクやUSBメモリなどの記憶媒体を使うには、まず**フォーマット**（*format*）という作業が必要です。フォーマットとは「形式」「決まった形に整える」といった意味で、記憶媒体をフォーマットすることでファイルシステム用の下地が作られます。

フォーマット時には、どのファイルシステム用にするかを選ぶ必要があります。たとえば、データ用外付けハードディスクなどでほかのOSでも使う可能性がある場合は「exFAT」にしておくと汎用性が高くなります[注9]。一方、macOS専用であればmacOS用のフォーマットでも良いでしょう。ただし、使用できるフォーマットが限定されている記憶媒体もあるので事前に確認しましょう[注10]。

パーティション　記憶媒体はパーティションを作って管理

ハードディスクのような大容量な記憶媒体の場合、まずディスク内をいくつかの領域に分けてから、それぞれをフォーマットします。記憶領域を分割するしくみ、または分割された個々の領域のことを**パーティション**（*partition*）と言います。

ボリューム　フォーマットされた領域には名前を付けて管理

macOSから、記憶媒体に保存されているファイルやディレクトリにアクセスできる状態になっている領域を**ボリューム**（*volume*）と言います。ボリュームには「Macintosh HD」などの名前（**ボリュームラベル**、*volume label*）が付けられています。ファイルやディレクトリにアクセスする際には、ボリュームラベルを使用します（マウント、後述）。

なお、通常は1つのパーティションを1つのボリュームとするので、たとえば「起動パーティション」と「起動ボリューム」という言葉が同じ意味で使われていることもあります。

マウント　記憶媒体をOSからアクセスできるようにする

フォーマットされた領域をOSから操作できるように、システムと結び付ける操作を**マウント**（*mount*）と言います。「フォーマット済みの領域」のことをファイルシステムと呼ぶこともあるので、「ファイルシステムをマウントする」「マウントされたファイルシステムでは」のように表現することもあります。

Unixではかつてはディスクの容量があまり大きくなかったという事情もあり、ルートだけマウントしてシステムを起動し、/usrをマウントすると一般ユーザ用のコマンドが使えるようになり、/homeをマウントすると各ユーザ用の……、と段階を追ってマウントしながら起動できるようなしくみになっています。

macOSでは元々起動ボリュームは分割されておらず、起動時にシステムが入っている領域全体がマウントされていましたが、macOS Catalina（10.15）では従来の起動ボリュームを完全に読み込み専用とするボリューム[注11]と書き込みも可能な**Dataボリューム**に分けて管理さ

注9　exFATはおもにWindows環境で使われていたファイルシステムで、現在はデジタルカメラなど、SDカードやUSBメモリなどを扱うデジタル機器でも採用されています。Windowsの前身であるMS-DOSで使われていた形式がFATで、32ビット対応のFAT32を経て大容量ディスクに対応したexFATとなりました。

注10　筆者のところでは以前Windows環境で使用していた外付けハードディスクをiMovie用の作業ドライブとするためにHFS+（Mac OS拡張）で再フォーマットしたところ、macOSで認識されなかったことがありました。exFATならば問題なく読み書きできたのですが、iMovieがexFATに対応していないため別のディスクを探すことになりました。

注11　デフォルトでは読み書き可能な「/dev/disk1s1」と読み取り専用（リードオンリー）の「/dev/disk1s5」に分かれており（/dev/disk1s2〜4は回復用など別の用途に使われています）、/dev/disk1s1は「/」（ルート）に、/dev/disk1s5は「/System」にマウントされます（p.64）。

れるようになりました。たとえば、「アプリケーション」フォルダは、読み込み専用のボリュームに保存されている「/System/Applications」と、読み書き可能なDataボリュームに保存されている「/Applications」を併せた状態で表示されています(p.77)。

USBメモリや外付けハードディスクなどは、接続すると自動でマウントされるようになっていますが、[ディスクユーティリティ]を使うと、手動でマウント/アンマウント(マウント解除)できます。コマンドラインではdiskutilコマンド(p.71)またはUnix汎用のmountコマンド(p.74)を使用します。

/Volumes　macOSのマウントポイント

マウントした領域を結び付ける場所を**マウントポイント**(*mount point*)と言います。macOSの場合、自動でマウントされた外付ディスクやUSBメモリなどは**/Volumes**というディレクトリがマウントポイントとなり、マウントすると「/Volumes/名前」でアクセスできるようになります。たとえば「MyData」というボリュームならば「/Volumes/MyData」となります。ネットワークドライブも同様に/Volumesにマウントされます。

Finderでは/Volumesは表示されていませんが、ターミナルでは表示できます。たとえば、何をマウントしているかは `ls /Volumes` で確認できます。ネットワークドライブなどで、マウントしているはずなのにFinderでうまく表示できない場合でも「`open /Volumes/`名前」とすればFinderで開くことができます(p.30)。

APFSの「コンテナ」と「ボリューム」

APFSではディスクを**コンテナ**(*container*)で管理します。ディスク全体は1つのパーティションとして、その中にコンテナを作り、その中に複数のボリュームを作成する、という考え方です。コンテナを介することで、ボリュームを増やしたりサイズを変更したりといった操作がしやすくなっています。したがって、APFSではディスク領域を分けて使いたいという場合は、パーティションを作るのではなくボリュームをコンテナに追加するという形で行います注12。

さらに、macOS Catalina(10.15)ではOSのインストール時に、OSの起動などに必要なファイルはシステム専用のボリュームと、ユーザのホームディレクトリなどを配置するDataボリューム(p.67)に分割されるようになりました。System用のボリュームは読み取り専用(リードオンリー)となり、利用者の操作では書き換えができなくなっています。

システム専用のボリュームは「/System」に、Dataボリュームは「/System/Volumes/Data」にマウントされます注13。次節で、[ディスクユーティリティ]およびコマンドラインを使ってディスクの情報を表示します。

注12　「ディスクユーティリティユーザガイド」の「Macのディスクユーティリティで物理ディスクにパーティションを作成する」を参照。URL https://support.apple.com/ja-jp/guide/disk-utility/dskutl14027/mac

注13　macOS Catalina (10.15)で導入された「Firmlinks」(p.67のコラムを参照)という新しいしくみにより、たとえば「/Applications」に対するアクセスは「/System/Volumes/Data/Applications」へ、「/Users」に対するアクセスは「/System/Volumes/Data/Users」へと置き換えられています。なお、macOS Mojave(10.14)までは、起動ボリュームは「/」へのシンボリックリンク(p.100)となっています。たとえば、「Macintosh HD」というボリュームから起動した場合は「/Volumes/Macintosh HD」と「/」が同じ場所を指すようになります。

ファイルシステムの操作

[ディスクユーティリティ]/diskutil/デバイスノード/df/mount

　ハードディスク等の操作は、基本的にはmacOS標準の[ディスクユーティリティ]で行うのが安全です。しかし、細かい情報を確認したり、特殊な作業や自動処理を行いたい場合には、コマンドラインでの操作が便利です。

[ディスクユーティリティ]と情報の表示

　[アプリケーション]-[ユーティリティ]にある[ディスクユーティリティ]を起動すると、現在使用しているディスクの情報が表示されます（**図A**）。ここでは、「内蔵」に「Macintosh HD」と「Macintosh HD - Data」、「外部」に「USBDATA」というボリュームがあることがわかります。

図A　[ディスクユーティリティ]とディスク情報の表示（「Macintosh HD」を選択中）

　「Macintosh HD」はAPFSボリュームですが、「Macintosh HD - Data」を表示すると同様にAPFSボリュームで、同じ容量であることがわかります（**図B**）。これは、同じコンテナを共有しているためで、それぞれのボリュームのサイズをあらかじめ固定することなく利用できます。外部の「USBDATA」はWindows環境でフォーマットしたUSBメモリです（**図C**）。
　ディスクの検証や修復は[ディスクユーティリティ]の[First Aid]ボタン、パーティションやボリュームの作成や変更は[パーティション作成]ボタンから行います。

図B　［ディスクユーティリティ］の「Macintosh HD - Data」

図C　［ディスクユーティリティ］の外部のメディア

［ディスクユーティリティ］でコンテナも表示する

　［表示］メニューまたは左上の［表示］ボタンで「すべてのデバイスを表示」を選択すると、物理ディスク（**図D**）とコンテナの情報（**図E**）が表示できます。

図D　［ディスクユーティリティ］の「物理ディスク」

図E ［ディスクユーティリティ］の「コンテナ」

> Column

macOS Catalina（10.15）のシステムボリューム 「rootless」、システム保護の強化、Firmlinks

　Unix系OSでは、root権限であればシステムのいかなるファイルも書き換えることが可能というのが基本です。これに対し、macOSでは、OS X 10.11 El CapitanからSIP（*System Integrity Protection*）、通称「rootless」と呼ばれる保護システムが導入されています。rootlessが設定されている場所は、root権限（p.56）を以てしても、書き換えることはできません。しかし、「rootless」モードは保護対象のディレクトリを設定可能としており、そもそもcsrutilというコマンドで無効化/有効化することが可能でした。「rootless」モードでは動作しないアプリケーションがあったという事情もあります。

　macOS Catalina（10.15）ではシステム保護がより厳しくなり、起動ファイルなどが保存されているボリュームは読み取り専用に変わりました。「Macintosh HD」である「/dev/disk1s5」は、**diskutil info /dev/disk1s5**で表示すると「**Mount Point:/**」「**Read-Only Volume: Yes**」と表示されます（実行例はp.69）。したがって、macOSが起動して/dev/disk1s5を「/」にマウントした後は、書き込みができなくなります。

　これに対し、ユーザがアプリケーションを追加したり、そもそもホームディレクトリにファイルを保存したり……といったことは「Macintosh HD - Data」というボリューム（Dataボリューム）に対して行います。「Macintosh HD - Data」である「/dev/disk1s1」は、**diskutil info /dev/disk1s1**を実行すると「**Mount Point: /System/Volumes/Data**」「**Read-Only Volume: No**」と表示されます。

　実は、**ls /Applications**で表示されているのは「/System/Volumes/Data/Applications」です。ユーザがOSのインストール以外で導入したアプリケーションは、/Applications（/System/Volumes/Data/Applications）に保存されます。これに対し、OSとともにインストールされたアプリケーションやユーティリティは、「/System/Appilcations」に保存されています。こちらは「Macintosh HD」つまり「/dev/disk1s5」ボリュームの中です。Finderの「アプリケーション」には/Applications（/System/Volumes/Data/Applications）と/System/Appilcationsの内容を合わせた状態で表示されており、アプリケーションフォルダに追加したアプリケーションは/Applications（/System/Volumes/Data/Applications）に保存されます。つまり、私たちエンドユーザの使い勝手としては、「今までと同じ」ようになっています。

　同様に、「**ls /Users/** ユーザ名 」で表示されるのは「/System/Volumes/Data/Users/ ユーザ名 」です。ホームディレクトリ下に保存したファイルは、「Macintosh HD - Data」である「/dev/disk1s1」に保存されるということになります。

（続き）

これはAPFSで新しく導入された**Firmlinks**というしくみによるものです。Unix系OSで古くから使われているシンボリックリンクと似ていますが、それとは異なるしくみで、エンドユーザはFirmlinksの作成などの操作をすることはできませんが、どのディレクトリがFirmlinksの対象になっているかは**/usr/share/firmlinks**というファイルで確認できます。

なお、「Macintosh HD」と「Macintosh HD - Data」の物理的な領域はAPFSコンテナの中で共有されており、たとえば256GBのハードディスクであれば「合わせて256GB」という形で使用できます（p.65の図A、図Bを参照）。

```
/dev/disk1s1の情報を確認
% diskutil info /dev/disk1s1
<中略>
   Volume Name:           Macintosh HD - Data ……… ボリューム名
   Mounted:               Yes
   Mount Point:           /System/Volumes/Data ……… マウントポイント
<中略>
   Read-Only Media:       No
   Read-Only Volume:      No ……………………………………… 読み取り専用ではない
<以下略>

マウントポイントを確認
% ls /System/Volumes/Data
Applications     Users            home             private
Library          Volumes          mnt              sw
System           cores            opt              usr
% ls /System/Volumes/Data/Applications ………………… Applicationsを確認
Google Chrome.app    Safari.app       Utilities
ユーザが追加したアプリケーションが保存されている
% ls /System/Volumes/Data/Users ……………………………… Usersを確認
Shared     nishi
% ls /System/Volumes/Data/Users/nishi/Documents
hello         sample.txt ……………………… ユーザnishiのDocumentsの中にhelloとsample.txtがある

普段使用するディレクトリで確認
% ls /Applications
Google Chrome.app    Safari.app       Utilities
/System/Volumes/Data/Applicationsと同じ内容が表示される
% ls /Users/nishi/Documents
hello         sample.txt
/System/Volumes/Data/Users/nishi/Documentsと同じ内容が表示される
```

ディスクの情報の調査/マウント/修復　diskutil

コマンドラインでディスクの情報を調べたり、マウント/マウント解除、修復などを行いたい場合は**diskutil**コマンドを使います[注14]。diskutilにはたくさんのサブコマンドがあり、ここではごく基本的なものだけを紹介しています。

```
基本の使い方
diskutil list ……………………………………ディスクの一覧を表示
diskutil list /dev/disk1 ……………………/dev/disk1の情報を表示
diskutil mount /dev/disk2s1 ………………/dev/disk2s1をマウント※
diskutil umount /dev/disk2s1 ……………/dev/disk2s1のマウントを解除
diskutil umount /Volume/名前 …………名前を指定してマウントを解除
diskutil umountDisk /dev/disk2 …………ディスク全体のマウントを解除
diskutil eject /Volume/名前 … 名前を指定してイジェクト
                                  (接続が解除され、取り外し可能な状態になる)
diskutil repairVolume /Volume/名前 ………名前を指定して対象を修復
```

※ 通常は接続時に自動でマウントされる。

接続されているディスクの確認と情報表示　diskutil list

　diskutil listで、ディスクの情報が表示されます。まず、内蔵(*internal*)物理ドライブ(*physical*)の情報として「**/dev/disk0 (internal, physical)**」が表示されています(❶)。全体としては「GUID」[注15]で管理されており、disk0は「**1:**」と「**2:**」に分かれていて、「**1:**」は**EFI**(起動時に利用される特別な領域[注16])で「**2:**」は**Apple_APFS**です。また、Apple_APFSの領域には「Container disk1」という名前がついています。これが先ほどの図Eの表示に相当します。

　続いて、コンテナである「disk1」の情報が表示されています(❷)。「**0:**」の行が全体を表しており、「**1:**」～「**5:**」にボリュームが表示されています。[ディスクユーティリティ]で表示されているのは「**1:**」の「Macintosh HD - Data」と「**5:**」の「Macintosh HD」です。先ほどの図Aと図Bに相当します。

　最後に、外部(*external*)の物理(*physical*)デバイスである /dev/disk2 の情報が表示されています(❸)。ここで使用しているのはUSBメモリで全体で1つのボリュームとなっているため、IDENTIFIER(デバイスを特定する際に使用する名前)はdisk2のみです。先ほどの図Cに相当します。

```
diskutil listでディスクの情報を表示
% diskutil list
/dev/disk0 (internal, physical): ………………❶
   #:                  TYPE NAME                SIZE       IDENTIFIER
   0:      GUID_partition_scheme              *251.0 GB    disk0
```

注14　Unix系OSではマウントとマウント解除はmount/umountコマンド、ファイルシステムの修復はfsckコマンドを使うのが一般的です。

注15　GUID(*Globally Unique Identifier*、グローバル一意識別子)を使ってパーティションを管理する方法で、GUIDによるパーティションテーブルは「GPT」(*GUID Partition Table*)と呼ばれることがあります。このほかの管理方式には、たとえば、MBR(*Master Boot Record*)があります。　● 参考：[URL] https://support.apple.com/ja-jp/HT208496

注16　UFEI (*Unified Extensible Firmware Interface*) に準拠したシステムで使用されている特別な領域で、起動時やファームウェアのアップデートを行う際に使われます。EFIシステムパーティション(*EFI system partition*、ESP)と呼ばれています。

```
   1:                       EFI EFI                    314.6 MB   disk0s1
   2:                 Apple_APFS Container disk1       250.7 GB   disk0s2

/dev/disk1 (synthesized):                          ❷
   #:                       TYPE NAME                 SIZE       IDENTIFIER
   0:      APFS Container Scheme -                    +250.7 GB  disk1
                                 Physical Store disk0s2
   1:                APFS Volume Macintosh HD - Data  4.8 GB     disk1s1
   2:                APFS Volume Preboot              83.0 MB    disk1s2
   3:                APFS Volume Recovery             528.5 MB   disk1s3
   4:                APFS Volume VM                   2.1 GB     disk1s4
   5:                APFS Volume Macintosh HD         10.7 GB    disk1s5

/dev/disk2 (external, physical):                   ❸
   #:                       TYPE NAME                 SIZE       IDENTIFIER
   0:                            USBDATA              *7.9 GB    disk2
```

デバイスノード　デバイス単位の操作時に、ディスクやボリュームの指定に用いる

　`diskutil list`では、ディスクやコンテナが「/dev/disk番号」で表示されていました。また、各ボリュームは「IDENTIFIER」欄に表示されている「disk番号s番号」を使い、「/dev/disk1s1」（Macintosh HD - Data）、「/dev/disk1s5」（Macintosh HD）、「/dev/disk2」（USBDATA）のように表します。これを**デバイスノード**（*device node*）と言い、本節で紹介しているコマンドのように、デバイス単位で操作するコマンドは、このデバイスノードを使ってディスクやボリュームを指定します。

　デバイスノードの番号部分はシステムの起動時やデバイスを接続した際に、自動で割り振られています。つまり、常に同じ番号でアクセスできるとは限りません。フォーマットなどの操作をコマンドラインで行う際は、`diskutil list`でデバイスノードを確認してから行いましょう。通常は［ディスクユーティリティ］で操作内容を視覚的に確認しながら行う方が安全でしょう。

　なお、デバイスノードはディスク以外にも使用されています（p.156のコラム「デバイスファイルへのリダイレクト」を参照）。

マウント状況や使用量などの確認　　diskutil info

　「`diskutil info` デバイスノード」で、詳しい情報が表示されます。たとえば、「Macintosh HD」である「/dev/disk1s5」であれば`diskutil info /dev/disk1s5`で詳しい情報が表示されます。「/dev/disk1s5」は、「/」にマウントされており、「**Read-Only Volume: Yes**」、つまり読み取り専用で書き込みができないボリュームであることがわかります[注17]。かなりの量が出力されるので、ターミナル画面をスクロールして確認してみてください。コマンドの表示を一時停止しながら表示したり、部分的に表示する方法については第8章で扱います。

注17　なお、macOS Catalina（10.15）の「Macintosh HD」と「Macintosh HD - Data」はやや特殊な管理方法が採られています。詳しくはp.67のコラムを参照してください。

```
┌─ diskutil infoで詳細情報を表示❶ ─────────────────────────
% diskutil info /dev/disk1s5
   Device Identifier:    disk1s5      ……… デバイスを特定する際に使用する名前
   Device Node:          /dev/disk1s5 ……… デバイスにアクセスするために使用する
   Whole:                No                             ディレクトリ名
   Part of Whole:        disk1

   Volume Name:          Macintosh HD ……… ボリューム名
   Mounted:              Yes          ……… マウントされている
   Mount Point:          /            ……… マウントポイント
<中略>
   Read-Only Media:      No
   Read-Only Volume:     Yes          ……… 読み取り専用
<以下略>
```

同様に、**diskutil info /dev/disk2**でUSBメモリの情報を見ると、「/Volumes/USBDATA」にマウントされていることがわかります。Finderでは「USBDATA」と表示されている場所です。こちらは「**Read-Only Volume: No**」で読み書き可能であることがわかります[注18]。

```
┌─ diskutil infoで詳細情報を表示❷ ─────────────────────────
% diskutil info /dev/disk2
   Device Identifier:    disk2        ……… デバイスを特定する際に使用する名前
   Device Node:          /dev/disk2   ……… デバイスにアクセスするために使用する
   Whole:                Yes                            ディレクトリ名
   Part of Whole:        disk2
   Device / Media Name:  USB Flash Disk

   Volume Name:          USBDATA         ……… ボリューム名
   Mounted:              Yes             ……… マウントされている
   Mount Point:          /Volumes/USBDATA ……… マウントポイント
<中略>
   Read-Only Media:      No
   Read-Only Volume:     No              ……… 読み取り専用ではない
<以下略>
```

ボリュームのマウント/マウント解除/イジェクト　diskutil mount/umount/eject

「**diskutil mount 対象**」でマウント、「**diskutil umount 対象**」でマウントを解除、「**diskutil eject 対象**」で接続を解除（*eject*、イジェクト）します。マウントしているデバイスの場合、対象を「/Volume/ ボリュームラベル 」で指定できます。マウント前のデバイスの場合はデバイスノードで指定します。

以下では、「USBDATA」という名前を付けたUSBメモリを操作しています。本体に差し込

注18　たとえば、書き込みがロックされているSDカードであれば「Read-Only Media:」「Read-Only Volume:」ともに「Yes」と表示されます。

むと自動で接続され、「/Volumes/USBDATA」にマウントされるので、**diskutil umount /Volumes/USBDATA**でマウントを解除、**diskutil list**でデバイスノードを確認して再マウントし、イジェクトしています。マウントを実行すると、Finderやデスクトップにも表示されます。

```
diskutilコマンドでマウントを解除
% ls /Volumes                              ……… マウントポイントを確認
Macintosh HD     USBDATA
% diskutil umount /Volumes/USBDATA         ……… マウントを解除
Volume USBDATA on disk2 unmounted          ……… マウントが解除された
diskutilコマンドでマウント
% diskutil list                            ……… デバイスノードを確認
<中略>
/dev/disk2 (external, physical):
     #:                   TYPE NAME              SIZE        IDENTIFIER
     0:                        USBDATA          *7.9 GB      disk2
% diskutil mount /dev/disk2   ……/dev/disk2をマウント     デバイスノードは/dev/disk2
Volume USBDATA on /dev/disk2 mounted   ……/dev/disk2が/Volume/USBDATAにマウントされた
diskutilコマンドでイジェクト
% diskutil eject /dev/disk2                ……… /dev/disk2をイジェクト
Disk /dev/disk2 ejected                    ……… /dev/disk2がイジェクトされた
% diskutil mount /dev/disk2                ……… 再度/dev/disk2のマウントを試みる
Unable to find disk for /dev/disk2         ……… イジェクトされているため操作できない※
```

※ USBメモリの場合、いったん抜いて挿し直すことで改めてマウントできる。

ディスクの空き領域の表示　df

dfは、ディスクの空き領域（*free space*）のサイズを表示するコマンドです。ハードディスクやSSDの場合はボリューム（パーティション）単位で集計/表示されます。

引数でファイルやディレクトリを指定すると、そのファイルが保存されている場所の空き領域を表示、指定しなかった場合は現在マウントされているすべての場所について空き領域を表示します。

```
基本の使い方
df -h file1  … file1が保存されているボリューム（パーティション）の空き領域を表示
df -hl       ………… ローカルディスクのすべての空き領域を表示
df -h        ………… ネットワークボリュームなども含めたすべての場所について空き領域を表示
```

以下の❶では**df -h .**でカレントディレクトリが含まれているパーティションの空き領域を表示しています。最初にデバイスノードが表示され、続いて全体の量（**Size**）、すでに使っている量（**Used**）、空き容量（**Avail**）、使用割合（**Capacity**）が表示されます。次に表示されているiused、ifree、%iusedはinode (p.101)の情報です。最後にマウントポイントが表示されています。なお、サイズ表示のデフォルトは512バイト単位なので、**-h**オプションを指定して読みやすい単位（human）にしています。小文字の**-h**を指定すると、1024の倍数でGiやTi

などの単位が適宜使用されます[注19]。Finderと同じ1000の倍数で表示したい場合は❷大文字の **-H** を使用します。

内蔵ディスクや外付けディスクなどのローカルディスクをすべて表示したい場合は **-l** オプションを使用し、❸ **df -hl** のように指定します。

```
dfコマンドでディスク（パーティション）の空き領域を表示
% df -h                                    ❶
Filesystem     Size   Used  Avail Capacity iused      ifree %iused  Mounted on
/dev/disk1s1   233Gi  4.9Gi 216Gi    3%    32467 2448068853    0%   /System/Volumes/Data
カレントディレクトリを含むパーティションの空きは216GiB
% df -H                                    ❷
Filesystem     Size   Used  Avail Capacity iused      ifree %iused  Mounted on
/dev/disk1s1   251G   5.2G  232G     3%    32467 2448068853    0%   /System/Volumes/Data
カレントディレクトリを含むパーティションの空きは232GB
% df -hl                                   ❸
Filesystem     Size   Used  Avail Capacity iused      ifree %iused  Mounted on
/dev/disk1s5   233Gi  9.9Gi 216Gi    5%   483469 2447617851    0%   /
/dev/disk1s1   233Gi  4.9Gi 216Gi    3%    32468 2448068852    0%   /System/Volumes/Data
/dev/disk1s4   233Gi  2.0Gi 216Gi    1%        1 2448101319    0%   /private/var/vm
/dev/disk2     7.4Gi  1.9Gi 5.4Gi   27%        0          0  100%   /Volumes/USBDATA
システムディスクのほかにUSBDATAという名前でマウントしているディスクの情報が表示された
```

※ macOS Catalina（10.15）環境の場合、/dev/disk1s1と/dev/disk1s5が表示されているが、両者は物理的には同じ領域を共有しているためサイズ（Size）と空き容量（Avail）が同じ値になる。

マウント状況とファイルシステムの確認　mount

mount はディスクをマウントするためのコマンドですが、引数を指定せずに実行することで現在のマウント状況を確認できます。表示は「 デバイスノード **on** マウントポイント **(** オプション **)** 」となっており、オプションの部分を見ることでファイルシステム（フォーマットの種類）や読み取り専用かどうかなどがわかります。なお、「**nobrowse**」はFinderなどに表示しないという意味のオプションです。

```
現在のマウントの状況を表示
% mount
/dev/disk1s5 on / (apfs, local, read-only, journaled)
devfs on /dev (devfs, local, nobrowse)
/dev/disk1s1 on /System/Volumes/Data (apfs, local, journaled, nobrowse)
/dev/disk1s4 on /private/var/vm (apfs, local, journaled, nobrowse)
map auto_home on /System/Volumes/Data/home (autofs, automounted, nobrowse)
/dev/disk2 on /Volumes/USBDATA (msdos, local, nodev, nosuid, noowners)
```

注19　GiB（*gibibyte*、ギビバイト）は2の30乗バイトで、dfコマンドの-hオプションでは「Gi」という単位で表示されます。GB（*gigabyte*、ギガバイト）は10の9乗バイトで、-Hオプションでは「G」という単位で表示されます。1GiBは約1.074GB、1GBは約0.93GiBです。

Column

mount/umountコマンドによるマウントとマウント解除

　Unix系システムでは、ディスクのマウントとアンマウントにmount/umountコマンドを使用します。それぞれ **diskutil mount**、**diskutil umount** に相当しますが、マウント先やマウント方法を指定したり、強制的にアンマウントするなどの細かい操作が可能です。

　マウントは「**mount -t** `ファイルタイプ` **-o** `オプション` `デバイスノード` `マウントポイント`」のように指定します。以下の❶は、マウントポイントとしてカレントディレクトリにmediaディレクトリを作り、192.168.1.103の共有ディレクトリをマウントしています（図a、図b）。ここではオプションを指定していませんが、たとえばFinderでは表示しないようにするならば **-o nobrowse** のように指定します。

　マウント後はほかのディレクトリ同様、読み書きすることができます。マウントの解除は❷のようにumountコマンドで行います。なお、ディスクユーティリティやdiskutilコマンドでマウントしたディスクについてもumountコマンドでアンマウントできますが、この場合はroot権限（p.56）が必要なので **sudo umount /Volumes/USBDATA** のように実行します。通常は［ディスクユーティリティ］やdiskutilコマンドを使用する方が扱いやすいでしょう。

```
ネットワークの共有ディレクトリをマウント
% mkdir ~/media                  ホームディレクトリにmediaディレクトリを作成（マウントポイント用）
% mount -t smbfs //nishi@192.168.1.40/media ~/media    ❶mediaディレクトリにマウント
Password for 192.168.1.40:       （192.168.1.40にユーザ名「nishi」で接続する際のパスワードを入力）
192.168.1.103のmediaがmediaディレクトリにマウントできた
% ls -F ~/media
mp3/           video/
マウント後はローカルのハードディスク同様にアクセスできる
% umount media                   ❷マウントを解除
```

図a　　マウント前の状態（マウントポイントとして作成したmediaディレクトリが表示されている）

図b　　マウント後の状態（mediaディレクトリにネットワークの共有ディレクトリがマウントされている）

第5章
ファイル＆ディレクトリの探検

　本章のテーマは「ファイル」と「ディレクトリ」です。
　文書、音楽や写真のデータはmacOS上では「ファイル」として保存されています。また、アプリケーションやOS本体もたくさんのファイルで構成されています。それぞれのファイルには「属性」があり、「これは読み書き可能」「これは実行可能」のように区別されています。そして、膨大な数のファイルはすべて「ディレクトリ」によって整理整頓されています。本章では、そのようなファイルやディレクトリについて詳しく見ていきます。

5.1　ディレクトリ　「/」(ルート)、「~」(ホーム)、「.」(カレント)、「..」(親)、絶対パス＆相対パス
5.2　ドットファイル　普通のファイルなのに見えないファイル(!?)
5.3　コマンドによるファイルとディレクトリの操作　mkdir/rmdir/rm/mv/cp
5.4　シンボリックリンク　ハードリンクとinode/ln/エイリアスとの違い

ディレクトリ

「/」（ルート）、「~」（ホーム）、「.」（カレント）、「..」（親）、絶対パス&相対パス

まずは、ここまで何度か登場してきた「ディレクトリ」についてもう少し詳しく見ていきます。macOSにはどのようなディレクトリがあるのか、コマンドラインではディレクトリをどのように表現するのかを押さえていきましょう。

macOSのディレクトリツリー　　ファイルはディレクトリによって整理されている

第2章で簡単に触れたとおり、macOSで使用するファイルは、すべて「ディレクトリ」によって整理されています。ディレクトリは、ディレクトリの中にディレクトリ、その中にまたディレクトリ……という階層構造になっています。親ディレクトリに対し、子（サブディレクトリ）は複数ありますが、サブディレクトリに対する親は1つです。このような構造を**ツリー構造**と言い、最上位のディレクトリは**ルートディレクトリ**（*root directory*）と呼ばれます[注1]。

Unix系OSの場合、ルート直下に基本的なコマンド類を置く「bin」と、管理コマンド用の「sbin」、システムの設定ファイル用の「etc」、OSの一時ファイルを置く「tmp」、そして、ユーザ用のコマンドなどを置く「usr」などの名前のディレクトリがあります。「usr」の中にも「bin」「sbin」という名前のディレクトリがあります[注2]。

さらに、macOSの場合はユーザの**ホームディレクトリ**用のUsersやApplications、Libraryなどのディレクトリがあります（**図A**）。ホームディレクトリにはユーザ作成時にDesktop（デスクトップ）、Documents（書類）、Downloads（ダウンロード）、Library（ライブラリ）、Music（音楽）、Pictures（ピクチャ）、Public（パブリック）などが自動で作られます。

Libraryは設定ファイルなどを保存する場所で、通常はFinderでは表示されません（p.112）。Finderでは option を押しながら［移動］メニューをクリックすると、「ライブラリ」が表示され、ライブラリフォルダを開くことができます。

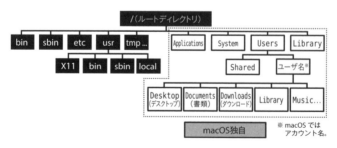

図A　macOSのディレクトリツリーの概要

注1　ツリーはルート（根）から枝分かれしていくイメージですが、図で表すときにはルートディレクトリを一番上または左に書くのが一般的です。

注2　Unix系OS用のディレクトリ構成については「man hier」でマニュアルを参照することができます。

Firmlinks　ファイルシステムの新たなしくみ

　先に触れたとおり、macOS Catalina（10.15）のAPFSでは、新たに**Firmlinks**というしくみが導入されており、ApplicationsやLibraryのディレクトリ構成がそれより前のシステムとは異なっています（p.67）。

　具体的には、OSに最初からインストールされていたアプリケーションなどのファイルは/System/Applicationsや/System/Libraryに配置され、ユーザが後から追加したファイルは/Applicationsや/Library、あるいは/Users/ユーザ名の下に配置されます。

　多くのmacOS用アプリケーションは、システムに追加（インストール）する際にアプリケーションのアイコンを「アプリケーション」フォルダにドラッグ＆ドロップしますが、実際のファイルは/Applicationsにコピーされています。

　Finderの「アプリケーション」では/System/Applicationsと/Applicationsを合わせた内容が表示されており、GUIで使用するぶんには、ファイルが/System/Applicationsと/Applicationsのどちらにあるかを気にする必要はありません（**図B**）。

図B　アプリケーションのインストール先

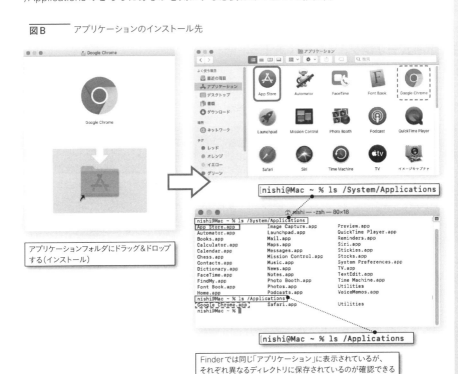

Finderでは同じ「アプリケーション」に表示されているが、それぞれ異なるディレクトリに保存されているのが確認できる

ルートディレクトリを見てみよう　「/」

　ディレクトリは「/」という記号で表現します。ルートディレクトリ（最上位のディレクトリ）は「/」という1文字となり、ルート直下にある「usr」という名前のディレクトリは「/usr」、その下にある「bin」は「/usr/bin」となります。ターミナルを開き、以下のように **ls /** と入力して実行してみましょう。

```
% ls /                          ルートディレクトリのファイルを一覧表示
Applications    Volumes     etc         sbin
Library         bin         home        tmp
System          cores       opt         usr
Users           dev         private     var
```

ルートディレクトリの下にあるディレクトリを見る場合

/usrの中を見るならば、以下のように実行します。

```
% ls /usr                       /usrのファイルを一覧表示※
X11             bin         libexec     sbin        standalone
X11R6           lib         local       share
 /usrのファイルが一覧表示された
```

※ zshの場合、「/usr」部分で補完機能(p.3)を使うと「ls /usr/」と表示され、[return]で実行すると表示が「ls /usr」に変わる。

ホームディレクトリを見てみよう 「~」

p.24で簡単に試したとおり、ホームディレクトリは「~」(チルダ) を使って表すことができます。ログインしている自分自身のホームディレクトリは「~」1文字で表し、以下のように `ls ~`で自分のホームディレクトリの内容を表示できます(チルダ展開、p.161)。

```
% ls ~                          ホームディレクトリの内容を一覧表示
Desktop         Downloads   Movies      Pictures
Documents       Library     Music       Public
```

ホームディレクトリの下にあるディレクトリを見る場合

自分のホームディレクトリにあるDocumentsディレクトリを見るときは、以下のように実行します(p.31で作成したsample.txtがある場合の例)。Finderで言う「書類」フォルダにあるファイルが一覧表示されます。

```
% ls ~/Documents ……Documentsディレクトリの内容を一覧表示
sample.txt       ……Documentsディレクトリにあるファイルやディレクトリが一覧表示される
```

同じように、デスクトップは`ls ~/Desktop`、ダウンロードは`ls ~/Downloads`で確認できます。補完機能を使うと、`ls ~/De`まで入力してから[tab]を押すと`ls ~/Desktop/`と補完されます(bash/zsh共通)。zshの場合は、`ls ~/D`まで入力して[tab]を押すと候補が表示され、再度[tab]を押すと候補が順次コマンドラインに表示されます。[return]を押すと補完で入力された末尾の/が削除され、`ls ~/Desktop`が実行されます(削除しない設定、p.177)。

自分以外のユーザのホームディレクトリを表示する方法

別のユーザのホームディレクトリを見てみましょう[注3]。「~ユーザ名」でユーザ名で指定したユーザのホームディレクトリを示します。たとえば、nishiというユーザのホームディレクト

注3　ほかのユーザを登録していない場合は、p.x~xiiを参考にテスト用ユーザを作ると試すことができます。

リならば「~nishi」となり、ls ~nishiで表示できます。

ls ~/nishiではない点に注意してください。ls ~/nishi（「/」あり）は、自分のホームディレクトリにあるnishi（ファイルやディレクトリ）という意味になります。

以下の実行例では、自分以外のユーザ「minami」のホームディレクトリを表示しています。

```
% ls ~minami                    「minami」のホームディレクトリの内容を一覧表示※
Desktop      Downloads    Movies       Pictures
Documents    Library      Music        Public
```
※　［システム環境設定］でユーザを作ったときに、そのユーザのホームディレクトリが作成される。

自分以外のユーザのホームディレクトリで表示できるのはここまでで、たとえば、DesktopやDocumentsの中は表示できません。実行すると、「Permission denied」というメッセージが表示されます注4。

```
% ls ~minami/Desktop            自分以外のユーザminamiのDocumentsを一覧表示
ls: Desktop: Permission denied
```

カレントディレクトリは「現在の作業場」

先述のとおり、現在作業しているディレクトリを**カレントディレクトリ**（current directory）または**カレントワーキングディレクトリ**（current working directory）と呼びます。

lsコマンドで表示対象を指定しない場合、カレントディレクトが対象になります。ターミナルを開いた直後は自分のホームディレクトリがカレントディレクトリとなっているので、ls と ls ~ は同じ結果となります。

```
% ls                            カレントディレクトリの内容を一覧表示
Desktop      Downloads    Movies       Pictures
Documents    Library      Music        Public
カレントディレクトリ＝自分のホームディレクトリの内容が表示される
```

カレントディレクトリの下にあるディレクトリを確認する

カレントディレクトリにあるDocumentsディレクトリを見るには、以下のように実行します。これは先ほどのp.78で見た ls ~/Documents と同じ結果になります。

```
% ls Documents                  Documentsディレクトリの内容を一覧表示
sample.txt                      Documentsのファイルやディレクトリが一覧表示される
```

違うディレクトリをカレントディレクトリにする　cd

違うディレクトリをカレントディレクトリにするには、**cd**コマンドを使います。たとえば**cd Documents**で、カレントディレクトリ下のDocumentsディレクトリに移ります。移動先を指定しないで実行すると、自分のホームディレクトリに移動できます。

注4　sudoコマンド（p.56）を使い、root権限で「sudo ls ~minami/Documents/」のように実行すると表示できます。なお、rootの場合はlsコマンドが常に-Aオプション付きで実行されるため、「.localized」（言語設定用のファイル）などのドットファイル（p.85）が表示されることがあります。

現在のカレントディレクトリはpwd（*print working directory*）コマンドで以下の❶のように確認できます。

ターミナルを開いた直後であれば、カレントディレクトリはホームディレクトリ（/Users/ユーザ名）となっているので、ホームディレクトリ下のDocumentsディレクトリに移動してみましょう。ここでも補完機能が使えますので**cd Doc**まで入力して tab を入力した場合は❷の部分は、**cd Documents/**のように補完されます。移動した後、❸のようにpwdコマンドで確認してみましょう。親ディレクトリは「**..**」で表せるので、❹**cd ..**で親ディレクトリに移動できます。ホームディレクリ以外への移動は、たとえば❺**cd /usr/bin**で/usr/binディレクトリに移り、❻**cd**でホームディレクトリに戻ります。

```
cdコマンドでカレントディレクトリへ移動
% pwd                       ❶現在のカレントディレクトリを確認
/Users/nishi                カレントディレクトリは/Users/nishiユーザのホームディレクトリ
% cd Documents              ❷Documentsディレクトリに移る
% pwd                       ❸カレントディレクトリを確認
/Users/nishi/Documents      ホームディレクトリ下のDocumentsに移動した
% cd ..                     ❹親ディレクトリに移る
% pwd
/Users/nishi
% cd /usr/bin               ❺/usr/binに移る
% pwd
/usr/bin
% cd                        ❻ホームディレクトリに戻る
% pwd
/Users/nishi
```

パスの基本　パスの表し方

「bin」というディレクトリにあるlsというファイルは「/bin/ls」と表します（**図C**）。これを、lsの**パス**（パス名）と言います。lsコマンドまでの通り道（*path*）のイメージです。

▼図C　パスって何？

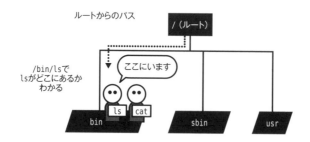

絶対パス（フルパス）と相対パス、親ディレクトリを表す「..」

ルートから指定するパス（「/」から始まるパス名）を**フルパス**（*full path*、完全パス）と言います。いつでも同じ方法で表現できることから、**絶対パス**（*absolute path*）とも呼ばれます。この絶対パスに対して、**相対パス**（*relative path*）と呼ばれる表現方法があります。これは、現在地（カレントディレクトリ）などからの相対的な位置を表すパスです。

たとえば、現在地がホームディレクトリ（/Users/ユーザ名）で、その中にあるDocumentsディレクトリの中にsample.txtというファイルを示したい場合、絶対パスならば/Users/ユーザ名/Documents/sample.txt、ホームディレクトリからの相対パスならばDocuments/sample.txtとなります。

親ディレクトリを表したい場合は前述のとおり「..」（ピリオド2つ）を使います。たとえば、「/Users/ユーザ名/Desktop」から見た「/Users/ユーザ名/Documents/sample.txt」ならば、「../Documents/sample.txt」となります（図D）。

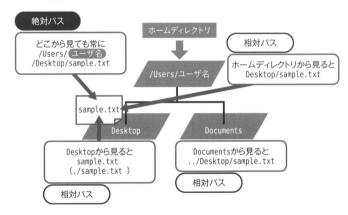

図D　パスの表し方

相対パスと絶対パスを使ったコマンド操作

相対パスと絶対パスを使ったコマンド操作を試してみましょう。ここでは、p.31で作成した書類フォルダの「sample.txt」を使います。

以下のように実行してみましょう。「nishi」部分には自分のユーザ名を指定してください。catはテキストファイルの内容を表示するのに使うコマンドです。これで、自分の書類フォルダ（Documentsディレクトリ）の「sample.txt」の内容が表示できます。これが絶対パスによる指定です。

```
絶対パスでsample.txtの内容を表示
% cat /Users/nishi/Documents/sample.txt
Hello ………………………………… 指定した場所にあるsample.txtの内容が表示された
```

続いて、相対パスを試してみましょう。練習にあたって位置をしっかり把握するために、まずは以下の❶のようにcdで自分のホームディレクトリに移動します。ホームディレクトリから見たDocumentsディレクトリのsample.txtは「Documents/sample.txt」なので、❷**cat Documents/sample.txt**でsample.txtの内容が表示されます。

次に、❸**cd Documents**でDocumentsディレクトリに移動します。Documentsがカレントディレクトリなので、❹**cat sample.txt**でsample.txtの内容が表示できるようになりました。

❺のようにcdで再びホームディレクトリに戻り、❻**cd Desktop**でDesktopに移動してみましょう。Desktopから見た「Documentsのsample.txt」は「**親ディレクトリ**/Documents/sample.txt」なので、❼**cat ../Documents/sample.txt**で表示できます。このように、相対パスの場合は基準の位置によってパスの示し方が変わります。

```
% cd                              ❶ホームディレクトリに移る
% cat Documents/sample.txt        ❷Documentsのsample.txtの内容を表示
Hello                             sample.txtの内容が表示された
% cd Documents                    ❸Documentsに移動
% cat sample.txt                  ❹カレントディレクトリのsample.txtの内容を表示
Hello                             sample.txtの内容が表示された
% cd                              ❺再びホームディレクトリに移る
% cd Desktop                      ❻Desktopに移動
% cat ../Documents/sample.txt     ❼Documentsのsample.txtの内容を表示
Hello                             sample.txtの内容が表示された
```

カレントディレクトリを表す 「.」

カレントディレクトリは「.」で表します。たとえば、カレントディレクトリにあるsample.txtは「**sample.txt**」で表すことができますが、これだけだと単にファイル名を書いているのか、相対パスで示しているのかがわかりません。

そこで「カレントディレクトリにあるsample.txt」と明示したいときには「**./sample.txt**」のように表します。

```
% cd                              ホームディレクトリに移る
% cd Documents                    Documentsディレクトリに移る
% cat sample.txt                  カレントディレクトリのsample.txtの内容を表示
Hello                             sample.txtの内容が表示された
% cat ./sample.txt                カレントディレクトリのsample.txtの内容を表示
Hello                             sample.txtの内容が表示された
```

「~」と組み合わせて指定する

これまで練習のために毎回cdでホームディレクトリに戻っていましたが、**cd ~/Documents**で自分のホームディレクトリ下のDocumentsへ、**cd ~/Desktop**で自分のホームディレクトリ下のDesktopへ移動することも可能です。

```
% cd ~/Documents                  「~」を使ってカレントディレクトリを移動
% pwd                             カレントディレクトリのパスを表示
/Users/nishi/Documents
% cd ~/Desktop
% pwd
/Users/nishi/Desktop
```

また、どこにいても `cat ~/Documents/sample.txt` でsample.txtの内容を表示できます。

```
% cd ~/Documents
% cat ~/Documents/sample.txt ……… 「~/Documents/sample.txt」でファイルを指定
Hello
% cd ~/Desktop
% cat ~/Documents/sample.txt ……… 「~/Documents/sample.txt」でファイルを指定
Hello
```

「~」を使った指定も絶対パス

今試してみたように、自分のホームディレクトリにあるDocumentsの中のsample.txtは、カレントディレクトリがどこであっても、常に~/Documents/sample.txtで表すことができます（**図E**）。なお、設定ファイルなどでファイルやディレクトリを指定する場合、「~」を使った設定ができないことがあります。この場合は「**/**」から始まる**絶対パス**で指定しましょう。

図E 同じ「~/Documents」でも位置が違う

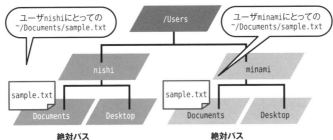

ディレクトリを表す記号のまとめ

ディレクトリを表す際に使う記号は**表A**のとおりです。

表A ディレクトリ関連の記号

記号	意味
/	ルートディレクトリ
.	カレントディレクトリ
..	親ディレクトリ
~	ホームディレクトリ※

※ p.78のように、シェルは「~」（チルダ）から「/」までの部分（「/」がない場合は末尾まで）をユーザ名（macOSではアカウント名）とみなし、そのユーザのホームディレクトリのパスと置き換える。また、「~」のみの場合はシェルを実行しているユーザのホームディレクトリ、「~+」はカレントディレクトリ（環境変数PWDの値）、「~-」は直前のカレントディレクトリ（環境変数OLDPWDの値）とする。これを「チルダ展開」と言う。チルダ展開を使うと、`cd ~-`で直前のカレントディレクトリへ移動できる（p.161）。チルダ展開の結果はechoコマンドでも確認できる（`echo ~+`など）。

Column

カレントディレクトリとプロンプト

p.81で絶対パスと相対パスを紹介しましたが、日常的なファイル操作ではパス名を省略できる相対パスが便利です。しかし、相対パスを正しく使うには常にカレントディレクトリを把握していなくてはなりません。前述のとおり、macOSではプロンプトにカレントディレクトリ名が表示されるように設定されています。

たとえば、カレントディレクトリが/usr/binのときは「`ユーザ名@ホスト名 bin`」、ホームディレクトリの場合は「`ユーザ名@ホスト名 ~`」です。

ターミナルの環境設定でも[プロファイル]-[ウィンドウ]でタイトルの[パス]を有効にすると、ターミナルのウィンドウタイトルにフルパスが表示されるようになります(図a)。

なお、プロンプトに表示されるディレクトリ名をフルパスにしたい場合は、シェル変数**PS1**の設定で、「`%1~`」となっている箇所を「`%0~`」に変更します(シェルの設定、p.174)。bashの場合は、同じく**PS1**で「`\W`」の代わりに「`\w`」を使います(p.181)。

図a ターミナルの設定でタイトルにフルパスを表示する

ドットファイル

普通のファイルなのに見えないファイル(!?)

Unix系OSには「ドットファイル」という少々変わった名前のファイルがあります。通常は表示されないファイルで、おもに設定ファイルとして用いられています。

見えないファイル「ドットファイル」

ドットファイル(*dotfiles*)と呼ばれる、名前が「.」(ドット)から始まるファイルやディレクトリは、「明示しない限り、表示や操作の対象にならない」という、ちょっと特別な扱いを受けます。たとえば、lsコマンドでファイルを一覧表示しても、名前が「.」から始まるファイルやディレクトリは表示されません。

ドットファイルを表示してみよう ls -a、-A

lsコマンドで-aまたは-Aオプションを付けると、ドットファイルも含めて表示されます[注5]。-aと-Aの違いは「.」(カレントディレクトリ)と「..」(親ディレクトリ)を含むかどうかです。ホームディレクトリでlsコマンドを実行してみましょう[注6]。

```
┌─ lsコマンドでドットファイルを表示 ─┐
% cd                             cdコマンドでホームディレクトリに移動
% ls                             lsコマンドをオプション無しで実行
Desktop         Downloads        Movies          Pictures
Documents       Library          Music           Public
% ls -a                          -aオプション付きで実行
.                                .viminfo        Library
..                               .zsh_history    Movies
.CFUserTextEncoding              Desktop         Music
.DS_Store                        Documents       Pictures
.Trash                           Downloads       Public
┌─ ドットファイルも含めて表示された ─┐
% ls -A                          -Aオプション付きで実行
.CFUserTextEncoding              Desktop         Music
.DS_Store                        Documents       Pictures
.Trash                           Downloads       Public
.viminfo                         Library
.zsh_history                     Movies
ドットファイルも含めて表示された。ただし、「.」と「..」は対象外
```

注5　Finderで表示したい場合は、Finderで command + shift + . を押すか、defaultsコマンドでFinderの設定を変更します(p.249、AppleShowAllFiles)。

注6　プロンプトが「ユーザ名@ホスト名 ~ %」のようになっていたら現在のカレントディレクトリはホームディレクトリ(p.24)ですが、もし異なる表示になっていたらcdコマンドを実行してから試すと、上記の実行例と同じような結果となります。

ワイルドカードでドットファイルを指定する

第3章で、「*」(ワイルドカード)を使ってファイルをまとめて指定する方法を紹介しましたが、`ls *`のように使用してもドットファイルは表示されません。

ドットファイルも含めて操作したい場合は`ls .*`や`ls .zsh*`のようにして「.(ドット)から始まる」ということを明示します。ワイルドカードを使ったパス名展開については第7章で詳しく取り上げますが、以下では簡単にホームディレクトリで実行した場合を見てみましょう。`ls .zsh*`で「.zsh」から始まるファイルやディレクトリを一覧表示します。もし何も表示されなかった場合は、cdでホームディレクトリに移動してから実行してください。

```
ワイルドカードでドットファイルも指定
% ls .zsh*          ……………「.zsh」から始まるファイルを一覧表示
.zsh_history        ……………「.zsh_history」があることがわかった※
```

※ zshのヒストリを記録するファイル。bashを使っている環境では、「.bash_history」のほかに「.bash_sessions」というディレクトリがある。これはmacOS独自のディレクトリで、コマンドラインの入力履歴を開いていたターミナルウィンドウごとに記録している(/etc/bashrcから読み込まれる/etc/bashrc_Apple_Terminalで設定されている)。この場合、`ls .bash*`を実行すると「.bash_history」「.bash_sessionsディレクトリの内容」が表示されることになる(かなりの量が表示されることがある。ターミナルをスクロールして結果を確認します)。

ドットファイルは「隠れている」ファイル

ドットファイルは不可視ファイル/不可視ディレクトリですが、それ以外は普通のファイルと同じです。ファイル名を明示しさえすれば、ほかのファイルと同じように編集できるし、削除や移動も可能です。つまり、ドットファイルは「隠れているだけ」のファイルです。

ドットファイルのおもな用途は設定ファイルです。たとえばzshの設定ファイルは、システム全体で共通で使うものは/etcに、各個人用のものはホームディレクトリに配置するというルールになっていますが、/etcの方は「/etc/zshenv」や「/etc/zprofile」という名前なのに対し、ホームディレクトリに置く個人用の設定ファイルは「~/.zshenv」や「~/.zprofile」のように、ドットファイルとなっています。

/etcは設定ファイル用のディレクトリですが、ホームディレクトリには設定ファイルだけではなく、ユーザがそれぞれ自由にファイルを保存して使用します。ホームディレクトリに保存する設定ファイルをドットファイルにしておくことで、「ホームディレクトリのファイルをまとめてコピー」のような操作でも、意図的に指定しない限り設定ファイルは対象外となり、「まとめて削除」でも削除されずに残ります。

Column

「.DS_Store」って何だろう　おなじみのドットファイル(!?)

Macユーザにとって一番なじみがあるドットファイルは「.DS_Store」かもしれません。

「.DS_Store」は、フォルダを表示する際のアイコンの位置や表示設定などを覚えておくためのファイルです。フォルダの表示がおかしいという場合、該当するディレクトリにある「.DS_Store」を削除すると元に戻ることがあります。

コマンドラインであれば、cdコマンドで該当するディレクトリへ移動して、`rm .DS_Store`を実行すると削除できます。`rm .D`まで入力して tab で補完すると良いでしょう。

rmはファイルを削除するコマンドで、「.DS_Store」のようにFinderでは表示されていないファイルも削除できます。なお、rmコマンドはFinderでの削除のように「ゴミ箱」は使用しません。削除したファイルを元に戻すコマンドはありませんので注意してください。

コマンドによるファイルとディレクトリの操作

mkdir/rmdir/rm/mv/cp

Finderでの操作は、ファイルやフォルダ(ディレクトリ)を見ながら操作できるというのがメリットですが、見なくてもどこに何があるか把握できているファイルやディレクトリの場合、コマンドラインでの操作の方が簡単です。とくに、たくさんのファイルをまとめて操作したい場合や、同じような操作を繰り返したい場合に便利でしょう。

ディレクトリの作成　mkdir

ディレクトリの作成は`mkdir`コマンドで行います。「`mkdir` ディレクトリ名」でディレクトリを作成します。ディレクトリを複数まとめて作成することも可能です(以下の例「mkdirでディレクトリを作成」を参照)。

ディレクトリの下にさらにディレクトリを作りたい場合、たとえば既存のディレクトリ「dir1」の下に「subdir」を作るのであれば`mkdir dir1/subdir`のようにパスを指定して作成することができます。途中のディレクトリも含めて作成したい場合は`-p`オプションを使用します。

基本の使い方

```
mkdir dir1 ………………………… カレントディレクトリ下にdir1というディレクトリを作る
mkdir ~/Desktop/dir1 ………… デスクトップにdir1というディレクトリを作る
```

以下のサンプルでは、カレントディレクトリ下に❶dir1というディレクトリ、❷dir2、dir3、dir4というディレクトリを作り、❸dir1の下にsubdirディレクトリを作成しています。また、❹ではdir5と、dir5の下にsubdirをまとめて作成しています。後ほど、結果の確認や試した後の削除をしやすいように、デスクトップで行っています。

デスクトップにはdir1〜dir5のディレクトリが作成されることになります。動作を試した後はすべて削除してかまいません。Finderでも、次項のrmdirコマンドでも削除できます。

mkdirでディレクトリを作成[1]

```
% cd ~/Desktop ………………………… デスクトップに移動
% mkdir dir1 ………………………… ❶dir1ディレクトリを作成
% mkdir dir2 dir3 dir4 ……… ❷dir2、dir3、dir4をまとめて作成[2]
% mkdir dir1/subdir ………………… ❸dir1の下にsubdirディレクトリを作成[3]
% mkdir -p dir5/dir6/subdir … ❹dir5の下にdir6、dir6の下にsubdirを作成[4]
  <動作確認後はデスクトップのdir1〜dir5ディレクトリを削除>
```

[1] デスクトップで実行しているので、ディレクトリを作成するとデスクトップにフォルダが表示される。mkdirやこの後に解説するrmdirの結果をターミナルで確認したい場合は、たとえば`ls -R`を実行すると確認できる(-Rはサブディレクトリの中も表示するオプション、p.119)。

[2] `mkdir dir{2..4}`のような指定も可能(p.161)。

[3] 先にdir1を作っておかないとエラーになる。

[4] dir5、dir6がない場合は適宜作成される。

空のディレクトリの削除　rmdir

ディレクトリの削除は**rmdir**コマンドで行います。「**rmdir** ディレクトリ名 」のように実行します。mkdirコマンド同様、複数のディレクトリをまとめて削除することもできます。

基本の使い方

```
rmdir dir1              ……………カレントディレクトリ下のdir1というディレクトリを削除
rmdir ~/Desktop/dir1    ……………デスクトップのdir1というディレクトリを削除
```

ディレクトリ内にファイルやサブディレクトリがある場合は、ディレクトリ内を先に削除してから実行します。途中のディレクトリがすべて空だった場合に限り、**-p**オプションでまとめて削除することも可能です。

いずれの場合も、削除できるのはディレクトリが空の場合のみです。ディレクトリの中にファイルがある場合は、この次に紹介する rm コマンドで先に削除すると良いでしょう。なお、rm コマンドでディレクトリを削除することも可能です。

以下の実行画面では、デスクトップに dir1 と dir1/subdir を作成して削除しています。❶❷は一つずつ、❸はまとめて削除しています。

rmdirでディレクトリを削除

```
% cd ~/Desktop                  デスクトップに移動
% mkdir -p dir1/subdir          削除テスト用にdir1とdir1/subdirディレクトリを作成
% rmdir dir1/subdir             ❶dir1下のsubdirディレクトリを削除
% rmdir dir1                    ❷dir1ディレクトリを削除
% mkdir -p dir1/subdir          改めてdir1とdir1/subdirディレクトリを作成
% rmdir -p dir1/subdir          ❸dir1/subdir/とdir1ディレクトリを削除
```

ディレクトリが削除できない場合

ディレクトリが一見「空」に見えても、実際はファイルが残っていて削除できないことがあります。このような場合はドットファイルの存在を疑ってみましょう[注7]。たとえばFinderで表示したことがあるディレクトリ（フォルダ）の場合、Finderの表示情報を保存するファイル「.DS_Store」が残っている場合があります。

このような場合は、rm コマンドでドットファイルを削除してから rmdir コマンドで削除するか、「**rm -R** ディレクトリ 」で中身ごと削除できます[注8]。

ファイルやディレクトリの削除　rm

ファイルやディレクトリの削除は**rm**コマンドで行います。ディレクトリの削除には**-R**または**-r**オプションが必要です。Finderのように「ゴミ箱」は使用せず、**すぐに削除される**ので慎重に操作してください。

注7　このほか、パーミッション（p.109）やACL（p.113）で禁止されているケースがあります。
注8　rmコマンドの-Rオプションと-rオプション（再帰オプション、サブディレクトリも含めて処理するという意味）は同じ働きです。本書では、cpやlsコマンドと合わせて大文字を使用しています。

> **基本の使い方**
> rm file1 ……………………………………… file1を削除
> rm -i file1 …………………………………… 確認メッセージを出してから削除
> rm -R dir1 …………………………………… dir1ディレクトリを中身ごと削除

　`rm file1 file2`あるいは`rm file*`や`rm *`のように実行して、複数のファイルをまとめて削除することもできます。なお、zshでは、削除対象を「`*`」あるいは「ディレクトリ`/*`」で指定した場合、実行前に確認メッセージが表示されます[注9]。これは「`*`」で指定したときだけで、`rm file*`のようにファイル名の一部にワイルドカードを指定した場合には表示されません。とくに慣れないうちは、ワイルドカードを使ってファイル名を指定した場合、思いがけないファイルまで削除対象になってしまうことがあります。この場合、`-i`オプションを使い`rm -i *`のようにすることで、対象のファイルを確認しながら削除できるので安全です。

　以下の例では、動作確認用にデスクトップに`dir1`というディレクトリを作成し、その中にfile1、file2、file3、.file4という4つのファイル（「.file4」はドットファイル）を作成してから、❶にて`rm`コマンドでfile1を削除しています。また、❷では`rm -i *`でカレントディレクトリにあるすべてのファイルを確認しながら削除しています。「`*`」という指定ではドットファイルである「.file4」は対象にならず残っているため（p.86）、❸でファイル名を指定して削除しています[注10]。動作を試した後はデスクトップのdir1ディレクトリを削除してください。

```
rmでファイルを削除
% cd ~/Desktop ……………………………………… デスクトップに移動
% mkdir dir1 ………………………………………… テスト用にdir1ディレクトリを作成
% cd dir1 ……………………………………………… dir1ディレクトリへ移動
% touch file1 file2 file3 .file4 ………… テスト用にfile1、file2、file3、.file4を作成[※1]
% ls ……………………………………………………… 確認のためカレントディレクトリのファイルを表示
file1   file2   file3                    file1、file2、file3がある
% ls -a    確認のためカレントディレクトリのファイルを表示 (-aはドットファイルも含めて表示するオプション)
.   ..   .file4   file1   file2   file3 ……file1、file2、file3、.file4がある
% rm file1 ……………………………………………… ❶file1を削除
% ls -a
.   ..   .file4   file2   file3  ……file1が削除されてfile2、file3、.file4が残っている
% rm -i * ……………………………………………… ❷すべてのファイルを確認しながら削除
zsh: sure you want to delete all 2 files in /Users/nishi/Desktop/dir1 [yn]? y……
remove file2? y ……………………………………… 確認メッセージが出るので「y」を入力
remove file3? y ……………………………………… 確認メッセージが出るので「y」を入力
% ls -a                                     確認メッセージが出るので「y」を入力[※2]
.   ..   .file4             file2とfile3が削除されて、.file4が残っている
% rm .file4 ………………………………………… ❸.file4を削除
% ls -a …………………………………………………… .file4も削除された
.   ..
<動作確認後はデスクトップのdirディレクトリを削除>
```

※1　`touch`コマンドで空のファイルを作成している。`touch`はファイルやディレクトリの更新日などを変更するコマンドだが（p.127）、ファイルが存在しない場合は空のファイルが作成されることから「新しいファイルを作る」際によく使われている。

※2　zsh固有のメッセージ。

注9　シェルオプション「RM_STAR_SILENT」で確認メッセージの設定を変更できます。`setopt -H`で有効、すなわち確認メッセージなし、`setopt +H`で無効、すなわち確認メッセージが表示されるようになります。

注10　`rm .*`のような指定も可能です。この場合も「.」（カレントディレクトリ）と「..」（親ディレクトリ）は除外されます。

ディレクトリの削除 -R

-R(または**-r**)オプションでディレクトリを中身ごと削除することができます。**-i**オプションを併用すると、1つずつ確認しながらの削除となります。

以下は、デスクトップに dir1 というディレクトリを作成して、中に削除テスト用のファイルを作成した上で、❶で rmdir コマンドでは削除できないことを確認し、❷の **rm -R** で削除しています。

```
rm -Rでディレクトリを中身ごと削除
% cd ~/Desktop                       ……… デスクトップに移動
% mkdir dir1; touch dir1/file1       ……… 準備(テスト用にdir1ディレクトリを作成
                                            し、中にfile1というファイルを作成)
% rmdir dir1        ❶rmdirでdir1ディレクトリを削除
rmdir: dir1: Directory not empty     ……… 空ではないので削除できない
% rm -R dir1        ❷rm -Rで削除
dir1が中身ごと削除できた
```

確認メッセージを表示せずに削除する -f

rm コマンドでは、通常は確認メッセージ無しでファイルやディレクトリが削除されますが、例外的に確認メッセージが表示されることがあります。たとえば、書き込みの許可がないディレクトリ(パーミッション、p.109)を削除する際に「**override 〜**」というメッセージが表示されます。このパーミッションは「ディレクトリの内容を変更できない」というものなので、中にファイルがなければ「**y**」で削除できます。

すべて確認せずに削除したい場合は**-f**オプションを一緒に指定します。なお、パーミッションで削除が禁止されている場合、**-f**を付けても一般ユーザではファイルやディレクトリを削除することはできません。以下の例では dir1 ディレクトリを作成して、パーミッションを「**r-xr-xr-x**」に変更した上で、❶ **rm -R** では確認メッセージが出るのを確認、「**n**」で中断してから、❷ **rm -Rf** ではメッセージ無しで削除されることを確認しています。

```
rm -Rfで書き込み禁止のディレクトリを削除
% cd ~/Desktop                       ……… デスクトップに移動
% mkdir dir1                         ……… テスト用にdir1ディレクトリを作成
% chmod -w dir1                      ……… dir1ディレクトリから「w」のパーミッションを取り除く
% ls -ld dir1                        ……… dir1ディレクトリのパーミッションを確認
dr-xr-xr-x  2 nishi  staff  64  3  5 04:41 dir1 ……… dir1は書き込みできないディレクトリ
% rm -R dir1        ❶rm -Rで削除
override r-xr-xr-x  nishi/staff for dir1? n   確認メッセージが出るので「n」を入力して
                                               中断(ここで「y」を入力すれば削除できる)
% rm -Rf dir1       ❷-fオプションを追加して削除
dir1ディレクトリが削除された
```

-R (-r)オプションを使用する際の注意点

-R(-r)オプションは、ディレクトリの中にさらにディレクトリがあっても、同じように(再帰的に)削除するため、指定を間違えて大切なファイルを削除してしまわないよう十分に注意しましょう。

macOSでは、たとえrootでも /bin などの重要なディレクトリは削除できないようになっていますが注11、OSが守っているのはOSの起動とメンテナンスに必要なファイルであり、ユ

注11 p.58の「rootlessシステム」および、p.67の「macOS Catalina (10.15)のシステムボリューム」もあわせて参照してください。

ーザにとって唯一無二である「データファイル」ではありません。

たとえば、自分のホームディレクトリ下にあるファイルやディレクトリの場合、すべてのファイルを簡単に削除できてしまいます。実行前には十分に注意しましょう。確認してから削除する **-i** オプションも安全策になります。

なお、デスクトップ(~/Desktop)には特別な属性(**group:everyone deny delete**、p.113のACL情報を参照)が指定されているので、rmコマンドで削除した場合、中身は削除されますがディレクトリそのものは削除されずに残ります。また、システムファイルが入っているライブラリ(~/Library)も基本的には残ります。

また、root権限(p.56)で削除した場合は、Desktopなどのディレクトリも削除されますが、ログインし直すと、ユーザ登録後の最初のログインと同じようにデスクトップなどの基本的なディレクトリが再作成されます。もちろん、その場合も中身は戻ってきませんので十分に注意してください。

ファイルやディレクトリの移動/名前の変更　mv

ファイルやディレクトリの移動は **mv** コマンドで行います。ファイル名やディレクトリ名の変更(リネーム)にも使用します。

基本の使い方

```
mv file1 dir1/              file1をdir1ディレクトリへ移動
mv file1 file2 file3 dir1/  file1、file2、file3をdirディレクトリへ移動
mv file1 file2              file1をfile2にリネーム
mv dir1 dir2
```
➡ dir2ディレクトリがある場合は、dir1ディレクトリをdir2ディレクトリの中へ移動
➡ dir2ディレクトリがない場合は、dir1ディレクトリをdir2にリネーム

mvコマンドの動作はすべて「移動」ではあるのですが、引数の指定によって動作の意味合いが変化します。最後の引数が既存のディレクトリの場合は「そのディレクトリへの移動」、それ以外の場合で、引数が2つの場合は「リネーム」(*rename*)という動作になります。**mv file1 file2** のようにファイルを2つ指定した場合、file1がfile2にリネームされますが、file2がすでにあった場合、上書きされます(「mvでファイル名を変更する際の注意点」で後述)。

以下の例では、デスクトップ上にdir1というテスト用のディレクトリを作成し、その中にファイルを2つと、移動先としてdir2ディレクトリを作成し、❶では2つのファイルをdir2ディレクトリへ移動しています。移動先であるdir2/の末尾の「/」は省略できますが、ディレクトリであることを明示するため、末尾の「/」を付ける習慣をつけましょう。tab で補完すれば常に「/」が付くので安心です。

❷では、dir2ディレクトリがない状態で移動先のつもりでdir2/を指定していますが、末尾に「/」が付いているので移動できないというエラーになっています。これに対し、❸は末尾の「/」無しで **mv file1 dir2** としているため、「file1をdir2という名前に変更」という動作になっています。

動作結果の確認には **ls -RF** を使っています。**-R** はサブディレクトリの内容も含めて表示するオプション、**-F** はディレクトリに「/」を表示するオプションです。わかりにくい場合は、Finderでの表示を確認しながら試してみると良いでしょう。

```
┌ mvでファイルを移動 ┐
% cd ~/Desktop              ……… デスクトップに移動
% mkdir dir1                ……… テスト用にdir1ディレクトリを作成
% cd dir1                   ……… dir1ディレクトリへ移動
% touch file1 file2         ……… テスト用にfile1とfile2を作成
% mkdir dir2                ……… 移動先用にdir2ディレクトリを作成
% mv file* dir2/            ……… ❶file*（file1とfile2）をdir2ディレクトリへ移動※1
% ls -RF                    ……… 確認
dir2/

./dir2:
file1    file2  ⇐dir2ディレクトリの中にfile1とfile2が移動した
% rm -R dir2                ……… dir2ディレクトリを削除
% touch file1               ……… テスト用にfile1を作成
% ls -RF                    ……… 確認
file1                       ……… カレントディレクトリにはfile1のみ
% mv file1 dir2/            ……… ❷file1を「dir2/」へ移動※2
mv: rename file1 to dir2/: No such file or directory ……… dir2ディレクトリは存在しないので移動できない
% mv file1 dir2             ……… ❸file1を「dir2」へ移動
% ls -RF                    ……… 移動できたかを確認
dir2    ⇐dir2というファイルだけがある（file1がdir2というファイルに移動、つまりリネームされた）
＜動作確認後はデスクトップのdir1ディレクトリを削除＞
```

※1 zshの場合、「dir2/」部分で tab による補完機能を使うと「mv file1 dir2/」と表示され、return で実行すると表示が「mv file1 dir2」に変わる。上記では実行結果の表示内容をわかりやすくする意図で「/」を手入力したので、実行後も表示されたままになっている。

※2 「dir2」は存在しないので補完されない。ここでは「dir2/」と手入力している。

mvでディレクトリの移動/名前の変更をする場合

mv dir1 dir2のようにディレクトリを2つ指定した場合、dir2が存在する場合はdir1ディレクトリをdir2ディレクトリへ移動、dir2が存在しない場合はdir1ディレクトリの名前をdir2に変更という動作になります。

図Aではdir1ディレクトリだけがある状態で、❶**mv dir1 dir2**を実行しています。これに対し、**図B**はdir1ディレクトリとdir2ディレクトリがある状態で、❷**mv dir1 dir2**を実行しています。それぞれ、dir1とdir2があったら事前に削除してから実行してください。

なお、tab でファイル名を補完しながら入力した場合、図A❶は**mv dir1/ dir2**、図B❷は**mv dir1/ dir2/**となります。**mv dir1/ dir2**まで入力した後に tab を押す習慣をつけると、「リネームのつもりが移動されていた」というミスを防げるようになります。

図A　mvでディレクトリ名を変更する（移動先がない場合）

```
＜デスクトップのdir1とdir2を削除してから実行＞
% cd ~/Desktop                        ……… デスクトップに移動
% mkdir dir1; touch dir1/file1 dir1/file2 ……… dir1ディレクトリを作成し、その中にfile1とfile2を作成
% ls -RF dir1 dir2                    ……… 確認
ls: dir2: No such file or directory
dir1:
```

```
file1    file2
```
［dir2は存在しない。dir1にはfile1とfile2がある］
```
% mv dir1 dir2 ……………………………… ❶mvを実行
% ls -RF dir1 dir2 …………………………… 確認
ls: dir1: No such file or directory
dir2:
file1    file2
```
［dir1がなくdir2がある、dir2にはfile1とfile2がある。すなわち、dir1がdir2へリネームされた］

図B　　mvでディレクトリを移動する（移動先がある場合）

＜デスクトップのdir1とdir2を削除してから実行＞
```
% cd ~/Desktop ……………………………… デスクトップに移動
% mkdir dir1; touch dir1/file1 dir1/file2 …… dir1ディレクトリを作成し、
% mkdir dir2 ………………………………… dir2ディレクトリを作成  その中にfile1とfile2を作成
% ls -RF dir1 dir2 …………………………… 確認
dir1:
file1    file2

dir2:
```
［dir1とdir2があり、dir1にはfile1とfile2がある］
```
% mv dir1 dir2 ……………………………… ❷mvを実行
% ls -RF dir1 dir2 …………………………… 確認
ls: dir1: No such file or directory
dir2:
dir1/

dir2/dir1:
file1    file2
```
［dir1がなく、dir2がある。dir2の中にdir1がある。すなわち、dir1がdir2の中へ移動した］
＜動作確認後はデスクトップのdir1およびdir2ディレクトリを削除＞

mvでファイル名を変更する際の注意点

　`mv file1 file2`のように、引数が2つで、ファイル同士の場合は、1つめから2つめへ移動、すなわち名前の変更という動作になります。2つめのファイルが存在する場合は、上書きされることになります。

　以下の例では、デスクトップ上にdir1ディレクトリを作成し、その中でfile1というファイルを作成して❶でfile2へリネームしています。❷では、すでに存在するfile2へmvするとどうなるかを試しています。❸のように-iオプションを付けると上書きの際には確認メッセージが表示されます。

［mvでファイル名を変更］
```
% cd ~/Desktop ……………………………… デスクトップに移動
% mkdir dir1 ……………………………… テスト用にdir1ディレクトリを作成
% cd dir1 …………………………………… dir1ディレクトリへ移動
% echo 'hello' > file1 ……………………… file1を作成
```

```
% cat file1                    file1の内容を表示
hello
% ls -l                        ファイルのサイズやタイムスタンプを確認
total 8
-rw-r--r--   1 nishi  staff   6  3  5 05:16 file1    file1のサイズ等を確認
% mv file1 file2               ❶file1をfile2へ移動（リネーム）
% ls -l                        確認
total 8
-rw-r--r--   1 nishi  staff   6  3  5 05:16 file2    file1がなくなりfile2が存在している
                                                     （file1がfile2にリネームされた）
% cat file2                    file2の内容を表示
hello
 2つめの引数に既存のファイルを指定した場合 
% echo 'hello again' > file1   改めてfile1を作成
% ls -l                        file1とfile2のサイズやタイムスタンプを確認
total 16
-rw-r--r--   1 nishi  staff  12  3  5 05:20 file1
-rw-r--r--   1 nishi  staff   6  3  5 05:16 file2
% mv file1 file2               ❷file1をfile2へ移動（リネーム）
% ls -l                        確認
total 8
-rw-r--r--   1 nishi  staff  12  3  5 05:20 file2    file1がfile2にリネーム、
                                                     元のfile2は上書きされた
% cat file2                    file2の内容を表示
hello again
% echo 'goodbye' > file1       改めてfile1を作成
% ls -l                        確認
total 16
-rw-r--r--   1 nishi  staff   8  3  5 05:23 file1
-rw-r--r--   1 nishi  staff  12  3  5 05:20 file2
% mv -i file1 file2            ❸-iオプション付きで実行
overwrite file2? (y/n [n]) n   確認メッセージが出るので「n」で中断
not overwritten                上書きされなかった
＜動作確認後はデスクトップのdir1ディレクトリを削除＞
```

ファイルやディレクトリのコピー　cp

ファイルのコピーは**cp**コマンドで行います。コピー先にディレクトリを指定すると、そのディレクトリの中にコピーするという意味になります。

 基本の使い方
```
cp file1 file2                  file1をfile2にコピー
cp file1 file2 file3 dir1/      file1、file2、file3をdir1/ディレクトリにコピー
cp -R dir1/ dir2/
```
➡ dir2/ディレクトリがある場合は、dir1/をdir2/ディレクトリの中へコピー
➡ dir2/ディレクトリがない場合は、dir1/をdir2/という名前のディレクトリにコピー

cp file1 file2でfile1をfile2にコピーします。file2がすでにある場合は上書きされますが、**-i**オプションを付けると上書きするかどうかを確認できます。

　以下の例では、テスト用にデスクトップにdir1ディレクトリを作成し、その中に「hello」という内容のfile1というファイルを作成して、❶ではcpコマンドでfile1をfile2にコピーしています。次に、file1の内容を「hello again」にして、❷で再度cpコマンドでfile1をfile2へコピーしています。確認無しで上書きされている様子がわかります。❸のように**-i**オプションを付けると、上書きするかどうかの確認メッセージが表示されます。

```
ファイルのコピー
% cd ~/Desktop              デスクトップに移動
% mkdir dir1                テスト用にdir1ディレクトリを作成
% cd dir1                   テスト用に作成したdir1ディレクトリへ移動
% echo 'hello' > file1      テスト用にfile1というファイル（内容は「hello」という文字列）を作成
% cp file1 file2            ❶file1をfile2へコピー
file1がfile2にコピーされた
% ls -l                     lsコマンドでファイルのサイズやタイムスタンプを確認
total 16
-rw-r--r--  1 nishi  staff  6  3  5 05:41 file1
-rw-r--r--  1 nishi  staff  6  3  5 05:41 file2
file1とfile2があり、サイズやタイムスタンプは同じ
% echo 'hello again' > file1  テスト用にfile1の内容「hello again」という文字列に変更
% ls -l                       確認
total 16
-rw-r--r--  1 nishi  staff  12  3  5 05:44 file1
-rw-r--r--  1 nishi  staff   6  3  5 05:41 file2
file1のサイズとタイムスタンプが変化した
% cp file1 file2              ❷改めてfile1をfile2へコピー
% ls -l                       確認
total 16
-rw-r--r--  1 nishi  staff  12  3  5 05:44 file1
-rw-r--r--  1 nishi  staff  12  3  5 05:44 file2
file2が上書きされてサイズとタイムスタンプがfile1と同じになっている
% cp -i file1 file2           ❸-iオプション付きで実行
overwrite file2? (y/n [n]) n  上書きされる場合は確認メッセージが表示される
not overwritten                          （ここでは「n」で中断）
「n」と答えたので上書きされなかった
＜ここで使ったdir1ディレクトリとその中のfile1とfile2は次の実行サンプルでも使用＞
```

コピー先にディレクトリを指定する　補完機能を使う習慣をつけてミス防止
　cp file1 file2 file3 dir1/や**cp * dir1/**のように、コピー先をディレクトリにした場合、ファイルがそのディレクトリの中にコピーされます。ディレクトリの「/」はなくてもかまいませんが、指定したディレクトリが存在しない場合はファイル名として扱われます。

　繰り返しになりますが、補完機能を使う習慣をつけておくと、このようなミスをかなり減らすことができます。たとえば、ディレクトリ名の指定時に tab で補完した際に「/」が自動で補われないなら、ディレクトリの指定を間違えています。また、コピー先のファイル名が補完できた場合はファイルが存在するので、そのままコピーすると上書きされてしまうと気

づくことができます。

　以下の例では、先ほど作成したdir1ディレクトリの中にdir2ディレクトリを作成し、❶でfile1をdir2ディレクトリにコピーしています。この場合、**cp file1 dir2/**としても、「/」なしで**cp file1 dir2**としても同じ結果となります。次に、dir2ディレクトリを削除して、**cp file1 dir2/**と**cp file1 dir2**で結果の違いを見ています。❷のようにコピー先として「dir2/」を指定した場合、dir2というディレクトリは存在しないためエラーとなっています。❸は末尾の「/」を取って、コピー先を「dir2」として実行しています。この場合は単なるファイル名なので、「dir2」という名前のファイルが作成されています。

```
コピー先にディレクトリを指定
% cd ~/Desktop/dir1 ……… デスクトップのdir1ディレクトリ（先の例で作成）へ移動
% mkdir dir2 ……………… テスト用にdir2ディレクトリを作成
% cp file1 dir2 ………………………… ❶file1をdir2ディレクトリへコピー
% ls -lR ………………… 結果を確認（-Rはサブディレクトリの中も再帰的に表示するオプション）
total 16
drwxr-xr-x  3 nishi  staff  96  3  5 05:48 dir2
-rw-r--r--  1 nishi  staff  12  3  5 05:44 file1
-rw-r--r--  1 nishi  staff  12  3  5 05:45 file2

./dir2:
total 8
-rw-r--r--  1 nishi  staff  12  3  5 05:48 file1
dir2ディレクトリの中にfile1があることがわかる
% rm -R dir2 ……………… dir2ディレクトリを削除
% cp file1 dir2/ ……… ❷file1を「dir2/」へコピー
cp: directory dir2 does not exist
dir2ディレクトリは存在しないので実行できない
% cp file1 dir2 ……… ❸file1を「dir2」へコピー
% ls -lR ………………… 結果を確認
total 24
-rw-r--r--  1 nishi  staff  12  3  5 05:50 dir2
-rw-r--r--  1 nishi  staff  12  3  5 05:44 file1
-rw-r--r--  1 nishi  staff  12  3  5 05:45 file2
dir2というファイルが作成されている
＜動作確認後はデスクトップのdir1ディレクトリを削除＞
```

ディレクトリのコピー　-R

　ディレクトリをコピーする際は**-R**オプションを指定します[注12]。**cp -R dir1/ dir2**で、dir1/ディレクトリをdir2ディレクトリへコピーします。「**dir1/**」の「/」指定については次項を参照してください。

　以下は、デスクトップにdir1ディレクトリを作成し、dir1の中にfile1とfile2を作成してから❹でdir1をdir2へコピーしています。

[注12] 古いバージョンとの互換性のため-rでもディレクトリのコピーができますが、シンボリックリンクや特殊ファイルが正しくコピーされません（詳しくは`man cp`で確認できる）。

```
cp -Rでディレクトリをコピー
% cd ~/Desktop ……………………………… デスクトップに移動
% mkdir dir1 …………………………………… テスト用にdir1ディレクトリを作成
% touch dir1/file1 dir1/file2 ……… dir1の中にfile1とfile2を作成
% ls dir1 dir2 ………………………………… dir1とdir2の存在と内容を確認
ls: dir2: No such file or directory
dir1:
file1    file2
 dir2は存在しない。dir1の中にはfile1とfile2というファイルがある
% cp -R dir1/ dir2 ……………………… ❶dir1をdir2へコピー
 dir1ディレクトリがコピーされた
% ls dir1 dir2 ………………………………… 改めてdir1とdir2を確認
dir1:
file1    file2

dir2:
file1    file2
 dir2ディレクトリが作成され、dir1と同じ内容になっている
<動作確認後はデスクトップのdir1ディレクトリおよびdir2ディレクトリを削除>
```

コピー先のディレクトリがある場合の注意点

コピー先のディレクトリがすでにある場合、**コピー元**の指定を「dir1」とするか「dir1/」とするかで動作が変わります。

cp -R dir1 dir2のように、「dir1」とした場合は「dir1をdir2の中にコピーする」という意味になり、「**dir2/dir1/ファイル**」のような形でコピーされます。

cp -R dir1/ dir2のように、「dir/」のようにコピー元に「/」付きで指定すると「dir1の中身をdir2へコピーする」という意味になります。コマンドラインでコピー元のディレクトリを入力する際に tab で補完すると、「/」まで自動で入るのでこちらの動作となります。なお、受け側であるコピー先の「/」の有無は動作に影響しません。

以下は、コピー元としてdir1ディレクトリ（dir1の中にfile1とfile2を作成）を用意した上で、コピー元の「/」指定とコピー先のディレクトリの有無による違いを試しています。手順の中でディレクトリを作成するので、事前にデスクトップにdir1、dir2、dir3、dir4、dir5がないことを確認してから実行してください。

最初がコピー先にディレクトリがある状態での❶コピー元の「/」無し、❷「/」有りです。異なる結果となります。また、比較のために、コピー先にディレクトリがない状態での❸コピー元の「/」無し、❹「/」有りを実験しています。❶❷❸❹は同じ結果となります。

動作結果の確認には **ls -RF** を使っています。**-R** はサブディレクトリの内容も含めて表示するオプション、**-F** はディレクトリに「/」を表示するオプションです。わかりにくい場合は、Finderでの表示を確認しながら試してみると良いでしょう。

```
コピー元の「/」指定の有無、およびコピー先のディレクトリの有無による違い
% cd ~/Desktop ……………………………… デスクトップに移動
% mkdir dir1 …………………………………… テスト用にdir1ディレクトリ（コピー元用）を作成
% touch dir1/file1 dir1/file2 ……… dir1の中にfile1とfile2を作成
```

```
コピー先のディレクトリがある場合
% mkdir dir2 ............................ dir2ディレクトリを作成
% cp -R dir1 dir2 ....................... ❶dir1をコピー
% ls -RF dir1 dir2 ...................... 結果を確認
dir1:
file1    file2

dir2:
dir1/

dir2/dir1:
file1    file2
```
dir1がdir2の中にコピーされた

```
% mkdir dir3 ............................ dir3ディレクトリを作成
% cp -R dir1/ dir3 ...................... ❷dir1/をコピー（「/」は補完ではなく手入力）
% ls -RF dir1 dir3 ...................... 結果を確認
dir1:
file1    file2

dir3:
file1    file2
```
dir1の中身がdir3の中にコピーされた

コピー先のディレクトリがない場合
```
% cp -R dir1 dir4 ....................... ❸「dir1」をコピー
% ls -RF dir1 dir4 ...................... 結果を確認
dir1:
file1    file2

dir4:
file1    file2
```
dir1がdir4にコピーされた

```
% cp -R dir1/ dir5 ...................... ❹「dir1/」をコピー（「/」は補完ではなく手入力）
% ls -RF dir1 dir5 ...................... 結果を確認
dir1:
file1    file2

dir5:
file1    file2
```
dir1がdir5にコピーされた

＜動作確認後はデスクトップのdir1〜dir5ディレクトリを削除＞

Column

フォルダ名のローカライゼーション

　ApplicationsやDocumentsディレクトリをFinderで表示すると、「アプリケーション」や「書類」という名前のフォルダとして表示されます。これはmacOSのローカライゼーション（localization、地域化）の1つで、[設定]-[言語と地域]によって変わります。

　macOSの場合、「/System/Library/CoreServices/SystemFolderLocalizations」の言語別のディレクトリに保存されている「SystemFolderLocalizations.strings」というファイルで設定されています。

　「SystemFolderLocalizations.strings」の設定内容は、以下のようにplutilコマンド（p.251）の**-p**オプションで確認できます。「"**ディレクトリの名前**" => "**Finderでの表示名**"」というペアで設定されており、該当する名前のディレクトリに「`.localized`」というファイルがあると、Finderでは指定されたフォルダ名で表示されます。なお、「`.localized`」はドットファイルなので通常は非表示です。

```
SystemFolderLocalizations.strings（日本語設定）の内容
% plutil -p /System/Library/CoreServices/SystemFolderLocalizations/ja.lproj/SystemFolderLocalizations.strings
{
  "Applications" => "アプリケーション"
  "Compositions" => "Compositions"
  "Configuration" => "構成"
  "Deleted Users" => "削除されたユーザ"
  "Desktop" => "デスクトップ"
  "Documents" => "書類"
  "Downloads" => "ダウンロード"
〈中略〉
  "System" => "システム"
  "Users" => "ユーザ"
  "Utilities" => "ユーティリティ"
  "Web Receipts" => "Web受信"
}
ここに定義されている名前のディレクトリに「.localized」ファイルがあるとFinderでは日本語のフォルダ名で表示される
```

Column

フォルダの日本語名表示を試す

　たとえば、Localというディレクトリを作成してFinderで表示すると、そのままではディレクトリ名「Local」がそのまま表示されますが、Localディレクトリに「.localized」というファイルを作成すると、Finderでの表示は「ローカル」になります。なお、「.localized」ファイルの有無を反映させるにはFinderを再起動する必要があります。

　以下の手順で確認できます。デスクトップなど、わかりやすい場所で試してみると良いでしょう。ここでは、表示テスト用に「Local」というディレクトリを作成していますが、/Applicationsディレクトリなど、既存のディレクトリでも動作は同じです。

```
フォルダの日本語名表示を試す
% cd ~/Desktop                           デスクトップに移動
% mkdir Local                            Localというディレクトリを作成
Finderでは「Local」というフォルダが表示される
% cd Local                               Localディレクトリに移動
% touch .localized                       「.localized」というファイルを作成
Finderでの表示が「ローカル」に変わる※
% rm .localized                          「.localized」というファイルを削除
Finderの表示が「Local」に戻る※
```

※ 表示が変わらない場合は`killall Finder`でFinderを再起動。

シンボリックリンク

ハードリンクとinode/ln/エイリアスとの違い

　Unix系OSを理解する上でとても重要なしくみが「ハードリンク」と「シンボリックリンク」です。どちらもファイルやディレクトリを示すのに使われています。

ハードリンク＆シンボリックリンク

　`ls -l /`でルートディレクトリを表示してみましょう。Applicationsをはじめとするmacos独自のディレクトリと、「bin」をはじめとするUnix系OSで使われているディレクトリが表示されます。
　lsコマンドの`-l`オプションはファイルやディレクトリを詳細情報とともに一覧表示する、というオプションです(p.116)。

```
● ルートディレクトリの詳細情報を表示
% ls -l /
total 9
drwxrwxr-x+   6 root  admin   192  1 23 21:49 Applications
drwxr-xr-x   62 root  wheel  1984  3  5 03:36 Library
drwxr-xr-x@   8 root  wheel   256  1 23 21:49 System
drwxr-xr-x    5 root  admin   160  3  1 17:58 Users
drwxr-xr-x    4 root  wheel   128  3 11 20:27 Volumes
drwxr-xr-x@  38 root  wheel  1216  1 23 21:58 bin
drwxr-xr-x    2 root  wheel    64 12 14 07:07 cores
dr-xr-xr-x    3 root  wheel  4299  3  4 06:46 dev
lrwxr-xr-x@   1 root  admin    11  3  1 17:20 etc -> private/etc
lrwxr-xr-x    1 root  wheel    25  3  4 06:46 home -> /System/Volumes/Data/home
lrwxr-xr-x    2 root  wheel    64 12 14 07:10 opt
drwxr-xr-x    6 root  wheel   192  1 23 21:50 private
drwxr-xr-x@  63 root  wheel  2016  3  1 17:38 sbin
lrwxr-xr-x@   1 root  admin    11  3  1 17:38 tmp -> private/tmp
drwxr-xr-x@  11 root  wheel   352  3  1 17:38 usr
lrwxr-xr-x@   1 root  admin    11  3  1 17:38 var -> private/var
```

　1文字めが「-」または「d」となっているのが**ハードリンク**(*hard link*)、「l」(エル)となっているのが**シンボリックリンク**(*symbolic link*)です。
　ここでは「Applications」や「Library」、「bin」などがハードリンク、「etc」や「home」がシンボリックリンクであることがわかります。シンボリックリンクの場合、右端が「 名前 -> パス 」のような表示になっています。順番に見ていきましょう。

ハードリンクとinode　ファイルやディレクトリには固有の番号がある

Unix系OSではファイルやディレクトリを**inode**(アイノード)と呼ばれる構造で管理しています。inodeではファイルの所有者やパーミッション、更新日などの情報が記録されているほかに、ファイルを識別するための**inode番号**という番号が付けられています[注13]。lsコマンドの`-i`オプション(`ls -i`や`ls -il`のように使用)や、statコマンド(p.120)で表示される数値がこのinode番号です。inode番号はファイルやディレクトリごとに唯一無二となっており、ファイルの名前やディレクトリの名前は特定のinodeに結び付けられています。この状態を「ハードリンク」と言います。

同じinodeに複数の名前が結び付けられていることもあり、`ls -l`では、ファイルの種類やパーミッション(p.109)に続いてリンク数、すなわち「いくつの名前が付いているか」が表示されています。

「ハードリンク数」の意味　サブディレクトリの数＋2

通常、ファイルには名前が1つだけ付いているので「1」となります。これに対し、ディレクトリの場合、カレントディレクトリを意味する「.」という名前があるため「2」になります。さらに、サブディレクトリがある場合はそこから見た親ディレクトリという意味で「..」という名前があるため、ハードリンク数は「 サブディレクトリの数 ＋2」となります。

ディレクトリに新たなハードリンクを付けることは通常ありませんので、原則としてハードリンク数を見ればサブディレクトリの数がわかるということになります[注14]。

ハードリンク数の変化を見てみよう

デスクトップにディレクトリを作成して、ハードリンク数の表示を確かめてみましょう。まず、❶`mkdir testdir`で「testdir」という名前のディレクトリを作成します(mkdir、p.87)。そして、❷`ls -ld testdir`でtestdirの情報を確認します。`-d`はディレクトリの中ではなく「ディレクトリそのもの」の情報を表示するという意味のオプションです。「testdir」と、testdir自身を示す「.」の2つの名前(ハードリンク)があるので「2」が表示されます。

```
┌─ディレクトリを作成してハードリンク数を確認────────────────┐
% cd ~/Desktop ──────────────── デスクトップに移動
% mkdir testdir ─────────────── ❶testdirという名前のディレクトリを作成
% ls -ld testdir ────────────── ❷testdirの情報を表示
drwxr-xr-x  2 nishi  staff  64  3  5 07:40 testdir
 testdirのハードリンク数は「2」
```

続いて、❸`mkdir testdir/dir1`でtestdirの中にdir1という名前のディレクトリを作成します。再び❹`ls -ld testdir/`を実行すると、dir1から見た「..」という名前が追加されたので「3」と表示されます。

さらに、❺`mkdir testdir/dir2`でtestdirの中にもう一つディレクトリを作ると、❻のとおり`ls -ld testdir`で表示されるリンク数は「4」になります。なお、この「testdir」はこの後のシンボリックリンクのテストでも使用します。

[注13] 新しいファイルシステムでinodeそのものを使用していない場合も同等の情報が管理されており、lsコマンドやstatコマンドなどで情報を確認できるようになっています。

[注14] macOSの場合、ハードリンクはTime Machineバックアップなどでも使用されているため、必ずしも「 サブディレクトリの数 ＋2」とは一致しません。

```
ディレクトリを作成してハードリンク数を確認（続き）
% mkdir testdir/dir1 ………………❸testdirの中にdir1という名前のディレクトリを作成
% ls -ld testdir ………………………❹testdirの情報を表示
drwxr-xr-x  3 nishi  staff  96  3  5 07:41 testdir
testdirのハードリンク数は「3」
% mkdir testdir/dir2 ………………❺testdirの中にdir2という名前のディレクトリを作成
% ls -ld testdir ………………………❻testdirの情報を表示
drwxr-xr-x  4 nishi  staff  128  3  5 07:41 testdir
testdirのハードリンク数は「4」
```

シンボリックリンク　ファイルやディレクトリへのリンク

　シンボリックリンクは、ファイルやディレクトリへのリンクです。ディレクトリ名やファイル名をコマンドラインで指定しやすい名前にしたり、管理ファイルなどの配置をほかのUnix系OSと統一できるようにするなどの用途があります。

　リンク先は`ls -l`で表示すると「`->`」の後に示されており、たとえば「`etc -> private/etc`」と表示されていれば、「etc」は「/private/etc」へのリンクであるとわかります。「/private/etc」はディレクトリの名前なので、「/private/etc/shells」というファイルは「/etc/shells」という名前でアクセスできるようになります。コマンドライン操作では「シンボリックリンクの理解」がとくに重要です。次項で実際に作って試してみましょう。

シンボリックリンクの作成　ln

　シンボリックリンクは`ln`コマンドで作成します。lnはハードリンクまたはシンボリックリンクを作るコマンドです。通常は`-s`オプションを指定して、シンボリックリンクを作成します。

```
基本の使い方
ln -s file1 ……………… file1のシンボリックリンクをカレントディレクトリに作成
ln -s dir1 ……………… dir1ディレクトリのシンボリックリンクをカレントディレクトリに作成
ln -s file1 file2 …… file1のシンボリックリンクをfile2という名前で作成
ln -s dir1 dir2 ……… dir1ディレクトリのシンボリックリンクをdir2という名前で作成
ln -s file* dir1/ …… file*のシンボリックリンクをdir1ディレクトリに作成
```

　先ほど作成したtestdirの中に、p.31で書類フォルダの中に作成したsample.txtというファイルへのシンボリックリンクを作ります。カレントディレクリでの作業の方が作業しやすいので、以下の❶のようにtestdirに移動してから実行しています。

　❷`ln -s ~/Documents/sample.txt .`でシンボリックリンクを作成します。これは「~/Documents/sample.txt」へのシンボリックリンクを「.」（カレントディレクトリ）に作るという意味です[注15]。

　まずは❸lsでどのように表示されるか確かめてみましょう。先ほど作成したdir1、dir2と一緒にsample.txtが表示されます。続いて、❹のように`ls -l`の表示も確かめてみましょう。sample.txtはシンボリックリンクなので、1文字めが「l」となっていることがわかります。また、ファイル名の後ろにリンク先も表示されています。

注15　2つめの引数を省略すると、カレントディレクトリに同じ名前のファイルを作るという動作になるので「.」を指定しなくても同じ結果となります。

最後に❺`cat sample.txt`でsample.txtの内容を表示してみましょう。

```
sample.txtへのシンボリックリンクを作成
% cd ~/Desktop/testdir          ❶Desktopの中のtestdirへ移動
% ln -s ~/Documents/sample.txt .                ❷sample.txtへのシンボリックリンクを
                                                  カレントディレクトリに作成
% ls                            ❸lsの表示を確認
dir1            dir2            sample.txt
% ls -l                         ❹ls -lの表示を確認
total 0
drwxr-xr-x  2 nishi  staff  64  3  5 07:41 dir1
drwxr-xr-x  2 nishi  staff  64  3  5 07:41 dir2
lrwxr-xr-x  1 nishi  staff  33  3  5 07:43 sample.txt -> /Users/nishi/Documents/sample.txt
sample.txtの1文字めはlで、末尾にリンク先も表示されている
% cat sample.txt                ❺sample.txtの内容を表示
Hello
Documentsディレクトリのsample.txtの内容が表示されている
```

違う名前のシンボリックリンクを作ることも可能です。たとえば、❻`ln -s ~/Documents/sample.txt test.txt`で、test.txtという名前のシンボリックリンクが作成されます。❼`ls -l`で確かめると、sample.txtと同じリンク先であることがわかります。❽test.txtの内容も、sample.txtと同じです。

```
sample.txtへのシンボリックリンクを作成（続き）
% ln -s ~/Documents/sample.txt test.txt  ……❻test.txtという名前でシンボリックリンクを作成
% ls -l                         ❼ls -lの表示を確認
total 0
drwxr-xr-x  2 nishi  staff  64  3  5 07:41 dir1
drwxr-xr-x  2 nishi  staff  64  3  5 07:41 dir2
lrwxr-xr-x  1 nishi  staff  33  3  5 07:43 sample.txt -> /Users/nishi/Documents/sample.txt
lrwxr-xr-x  1 nishi  staff  33  3  5 07:44 test.txt -> /Users/nishi/Documents/sample.txt
% cat test.txt                  ❽test.txtの内容を表示
Hello
Documentsディレクトリのsample.txtの内容が表示されている
```

エディタ等でtest.txtを書き換えても、Documentsディレクトリのsample.txtを書き換えても、同じ結果となります。以下では❾シンボリックリンク「test.txt」の内容を書き換えてから、シンボリックリンク「sample.txt」と、リンク先である「~/Documents/sample.txt」を表示しています。

続いて、「書類」のsample.txtをテキストエディットで開き、「Hello」に書き換えてから同じように「test.txt」「sample.txt」「~/Documents/sample.txt」を表示しています。

```
text.txtを書き換える
% cd ~/Desktop/testdir          Desktopの中のtestdirへ移動
% echo 'test' > test.txt        ❾test.txtの内容を「test」にする
% cat test.txt                  test.txtの内容を確認
test
```

```
% cat sample.txt                    sample.txtの内容を確認
test
% cat ~/Documents/sample.txt        ~/Documents/sample.txtの内容を確認
test
「書類」のsample.txtをテキストエディットで開き「Hello」に書き換える
% cat test.txt                      test.txtの内容を確認
Hello
% cat sample.txt                    sample.txtの内容を確認
Hello
% cat ~/Documents/sample.txt        ~/Documents/sample.txtの内容を確認
Hello
```

シンボリックリンクの削除

シンボリックリンクを削除してもリンク先にはまったく影響しません。たとえば、**rm test.txt** で先ほどの sample.txt を削除しても、もう1つのシンボリックリンク test.txt や、リンク先である ~/Documents/sample.txt はそのまま残ります。

```
シンボリックリンクの削除
% cd ~/Desktop/testdir              Desktopの中のtestdirへ移動
% rm sample.txt                     sample.txtを削除
% ls -l                             カレントディレクトリのファイルを確認
total 0
drwxr-xr-x  2 nishi  staff  64  3  5 07:41 dir1
drwxr-xr-x  2 nishi  staff  64  3  5 07:41 dir2
lrwxr-xr-x  1 nishi  staff  33  3  5 07:44 test.txt -> /Users/nishi/Documents/sample.txt
% cat test.txt                      test.txtの内容を確認
Hello
% cat ~/Documents/sample.txt        ~/Documents/sample.txtの内容を確認
Hello
```

リンク先の削除

リンク先のファイルを削除した場合、シンボリックリンク側はそのまま残りますが、ファイルを使おうとした段階、たとえば、cat コマンドで表示しようとすると「ファイルがない」というエラーになります。

```
リンク先の削除
% rm ~/Documents/sample.txt         リンク先のファイルを削除
% ls -l                             カレントディレクトリのファイルを確認
total 0
drwxr-xr-x  2 nishi  staff  64  3  5 07:41 dir1
drwxr-xr-x  2 nishi  staff  64  3  5 07:41 dir2
lrwxr-xr-x  1 nishi  staff  33  3  5 07:44 test.txt -> /Users/nishi/Documents/sample.txt
シンボリックリンク「test.txt」はそのまま残っている
% cat test.txt                      test.txtの内容を確認
cat: test.txt: No such file or directory
リンク先が存在しないため、エラーになっている
% echo 'Hello' > ~/Documents/sample.txt   改めてリンク先のファイルを作成
```

```
% cat test.txt                         test.txtの内容を確認
Hello
```
リンク先（~/Documents/sample.txt）の内容が表示された

ディレクトリのシンボリックリンクの作成　作り方はファイルのときと同じ

次に、ディレクトリへのシンボリックリンクを試してみましょう。作り方はファイルのときと同じで「**ln -s** ディレクトリ名前」のようにします。

デスクトップに作成したtestdirディレクトリの中に、「~/Documents」（書類）へのシンボリックリンクを作ってみましょう。❶**ln -s ~/Documents mydoc**でシンボリックリンクを作成します。mydocの部分はどんな名前でもかまいません。❷**ls -l**で確かめてみるとsample.txt等と同様、mydocも先頭が「**l**」になり、末尾にリンク先である「~/Documents」が表示されます（❸）。

```
% cd ~/Desktop/testdir           Desktopの中のtestdirへ移動
% ln -s ~/Documents mydoc        ❶カレントディレクトリに/Documentsへのシンボリックリンクを作成
% ls -l                          ❷ls -lの表示を確認
total 0
drwxr-xr-x  2 nishi  staff  64  3  5 07:41 dir1
drwxr-xr-x  2 nishi  staff  64  3  5 07:41 dir2
lrwxr-xr-x  1 nishi  staff  22  3  5 07:50 mydoc -> /Users/nishi/Documents      ❸
lrwxr-xr-x  1 nishi  staff  33  3  5 07:44 test.txt -> /Users/nishi/Documents/sample.txt
```

❹cdコマンドでmydocへ移動してみましょう。移動後に❺のpwdコマンドで確かめると、「/Users/ユーザ名/Desktop/testdir/mydoc」のようにtestdirの中のmydocにいることがわかります。ここで❻lsコマンドを実行すると「~/Documents」の内容が一覧表示されます。

なお、❼pwdコマンドに**-P**オプションを付けて実行すると、実際のディレクトリがわかります。

```
% cd mydoc                       ❹mydocへ移動
% pwd                            ❺カレントディレクトリを表示
/Users/nishi/Desktop/testdir/mydoc
```
mydocディレクトリにいるとわかる
```
% ls                             ❻lsコマンドの表示を確認
sample.txt
```
~/Documentsにあるファイルが表示される
```
% pwd -P                         ❼pwdを-Pオプションで実行
/Users/nishi/Documents
```
実際のディレクトリが表示される

Finderの「エイリアス」との違い

Finderでも、[ファイル]メニューや右クリックのメニューでファイルやフォルダの「エイリアス」を作ることができますが、Finderで作成する「エイリアス」はあくまでもFinderによる機能であり、コマンドラインではシンボリックリンクと同じようには使うことができません。たとえば「**open** エイリアス」でFinderを開くことは可能ですが、「**cd** エイリアス」でカレントディレクトリにすることはできません。

これに対し、シンボリックシンクは通常のファイルやディレクトリとまったく同じように扱うことができるので、コマンドラインではもちろん、Finderでも普通のファイルやフォル

ダとして扱うことができます。なお、シンボリックリンクのファイルやフォルダのアイコンには、Finderで作成したエイリアス同様、左下に黒い矢印が表示されます（**図A**）。

図A　testdirの内容をFinderで表示

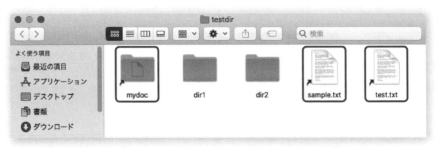

Column

ディレクトリへのシンボリックリンクの補完方法を変更する（bash）

　macOSのbashでは、ディレクトリへのシンボリックリンクを tab で補完した際に、まずは名前まで補完され、もう一度 tab を押すと「/」が補完されるようになっています。通常のディレクトリと同じように名前と一緒に「/」まで補完されるようにするには、bindコマンドまたは「**~/.inputrc**」で設定します。

　まず、どのような動作になるかをbindコマンドで試してみましょう。bindはキーバインド（キーボードの各キーに機能を割り当てること）を設定するコマンドです。

```
$ bind 'set mark-symlinked-directories on'     ……キーバインドを変更
$ cd /etc/                                     「cd /e tab 」で「cd /etc/」まで補完されるようになった
```

　この設定をやめたいときは、bindコマンドで指定している「**on**」を「**off**」にするか、ターミナルウィンドウを開き直します。

　この設定を常に使用できるようにするには「**~/.inputrc**」に以下の内容を設定します。

`~/.inputrcを作成し、以下を記述`
```
set mark-symlinked-directories on
```

　「~/.inputrc」はbashが使用している「readline」というキー入力を処理するライブラリの設定ファイルで、デフォルトでは用意されていません。以下では「**>>**」を使ってリダイレクトすることで、ファイルがあれば追加、なければ新規作成するようにしています（p.149の「リダイレクトでファイルに追加する」を参照）。

`echoコマンドを使って~/.inputrcに追加`
```
$ echo 'set mark-symlinked-directories on' >> ~/.inputrc
```

　この設定は新しく開いたターミナルウィンドウから有効です。設定をやめたい場合は「~/.inputrc」からこの行を削除するか、「~/.inputrc」を削除します。

第6章
ファイルの属性とパーミッション

　macOSにはたくさんのファイルとディレクトリがあり、それぞれに「所有者」や「更新日」などの情報があり、「読み書き可能」「実行可能」などのパーミッションが設定されています。
　本章では、属性やパーミッションの表示方法と意味、変更する方法などについて扱います。

6.1　ファイル＆ディレクトリの属性　パーミッション/ファイルフラグ/ACL/拡張属性
6.2　ファイル情報の表示　ls/stat
6.3　ファイルの所有者やパーミッションの変更　chmod/chflags/chown/touch
6.4　ファイルの検索/圧縮/同期　find/zip/unzip/tar/gzip/guzip/rsync/du

ファイル&ディレクトリの属性

パーミッション/ファイルフラグ/ACL/拡張属性

ファイルやディレクトリには、「属性」と呼ばれる「ファイルそのものについての情報」があります。本節では、コマンドラインで属性を表示する方法と表示の読み方について解説します。

ファイルの情報を眺めてみよう　属性

ファイルには、名前と内容のほかに、所有者や更新日時などの情報が付属しています。これを**属性**（*attribute*）と言います。lsコマンドに-lオプションを付けることで表示できます。コマンドラインでよく使われるオプションです。

`ls -l`では、ファイルの情報が先に表示されて、最後に名前が表示されます。ここでは、どんな事項が表示されているかを簡単に紹介しますので、まずはざっと眺めてみましょう。

図Aでは、`ls -l /`と`ls -l /etc/`を実行しています。それぞれたくさんの内容が表示されるので、適宜スクロールして確認してみてください。コマンドの実行結果を1画面ずつ停止させたり、部分的に表示したりする方法については、第7章で取り上げます。

図A　ls -lでファイルの属性を表示

```
% ls -l /                          ← ls -lでルートディレクトリを表示
total 9
drwxrwxr-x+  6 root admin   192  1 23 21:49 Applications
drwxr-xr-x  62 root wheel  1984  3  5 03:36 Library
drwxr-xr-x@  8 root wheel   256  1 23 21:49 System
drwxr-xr-x   5 root admin   160  3  1 17:58 Users
drwxr-xr-x   4 root wheel   128  3  5 10:27 Volumes
drwxr-xr-x@ 38 root wheel  1216  1 23 21:58 bin
drwxr-xr-x   2 root wheel    64 12 14 07:07 cores
dr-xr-xr-x   3 root wheel  4254  3  5 10:26 dev
lrwxr-xr-x@  1 root admin    11  3  1 17:20 etc -> private/etc
lrwxr-xr-x   1 root wheel    25  3  5 10:27 home -> /System/Volumes/Data/home
<以下略> ❶ ❷    ❸      ❹    ❺        ❻

% ls -l /etc/                      ← ls -lで/etc/を表示。最後の「/」まで入力※
total 1056
-rw-r--r--   1 root wheel   515 12 14 07:02 afpovertcp.cfg
lrwxr-xr-x   1 root wheel    15  3  1 17:23 aliases -> postfix/aliases
-rw-r-----   1 root wheel 16384 12 14 08:27 aliases.db
drwxr-xr-x   9 root wheel   288 12 14 12:15 apache2
drwxr-xr-x  21 root wheel   672  1 23 21:49 asl
-rw-r--r--   1 root wheel  1051 12 14 07:39 asl.conf
-rw-r--r--   1 root wheel   149  1 10 14:27 auto_home
<以下略> ❶ ❷    ❸      ❹    ❺        ❻
```

※ zshで補完入力した場合、末尾の「/」が実行時削除されるため、キーボードから入力または「/e tab tab 」のように補完。「ls /etc/」と「ls /etc/」の違いについてはp.117で後述。

❶ファイルの種類とパーミッション

図Aで、`ls -l`の❶のブロックの1文字めがファイルの種類で、その後に続く9文字が読み書きなどの許可を表すパーミッション（後述）、そしてACLと拡張属性の情報が続く1文字で表示されている

❷リンク数（ハードリンク数）

次の数字はリンク数（ハードリンク数）で、通常のファイルは「1」。ディレクトリは原則として「 サブディレクトリの数 ＋2」となる（p.101）

❸所有者と所有グループ

次に、所有者の名前とグループの名前が表示される。システム用のファイルやディレクトリの場合は所有者がrootでグループはadminやwheel[注1]、ホームディレクトリ下のファイルであればユーザの名前とstaffというグループ名が表示されているだろう。所有者とグループはおもにパーミッション（許可属性）の管理に使われる

❹ファイルサイズ

ファイルサイズがバイト数で表示されている。ディレクトリの場合、ディレクトリに含まれているファイルやディレクトリなどの合計を求めるduコマンド（p.141）が便利

❺ファイルの更新日（タイムスタンプ）

ファイルサイズの次に表示されるのがファイルの更新日で、タイムスタンプ（*timestamp*）とも呼ばれる。Finderでファイルを右クリックして[情報を見る]で表示すると、更新日のほかに[作成日]や[最後に開いた日]も表示される[注2]

❻ファイル名とリンク先

最後にファイル名が表示される。シンボリックリンク（実体が別の場所にあるファイルで、❶の1文字めが「l」と表示されている）の場合は「->」が表示され、後ろに、リンク先（ファイルの実体）が表示される

読み/書き/実行の許可を管理する「パーミッション」　パーミッションは3種類×3組

最初のブロックは、ファイルの種類とパーミッションです。ファイルの種類は「**d**」（ディレクトリ）、「**l**」（シンボリックリンク、p.100）、「**-**」（通常ファイル）で[注3]、ディレクトリおよびシンボリックリンクについては第5章で取り上げました。

それに続く次のテーマは**パーミッション**（*permission*、許可属性）です。パーミッションは「読み出し許可」「書き込み許可」「実行許可」の3種類があり、「所有者への許可」「グループへの許可」「それ以外の人（他人）への許可」の3組で設定されています。なお、ファイルの所有者とグループはchown（p.127）、パーミッションはchmod（p.122）で変更できます。

`ls -l`では、パーミッションは図Bのようにファイルの種類を示す1文字に続いて、3種類×3組の9文字で表示されています。この3組は、「所有者への許可」「グループへの許可」「それ以外の人（他人）への許可」の順番で表示されており、それぞれ「**r**」が表示されていれば読むことができる（*readable*）、「**w**」が表示されていれば書き込むことができる（*writable*）、「**x**」が表示

注1　adminはmacOSで「管理者」になっているユーザが所属、wheelはUnix系OSで古くから使われているグループ名で、macOSではグループID（GID）が0のグループ（rootユーザ用のグループ、p.110）にこの名前が割り当てられています。
注2　コマンドラインではstatコマンド（p.120）やlsの-lu、-lU、-lcオプション（p.306）で表示可能。
注3　このほか特別な種類として「b」（ブロックデバイス）、「c」（キャラクタデバイス）、「s」（ソケット）、「p」（FIFO）があります。

されていれば実行できる（*executable*）ことを表しています[注4]。許可がない場合は「-」が表示されます。

図B　「ls -l」によるパーミッションの表示

[注4] ディレクトリの場合、「x」が表示されている場合はcdでそのディレクトリをカレントディレクトリにしたり、ls -lで中にあるファイルの情報を取得したりできるようになります（p.111）。特殊な属性が設定されている場合、「r」の位置に「s」や「t」が表示されることがあります（p.126）。

Column

ユーザIDとグループID

　ls -lではファイルの所有者とグループの名前が表示されますが、実際にファイルの属性として保存されているのはユーザID（*user ID*、UID）とグループID（*group ID*、GID）です。Unix系OSではユーザとグループを、ユーザIDとグループIDという番号で管理しており、ls -lやstatコマンド（p.120）でファイルやディレクトリの所有ユーザ名とグループ名を表示する際は、それぞれのユーザID、グループIDと結び付いている名前が表示されます。

　macOSでは「ディレクトリサービス」（*directory service*）でユーザやグループを管理していますが、Unix系OSではユーザIDとユーザ名は/etc/passwd、グループIDとグループ名は/etc/groupで管理しています。macOSにもこれらのファイルがありますが、これらに登録されているのはシステムファイル用のユーザとグループのみで、［システム環境設定］-［ユーザとグループ］で追加したユーザやグループ、あるいはmacOS独自のグループについては追加されていません。

　macOSも含め、rootは必ずユーザIDは「**0**」、グループIDは「**0**」となっています。ユーザ名は共通でrootですが、グループ名はシステムによって異なり、macOSでは「wheel」というグループ名が割り当てられています。そのほかのユーザのIDやグループのIDは、macOSの場合、ユーザIDとグループIDは「**501以降**」が自動で割り当てられます。

　ユーザIDやグループIDはidコマンドで確認できます。また、statコマンドでファイルの情報を表示すると、ユーザIDとユーザ名、グループIDとグループ名をを同時に確認できます。

```
% id nishi                       ユーザnishiの情報を表示
uid=501(nishi) gid=20(staff) groups=20(staff),12(everyone),61(localaccounts),79(_appserverusr),
80(admin),81(_appserveradm),98(_lpadmin),701(com.apple.sharepoint.group.1),33(_appstore),
100(_lpoperator),204(_developer),250(_analyticsusers),395(com.apple.access_ftp),
398(com.apple.access_screensharing),399(com.apple.access_ssh),400(com.apple.access_remote_ae)
% stat -x file1.txt              file1.txtの情報を表示
  File: "file1.txt"
  Size: 65         FileType: Regular File
  Mode: (0644/-rw-r--r--)         Uid: (  501/   nishi)  Gid: (   20/   staff)
Device: 1,4   Inode: 57961    Links: 1
Access: Sun Mar  8 18:55:02 2020
Modify: Sun Mar  8 18:57:48 2020
Change: Sun Mar  8 18:57:48 2020
```

ファイルの「読み/書きの許可」 r/w

　ファイルの読み出し許可/書き込み許可は、おそらくイメージどおりの意味でしょう。ファイルの表示や再生などの許可が「読み出し許可」で、`ls -l`では「r」の文字で表します。「書き込み許可」は「内容を変更して良いかどうか」という意味で「w」の文字で表します。

　ここで「書き込みが許可されていなくても、ファイル名の変更やファイルの削除は可能」ということに注意が必要です。ファイル名の変更やファイルの削除は「ディレクトリエントリを変更する」という意味の操作なので、後述するディレクトリのパーミッションで決定するためです[注5]。

ファイルの「実行許可」 x

　パーミッションにはもう一つ、「実行許可」というものがあります。シェルスクリプト(p.38)にしてもコマンドにしても、コマンドラインで実行するには「OSで実行可能な形式であること」だけではなく「実行許可」が必要です[注6]。`ls -l`で確認した場合に「x」という属性が付いているファイルが実行可能で、`ls -l /bin`で/binにあるファイルを見てみると「x」が付いているのがわかります。

ディレクトリのパーミッションはどう働くか

　ここまで見てきたのは「ファイルのパーミッション」です。ディレクトリにも同じように読み/書き/実行のパーミッションがあります。

　まず、「x」(実行許可)は、cdでそのディレクトリをカレントディレクトリにしたり、`ls -l`で中のファイルやディレクトリの情報を取得したり、ファイルやディレクトリの追加や削除を行うことが可能という意味になります。したがって、ディレクトリのパーミッションとしては「---」(すべて許可しない)、「rwx」(すべて許可)、「r-x」(一覧の取得ができる)や「-wx」(内容の追加や削除ができる)のように設定するのが一般的です。

　ディレクトリとは名簿や目録という意味で、中にあるファイルやサブディレクトリの名前などが管理されています。「読み出し許可」(r)と「書き込み許可」(w)は、ディレクトリを「内容一覧が書かれたファイル」のように捉えるとわかりやすくなります。

　「読み出し許可」(r)があれば、lsコマンドなどで中にあるファイルの一覧を取得することができます。この読み出し許可がないとFinderで開くこともできません。ただし、「一覧が取れない」というだけなので、ディレクトリの中にあるファイルの名前がわかっており、ファイル側にアクセス許可があればファイルの操作は可能です。

　「書き込み許可」(w)があれば、ディレクトリにあるファイルやサブディレクトリの追加や削除、名前の変更を行うことができます。ディレクトリのパーミッションが、ディレクトリの中にあるファイルやディレクトリの名前を変更できるかどうかに影響している点に注意しましょう。ディレクトリ自身の名前の変更には、親ディレクトリの書き込み許可が必要です。

ホームディレクトリのパーミッション

　macOSでは、ユーザのホームディレクトリには「rwxr-xr-x」というパーミッションが与え

[注5] macOSも含むBSD系のシステムでは、パーミッションのほかに「ファイルフラグ」(後述)と呼ばれる属性も使用されています。ファイルフラグの場合、不可視ファイルや変更不可(削除もできない)などの設定も可能です(p.112)。

[注6] 実際にコマンドを実行するにはもう一つ「パスの指定」が必要で、たとえばカレントディレクトリにある「myscript」というコマンドを実行するなら、`./myscript`のようにする必要があります。環境変数PATH(コマンドサーチパス)に登録されているディレクトリにあるコマンドは、パスの指定を省略できます(p.45)。

られています注7。所有者は「rwx」で、読み書き実行のすべてが可能です。それ以外のユーザは「r-x」なので、lsコマンドでファイルの一覧を表示できるし、cdコマンドで中に入るところまでは可能です。ホームディレクトリの直下にファイルを作成した場合、所有者以外にも「r」が付いていたらほかのユーザからも閲覧できるということになります。なお、「w」は所有者にしかないので、所有者以外にはファイルの追加や削除はできません。

ホームディレクトリの中にはDesktopやDocumentsなどのディレクトリがありますが、これらのディレクトリのパーミッションは「rwx------」で、所有者以外には何の許可も与えられていません。

例外は「Public」で、ほかのユーザでもアクセスできるように「rwxr-xr-x」と設定されています。さらに、Publicの中には「Drop Box」注8というディレクトリがあり、「Drop Box」のパーミッションは「rwx-wx-wx」(ほかのユーザでもファイルを保存できるが中は見ることができない)です。Finderでは「パブリック」と「ドロップボックス」と表示されており、ほかのユーザも使って良いファイルは「パブリック」に置く、ほかのユーザからファイルを受け取るときは「ドロップボックス」に入れてもらう、という使い方ができるようになっています。

このほかの属性　ファイルフラグ、ACL、拡張属性

これまで見てきたファイルの所有者やパーミッションといった情報はUnix系OS共通で使用されており、すべてのファイルに設定されています。

macOSではこのほかに「ファイルフラグ」「ACL」「拡張属性」が使用されています。`ls -l`では、ACLが付いている場合には9桁のパーミッションに続いて「+」が、拡張属性が付いている場合は「@」が表示されます。

ファイルフラグ　Finderの表示や変更可能かを決める

ファイルフラグ(*file flag*) はBSD系のUnixで使われているファイル管理用の情報です。不可視ファイルにはhidden属性、変更禁止のファイルにはuchg属性注9……のように、Unix環境で伝統的に使われているパーミッションとはまったく異なる形で設定します。

以下のように、`ls`で`-l`と一緒に`-O`オプションを使用するとファイルフラグが表示されます。たとえば、ホームディレクトリで`ls -lO`を実行すると「/Library」がhiddenになっていることがわかります。hidden属性が設定されている場合、lsでは表示されますが、Finderでは表示されません注10。なお、ファイルフラグはchflagsコマンド(p.125)で変更できます。

```
% ls -lO ………… ls -lOでファイルフラグを表示 (ホームディレクトリで実行)
total 0
```

注7　`ls -l`で見ると、パーミッションの9文字の後ろに「+」が付いています。これは拡張セキュリティ属性ACL (p.113) が付いている、という意味の表示です。また、/Usersディレクトリには「Shared」というすべてのユーザが書き込める共有ディレクトリがあり、この場所は「rwxrwxrwt」と最後が「t」になっています。これは「sticky属性」という特別な属性で、「ファイルの削除やリネームを所有者にだけ許可する」というものです(p.126のコラム「特別なパーミッション」を参照)。

注8　「Dropbox」という名前の有名なアプリケーションがありますがそれとは異なります。Dropboxはパソコン上のファイルをクラウド(*cloud*)と同期するソフトウェアで、macOS環境ではデフォルトでホームディレクトリ下に「Dropbox」という名前のフォルダ(~/Dropbox)を作成しクラウドと同期するようになっています。

注9　uchgはユーザレベルでの変更不可属性で、所有者またはrootのみがこのフラグを設定/設定解除できます(uchange、uimmutableも同じ意味です)。「u」を「s」にしたschg (schange、simmutable) の場合はシステムレベルでの変更不可属性で、rootだけがこのフラグを設定/設定解除できます。

注10　Finderの設定(AppleShowAllFiles)は変更可能。macOS Sierra (10.12)以降では [command] + [shift] + [.] で変更できます(p.250)。

112

```
drwx------@ 15 nishi  staff    -     480  3  5 07:39 Desktop
drwx------+  8 nishi  staff    -     256  3  5 08:32 Documents
drwx------+  5 nishi  staff    -     160  3  8 16:33 Downloads
drwx------@ 55 nishi  staff hidden  1760  3  2 00:16 Library
drwx------+  4 nishi  staff    -     128  3  1 18:02 Movies
drwx------+  5 nishi  staff    -     160  3  5 04:00 Music
drwx------+  4 nishi  staff    -     128  3  1 18:01 Pictures
drwxr-xr-x+  4 nishi  staff    -     128  3  1 17:58 Public
```
ファイルフラグ（hidden）が確認できる

所有者/所有グループの後にファイルフラグが表示されている

ACL　アクセス制限を細かく定義する

ACL（*Access Control List*、アクセス制御リスト）は Mac OS X v10.4 Tiger から導入された設定で、標準のパーミッションでは設定できない細かい制御を加えるのに使用されています。

ls -l ではACLが設定されている場合、9文字のパーミッションの後ろに「+」が表示されます[注11]。ls コマンドで **-l** に加えて **-e** オプションを付けると、詳しい情報が表示されます。

```
% ls -le                                   ls -leでACLを表示（ホームディレクトリで実行）
total 0
drwx------@ 15 nishi  staff    480  3  5 07:39 Desktop
 0: group:everyone deny delete
drwx------+  8 nishi  staff    256  3  5 08:32 Documents
 0: group:everyone deny delete
drwx------+  5 nishi  staff    160  3  8 16:33 Downloads
 0: group:everyone deny delete
drwx------@ 55 nishi  staff   1760  3  2 00:16 Library
 0: group:everyone deny delete
drwx------+  4 nishi  staff    128  3  1 18:02 Movies
 0: group:everyone deny delete
drwx------+  5 nishi  staff    160  3  5 04:00 Music
 0: group:everyone deny delete
drwx------+  4 nishi  staff    128  3  1 18:01 Pictures
 0: group:everyone deny delete
drwxr-xr-x+  4 nishi  staff    128  3  1 17:58 Public
 0: group:everyone deny delete
```
ACLの内容（デフォルトで設定されている「全ユーザによる削除禁止」）も表示された

ACLの変更したい場合、chmod コマンドで行います。Finder では、ファイルを右クリックして［情報を見る］-［共有とアクセス権］で変更できます。

拡張属性　Finderでの表示方法などを保存する

Finder のカラータグ（Finder の右クリックで色を選択して付けたタグ）や、標準以外のアプリケーションの割り当てなどの情報は**拡張属性**（*extended attributes*）で管理されています。たとえば、ダウンロードしたファイルは Finder の情報で表示すると［詳細情報］に［入手先］が表示されますが、これが拡張属性です。Finder でカラータグを付けたファイルにも拡張属性が付

注11　ACLと拡張属性の両方が定義されている場合は、拡張属性の「@」の方が表示されます。

きます。

　`ls -l`では、拡張属性が付いている場合、パーミッションの9文字の後ろに「`@`」が表示されます。また、以下のように、lsコマンドで`-l`に加えて`-@`オプションを付けると設定されている拡張属性が表示されます。拡張属性の操作はxattrコマンド（p.309）で行います。

```
% ls -l@ ················· ls -l@で拡張属性を表示（ホームディレクトリで実行）
total 0
drwx------@ 15 nishi  staff    480  3  5 07:39 Desktop
        com.apple.macl        72
drwx------+  8 nishi  staff    256  3  5 08:32 Documents
drwx------+  5 nishi  staff    160  3  8 16:33 Downloads
drwx------@ 55 nishi  staff   1760  3  2 00:16 Library
        com.apple.FinderInfo  32
＜中略＞
drwxr-xr-x+  4 nishi  staff    128  3  1 17:58 Public
```

　p.31にてテキストエディットで保存したsample.txtにカラータグを付けると、以下のような表示になります。

```
% ls -l@ Documents/sample.txt ······· Documents（書類フォルダ）のsample.txtにカラータグを付けた状態
-rw-r--r--@ 1 nishi  staff     6  3  5 08:32 Documents/sample.txt
        com.apple.FinderInfo           32
        com.apple.macl                 72
        com.apple.metadata:_kMDItemUserTags  55 ················ カラータグ
```

> **Column**
>
> ### リソースフォーク
>
> 　MacのOSでは元々、ファイルを「データフォーク」（data fork）と「リソースフォーク」（resource fork）の2つに分けて管理していました。保存内容はアプリケーションによって異なり、たとえばデータフォークにテキスト、リソースフォークに書式設定情報を書き込んでいたり、プレビュー画面をリソースフォークに保存しているケースもありました。
>
> 　macOSでUSBメモリやネットワークドライブに保存したファイルをほかのOSで表示すると、元のファイルと一緒に「`._`ファイル名」というファイルが表示されることがあります。これがリソースフォークのファイルで、たとえば「file.txt」のリソースフォークは「`._file.txt`」に保存されています[注a]。また、Finderで作成した圧縮ファイルには「`__MACOSX`」フォルダにリソースフォークが保存されます。
>
> 　リソースフォークを使用するのはmacOSのみで、ほかのOSでは意味を持たない不要なファイルとなりがちです。Unix系コマンドが使えるOSの場合、`rm ._*`やfindコマンドを使った一括削除、Windowsならばエクスプローラで削除するか、コマンドプロンプトで`del ._*`で削除できます。
>
> 　圧縮ファイルの場合、コマンドラインでzipコマンド（p.131）を使って作成すればリソースフォーク（`__MACOSX`）は格納されません。
>
> 注a　dot_cleanコマンドで削除できます。たとえば「USBDATA」という名前を付けたUSBメモリに作成された「`._file.txt`」を削除したい場合、`dot_clean /Volumes/USBDATA`と実行します（/Volumesはマウントポイント、p.64）。サブディレクトリも含めて処理されますが、-fオプションで指定したディレクトリを対象にすることもできます。

ファイル情報の表示
ls/stat

lsコマンドでは、ls -lのほかにも多くのオプションがあり、さまざまな方法でファイルの情報を一覧表示することができます。また、statコマンドを使うと、個々のファイルについて詳しく表示することができます。

ここでは、各コマンドの基本的な使い方と、ファイルについて理解を深めるのに役立つオプションを紹介しています。オプションについてはAppendix Aを参照してください。

ファイルリストの表示　ls

ファイルの一覧表示は、lsコマンドで行います。「ls ファイル 」で指定したファイルを、「ls ディレクトリ 」でそのディレクトリにあるファイルやディレクトリを一覧表示します。ディレクトリやファイルは複数指定できます。

lsのみで実行した場合は、カレントディレクトリにあるファイルの一覧が表示されます。ls -lでファイルの詳細情報を表示します。

基本の使い方
```
ls ........................... カレントディレクトリにあるファイルを一覧表示
ls /bin ...................... /binディレクトリにあるファイルを一覧表示
ls -l ........................ カレントディレクトリにあるファイルの詳細情報を一覧表示
ls -l file* .................. ファイル名が「file」から始まるファイルの詳細情報を一覧表示
ls -l /bin ................... /binディレクトリにあるファイルの詳細情報を一覧表示
ls -dl /bin .................. /binディレクトリそのものの詳細情報を表示
ls -a ........................ ドットファイルを表示（5.2節を参照）
ls -F ........................ ファイルの種類を表す記号を付けて表示
ls -R ........................ サブディレクトリの中も表示
ls -lt ....................... ファイルの更新日が新しい順に一覧表示
```

複数のファイルが表示される場合、画面の横幅と表示する内容に合わせて複数の列に調整されます。これを「マルチカラム表示」（multi-column output）と言います。マルチカラム表示をしたくない場合は-1オプションを指定します。マルチカラム表示は標準出力（画面）に出力した場合のみで、パイプやリダイレクトを使った場合は1件1行の出力になります。常にマルチカラムで出力したい場合は-Cオプションを使います。

複数のディレクトリを指定した場合は、「ディレクトリ :」という行に続いてそのディレクトリの内容が一覧表示されます。

次の例では、❶ls /で「/」（ルートディレクトリ）を表示しています。❷ls /bin /sbinでは、「/bin:」という表示の後に/binディレクトリにあるファイルとディレクトリ、「/sbin:」という表示の後に/sbinディレクトリにあるファイルとディレクトリが一覧表示されています。

```
┌─lsでディレクトリを指定して表示─┐
% ls / ·················································· ❶「/」（ルートディレクトリ）を表示
Applications    Volumes         etc             sbin
Library         bin             home            tmp
System          cores           opt             usr
＜以下略＞
┌─ルートディレクトリの内容が一覧表示された─┐
% ls /bin /sbin ···································· ❷/binと/sbinを表示
/bin:
[               dd              launchctl       pwd             test
bash            df              link            rm              unlink
＜中略＞
dash            kill            pax             sync
date            ksh             ps              tcsh

/sbin:
apfs_hfs_convert    kextunload          mount_udf
disklabel           launchd             mount_webdav
dmesg               md5                 mpioutil
＜以下略＞
└─/bin:という行に続いて/binの内容が、/sbin:という行に続いて/sbinの内容が表示された─┘
```

詳細情報を表示する　-l

ファイルの詳しい情報を出力する「ロングフォーマット」で表示したい場合は-lオプションを使用します。これまで見てきたとおり、1件1行で、左側からファイルの種類、パーミッション、ハードリンク数、所有者、所有グループ、ファイルサイズ、最終更新日、ファイルやディレクトリの名前が表示されています（p.108）。シンボリックリンクの場合は、さらに「->」とリンク先が表示されます（p.100）。

-lで表示されるのは基本的な属性です。ほかの属性も表示したい場合は-@（拡張属性）、-e（ACL）、-O（ファイルフラグ）を-lオプションと一緒に指定します。拡張属性（-@オプション）、ACL情報（-e）、ファイルフラグ（-O）の表示については前項を参照してください。なお、-lと-@、-e、-Oオプションをすべて同時に指定することも可能です。また、「ファイルの種類は知りたいが-lオプションだと表示内容が多過ぎる」という場合は、種類を1文字の記号で表示する-Fオプションや種類ごとに色を変えて表示する-Gオプションが便利です（後述）。

ディレクトリを指定した場合、最初にディレクトリのブロックサイズが表示されます。1ブロックは512バイトで、環境変数BLOCKSIZEで変更できます。なお、ここでの表示はサブディレクトリにあるファイルのサイズが加算されていないので、ディレクトリ全体のディスク使用量を知りたい場合はduコマンド（p.141）を使うと良いでしょう。

以下の例では、❶で詳細情報を、❷でBLOCKSIZE=1024でブロックサイズを変更した上で詳細情報を表示しています。BLOCKSIZE=1024を常に使用したい場合は、シェルの設定ファイルで変更します（p.167、178）。

```
% ls -l / ·················································· ❶「/」（ルート）にあるファイルの詳細情報を表示
total 9 ··················································· ディレクトリを指定した場合、ブロックサイズを表示
drwxrwxr-x+  6 root  admin  192  1 23 21:49 Applications
```

```
drwxr-xr-x   62 root   wheel   1984  3  5 03:36 Library
drwxr-xr-x@   8 root   wheel    256  1 23 21:49 System
drwxr-xr-x    5 root   admin    160  3  1 17:58 Users
drwxr-xr-x    4 root   wheel    128  3  5 10:27 Volumes
＜以下略＞
% BLOCKSIZE=1024 ls -l /    ❷ブロックサイズを1024バイトにして表示
total 5                                   totalの内容が変わった
drwxrwxr-x+   6 root   admin    192  1 23 21:49 Applications
drwxr-xr-x   62 root   wheel   1984  3  5 03:36 Library
drwxr-xr-x@   8 root   wheel    256  1 23 21:49 System
drwxr-xr-x    5 root   admin    160  3  1 17:58 Users
drwxr-xr-x    4 root   wheel    128  3  5 10:27 Volumes
＜以下略＞
```

ディレクトリやシンボリックリンクの情報を表示する -l、-d

-lオプションでディレクトリを指定した場合、通常であればディレクトリ内のファイルが一覧表示されますが、指定したディレクトリがシンボリックリンクの場合は扱いが異なります。

たとえば、macOSの場合、/etcは/private/etcへのシンボリックリンクなので、以下の❶のように ls -l /etc と指定すると「/etc」の情報という意味でリンクの情報が表示され、❷ ls -l /etc/ だと「/etc/ディレクトリの中」という意味になり/etc/ディレクトリ(/private/etcディレクトリ)にあるファイルが一覧表示されます。したがって、普段使うときは「/」を付ける方が意図したとおりの結果となるでしょう。

ここまで何度か触れてきましたが、zshの場合、ディレクトリ名を tab で補完した際は、いったん末尾の「/」まで補完されて実行時には末尾の「/」が削除されます。このため、ls -l /etc/ を実行したい場合は最後の「/」を手入力する必要があります。なお、補完及び実行時の「/」の扱いについてはzshの設定で変更できます(p.177)。bashの場合、ディレクトリへのシンボリックリンクを tab で補完した場合、いったん「/etc」のように名前までが補完され、もう一度 tab を押すと末尾の「/」が付くのでシンボリックリンクであることがわかります。設定によって通常のディレクトリと同じように末尾の「/」まで一度に補完されるように変更することも可能です(p.106)。

```
/etc（シンボリックリンク）の場合
% ls -l /etc                         ❶/etcを表示
lrwxr-xr-x@ 1 root  admin    11  3  1 17:20 /etc -> private/etc
/etcはシンボリックリンクなのでリンクの情報が表示された
% ls -l /etc/                        ❷/etc/を表示
total 1056
-rw-r--r--   1 root  wheel    515 12 14 07:02 afpovertcp.cfg
lrwxr-xr-x   1 root  wheel     15  3  1 17:23 aliases -> postfix/aliases
-rw-r-----   1 root  wheel  16384 12 14 08:27 aliases.db
drwxr-xr-x   9 root  wheel    288 12 14 12:15 apache2
drwxr-xr-x  21 root  wheel    672  1 23 21:49 asl
＜以下略＞
/etc/の内容、すなわちディレクトリの内容が表示された
```

lsコマンドで「/」の有無によって違いが起こるのは、「**-l**や**-F**で属性などの情報を表示する際に指定したディレクトリがシンボリックリンクの場合」のみです。たとえば、/usrはシンボリックリンクではないので❶**ls -l /usr**でも、❷**ls -l /usr/**でも結果は同じです。

また、/usrディレクトリの中ではなく/usrディレクトリそのものの情報を表示したい場合は、❸のように**-d**オプションを使います。

```
┌ /usr（通常のディレクトリ）の場合 ───────────────────────┐
% ls -l /usr ·················· ❶/usrを表示
total 0
lrwxr-xr-x     1 root   wheel      25  3  1 17:20 X11 -> ../private/var/select/X11
lrwxr-xr-x     1 root   wheel      25  3  1 17:20 X11R6 -> ../private/var/select/X11
drwxr-xr-x  1014 root   wheel   32448  3  1 17:38 bin
drwxr-xr-x   310 root   wheel    9920  3  1 17:38 lib
＜以下略＞
% ls -l /usr/ ·················· ❷/usr/を表示
total 0
lrwxr-xr-x     1 root   wheel      25  3  1 17:20 X11 -> ../private/var/select/X11
lrwxr-xr-x     1 root   wheel      25  3  1 17:20 X11R6 -> ../private/var/select/X11
drwxr-xr-x  1014 root   wheel   32448  3  1 17:38 bin
drwxr-xr-x   310 root   wheel    9920  3  1 17:38 lib
＜以下略＞
┌ シンボリックリンクではないので❶と❷は同じ結果になる ┐
% ls -ld /usr ········· ❸ディレクトリそのものの情報を表示（ls -ld /usr/でも同じ結果となる）
drwxr-xr-x@ 11 root  wheel  352  3  1 17:38 /usr
```

ドットファイルを表示する　-a、-A

ファイルを一覧表示するとき、通常はドットファイル（p.85）が除外されますが、5.2節でも少し触れたとおり、以下の❶のように**-a**オプションを付けるとドットファイルも表示されるようになります。同様に、❷の**-A**オプションもドットファイルが表示されますが、**-A**の場合は「**.**」と「**..**」が対象外となります。

```
┌ lsでドットファイルも表示（ホームディレクトリでの実行例）┐
% ls -a ················· ❶
.                   .zsh_history        Movies
..                  Desktop             Music
.CFUserTextEncoding Documents           Pictures
.DS_Store           Downloads           Public
.Trash              Library
┌ ドットファイルも含めて表示された ┐
% ls -A ················· ❷
.CFUserTextEncoding Desktop             Movies
.DS_Store           Documents           Music
.Trash              Downloads           Pictures
.zsh_history        Library             Public
┌ .と..を除くドットファイルも含めて表示された ┐
```

ファイルの種類を表示する -F、-G

-Fオプションを使うと、ファイル名の後にファイルの種類を表す記号が表示されます。ディレクトリは「/」、シンボリックリンクは「@」、実行可能ファイル(実行可能パーミッションが設定されているファイル)は「*」となります(p.307の表を参照)。

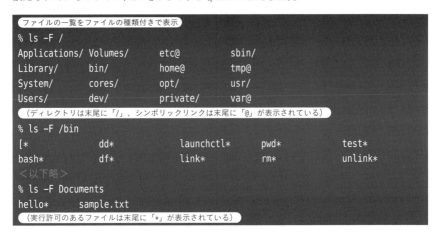

なお、**-G**オプションを用いると、ファイルの種類に応じて色が変化します。たとえば、「ディレクトリ」なら青、「シンボリックリンク」なら紫(マゼンタ)、「実行可能ファイル」なら赤です(p.307～308の表を参照)。ほかのオプションと併用することも可能で、**-l**オプションと組み合わせた場合はファイル名の部分にだけ色が付きます。

色の設定は環境変数`LSCOLORS`で変更できるほか、環境変数`CLICOLOR`が設定されていると、**-G**オプションが付いていなくても色付きの表示、環境変数`CLICOLOR_FORCE`が設定されていると画面以外に出力した場合も色指定付きとなります[注12]。

サブディレクトリの中も表示する -R

lsではカレントディレクトリ、「ls ディレクトリ」では指定したディレクトリの内容を表示しますが、以下のように**-R**オプションを付けると、その中にディレクトリがあったらその中もまたその中にディレクトリがあったらその中も……とすべて表示します[注13]。このような処理を「再帰」(recursive)と言い、ファイルとディレクトリを扱うコマンドの多くが**-R**や**-r**のオプションで再帰処理を行います。以下は、ホームディレクトリでの実行例です。

```
% ls -R                              サブディレクトリの中も表示
Desktop         Downloads       Movies          Pictures
Documents       Library         Music           Public

./Desktop:
testdir
```

注12 環境変数`CLICOLOR`と`CLICOLOR_FORCE`の値部分は設定に影響しません。したがって、シェルの設定ファイルで「export CLICOLOR=」を実行すればlsコマンドは常に色付きとなります。

注13 ディレクトリのツリー構造を確認したい場合はtreeコマンドが便利です。macOSには収録されていませんが、Homebrew(第11章)で追加することができます。

```
./Desktop/testdir:
dir1            dir2            mydoc           test.txt        testdir

./Desktop/testdir/dir1:

./Desktop/testdir/dir2:

./Documents:
hello           sample.txt
＜以下略＞
```

ファイルの更新日で並べ替える　-t

lsコマンドのデフォルトの表示順はアルファベット順ですが、-tオプションでファイルの更新日(タイムスタンプ)が新しい順番に並べ替えることができます。逆順(古い順)にしたい場合は-rオプションを組み合わせます。ls -lの結果が画面に入りきらずスクロールしてしまうような場合、ls -ltrとすることで、最後の方に新しいファイルを表示することができます。

ファイルの更新日ではなく、作成日を表示したい場合は-Uオプションを使用します。作成日で並べ替えたい場合は-tと併用、さらに逆順にしたい場合は-rも併用します。

以下の例では/etc/で、更新日の❶新しい順と❷古い順(逆順)で表示しています。

```
% ls -lt /etc/ ─────────────❶更新日の新しい順で表示
total 1056
drwxr-xr-x  23 root  wheel       736  3  1 18:42 pam.d
-rw-r--r--@  1 root  wheel        27  3  1 18:01 ntp.conf
lrwxr-xr-x   1 root  wheel        36  3  1 17:59 localtime -> /var/db/timezone/zoneinfo/Asia/Tokyo
-rw-------   1 root  wheel      1946  3  1 17:56 krb5.keytab
＜以下略：タイムスタンプが新しい順に表示されている＞
% ls -ltr /etc/ ────────────❷更新日の古い順 (逆順)で表示
total 1056
-rw-r--r--   1 root  wheel         0 12 14 07:02 xtab
-rw-r--r--   1 root  wheel      1316 12 14 07:02 ttys
-rw-r--r--   1 root  wheel       189 12 14 07:02 shells
-rw-r--r--   1 root  wheel    677972 12 14 07:02 services
＜以下略：古い順 (逆順) に表示されている＞
```

ファイルの属性情報の表示　stat

statはファイルの情報を表示するコマンドです。ls -l相当の情報ですが、lsのように表示が1行に限定されないため、より多くの情報を一度に参照できます。-xオプションを使うと、見出し付きのフォーマットで表示されます。

基本の使い方

```
stat -x file1 ──────── ファイルの情報を表示
stat -x dir1  ──────── ディレクトリの情報を表示
```

以下は **stat -x** で /etc/shells の情報を表示しています。ファイルやディレクトリを複数指定することも可能です。

```
stat -xでファイルの詳細情報を表示
% stat -x /etc/shells
  File: "/etc/shells"
  Size: 189          FileType: Regular File
  Mode: (0644/-rw-r--r--)         Uid: (    0/ root) Gid: (    0/ wheel)
Device: 1,4   Inode: 20839    Links: 1
Access: Sun Mar  1 17:42:29 2020
Modify: Sat Dec 14 07:02:44 2019
Change: Sun Mar  1 17:42:29 2020
```

Column

ユーザの所属グループとプライマリグループ id (コマンド)❶、groups

　書類フォルダ（~/Documentsディレクトリ）に作成したsample.txtの情報を **ls -l** やstatコマンドで確認すると、所有者として自分のユーザ名、所有グループとして「staff」が表示されます。DesktopディレクトリやDocumentsディレクトリも同様です。

　そもそも自分がどのグループに所属しているかを確認するには、groupsコマンドまたはidコマンドを使います。**groups** のみ、または **id** のみで実行すると自分の情報、「**groups** ユーザ名」や「**id** ユーザ名」で指定したユーザの情報が表示されます。

```
% groups ................................. groupsコマンドで自分が所属しているグループを確認
staff everyone localaccounts _appserverusr admin _appserveradm _lpadmin com.apple.sharepoint.group
.1 _appstore _lpoperator _developer _analyticsusers com.apple.access_ftp com.apple.access_
screensharing com.apple.access_ssh com.apple.access_remote_ae com.apple.sharepoint.group.2
% id ........................... 自分のユーザIDやグループID、所属しているグループの情報を確認
uid=501(nishi) gid=20(staff) groups=20(staff),12(everyone),61(localaccounts),79(_appserverusr),
80(admin),81(_appserveradm),98(_lpadmin),701(com.apple.sharepoint.group.1),33(_appstore),100(_lpope
rator),204(_developer),250(_analyticsusers),395(com.apple.access_ftp),398(com.apple.access_screen
sharing),399(com.apple.access_ssh),400(com.apple.access_remote_ae),702(com.apple.sharepoint.group.2)
```

　idコマンドで「**gid=**」で表示されているグループを **プライマリグループ**（*primary group*）と言い、macOSではユーザのプライマリグループは「staff」となっています。そして、新規で作成したファイルやディレクトリの所有グループは、基本的に、作成者のプライマリグループとなります。

　ユーザはプライマリグループ以外のグループにも所属します。idコマンドでは「**groups=**」以降に表示さます。groupsコマンドでは、プライマリグループが最初に表示され、その後にそれ以外の所属グループが表示されています。

　先の例で実行している「nishi」は、macOSでは「管理者」として設定されているユーザで、adminグループにも所属しています。したがって、ユーザnishiは、adminグループに許可されているコマンドを実行したり、ファイルやディレクトリを閲覧/編集したりすることが可能です。また、すべてのユーザはeveryoneグループに所属します。

　グループの扱い方はシステムの管理ポリシーによって異なりますが、慣れないうちはデフォルトで登録されているグループは変更しないことをお勧めします。学習のためにグループの情報も変更してみたい場合はテスト用のグループ/ユーザを利用すると良いでしょう[注a]。

注a　macOSではユーザやグループのメンテナンスをdsclコマンドやdseditgroupコマンドで行います。両コマンドともユーザやコンピュータ、ネットワークの名前や利用する権限などを管理する「ディレクトリサービス」用のコマンドラインツールです。

ファイルの所有者やパーミッションの変更

chmod/chflags/chown/touch

ファイルの所有者や属性は、コマンドで変更することができます。たとえば、ファイルに実行許可を与えたい場合はchmodコマンド、ファイルの所有者を変更したい場合はchownコマンドを使用します。

パーミッションの変更　chmod

ファイルやディレクトリのパーミッション（許可属性）の変更はchmodで行います。「chmod + 追加する属性 ファイル」「chmod − 取り除く属性 ファイル」のように指定します。

基本の使い方

```
chmod +x file1     ……………… file1に実行許可属性を追加
chmod =x file1     ……………… file1を実行許可属性のみに変更（読み書きは不可に変更）
chmod -w file1     ……………… file1から書き込み許可を取り除く
chmod 777 dir1     ……………… dir1ディレクトリに777（すべて許可）を設定
```

「chmod + 属性」で対象に属性を追加、「chmod − 属性」で属性を削除します。たとえば、以下の❶で+xで実行許可属性（x）を追加、❷の-wで書き込み許可（w）を取り除いています。

パーミッションを与える相手は「u」（所有者/user）のほかに、「g」（グループ/group）、「o」（その他/others）、「a」（u g o すべて/all）が指定できます。「a」は「u」と「g」と「o」をまとめて指定したいとき使用します。所有者にだけ実行許可を追加するならば、❸のようにu+xのようにします。

「+」や「−」は指定した属性の追加や削除のみで、それ以外については操作しません。「実行許可（x）を追加する」ではなく「実行許可のみにする」としたい場合は「=」を使います。たとえば、自分以外、つまり「g」と「o」は実行許可だけとするなら❹のように「go=x」と指定します。

```
% ls -l file1 file2 file3 ……… 変更前のパーミッションを確認
-rw-r--r--  1 nishi  staff  588  3  5 09:00 file1
-rw-r--r--  1 nishi  staff  897  3  5 09:00 file2
-rw-r--r--  1 nishi  staff  171  3  5 09:00 file3
% chmod +x file1          ……… ❶file1を実行可能に設定（xを追加）
% chmod -w file2          ……… ❷file2を書き込み禁止に設定（wを削除）
% chmod u+x file3         ……… ❸file3を自分にだけ実行可能に設定（所有者にxを追加）
% ls -l file1 file2 file3 ……… ❶～❸実行後のパーミッションを確認
-rwxr-xr-x  1 nishi  staff  588  3  5 09:00 file1
-r--r--r--  1 nishi  staff  897  3  5 09:00 file2
-rwxr--r--  1 nishi  staff  171  3  5 09:00 file3
% chmod go=x file1        ……… ❹file1は、所有者以外は実行許可のみに設定
% ls -l file1             ……… 変更後のパーミッションを確認
-rwx--x--x  1 nishi  staff  588  3  5 09:00 file1
```

パーミッションを表すアルファベットと数値

`ls -l`では、パーミッションが「`r`」(読み出し可能)、「`w`」(書き込み可能)、「`x`」(実行可能)の3つのアルファベットで表示されます。パーミッションは所有者(user)、所有グループ(group)、その他(others)で設定するので9文字で「`rw-r--r--`」や「`rwx--x--x`」のようになります。

このアルファベット表示は意味を読み取りやすくするためのもので、実際のパーミッションは数値で設定されています。具体的には表Aのとおりです。読み出し可能(r)は「`4`」、書き込み可能(w)は「`2`」、実行可能(x)は「`1`」で、読み出しと書き込みが可能な場合は「`6`」(4+2)、すべての可能ならば「`7`」(4+2+1)、すべての許可がない場合は「`0`」となります。

表A　パーミッションと数値の対応※

パーミッション	数値	説明
r	4	読み出し可能(ディレクトリの場合はファイル一覧の表示の許可)
w	2	書き込み可能(ディレクトリの場合はファイルの追加/削除の許可)
x	1	実行可能(ディレクトリの場合はcdコマンドでそのディレクトリに入れるか)
-	0	許可がない

※ このほかに特別なパーミッションが付いている場合、「x」の位置に「s」や「t」が表示されることがある(p.126)。

chmodでは、以下のようにパーミッションを数値で設定できます。たとえば、すべて許可で「`rwxrwxrwx`」ならば「`777`」(❶)、一般的なファイルの設定である「`rw-r--r--`」ならば「`644`」となります(❷)。

```
数値でパーミッションを指定
% chmod 777 file1                    ❶file1のパーミッションを777に設定
% ls -l file1
-rwxrwxrwx  1 nishi  staff  588  3  5 09:00 file1
% chmod 644 file1                    ❷file1のパーミッションを644に設定
% ls -l file1
-rw-r--r--  1 nishi  staff  588  3  5 09:00 file1
```

パーミッションとマスク値

ファイルやディレクトリを作るときのデフォルトのパーミッションや「`chmod +x ファイル`」のようにパーミッションを与える相手を指定しなかった場合の設定内容は、システムで定めている「マスク値」(*mask*)によって決まります。

macOSのデフォルトのマスク値は「`022`」(後述)で、これは8進数×3桁の組み合わせです。マスク値はビット演算で使われており、たとえばマスク値の「`2`」は「`010`」で、マスク値は図A❶のように2進数で「`111`」という値に対して「`010`」でマスクすると「`101`」、のように、マスク値で「`1`」のビットになっている値が取り去られた(マスクされた)値となるように働きます。したがって、「`100`」に対し同じ「`010`」でマスクしても「`100`」のままとなります(図A❷)。

図A　マスク値の働き

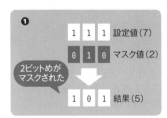 

デフォルトのパーミッション

ファイルを作成するときのパーミッションは666（読み書きを許可）、ディレクトリは777（すべて許可）です。これに対しmacOSの場合、「022」というマスク値が設定されています[注14]。

したがって、図Bのようにファイルのデフォルトのパーミッションは666を022でマスクした「644」（rw-r--r--）、ディレクトリは「755」（rwxr-xr-x）となります。

図B　デフォルトのパーミッション

マスク値が022の時 (ls -lの表示)　(2進数表記)

＜ファイル＞				
初期値	666	rw-rw-rw-	011 011 011
マスク	022	----w--w-	000 010 010
結果	644	rw-r--r--	011 001 001
＜ディレクトリ＞				
初期値	777	rwxrwxrwx	111 111 111
マスク	022	----w--w-	000 010 010
結果	755	rwxr-xr-x	111 101 101

所有者は読み書き可能、グループと他人は読むだけで変更はできない

所有者は一覧表示(r)、ファイルの追加や削除(w)、cdで中に入る(x)ことが可能。グループと他人は一覧表示とcdはできるがファイルの追加や削除はできない

chmodとデフォルトのパーミッション

「chmod +x ファイル」のように、パーミッションの相手を指定しなかった場合も、この022というマスク値の影響を受けます。「+x」（111を追加）ならば022ではマスクされないので全員に実行許可（x）が付加されるのに対し、「+w」（222を追加）の場合は022でマスクされた結果、200が追加で、所有者にしか書き込み許可（w）は追加されません。

「g+w」（グループに書き込み許可を追加）や「a+w」（全員に書き込み許可を追加）のように相手を指定することで、マスクとは関係なくパーミッションを追加することができます。

ACL情報の操作

ACLは「+a 'ACLの内容'」で追加、「-a 'ACLの内容'」で削除を行えます。ACLの内容は「ユーザ名 allow 項目」で許可、「ユーザ名 deny 項目」で禁止を設定します。項目にはread、write、append、executeが指定でき、ディレクトリに関してはディレクトリ内にACLを引き継ぐfile_inheritなどが設定できます。また、chmod -N file1でfile1からすべてのACL情報を削除できます。

[注14] umaskコマンドで確認、変更できます（umaskのみで実行すると現在の設定を表示、「umask 値」で変更）。なお、通常は変更せずにOSのデフォルト設定での利用をお勧めします。

```
┌─ ACL情報の操作 ─┐
% ls -le file1 ─────────── ls -lに-eを付けてfile1のACL情報の確認
-rw-r--r--  1 nishi  staff  588  3  5 09:00 file1
% chmod +a 'everyone deny delete' file1 ────── file1のACLに削除禁止(everyoneに
% ls -le file1 ────────── ACLを確認       対し、deny delete)を追加
-rw-r--r--+ 1 nishi  staff  588  3  5 09:00 file1
 0: group:everyone deny delete
% rm file1 ─────────────── file1を削除
rm: file1: Permission denied ──── 削除禁止が設定されているため、file1は削除できない
% chmod -N file1 ──────── すべてのACLを取り除く
% ls -le file1 ────────── ACLを確認
-rw-r--r--  1 nishi  staff  588  3  5 09:00 file1
% rm file1 ─────────────── 改めてfile1を削除
└─ file1が削除できた ─┘
```

ファイルフラグの変更　chflags

　ファイルフラグはchflagsコマンドで変更します。たとえば、file1というファイルにhidden属性(Finderで表示しない設定[注15])を付けるなら❶chflags hidden file1、hidden属性を取り除くならば❷chflags nohidden file1とします。

```
┌─ 基本の使い方 ─┐
chflags hidden file1   ………………… file1をFinderで非表示に設定
chflags nohidden file1 ………………… file1からhidden属性を取り除く
chflags uchg file1     ………………… file1を変更禁止に設定
```

```
┌─ chflagsコマンドでファイルフラグを操作 ─┐
% ls -lO file1 ───────────── ファイルフラグを確認
-rw-r--r--  1 nishi  staff  -       588  3  5 09:00 file1
% chflags hidden file1 ────── ❶file1をFinderで表示しない設定に変更
% ls -lO file1 ───────────── 確認
-rw-r--r--  1 nishi  staff  hidden  588  3  5 09:00 file1 ──── hiddenが設定された
└─ Finderで表示されなくなる ─┘
% chflags nohidden file1 ──── ❷❶を解除してFinderで表示される設定に変更
% ls -lO file1 ───────────── 確認
-rw-r--r--  1 nishi  staff  -       588  3  5 09:00 file1 ──── hiddenの設定が削除された
└─ Finderで表示される ─┘
```

ファイルを「変更禁止」にする　uchg属性

　file1を変更禁止(uchg属性、p.112)にしたい場合はchflags uchg file1のようにします。
　パーミッションでchmod -w file1(書き込み不可、p.111)とした場合、file1の内容を書き

注15　Finderの設定で不可視ファイルを表示する設定になっている場合(p.250)は、hidden属性の有無にかかわらず常に表示されます。

換えることはできなくなりますが、ファイル名の変更やファイルの削除は可能です[注16]。これに対し、uchg属性の場合はファイルの書き換えだけではなく、ファイルの削除やファイル名の変更も禁止できます。

注16 ファイル名などの「エントリ情報」の管理はディレクトリ側の管轄なので、ファイルの移動（ファイル名の変更）や削除を禁止するにはディレクトリの書き込みを禁止する必要があります（p.111の「ディレクトリのパーミッションはどう働くか」を参照）。

Column

特別なパーミッション

パーミッションの設定は「rwx」を3組分表す3桁に加えて先頭にもう1桁あり、合計4桁で設定されてます。最初の1桁も rwx 同様ビットの位置で設定が決まっており、0以外が設定されている場合、ls -l の表示で「x」の位置が「s」または「t」に変わります。値の意味は表aのとおりです。

たとえば、「t」が設定されているディレクトリとしては /tmp（macOSの場合、実体は /private/tmp）があり、以下の❶のように確認できます。これは「/tmp下のファイルはそのファイルの所有者にしか削除やリネームができない」という意味です。「s」が設定されているファイルとしては su コマンドがあり、❷のとおり所有者に表示されているので「su コマンドは su を実行した人ではなく、suの所有者（root）の権限で実行される」とわかります。4桁ある様子はたとえば、ファイルの情報を表示する stat コマンド（p.120）の -x オプションで❸のように確認できます。

```
% ls -ld /private/tmp                                    ❶
drwxrwxrwt  6 root  wheel  192  3 15 08:38 /private/tmp
末尾が「t」（ファイルの所有者のみがファイルを削除できる）
% ls -l /usr/bin/su                                      ❷
-rwsr-xr-x  1 root  wheel  42752  1 23 21:58 /usr/bin/su
最初の「rwx」の3桁めが「s」（SUID、コマンドがファイルの所有者の権限で実行される）
% stat -x /usr/bin/su                                    ❸
  File: "/usr/bin/su"
  Size: 42752         FileType: Regular File
  Mode: (4755/-rwsr-xr-x)         Uid: (    0/   root)  Gid: (    0/  wheel)
Device: 1,4   Inode: 1152921500311880646    Links: 1
Access: Thu Jan 23 21:58:38 2020
Modify: Thu Jan 23 21:58:38 2020
Change: Sun Mar  1 17:19:56 2020
1桁めがSUIDを意味する「4」になっている
```

表a　特別なパーミッションと値

数値	パーミッション	説明
4	SUID （Set User ID）	実行時にファイルの所有者の権限を引き継ぐ。SUIDが設定されている場合、所有者の「x」の位置に「s」が表示される（実行ファイルではない場合「S」と表示）
2	SGID （Set Group ID）	実行時にファイルのグループの権限を引き継ぐ。SGIDが設定されている場合、グループの「x」の位置に「s」が表示される（実行ファイルではない場合「S」と表示）
1	sticky属性	コマンドファイルまたはディレクトリに使用し、コマンドの場合は読み込んだファイルをメモリに保持する、ディレクトリの場合は中のファイルの削除やリネームを所有者にだけ許可するという働きがある。設定されている場合はその他の「x」の位置に「t」が表示される（実行ファイルではないファイル宇や読み書きできないディレクトリの場合は「T」が表示される）
0	設定無し	通常ファイル（「x」または「-」が表示される）

ファイルの所有者とグループの変更　chown

chownはファイルやディレクトリの所有者を変更するコマンドです。
「`chown` ユーザ名 `file1`」でfile1の所有者を変更でき、「`chown` ユーザ名`:`グループ名 `file1`」のように指定するとグループ名も同時に変更できます。

```
基本の使い方
chown nishi file1 ……………… file1の所有者をnishiに設定
chown :everyone file1 …file1のグループをeveryone（全員が所属しているグループ）に設定
chown nishi:everyone file1 ….file1の所有者をnishiに、グループをeveryoneに設定
```

変更前の所有者と変更後の所有者両方の権限が必要なため、rootにしか実行できません。以下の❶のように、sudoコマンドと組み合わせて実行しましょう。

```
chownコマンドでファイルの所有者を変更
% ls -l file1 ……………………………… 現在の所有者を確認
-rw-r--r-- 1 nishi  staff  588  3  5 09:00 file1
% sudo chown minami file1 ……… ❶file1の所有者をminamiに変更
Password:                       端末を実行しているユーザのパスワードを入力
% ls -l file1 ……………………………… 変更後の所有者を確認
-rw-r--r-- 1 minami staff  588  3  5 09:00 file1
```

ファイルなどの更新日や最終アクセス日の変更＆新規ファイルの作成　touch

ファイルやディレクトリの最終更新日と最終アクセス日（最後に更新/アクセスした日付時刻）はtouchコマンドで変更します。指定したファイルが存在しない場合はサイズ0のファイルが作成されることから、「新しいファイルを作る」という用途でもよく使われています。

```
基本の使い方
touch file1 …………………………… file1の最終更新日と最終アクセス日を現在の時刻に変更
touch -t 12240000 file1 …file1の最終更新日と最終アクセス日を今年の12/24の00:00に変更※
touch -c file1 …………………… file1の最終更新日と最終アクセス日を現在の時刻に変更。
                                 ファイルが存在しない場合は何もしない（ファイルを作成しない）
```

※ 年を指定する場合、「1912240000」または「201912240000」のように2桁か4桁で先頭に追加する。

　touch file1で、file1を「たった今、保存したのと同じ状態」にします。つまり、file1の最終更新日と最終アクセス日がtouchコマンドを実行した時刻に変更されます[注17]。
　日時を指定したい場合は**-t**オプション、最終更新日だけ変更したい場合は**-m**オプション、最終アクセス日だけ変更したい場合は**-a**オプションを使用します。
　touchコマンドはテスト用ファイルを作るときや、ログの出力などの事情でとにかく最初にファイルが存在していないと困るというときに便利です。もしファイルが存在してもタイムスタンプが変更されるだけなので、既存ファイルが消えてしまうことは起こりません[注18]。なお、ファイルを作りたくない場合は**-c**オプションを付けて**touch -c file1**のようにします。

注17　筆者が試した限りでは最終更新日と最終アクセス日に1秒未満のずれが生じるようで、実行のタイミングによってはls -lやstatで表示される両者の「秒」の表示が1秒ずれることがあります（-tオプションで日時を設定した場合は一致します）。
注18　逆に「必ず空のファイルを作りたい」という場合は、/dev/null（p.149）を使いcp /dev/null file1のようにします。file1が存在しなければ新規で、存在する場合も空のファイルで上書き作成されます。

```
┌─ ファイルの最終更新日と最終アクセス日の変更 ─────────────────────────┐
% ls -l file1
-rw-r--r--  1 nishi  staff  588  3  5 09:00 file1
% touch -t 01120000 file1 ……………… file1の最終更新日と最終アクセス日を1/12の0:00に変更
% ls -l file1
-rw-r--r--  1 nishi  staff  588  1 12 00:00 file1
├─ 新しいファイルの作成 ─────────────────────────────────────┤
% ls -l file0
ls: file0: No such file or directory ……………… file0は存在しない
% touch file0
% ls -l file0
-rw-r--r--  1 nishi  staff  0  3  5 10:15 file0 …… サイズ0のfile0が新規作成された
```

Column

コマンドによるコピー&ペースト　pbcopy/pbpasteコマンド

macOSでコピー&ペーストをする際、OSの「クリップボード」あるいは「ペーストボード」と呼ばれる領域が使われています。たとえば、マウスで範囲を選択して [command]+[C] でコピーをするとクリップボードに選択範囲がコピーされて、[command]+[V] でクリップボードの内容が出力されます。

コマンドでこれを行うのが **pbcopy/pbpaste** コマンドです。macOSのターミナルでは [編集] メニューやキーボードショットカットが使用可能で通常はそちらの方が便利ですが、コマンドによるコピー&ペーストにはほかのコマンドと組み合わせて使用しやすいというメリットがあります。

pbcopyコマンドは、標準入力(p.146)から入力された内容をクリップボードにコピーします。パイプと組み合わせて、たとえば「**date | pbcopy**」のようにすれば、dateコマンドの出力結果である現在の日付と時刻がクリップボードにコピーされます注a。コピーされた内容は、たとえばテキストエディットで[編集]-[ペースト]または [command]+[V] でペーストできます。

pbpasteコマンドはクリップボードの内容を標準出力へ出力します。たとえば、[command]+[C] でコピーした内容の行数や文字数をwcコマンド(p.202)で数えるならば **pbpaste | wc** のようにします。

ただし、出力だけを行うため、たとえばコマンドラインで入力したい内容をテキストエディット(やSafari)の画面でコピーし、図a❶、ターミナルで「pbpaste」で出力してもそのコマンドは実行できません。コマンドとして実行したい場合は「`」(p.154)を用いて❷「\`pbpaste\`」のようにします。

ターミナルで[編集]-[ペースト]や [command]+[V] を使ってペーストした場合、コマンドラインでキーボード入力したのと同じ扱いになります。つまり、改行文字も含んでコピー&ペーストした場合はそのまま実行され、また改行文字が含まれていない場合は [return] を押せば実行できます。

図a　テキストエディットでコマンド文字列をコピー

```
┌──────────── memo.txt ──────── ❶1行選択して [command]+[C]
│ Finderでドットファイルを表示する
│ defaults write com.apple.finder AppleShowAllFiles 1
│ Killall Finder
```

```
% pbpaste ………………………………………… ❶前出の図a❶の操作の後でpbpasteを実行
defaults write com.apple.finder AppleShowAllFiles 1 ……❷でコピーした内容が出力されるが、
% `pbpaste` ……………………………………… ❷pbpasteの結果を実行　　それだけなので何も起こらない
└ ターミナルには何も表示されないが、defaultsコマンドが実行されている
```

注a　リダイレクトと組み合わせた例は、p.268で取り上げています。

ファイルの検索/圧縮/同期
find/zip/unzip/tar/gzip/guzip/rsync/du

ファイルの検索や圧縮などの操作も、コマンドラインを使うことでより便利になります。ここでは応用範囲の広いfindコマンド、ほかのOSとのファイル交換やダウンロードしたファイルの操作に不可欠な圧縮/展開用のコマンド、そしてディレクトリを同期するrsyncコマンドを取り上げます。

なお、ここでは、各コマンドの基本的な使い方と、ファイルについて理解を深めるのに役立つオプションを紹介しています。オプションの一覧についてはAppendix Aを参照してください。

ファイルの検索　find

findは、ファイルを探すコマンドです。名前やタイムスタンプなどの条件を複雑に組み合わせたり、見つけたファイルやディレクトリに対しコマンドを実行ような機能があります。

`find dir1 -name file1.txt`で、dir1ディレクトリ下にあるfile1.txtという名前のファイルを検索します。名前をワイルドカードなどパス名展開 (p.160) で使用される文字で指定したい場合は`-name '*.txt'`のように引用符で括るなどします (p.164)。

```
% find ~ -name '*.txt'    ……ホームディレクトリ下の「*.txt」というファイルやディレクトリを探す※
/Users/nishi/Library/Logs/com.apple.AMPLibraryAgent/iTunes Migration/
iTunes Migration Log [2019-11-04 19.46.15].txt
/Users/nishi/Documents/sample.txt
```
ホームディレクトリ下の「*.txt」に該当するファイルが検索できた

※ はじめて実行する際、「"ターミナル"から"〜"内のファイルにアクセスしようとしています。」というメッセージが複数回表示されることがある。[セキュリティとプライバシー]-[フルディスクアクセス]にターミナルを許可を追加すると、メッセージが表示されなくなる (p.26を参照)。

-nameによる指定は、ファイルとディレクトリの両方が対象です。ファイルに限定したい場合は`find dir1 -name file1.txt -type f`のように**-type f**と組み合わせて指定します。ディレクトリに限定したい場合は**-type d**、シンボリックリンクに限定したい場合は**-type l**とします。このように、複数の条件を指定した場合はAND (かつ) の関係になります。OR (または) の関係にしたい場合は「式 -or 式」のように、間に**-or**を入れて指定します。

探す場所はサブディレクトリも含まれます。`find /usr`のように検索パスとして/usrを指定した場合は/usrディレクトリ下すべて、「/」を指定した場合はシステム全体が対象になります[注19]。

以下の例では、❶は/usr下にある名前の末尾がshであるファイルやディレクトリ、❷は/usr下にある名前の末尾がshであるディレクトリを探しています。なお、/usr下には一般ユ

[注19] 権限のないディレクトリが含まれていた場合は「Permission denied」というメッセージが表示されるので、エラーメッセージが不要である場合は`2>/dev/null`のようにリダイレクトすると良いでしょう。**/dev/null**は**Nullデバイス**という特別な場所で、Nullデバイスにリダイレクトした内容はどこにも出力されません。ここでは、2>でfindから出力されるエラーメッセージだけをNullデバイスにリダイレクトする、と指定しています (p.149)。

ーザには表示できない場所もあるため、**2>/dev/null** でエラーメッセージが表示されないようにしています[注20]。

```
「2>/dev/null」でエラーメッセージを消す
% find /usr -name '*sh' 2>/dev/null ────── ❶/usr下にある名前の末尾がshであるファイルや
/usr/bin/chsh                                ディレクトリを探す
/usr/bin/instmodsh
/usr/bin/hash
/usr/bin/wish
＜以下略＞

% find /usr -name '*sh' -type d 2>/dev/null … ❷/usr下にある名前の末尾がshであるディレクトリを探す
/usr/standalone/firmware/iBridge1_1Customer.bundle/Contents/Resources/Firmware/all_flash
/usr/lib/zsh
/usr/lib/zsh/5.7.1/zsh
/usr/share/doc/bash
/usr/share/zsh
```

検索するディレクトリの階層を指定するには　-maxdepth

検索するディレクトリの階層を指定するには「**-maxdepth 深さ**」のようにします。たとえば、先ほどの「名前の末尾がshのディレクトリ」を「3階層めまで」探すのであれば**-maxdepth 3 -name '*sh' -type d**とします。

階層は検索開始位置から数えます。以下の例では前出の実行例と同じ**-name '*sh' -type d**（名前の末尾がshのディレクトリ）という検索を、❶は「/usr」から3階層めまで、❷は「/」から3階層めまでを対象にファイルを探しています。

```
❶検索するディレクトリの階層を指定
% find /usr -maxdepth 3 -name '*sh' -type d 2>/dev/null
/usr/lib/zsh
/usr/share/doc/bash
/usr/share/zsh
❷/usrから3階層めまでなので/usr/lib/zsh/5.7.1/zshは対象外
% find / -maxdepth 3 -name '*sh' -type d 2>/dev/null
/usr/lib/zsh
/usr/share/zsh
/private/etc/ssh
/Users/nishi/.Trash
「/」から3階層めまでなので/usr/share/doc/bashは対象外
```

検索対象外とする条件を加えるには　-prune

検索したくないディレクトリを指定したい場合は、「パス名がパターンに該当したら(**-path**等)処理しない(**-prune**)、それ以外のときは(**-or**)、条件と一致したら(**-name**等)出力する

[注20] ［セキュリティとプライバシー］-［フルディスクアクセス］でターミナルを許可をしていない場合、「Operation not permitted」となるディレクトリがいくつか存在します。なお、フルディスクアクセスを許可していても、root権限が必要なディレクトリなど、自分に権限のないディレクトリについては、同じく「Operation not permitted」となります。

(**-print**)」という形で指定します。たとえば、名前が「.」から始まるディレクトリには入らないようにするなら**-path '*/.*' -prune**のように指定します。また、**-prune**は「そのディレクトリに降りない」というアクションなので、**-or**の後にそれ以外のときに行うアクションとして**-print**を指定します。

以下の例では、先ほどの「名前の末尾がshのディレクトリを『/』から3階層めまで」に「/Usersディレクトリは除く」という条件を加えています。

```
/Usersディレクトリは対象にしない
% find / -path '/Users' -prune -or -maxdepth 3 -name '*sh' -type d -print 2>/dev/null
/usr/lib/zsh
/usr/share/zsh
/private/etc/ssh
/Users/nishi/.Trashが対象外になった
```

ファイルを検索して削除　-exec、-ok

「**-exec** コマンド **{} \;**」または「**-ok** コマンド **{} \;**」で、見つけたファイルに対してコマンドを実行します。たとえば、ファイルの削除であればrmコマンドを使い、**-ok rm {} \;**のように指定します。「**{}**」の位置には見つかったファイルが入るので「rm 見つけたファイル 」が実行されるということになります。

最後の「**;**」はコマンド指定の終わりを示すものですが、「**;**」がシェル側で意味のある記号（コマンドの区切り、p.152）なので「**\;**」とします。

-execの場合はすぐにコマンドが実行され、**-ok**の場合は実行前に確認メッセージが入ります。ファイルを削除するような場合は、**-exec**ではなく**-ok**を使って確認しながら実行するようにした方が良いでしょう。

以下では、`find ~ -name .DS_Store -ok rm {} \;`で、「ホームディレクトリ下にある『.DS_Store』という名前のファイルを確認しながら削除する」という処理を行っています。

```
「.DS_Store」を探して削除
% find ~ -name .DS_Store -ok rm {} \;
"rm /Users/nishi/.DS_Store"? y
"rm /Users/nishi/Desktop/.DS_Store"? y
"rm /Users/nishi/.Trash/.DS_Store"? y
＜以下略＞
```

ZIP形式による圧縮と展開　zip、unzip

複数のファイルを1つにまとめて（アーカイブ/*archive*、後述）、圧縮したZIP形式のファイルは、一般に「ZIPファイル」と呼ばれています。ファイルの拡張子は「.zip」で、コマンドラインではzipコマンドで作ることができます。

リソースフォークや拡張属性は含めず圧縮できる　他OSとやりとりする際に便利

　ZIPファイルはFinderの[ファイル]メニューまたは右クリックメニューにある[圧縮]でも作成できますが、Finderで作成した場合、ファイル本体とは別に拡張属性や「リソースフォーク」と呼ばれるmacOS専用の情報も保存されます。たとえば、macOSの[圧縮]で作成したZIPファイルをWindows環境で開くと、圧縮されたファイルとは別にドットファイルが格納された「__MACOSX」が入っている様子がわかります。

　zipコマンドであれば、「__MACOSX」が作成されることはないため扱いやすいでしょう[注21]。

基本の使い方

```
zip zipfile1 file1 file2 file3      file1、file2、file3をzipfile1.zipに圧縮
zip -e zipfile1 file1 file2 file3   file1、file2、file3を暗号化してzipfile1.zipにパスワード付きで圧縮
zip -r zipfile1 *                   サブディレクトリ下のファイルも含めてzipfile1.zipに圧縮
zip -r zipfile1 dir1                dir1ディレクトリをサブディレクトリも含めてzipfile1.zipに圧縮
```

　「`zip` ZIPファイル名 対象ファイル」で、対象ファイルを圧縮してZIPファイルを作成します。ZIPファイル名の「.zip」は省略可能です。たとえば、「(カレントディレクトリの) *.txt」を「zipfile1.zip」にするならば、❶`zip zipfile1 *.txt`のようにします。

　zipで追加されたファイルは、圧縮されると「`adding: file1.txt (deflated 55%)`」のように「`deflated`」と圧縮率、サイズが小さい、すでに圧縮されているなどの理由で圧縮されずに格納された場合は「`stored`」が表示されます。❷同じファイルを再圧縮した場合は更新されます。

ZIPファイルを作成

```
% ls                                                    カレントディレクトリにあるファイルを確認
file1.txt       file2.txt       file3.txt       file1.txt、file2.txt、file3.txtがある
% zip zipfile1 *.txt                   ❶カレントディレクトリの*.txtをzipfile1.zipに
  adding: file1.txt (deflated 55%)
  adding: file2.txt (deflated 65%)
  adding: file3.txt (deflated 31%)
file1.txt、file2.txt、file3.txtが圧縮された
% ls
file1.txt       file2.txt       file3.txt       zipfile1.zip    zipfile1.zipが
% zip zipfile1 *.txt                   ❷同じファイルを再度更新        作成された
updating: file1.txt (deflated 55%)
updating: file2.txt (deflated 65%)
updating: file3.txt (deflated 31%)
```

パス名展開を使用した場合の注意点

　zipコマンドでは、引数の1つめに指定した名前に拡張子「.zip」を付けたものがZIPファイルの名前となります。「file1 file2 file3」というファイルがあった場合、ZIPファイル名を指定せずに「zip *」のように指定すると、シェルのパス名展開(p.160)により`zip file1 file2 file3`

注21　このほか、ファイル名にアルファベット以外の文字が使われていると、Windows環境では正しい名前で展開できないという問題があります。この場合は、App Storeなどからサードパーティー製のアーカイバを入手すると良いでしょう。たとえばHomebrewの場合、brew cask install macwinzipperでTida Inc.のMacWinZipper.app (App Storeでは「WinArchiver Lite」という名前で配布、圧縮用)を、brew cask install the-unarchiverでMacPaw Inc.のTheUnarchiver.app (展開用) がインストールできます。コマンドラインツールdではunrarコマンド (brew install unrarで追加可能、展開用)などがあります。なお、macOS Catalina (10.15)では10.15.3まで、Windows環境で作られた、ファイル名にアルファベット以外の文字が使われているZIPファイルが展開できないという問題がありましたが、10.15.4で修正されました。ただし、unzipコマンド (p.135) は未対応のままとなっています。

が実行されることになります。この場合、1つめの引数が「file1」なのでfile1.zip（中身はfile2とfile3）が作成されることになります[注22]。

どのようなZIPファイルが作成されているかは実行時のメッセージでもある程度わかりますが、unzipコマンドの-tオプション（ZIPファイルをテストする）や-lオプション（内容を表示する）で確認することもできます。

サブディレクトリも含めて圧縮する

-rオプションを付けると、対象がディレクトリの場合はディレクトリ内のファイルやサブディレクトリも含めて圧縮されます。たとえば、❶`zip -r zipfile1 *`は、カレントディレクトリの全ファイルを、サブディレクトリ下のファイルも含めて圧縮してzipfile1.zipにします。

```
┌─ ディレクトリも含めてZIPファイルを生成 ─┐
% ls -RF
file1.txt      file2.txt      file3.txt      subdir/        zipfile1.zip

./subdir:
file4.txt      file5.txt      file6.txt
─ カレントディレクトリにはfile1.txt、file2.txt、file3.txt、zipfile1.zipとsubdirディレクトリ、
  subdirディレクトリにはfile4.txt、file5.txt、file6.txtがある
% zip -r zipfile1 *  ························ ❶
updating: file1.txt (deflated 55%)
updating: file2.txt (deflated 65%)
updating: file3.txt (deflated 31%)
  adding: subdir/ (stored 0%)
  adding: subdir/file4.txt (deflated 76%)
  adding: subdir/file5.txt (deflated 65%)
  adding: subdir/file6.txt (deflated 31%)
─ zipfile1.zipのfile1.txt、file2.txt、file3.txtが更新され、dir1下のファイルが追加された（zipfile1.zip自身は対象外）
```

条件に合うファイルを探してZIPファイルにする -i

-rでディレクトリを指定したいが、その中の「*.txt」だけを対象としたいというような場合は、❶のように-iオプションで`-i '*.txt'`のように対象ファイルを指定します。対象を指定する-iオプションと除外ファイルを指定する-xオプションは、ほかのオプションと違い、実行例のように対象ファイルの後ろに指定することも可能です。なお、指定時は「`'*.txt'`」のように引用符が必須です。❷のように引用符がないと、実行時に`-i *.txt`部分がパス名展開されて`-i file1.txt file2.txt file3.txt`のようになるためです。また、パス名展開できない場合、zshでは「`no matches found`」というエラーになりzipが実行されません（p.163）。

```
┌─ -iオプションで対象を指定 ─┐
% ls -RF ························ カレントディレクトリにあるファイルを確認
file1.txt      file2.txt      file3.txt      subdir/        zipfile1.zip

./subdir:
file4.txt      file5.txt      file6.txt      file7.csv
```

注22　パス名展開で先頭になったファイルが「file1.txt」のように拡張子付きだった場合は、「`zip error: Zip file structure invalid (file1.txt)`」というエラーになりZIPファイルは作成されません。

```
% zip -r zipfile2 * -i '*.txt'      ──❶ -iオプションで対象を指定
  adding: file1.txt (deflated 55%)
  adding: file2.txt (deflated 65%)
  adding: file3.txt (deflated 31%)
  adding: subdir/file4.txt (deflated 76%)
  adding: subdir/file5.txt (deflated 65%)
  adding: subdir/file6.txt (deflated 31%)
```
「*.txt」だけが圧縮された
```
% zip -r zipfile3 * -i *.txt         ──❷ 引用符を忘れた！
  adding: file1.txt (deflated 55%)
  adding: file2.txt (deflated 65%)
  adding: file3.txt (deflated 31%)
```
「-i file1.txt file2.txt file3.txt」で実行されているため、file1〜file3.txtしか対象になっていない

findコマンドと組み合わせてZIPファイルにする　-@

このほか、findコマンドでファイルのリストを作成してzipコマンドに渡す方法があります。圧縮対象のファイル名を標準入力から受け取るという意味の-@オプションを使います。

findで対象ファイルをリストアップして、ZIPファイルを生成
```
% find . -name '*.txt' -or -name '*.csv'    カレントディレクトリ下の「*.txt」または
./file2.txt                                 「*.csv」というファイルを表示する(確認用)
./file3.txt
./file1.txt
./subdir/file4.txt
./subdir/file5.txt
./subdir/file6.txt
./subdir/file7.csv
```
7つのファイルがあることがわかった
```
% find . -name '*.txt' -or -name '*.csv' | zip zipfile4 -@    findコマンドの結果を
  adding: file2.txt (deflated 65%)                            zipコマンドに渡す
  adding: file3.txt (deflated 31%)
  adding: file1.txt (deflated 55%)
  adding: subdir/file4.txt (deflated 76%)
  adding: subdir/file5.txt (deflated 65%)
  adding: subdir/file6.txt (deflated 31%)
  adding: subdir/file7.csv (deflated 55%)
```
7つのファイルが圧縮された

ZIPファイルを作成して元のファイルを削除する　-m

-mオプションで、ZIPファイルを作成して元のファイルを削除することができます。たとえば、「*.txt」を圧縮して「zipfile1.zip」というZIPファイルを作成し、元のファイルは削除するならば**zip -m zipfile1 *.txt**のようにします。

「*.txt」をZIPファイルに移動（圧縮して削除）
```
% ls ................................................ カレントディレクトリにあるファイルを確認
file1.txt       file2.txt       file3.txt       file4.png
```

```
% zip -m zipfile1 *.txt           ……「*.txt」を圧縮してzipfile1.zipに移動
  adding: file1.txt (deflated 55%)
  adding: file2.txt (deflated 65%)
  adding: file3.txt (deflated 31%)
 3つのファイルが圧縮された
% ls ……………………………………………… カレントディレクトリにあるファイルを確認
file4.png      zipfile1.zip  ……zipfile1.zipが作成されて「*.txt」は削除されている
```

ZIP形式のファイルを展開する　unzip

unzipは、ZIPファイルを展開するコマンドです。ZIPファイルは複数のファイルを1つのまとめたアーカイブであり、かつサイズは圧縮されています。

ZIPファイル名の「.zip」は省略可能です。たとえば、「カレントディレクトリのzipfile1.zip」を展開ならば、**unzip zipfile1**または**unzip zipfile1.zip**のようにします。

パスワード付きのZIPファイルの場合、展開前に「**password:**」というプロンプトが表示されるのでパスワードを入力します。

 基本の使い方
```
unzip zipfile1 ……………………………ZIPファイル「zipfile1.zip」を展開
unzip zipfile1 file1 ………………ZIPファイル「zipfile1.zip」からfile1だけを展開
```

以下の例では、❶でZIPファイルの内容を-lオプションで確認し、❷では「unzip zipfile1.zip」でZIPファイルを展開しています。拡張子の「.zip」は省略可能です。

なお、❸のように同名ファイルがある場合、上書きするか確認するメッセージが表示されるので、上書きする/しない/別名で保存から選択できます。すべて確認せずに上書きしたい場合は-oオプション、すべて上書きしたくない場合は-nオプションを使用します。

 ZIPファイルを展開
```
% unzip -l zipfile1.zip ………………❶zipfile1.zipの内容を表示
Archive:  zipfile1.zip
  Length      Date    Time    Name
---------  ---------- -----   ----
      588  03-10-2020 09:00   file1.txt
      896  03-10-2020 09:00   file2.txt
      171  03-10-2020 09:00   file3.txt
---------                     -------
     1655                     3 files
% unzip zipfile1.zip ………………………❷zipfile1.zipを展開
Archive:  zipfile1.zip
  inflating: file1.txt
  inflating: file2.txt
  inflating: file3.txt
 3つのファイルが展開された※
% unzip zipfile1.zip ………………………❸以下は❷で同名ファイルがあった場合
Archive:  zipfile1.zip
replace file1.txt? [y]es, [n]o, [A]ll, [N]one, [r]ename: ………処理を選択
```

※ 圧縮ファイルが展開されると「inflating」、サイズが小さいなどの理由で無圧縮だった場合は「extracting」と表示される。

一部のファイルだけを展開する

一部のファイルだけを展開する場合は「unzip ZIPファイル 対象ファイル」と指定します。

```
ファイルを選んで展開
% unzip zipfile1.zip file1.txt  ……zipfile1.zipからfile1.txtを展開
Archive:  zipfile1.zip
  inflating: file1.txt          ……file1.txtが展開された
```

展開するファイルを「*.txt」のように指定したい場合は、「unzip ZIPファイル '*.txt'」のように引用符を用います。どのファイルが展開されるかを事前に確認したい場合、テストだけ行うという-tオプションを使うと良いでしょう。-tオプションはZIPファイルに破損がないかを確認するのに使うオプションですが、内容の一覧表示にも使用できます。

以下の例では`unzip -t zipfile1.zip '*.txt'`で、zipfile1.zipから「*.txt」を指定して展開するとどのようになるかを確認しています。内容に問題なければ-tを抜いて`unzip zipfile1.zip '*.txt'`で実際に実行するというように使うことができます。

```
どのファイルが展開されるか事前に確認
% unzip -t zipfile4.zip '*.txt'
Archive:  zipfile1.zip
    testing: file2.txt            OK
    testing: file3.txt            OK
    testing: file1.txt            OK
    testing: subdir/file4.txt     OK
    testing: subdir/file5.txt     OK
    testing: subdir/file6.txt     OK
No errors detected in zipfile1.zip for the 6 files tested.
6つのファイルが対象となることがわかった（これで良ければ、-tを除いて実行すれば良い）
```

アーカイブの作成/展開　tar

tarは複数ファイルを1つにまとめるアーカイバです。複数のファイルをまとめることを「アーカイブ」、取り出すことを「展開」、サイズを小さくすることを「圧縮」、元に戻すことを「伸張」と言います。たとえば後述のgzipコマンドは圧縮のみ、先述のzipコマンドはアーカイブと圧縮を同時に行いますが、tarはアーカイブと展開をそれぞれ行うコマンドです。

現在はtarもオプションで圧縮形式を指定し、アーカイブから圧縮まで一気に行うのが一般的です。

```
基本の使い方※
tar -cvzf tarfile1.tar.gz ディレクトリ ………指定したディレクトリのアーカイブを作成し圧縮
tar -xvzf tarfile1.tar.gz            ………アーカイブファイルtarfile1.tar.gzを展開
tar -tvzf tarfile1.tar.gz            ………アーカイブファイルtarfile1.tar.gzの内容を表示
```

※ ここではよく使われるオプションとして、圧縮方式を明示する-zオプション（gzip形式で圧縮/伸張）を指定していますが、-tや-xではファイル形式から圧縮形式を自動判定できる。また、-cで作成する際は-aオプションを併用することで、ファイルの拡張子から判定して圧縮できる（p.319の表を参照）。

-c、-x、-tは基本動作を示すオプションです。それぞれ、アーカイブを作成する(-c)、ファイルを取り出す(-x)、アーカイブの内容を表示する(-t)という意味です。また、-vは実行内容を表示するオプションで、どのファイルが対象となったかわかりやすくするために指定しています。-zはgzip形式で圧縮/伸張する、-fはアーカイブファイル名を指定するオプションです。

　以下の❶**tar -cvzf tarfile1.tar.gz *.txt**で「*.txt」を「tarfile1.tar.gz」というアーカイブファイルに格納します。tarによるアーカイブは拡張子「.tar」を、gzipで圧縮したファイルには拡張子「.gz」を付ける習慣があるので、ファイル名を「tarfile1.tar.gz」としています。tarとgzの組み合わせで「.tgz」という拡張子を使うこともあります。

　アーカイブの内容は❷のように**tar -tvzf tarfile1.tar.gz**で確認できます。❸でアーカイブの内容すべてをデスクトップのdir1ディレクトリに展開しています。-Cを指定しなかった場合はカレントディレクトリに展開します。

```
tarでアーカイブを操作
% ls *.txt
file1.txt        file2.txt        file3.txt   …カレントディレクトリに3つの「.txt」がある
% tar -cvzf tarfile1.tar.gz *.txt ……………………❶アーカイブを作成 (-c)
a file1.txt
a file2.txt
a file3.txt
% tar -tvzf tarfile1.tar.gz *.txt ……………………❷作成したアーカイブの内容を確認
-rw-r--r--  0 nishi  staff    588  3 10 09:00 file1.txt
-rw-r--r--  0 nishi  staff    896  3 10 09:00 file2.txt
-rw-r--r--  0 nishi  staff    171  3 10 09:00 file3.txt
% mkdir ~/Desktop/dir1 ……………………………………展開用のdir1ディレクトリをデスクトップに作成
% tar -xvzf tarfile1.tar.gz -C ~/Desktop/dir1 ……❸アーカイブをデスクトップの
x file1.txt                                      dir1ディレクトリに展開
x file2.txt
x file3.txt
file1.txt、file2.txt、file3.txtが展開された
```

Column

ファイル名を指定するオプション、動作を決定づけるオプションの指定

　上記の実行例❶では、**tar -cvzf**で4つのオプションを同時に指定しています。この4つ、または-vを除いた-czfはよくセットで使います。オプションの並び順は基本的には自由ですが、-fだけは「-f ファイル」でアーカイブファイルの名前を指定するオプションなので、ほかのオプションを同時に指定する場合は-fを最後にする必要があります。

　上記の❸の場合は-x、-v、-z、「-f ファイル」「-C ディレクトリ」というオプションを使用していますが、-fと-Cがそれぞれファイル名やディレクトリ名を指定する必要があることから-xvzfと-Cを別々に指定しています。たとえば、-Cを先にして**tar -xvzC ~/Desktop/dir1 -f text.tar.gz**のようにしても、すべてアルファベット順に**tar -C ~/Desktop/dir1 -f text.tar.gz -v -x -z**のようにしてもかまいません。

　なお、tarコマンドの「-cで作成、-xで展開」のように、動作を決定づけるオプションを持つコマンドの場合、最初にそのオプションを指定するのが一般的です。また、-cvzf、-xvzfのように同じ並びにしておく方が覚えやすいでしょう。

ファイルの圧縮と伸張　gzip、gunzip

gzipコマンドでファイルを圧縮、**gunzip**コマンド（またはgzipの**-d**オプション）で伸張します。圧縮したファイルの拡張子は「.gz」を使用します。

gzipは圧縮/伸張だけを行うので、複数ファイルをまとめるアーカイブはtarコマンド（p.136）で行います。なお、tarコマンドはgzip形式も扱えるので、tarアーカイブと組み合わせて圧縮したい場合は、tarのみで処理する方が簡単です。

基本の使い方

```
gzip file1 ……… file1を圧縮 (file1がfile1.gzになる)
gzip -k file1 ……… file1を圧縮し、file1も残す (file1とfile1.gzになる)
gzip * ……… カレントディレクトリのすべてのファイルを圧縮
gzip -r dir1 ……… dir1ディレクトリにあるファイルをサブディレクトリ内のファイルも含めて伸張
gunzip file1.gz ……… file1.gzを伸張 (file1.gzがfile1になる)
gungzip -k file1 ……… file1.gzを伸張、file1.gzも残す (file1.gzとfile1になる)
gunzip * ……… カレントディレクトリにあるすべての圧縮ファイルを伸張
```

gzip ***でカレントディレクトリにあるファイルをそれぞれ個別に圧縮します。gzipはzipコマンドのように「圧縮ファイルを作成する」のではなく、「それぞれのファイルが圧縮されたファイルに置き換わる」というイメージで動作します。たとえば、file1というファイルがあった場合はfile1.gzファイルが保存されてfile1は削除されます。file1.txtの場合はfile1.txt.gzという名前になります。gunzipは逆の動作で、gunzip ***と実行すると圧縮されたファイルをすべて元のファイルに戻します。どちらの場合も、**-r**を使用した場合、サブディレクトリ下のファイルも含めたファイルを「1つずつ」圧縮します。

ディレクトリ全体で1つのファイルにしたいときは、tarと組み合わせます。

```
gzip/gunzipでファイルを圧縮/伸張
% ls                                    現在のファイルを確認
file1.txt     file2.txt     file3.txt   カレントディレクトリにfile1.txt、
% gzip *.txt                  gzipで圧縮   file2.txt、file3.txtがある
メッセージは出ないが圧縮を行っている※
% ls
file1.txt.gz  file2.txt.gz  file3.txt.gz
それぞれのファイルが圧縮された状態になった
% gunzip *                             gunzipで伸張
メッセージは出ないが伸張を行っている
% ls
file1.txt     file2.txt     file3.txt
それぞれのファイルが伸張された状態になった
```

※ gzip、gunzipともに-vオプション付きで実行すると、処理内容が表示される。

ディレクトリの同期　rsync

rsyncはディレクトリを同期（*synchronization/sync*）するというコマンドです。ここでの同期とは「ディレクトリ同士が同じ内容になるようにする」というもので、たとえばdir1とdir2を同期したい場合、dir1で変更があったファイルだけをコピーしたり、dir1で削除したファイ

ルはdir2でも削除する、といった機能があります。

　会社と自宅の作業ディレクトリを同期するなどリモート間の同期をとる機能が備わっていますが、同じマシン内でも使うことができます。ハードディスクのDocumentsディレクトリとUSBメモリのDocumentsディレクトリを常に同じ内容にしておきたい（同期を取りたい）という場合に便利です。本書ではこの「同じマシン内でディレクトリを同期する方法」について取り上げます。

　`rsync -aEv dir1 dir2`で、dir1ディレクトリ（同期元）の内容をdir2ディレクトリ（同期先）に同期させます。初回はすべてのファイルがコピーされ、2回め以降は更新されたファイルだけが対象となります。自分以外が所有者のファイルの場合、所有者などの情報をそのまま残したい場合はroot権限で実行する必要があります。`sudo rsync -aEv` 〜のようにsudoコマンドを使用すると良いでしょう。

　`-a`はアーカイブ（*archive*、保管）モードというオプションで、通常はこの指定でディレクトリが**なるべくそのままの状態**でコピーされます。具体的には`-r`（サブディレクトリも同期）、`-l`（シンボリックリンクのままにする）、`-p`（パーミッションを保持）、`-t`（時刻を保持）、`-g`（グループを保持）、`-o`（所有者を保持）、`-D`（特殊なファイルも保持）、`-no-H`（ハードリンクは保持しない）を同時に指定したのと同じ扱いとなります。

　`-E`はカラータグなどの拡張属性やリソースフォーク（macOS固有の付加情報、p.114）もコピー、`-v`は実行内容を表示するというオプションです。なお、オプションはAppendix Aに掲載しています（p.313）。

Column

圧縮/伸張だけを行うコマンド

　gzipより古いコマンドに、compress/uncompressコマンドがあります。拡張子は「.Z」で、gzip同様、ファイルを個別に圧縮/伸張します。gzipより新しいコマンドにはbzip2/bunzip2があり、こちらは拡張子として「.bz2」を使います。圧縮/伸張だけを行うコマンドには、このほかにも**xz**や**lrzip**などがあり、おもにtarコマンド（p.136）と組み合わせて使用されています。

　表aに、tarと組み合わせて使われるおもな圧縮形式を示します。インターネットで配布されているファイルで、これらのコマンドによる圧縮ファイルを見かけることがあるかもしれません。

表a　tarと組み合わせて使われるおもな圧縮形式

形式	拡張子	拡張子[※a]	tarオプション	コマンド
gzip	.gz	.tar.gz、.taz、.tgz	-z	gzip/unzip
bzip2	.bz2	.tar.bz2、.tbz、.tbz2	-j、--bzip2	bzip2/bunzip2
compress	.Z	.tar.Z	-Z	compress
XZ	.xz	.tar.xz、.txz	-J、--xz	xz/unxz[※b]
LRZIP	.lrz	.tar.lrz	--lrzip	lrzip[※b]
LZ4	.lz4	.tar.lz4	--lz4	lz4[※b]
lzop	.lzo	.tar.lzo、.tzo	--lzop	lzop[※b]
lzip	.lz	.tar.lz	--lzip	lzip[※b]

※a　tarアーカイブを圧縮したときに使われる拡張子。
※b　標準では用意されていない（Homebrewが導入されている場合、「`brew install` コマンド名」でインストール可能、p.284）。

> **基本の使い方**
> rsync -aEv dir1 dir2 ……………dir1ディレクトリをdir2ディレクトリに同期させる
> sudo rsync -aEv dir1 dir2 ……ディレクトリをdir2ディレクトリに同期させる
> （所有者情報を書き換えたくないなど、root権限が必要な場合）

以下では、「USBDATA」という名前を付けたUSBメモリのDesktop01ディレクトリにデスクトップをバックアップしています。自分の環境で試すときは同期元や同期先は適宜変更してください。rsyncコマンドの動作を試すだけであれば、/tmpディレクトリも使用できます[注23]。

ここでは、USBメモリにデータをバックアップしておきたいという趣旨で、**-E**（拡張属性やリソースフォークも保存）は使用していません。

```
% rsync -av ~/Desktop /Volumes/USBDATA/Desktop01    ……rsyncでDesktopをバックアップ
building file list ... done
created directory /Volumes/USBDATA/Desktop01
Desktop/
Desktop/.DS_Store
Desktop/.localized
Desktop/html/
Desktop/html/test.html
Desktop/png/
Desktop/png/.DS_Store
Desktop/png/img001.png
Desktop/png/img002.png
Desktop/png/img999.png

sent 693767 bytes   received 192 bytes   462639.33 bytes/sec
total size is 693095   speedup is 1.00
＜以下略＞
```
（コピーした内容が表示される）

ファイルの削除も同期する

同期元のディレクトリでファイルを削除したら、同期先のディレクトリからも削除したい場合は**--delete**オプションを使用します。

指定内容に不安がある場合は**-n**オプションで実行内容をテストしてみましょう。**-n**は実行されるであろう内容を表示するだけで、実際のコピーや削除は行わないというオプションです。

ファイルが削除される場合、メッセージに「**deleting** ファイル名」のように表示されます。

```
% rsync -av --delete -n ~/Desktop /Volumes/USBDATA/Desktop01  ……--deleteと-nを指定
building file list ... done
deleting Desktop/png/img999.png ……このファイルが削除される（-nなので実際には削除されていない）
Desktop/
＜以下略＞
```
（問題がなさそうなら、「-n」を外して実行）

注23　/tmpは一時ファイル用のディレクトリです。システムを再起動または一定期間が経過すると、内容が自動で削除されます。

```
% rsync -av --delete ~/Desktop /Volumes/USBDATA/Desktop01    ……--deleteを指定して実行
building file list ... done
deleting Desktop/png/img009.png                              実際に削除中
Desktop/
＜以下略＞
```

ドットファイルを除外する

ドットファイルは不要、という場合は **--exclude** オプションで指定します。たとえば、「ファイル名が『.』から始まるファイルをすべて除外」であれば **--exclude '.*'** のようになります。

```
% rsync -av --exclude '.*' ~/Desktop /Volumes/USBDATA/Desktop02
building file list ... done
created directory /Volumes/USBDATA/Desktop02
Desktop/
Desktop/html/
Desktop/html/test.html
Desktop/png/
Desktop/png/img001.png
Desktop/png/img002.png
＜以下略＞
```
コピーした内容が表示される（ドットファイルが除外されている）

ディレクトリのディスク使用量の集計　du

du はディスク使用量をディレクトリごとに集計して表示するコマンドです。df コマンド（p.72）はでディスク単位（パーティション単位）で使用量と空き容量を表示しますが、du コマンドはディレクトリごとのディスク使用量（*disk usage*）を表示します。

> **基本の使い方**
> `du -s -h /bin` …/bin ディレクトリのディスク使用量を表示
> `du -s -h ~` ……自分のホームディレクトリのディスク使用量を表示
> `du -d 1 -h` ……カレントディレクトリ下のディスク使用量をサブディレクトリごとに集計して表示※

※ -d 1 と -h をまとめて指定する場合は -hd 1 のようにする。

du dir1 で dir1 の、du のみでカレントディレクトリのディスク使用量を集計して表示します。サブディレクトリも含めすべてのディレクトリごとに集計されるので、**-d** で集計するディレクトリの深さを指定すると結果が見やすくなります。たとえば、ホームディレクトリで **du -d 1** と実行すると、Desktop や Download などのサブディレクトリごとの合計サイズが表示されて、最後に使用量の合計が表示されます。全体のみで良い場合は **-s** オプションを使用します。

集計結果は 512 バイトのブロック数で表示されるので、たとえば 4096 バイトであれば「**8**」と表示されます。**-h** オプションを指定すると、10GB や 495MB のように、サイズに応じて読みやすい単位で表示されます。

```
┌ ホームディレクトリでディレクトリごとに集計 ─────────────────────────┐
% du -d 1 -h ~ ……カレントディレクトリ直下のディレクトリごとに集計、読みやすい単位で表示
  58G    /Users/nishi/Music
  6.6M   /Users/nishi/Pictures
  12K    /Users/nishi/Desktop
  148M   /Users/nishi/Library
＜以下略＞
```

なお、du は指定した場所にあるファイルサイズを個別に集計することから、一覧の取得が許されてないディレクトリや起動中のアプリケーションがロックしているような場所はエラーとなり「`Permission denied`」というメッセージが表示されます。メッセージが不要な場合は `2>/dev/null` でリダイレクトすると良いでしょう（p.149）。

指定したディレクトリの集計のみを表示

指定したディレクトリの集計のみを表示したい場合は `-s` オプションを使用します。たとえば、`du -s -h` でカレントディレクトリのディスク使用量が、`du -s -h /System/Applications` で Applications ディレクトリのディスク使用量が表示されます。

```
┌ 指定したディレクトリのディスク使用量を表示 ─────────────────────────┐
% du -s -h ……………………………… カレントディレクトリの集計結果のみを表示
  176G   .                               (-shのようにまとめて指定することも可能)
% du -s -h /System/Applications ……… /System/Applicationsディレクトリの
  730M   /System/Applications                     ディスク使用量を表示
```

シンボリックリンクの注意点

ディレクトリがシンボリックリンクの場合、`du -s -h /etc` のように最後の「/」を指定しなかった場合はリンクファイルそのもののサイズとなります。

```
┌ シンボリックリンクの場合 ─────────────────────────┐
% du -s -h /etc ……………………………… /etc（/private/etcへのシンボリックリンク）を指定
  0B     /etc
├ シンボリックリンクファイルそのもののサイズが表示される ┤
% du -s -h /etc/ ……………………………… /etc/を指定
du: /etc//cups/certs: Permission denied
  1.8M   /etc
└ /etc/ディレクトリの内容の合計が表示された ─────────┘
```

ドットファイルの注意点

「ホームディレクトリ直下のディレクトリ」のように、指定した場所にあるディレクトリをそれぞれ集計したい場合、`-d 1` ではなく `-s *` のように指定した場合、ドットファイル（ディレクトリ）が含まれなくなる点に注意してください。

```
┌─ ホームディレクトリでディレクトリごとに集計 ─────────────────────────────────────┐
│ % du -d 1 -h ────────────────────「カレントディレクトリ下の1階層めまで」で集計
│  58G    ./Music
│  6.6M   ./Pictures
│  12K    ./Desktop
│  148M   ./Library
│ 〈中略〉
│  176G   .
├─ ワイルドカードで指定して集計 ─┐
│ % du -s -h *
│  12K    Desktop
│  8.0K   Documents
│  1.1G   Downloads
│ 〈中略〉
│  6.6M   Pictures
│  8.0K   Public
│ 「du -s -h Desktop Documents…」が実行されており、
│ パス名展開（p.160）の対象外である「.Trash」等が集計されていない
└──────────────────────────────────────────────────────────────────┘
```

Column

リッチテキスト　textutilコマンドで標準テキストに変換

　リッチテキストとは、テキストに文字サイズや色、フォントなどの書式情報を加えた形式で、1987年にMicrosoftが開発しました。拡張子は「**.rtf**」で、画像が入っていると「**.rtfd**」となります。この画像入りのリッチテキストはmacOS独自の拡張で、ターミナルでは1つのファイルではなくディレクトリとして表示されます。

　macOSで作成したリッチテキストは、ほかのOSで表示できないか、できたとしてもフォントの情報が異なるなどの理由でまったく同じように表示されるとは限りません。また、本章で紹介しているテキスト処理用のコマンドもリッチテキスト形式のファイルは処理できません。

リッチテキストを標準テキストに変換する

　一般に「テキストファイル」とは文字データだけが書かれたファイルを指します。テキストエディットの場合「標準テキスト」で保存したファイルがいわゆるテキストファイルとなります。

　コマンドラインでリッチテキストを変換したい場合はtextutilコマンドを使用します。ただし、他のOSで作成したリッチテキストなどの場合、テキストエンコーディングが異なるなどの理由でtextutilでは処理できないことがあります。テキストエディットなど、リッチテキストを表示できるソフトウェアで表示して、文字部分だけ別途コピーするなどした方が確実です。

　textutilでは「**textutil -convert txt** ファイル」で変換します。ファイルは複数指定可能で、元のファイルと同じ場所に拡張子「**.txt**」のファイルが作成されます。

```
┌─ textutilでリッチテキストを標準テキストに変換 ─┐
│ $ textutil -convert txt ~/Desktop/file1.rtf
│ デスクトップにfile1.txtという名前で保存される
└────────────────────────────────────────────────┘
```

Column

実ユーザ/実グループと実効ユーザ/実効グループ　id(コマンド)❷

idコマンドを実行すると、コマンドを実行したuidとgid、そしてgroupsが表示されます。

```
% id
uid=501(nishi) gid=20(staff) groups=20(staff),12(everyone),61(localaccounts),79(_appserverusr),80(
admin),81(_appserveradm),98(_lpadmin),701(com.apple.sharepoint.group.1),33(_appstore),100(_lpopera
tor),204(_developer),250(_analyticsusers),395(com.apple.access_ftp),398(com.apple.access_screen
sharing),399(com.apple.access_ssh),400(com.apple.access_remote_ae),702(com.apple.sharepoint.group.2)
………………………uid=501(nishi)、 gid=20(staff)、 groups=20(staff),12(everyone)……が表示されている
```

※ ユーザ「nishi」は「管理者」に設定されている(p.x~xi)。

uidはユーザIDで、たとえば「**uid=501(nishi)**」ならば、「ユーザIDは501で名前はnishi」という意味です。したがって、コマンドはユーザnishiの権限で実行されるし、touchコマンドなどで新規ファイルを作成した場合はユーザnishiのファイルとなります。

gidはグループIDで「**gid=20(staff)**」は「グループIDは20で名前はstaff」という意味です。staffグループに実行許可が与えられているコマンドを実行できるし、touchコマンドなどで新規ファイルを作成した場合のファイルのグループはstaffとなります(プライマリグループ、p.121)。そして、groupsに許可されているファイルを表示したり、コマンドを実行したりすることができます。

さて、idやwhoamiコマンドで表示されているのは「現在自分が誰としてコマンドを動かしているか」です。これを**実効ユーザ**(efective user)と呼びます。一方、コマンドを実際に実行したユーザを**実ユーザ**(real user)と言います。実ユーザは親プロセス(p.226)から引き継いでいるもので、通常はログイン時のユーザと一致します。グループも同様で、**実効グループ**と**実グループ**があります。

実効ユーザや実効グループはファイルのパーミッションの影響を受けることもあります(特別なパーミッション、p.126)。通常、idコマンドを実行する際は実ユーザと実効ユーザが一致しているので違いがわかりにくいのですが、たとえば以下の方法で試すことができます。

```
% cp /usr/bin/id .                    テスト用にidコマンドをカレントディレクトリにコピー
% chmod +s id                         idコマンドにSUIDとSGID属性を追加
% ls -l id
-rwsr-sr-x  1 nishi  staff  36352  3 10 10:12 id
idコマンドはnishiが所有、SUIDがセットされているので実行時にはnishiの権限が引き継がれることになる
% ./id -un                            カレントディレクトリのidコマンドを実行※
nishi                                 実効ユーザはnishi
% ./id -run                           カレントディレクトリのidコマンドを「-r」付きで実行
nishi                                 実ユーザはnishi
% sudo ./id -un                       sudoでカレントディレクトリのidを実行
nishi                                 実効ユーザはnishi
% sudo ./id -run                      sudoでカレントディレクトリのidを「-r」付きで実行
root                                  実ユーザはroot
% rm id                               カレントディレクトリにコピーしたidコマンドを削除しておく (後始末)
```

※ 初回の実行時、時間がかかる場合がある。

第7章
シェルの世界 [zsh/bash対応]

　本章では、macOS Catalina (10.15) からの標準シェルである「zsh」と、それ以前の標準シェルである「bash」のコマンドライン機能とシェルの設定方法について扱います。

　前半では、第3章で取り上げたパイプとリダイレクトをはじめとするコマンドを組み合わせて実行する際に使用するさまざまな方法や、ヒストリ機能やパス名展開、そして各種ショートカットについて紹介します。

　実行サンプルはそのまま入力できる内容になっていますので、コマンドライン入力の学習に活用してみてください。コマンドラインでの操作がより便利になるだけではなく、コマンドラインで何かをするための発想を身につけるのに役立つでしょう。

　後半は、シェルの設定に不可欠な環境変数とシェル変数について、そしてzshとbashそれぞれの設定について取り上げています。

- 7.1 [入門]コマンドの組み合わせ＆実行
  - 入出力/パイプ/リダイレクト/Nullデバイス/コマンド置換/サブシェル
- 7.2 コマンドライン入力の省力化　ヒストリ/エイリアス/各種展開/ショートカット
- 7.3 zshの設定　環境変数、シェル変数、設定ファイル
- 7.4 bashの設定　設定ファイルと設定例

[入門]コマンドの組み合わせ&実行

入出力/パイプ/リダイレクト/Nullデバイス/コマンド置換/サブシェル

本節では、第3章で取り上げたパイプやリダイレクトについてさらに詳しく、また、複数のコマンドを組み合わせて実行する際に使われるさまざまな方法について扱います。

パイプとリダイレクト | > >> 2> <

パイプはコマンドからの出力をほかのコマンドに渡すときに、**リダイレクト**はコマンドからの出力先を変更するときに使います。

入出力を変更するパイプとリダイレクト

パイプもリダイレクトも「入出力を変更する」という操作です。たとえば、以下の❶では`ls -l`の結果をgrepコマンド(p.207)に渡し、その結果をwcコマンド(p.202)に渡しています。wcは文字数や行数を数えるというコマンドで、`wc -l`は行数を表示します。ここでのgrepは`^d`という指定によって「`d`から始まる行」だけをwcに渡しているので、このコマンドライン全体で表示される結果は「/Library/の中にあるディレクトリの個数」となります。

❷では、manコマンドの表示内容をcolコマンドに渡して、デスクトップの「man-ls.txt」というファイルに保存しています。manはマニュアルを表示するコマンドで`man ls`でlsコマンドのマニュアルを表示しています(p.50)。`col -b`は、テキストファイルにすると読みにくくなる文字を除去しています。

```
┌─ パイプとリダイレクトの使用例 ─────────────────┐
% ls -l /Library/ | grep '^d' | wc -l     ─── ❶
      59
├─ /Library/の中にあるディレクトリの個数が表示された※ ─┤
% man ls | col -b > ~/Desktop/man-ls.txt  ─── ❷
└─ lsのマニュアルをデスクトップのman-ls.txtに保存された ─┘
```

※ 実行結果は環境によって異なる。

「標準入力」と「標準出力」

パイプとリダイレクトを理解するために、まず**入力**(*input*)と**出力**(*output*)について見ていきましょう。

コマンドは、必要に応じて何らかのデータを受け取り、処理をして、結果を出力します。このときの入力と出力をそれぞれ**標準入力**(stdin)、**標準出力**(stdout)と言い、ターミナルでは基本的に標準入力はキーボード、標準出力は画面に割り当てられています(**図A**)[注1]。

注1 Webで使われている「CGI」(*Common Gateway Interface*)でも、この標準入出力のしくみが使われています。WebサーバはOS上でCGIプログラムを実行し、CGIプログラムが標準出力に出力した内容を受け取り、Webクライアント(Webブラウザ等)に渡す、というのが大まかなしくみです。

図A 標準入力と標準出力

第2の出力「標準エラー出力」

多くのコマンドは、実行した結果を画面に表示します。実行した結果には「コマンドが生成するデータ」と「エラーメッセージ」の2種類があります。

たとえば、「`ls` 場所」ならば指定した場所にあるファイルが一覧表示されますが、これがコマンドが生成するデータです。一方、指定した場所が存在しない、アクセス権限がないなどのメッセージがエラーメッセージです。

エラーメッセージの出力先を**標準エラー出力**（stderr）と言います。通常は標準出力も標準エラー出力もともに「画面」なので見た目としては同じですが、出力としては区別されています。ただし、何をどちらに出力するかはコマンドによって（コマンド作成者のポリシーによって）異なります。

通常のパイプ（|）やリダイレクト（>）は、標準出力を対象としており、標準エラー出力への出力を操作したい場合は別の方法で指定します（p.148で後述）。

パイプは何をしているのか

コマンドから標準出力へ出力した内容を、ほかのコマンドの標準入力に渡すのが**パイプ**（*pipe*、*pipeline*）です（**図B**）。「コマンドA | コマンドB | コマンドC」のように、パイプ（|）を複数回使用してコマンドを組み合わせることもあります。

図B パイプの役割

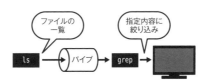

lsの実行結果をgrepが加工して出力する

フィルターコマンド 標準入力から受け取った内容を加工して標準出力へ出力

標準入力から受け取った内容を加工して標準出力へ出力するという機能を持つコマンドを「フィルターコマンド」（*filter command*）や「フィルター」（*filter*）と呼ぶことがあります。Unix系OSで使われるコマンドには、フィルターコマンドが数多く存在します。

たとえば、前出のgrepコマンドは「指定した文字列を含む行だけを出力する」というフィルターとして使用しています。ほかに、単語数や行数を数えるwcコマンドや、行単位で並べ替えるsortコマンド、文字の置き換えをするtrコマンド、テキストエンコーディング（文字コード）の変換に使われるiconvコマンド、複雑な加工を行うことができるsedコマンドやawkコマンドなどがあります。これらのフィルターコマンドは、コマンドの実行結果だけではなく、テキストファイルの加工にも使用できます。これまで何度か登場しているcatコマンド

もフィルターコマンドで、連続した空行（改行のみの行）を1つにまとめたり、行番号付きで表示するような機能もあります（p.320）。フィルターコマンドに限りませんが、複数のコマンドを組み合わせて、コマンドラインで実行すること、または1行で実行できるようになっているコマンドの組み合わせのことを「ワンライナー」（*one-liner*）と言います。

リダイレクトは何をしているのか

　出力の方向を変えるのが**リダイレクト**（*redirect*）です（**図C**）。リダイレクトする先は、古くはプリンタやほかの端末[注2]などという時代がありましたが、昨今はほとんどのケースが「ファイル」でしょう。

図C　　　リダイレクトの役割

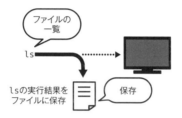

標準入力のリダイレクト　<

　標準入力をリダイレクトしたい場合は「<」を使います。たとえば「`more <` ファイル 」のように指定すると、ファイルの内容が more コマンドの標準入力へリダイレクトされます。これは、指定したファイルの内容を more コマンドで表示するという動作になります。

　more コマンドなどテキストを操作できるコマンドの多くは「`more` ファイル 」のように引数にファイルを指定することができるため、入力をリダイレクトする必要はあまりありませんが、tr コマンド（p.198）や pbcopy コマンド（p.128）のように標準入力だけを使用するコマンドで用いることがあります。

標準出力と標準エラー出力を保存する　>　1>　2>　&>

　「>」または「1>」で標準出力を、「2>」で標準エラー出力をそれぞれリダイレクトできます。両方を合わせてリダイレクトしたい場合は「&>」とします。

　たとえば、「`grep -r` 文字列 `/etc`」と実行すると、/etc（シェルやシステム全体の設定ファイルが保存されているディレクトリ）下にあるすべてのファイルから、指定した文字列が書かれている箇所を探すことができます。しかし /etc の中には、root 以外のユーザではアクセスできない場所も含まれるため、その旨エラーメッセージが表示されます。

　そこで、見つけたファイルは filelist.txt へ、エラーメッセージは errlist.txt へ保存するには`> filelist.txt 2> errlist.txt`のように指定します。なお、リダイレクト記号の後ろのスペースは省略できます。以下の実行例では、カレントディレクトリの filelist.txt や errlist.txt、everylist.txt に出力を保存しています。実行例のように、カレントディレクトリをデスクトップにしてから実行すると、ファイルがすべてデスクトップに保存されるので確認しやすいでしょう。なお、保存したファイルはデスクトップでプレビュー（アイコンを選択して space

---

注2　p.156のコラム「デバイスファイルへのリダイレクト」もあわせて参照してください。

キー)するか、moreコマンド(p.188)等で確認できます。

```
% cd ~/Desktop                                   作業しやすいようにあらかじめ移動しておく
% grep -r zsh /etc > filelist.txt                見つけた結果をfilelist.txtに保存
grep: /etc/krb5.keytab: Permission denied
grep: /etc/aliases.db: Permission denied
grep: /etc/racoon/psk.txt: Permission denied
grep: /etc/security/audit_user: Permission denied
＜以下略＞
（エラーメッセージは画面に表示される）
% grep -r zsh /etc > filelist.txt 2> errlist.txt    見つけた結果をfilelist.txtに、
（画面には何も表示されない）                                エラーメッセージはerrlist.txtに保存
% grep -r zsh /etc &> everylist.txt    出力すべてをeverylist.txtに保存
（画面には何も表示されない）
```

リダイレクトでファイルに追加する　>>　1>>　2>>

p.44で述べたようにリダイレクトで既存のファイルを指定した場合、リダイレクトによってファイルが上書きされます。標準出力のリダイレクトを上書きではなく、追加としたい場合は「`>>`」または「`1>>`」、標準エラー出力の場合は「`2>>`」のようにします。ファイルがない場合は「`>`」の場合同様、ファイルが新しく作成されます。

たとえば、`grep -r zsh /etc >> filelist.txt 2>> errlist.txt`のようにすると、結果がそれぞれのファイルの末尾に追加されます。

```
% grep -r bash /etc >> filelist.txt 2>> errlist.txt    見つけた結果をfilelist.txtに、エ
（画面には何も表示されない）                                  ラーメッセージはerrlist.txtに保
                                                      存。それぞれのファイルがすでにあ
                                                      った場合は末尾に追加される
```

出力を「捨てる」　Nullデバイス(/dev/null)

エラーメッセージが画面に出ると煩わしいような場合はファイルに保存するという方法もありますが、保存したファイルを使う予定がないのであれば**Nullデバイス**(*Null device*)という特別な場所にリダイレクトすることで「破棄する」ことができます。Nullデバイスは**/dev/null**で指定します。

/dev/nullにリダイレクトしたものは、どこにも表示されず保存もされません。したがって`grep -r zsh /etc 2> /dev/null | more`のように指定すると、エラーメッセージはすべて破棄され、見つけた結果はmoreコマンドで表示することができます。moreコマンドは、受け取った内容が多数ある場合は1画面ずつ停止しながら表示し、1画面分に満たない場合は結果をそのまま画面に表示します。

```
% grep -r apple /etc > filelist.txt 2> /dev/null     見つけた結果をfilelist.txtに
（画面には何も表示されない）                                保存、エラーメッセージは破棄
% grep -r apple /etc 2> /dev/null | more     見つけた結果はmoreコマンドで表示、エラー
＜以下略＞                                        メッセージは破棄
（見つけた結果は画面に表示、1画面分を超えたらいったん停止される（moreコマンド[※]）
```

※ `return`で1行、`space`で1画面分進む。`Q`で終了。末尾まで表示されている場合は「(END)」と表示されるのでいずれかのキーで終了。

すべての出力をパイプする

「**2>&1 |**」のように指定すると、標準出力と標準エラー出力の内容がともにパイプで次のコマンドの標準入力へ渡されます。「**2>&1**」は、標準エラー出力を標準出力に合わせて出力する、という意味のリダイレクトです。

たとえば、**grep -r apple /etc | more** と実行すると、moreコマンドに渡るのは標準出力への結果のみで、標準エラー出力の分は行数としてカウントされません。しかし、ターミナルの画面にはgrepが見つけた結果とエラーメッセージの両方が表示されるので、1画面より多い行数が表示されたところで表示がいったん停止することになります。これに対し、**grep -r apple /etc 2>&1 | more** のようにすると、エラーメッセージと検索結果を合わせてmoreコマンドに渡すことができるので、両方の出力を合わせて1画面表示したところで停止するようになります。

```
% grep -r apple /etc 2>&1 | more　……標準出力と標準エラー出力の両方をmoreコマンドで表示
grep: /etc/krb5.keytab: Permission denied
grep: /etc/aliases.db: Permission denied
＜中略＞
/etc/asl/com.apple.cdscheduler:# /etc/asl/com.apple.cdscheduler
/etc/asl/com.apple.cdscheduler:? [= Sender com.apple.CDScheduler] file cdscheduler.log
＜以下略＞
```
見つけた結果とエラーが画面に表示、1画面分を超えたらいったん停止される（moreコマンド※）

※ `return`で1行、`space`で1画面分進む。`Q`キーで終了。末尾まで表示されている場合は「(END)」と表示されるのでいずれかのキーで終了。

パイプとリダイレクトを組み合わせる　　マルチIO（zsh）、tee（bash）

「コマンドの実行結果を画面で表示しつつ、ファイルに保存する」のように、1つの出力を複数の方法で扱いたい場合、zshとbashではやり方が異なります。

zshには**マルチIO**（*multios*）という設定があり[注3]、同じ出力を複数のファイルにリダイレクトしたり、リダイレクトしつつパイプにも送るような、「複数の（multi）入出力（In/Out）」を使った操作が可能です。

```
「ls /」の結果をfile1とfile2に保存（zshのみ）
% ls / > file1 > file2
「ls /」の結果をfile3とfile4に保存し、moreでも表示（zshのみ）
% ls / > file3 > file4 | more
```

bashの場合、**tee**コマンドを使うことで同じことが可能です。teeコマンドは、標準入力から受け取った内容を、標準出力とファイルに書き出すというコマンドで、「`コマンド` | **tee** `ファイル1` `ファイル2`」のように使用します[注4]。なお、teeコマンドはzshでも同じように使うことができます。

リダイレクト違い、標準出力にも常に出力されるので、画面表示が不要な場合は/dev/nullにリダイレクトします。

注3　マルチIOはデフォルトで有効で、setopt nomultiosで無効にすることが可能。マルチIOを無効にすると`ls / > file1 > file2`ではlsコマンドの結果がfile2のみに保存されます。

注4　追加したい場合は-aオプションを使用し、「`コマンド` | tee -a `ファイル1` `ファイル2`」のようにします。

```
「ls /」の結果をfile1とfile2に保存（bash/zsh共通）
% ls / | tee file1 file2
「ls /」の結果をfile3とfile4に保存し、moreでも表示（bash/zsh共通）
% ls / | tee file3 file4 | more
「ls /」の結果をfile5とfile6に保存し、画面には出力しない（bash/zsh共通）
% ls / | tee file5 file6 > /dev/null
```

パイプとリダイレクトのまとめ

macOSのzshとbashで使用できるパイプとリダイレクトは表A〜表Cのとおりです。

表A　標準出力

操作	記号	使い方
リダイレクト	>	cmd > file.txt
	1>	cmd 1> file.txt
リダイレクト（追加の場合）	>>	cmd >> file.txt
	1>>	cmd 1>> file.txt
パイプ	|	cmdA | cmdB

表B　標準エラー出力

操作	記号	使い方
リダイレクト	2>	cmd 2> file.txt
リダイレクト（追加の場合）	2>>	cmd 2>> file.txt
パイプ	なし	**zsh** cmdA 2>&1 1>&- 1> /dev/null | cmdB
		bash cmdA 2>&1 1> /dev/null | cmdB
		bash/zsh共通 (cmdA 1> /dev/null) 2>&1 | cmdB [※]

※ 「1>」は「>」でも可（標準出力であることを明示するために「1>」とした）。zshの「1>&-」は標準出力への出力を終了させる、という意味で「>&-」でも可。使い方内の( )はサブシェル（p.155）。

表C　標準出力と標準エラー出力の両方

操作	記号	使い方
リダイレクト	&>	cmd &> file.txt
リダイレクト（追加の場合）	**zsh** &>>	cmd &>> file.txt
	bash/zsh共通 >> **リダイレクト先** 2>&1 [※]	cmd >> file.txt 2>&1
パイプ	**zsh** |&	cmdA |& cmdB
	bash/zsh共通 2>&1 |	cmdA 2>&1 | cmdB

※ 標準エラー出力を標準出力にミックスしてリダイレクト、という操作をしている。bashのバージョンによっては「&>>」が使える場合もあるが、macOS標準のbashは対応していない。

複数コマンドを1行で実行　;　&&　||　&

パイプで入出力を受け渡す以外の場合にも、複数のコマンドを1行のコマンドラインで実行すると便利なことがあります。ここでは、「;」「&&」「||」およびジョブコントロール(p.234)で使用する「&」を使った例を紹介します。これらの記号は、コマンドラインで入力して使うほかに、シェルスクリプトの中で使用されていることがあります。

複数のコマンドを1行のコマンドラインで実行する　;

コマンドを順番に実行したいというときには「;」を使って「 コマンド1 ; コマンド2 」のようにします。ちょうど「;」の位置で return を押したのと同じ動きとなります。

たとえば、Finderで不可視ファイル(p.85の「ドットファイル」を参照)も含めたすべてのファイルを表示したい場合、以下の❶❷のようにdefaultsコマンドで設定を変更した後に、killallコマンドでFinderを起動し直す必要がありますが[注5]、❸「**defaults** 設定 ; killall Finder」と入力することで、この2つを連続して実行させることができます。**open ~** を実行して、Finderでホームディレクトリを表示した状態で実行すると様子がわかりやすいでしょう。

```
defaultsコマンドで設定を変更してFinderを起動し直す
% defaults write com.apple.finder AppleShowAllFiles 1 ……………❶
% killall Finder ……………………………………………………………❷
% defaults write com.apple.finder AppleShowAllFiles 1; killall Finder ……❸1行で❶❷を実行
```

1行で実行できるとなぜ便利なのか　ヒストリやエイリアスで活用しやすくなる

一度実行したコマンドは**ヒストリ**で呼び出すことができます。同じコマンドの組み合わせを何度も使いたい場合、1行で実行していると組み合わせたセットで呼び出すことができます。

たとえば、先ほどの例で不可視ファイルを表示するようにした後で、表示しないように戻したくなった場合、defaultsコマンドで最後の指定を **0** にして killall コマンドを実行することになります。1行で実行していれば ↑ で呼び出して **1** を **0** に書き換えるだけで、killallを忘れることなく実行できます。

また、1行で実行できる内容は、そのまま**エイリアス**(コマンドエイリアス、後述)として定義することができます。エイリアスはコマンドラインに別名を付けるという機能です。たとえば、不可視ファイルを表示するためのコマンド(defaultsの実行とkillallの実行)に「showhiddenfile」という名前を付けるという使い方ができます。

以下は、コマンドラインでaliasコマンドを使ってエイリアスを設定する例です。

```
aliasコマンドでdefaultsとkillallをまとめたエイリアスを定義
% alias showhiddenfile='defaults write com.apple.finder AppleShowAllFiles 1; killall Finder'
% alias hidehiddenfile='defaults write com.apple.finder AppleShowAllFiles 0; killall Finder'
```

長いので、場合によってはそれぞれ2行のように見えるかもしれませんが、「;」の位置で改行せずそれぞれ1行で入力してください。

[注5] macOS Sierra(10.12)以降では command + shift + . で切り替えることができます。なお、macOS Sierra(10.12)以降ではこの設定を実行した場合も「.DS_Store」および「.localized」はFinderに表示されません。OS X El Capitan(10.11)以前のバージョンではこれらのファイルも表示されます。

上記で、**showhiddenfile**でdefaultsで不可視ファイルを表示するように設定しkillallを実行、**hidehiddenfile**で不可視ファイルを表示しないように設定しkillallを実行できるようになりました。

```
% showhiddenfile ································ showhiddenfileを実行
```
defaultsコマンドとkillallが実行される

なお、ターミナルでaliasコマンドを実行して定義したエイリアスはそのターミナルを閉じると失われてしまいますが、シェルの設定ファイルに書いておくことで、ターミナルを開き直した後も使用できるようになります。詳細はp.167の「zshの設定」およびp.178の「bashの設定」で取り上げます。

先に実行したコマンドの結果によって処理を変える　&&

「1つめのコマンドに成功した場合だけ、次のコマンドを実行したい」というケースがあります。たとえば、先の例でdefaultsの指定が間違っていた場合、Finderを再起動しても意味がありません。

このようなときは「;」ではなく「&&」を使います。「 コマンド1 ； コマンド2 」の場合、単にコマンド1とコマンド2が順番に実行されますが、「 コマンド1 && コマンド2 」とすると、コマンド1が成功したときだけコマンド2が実行されます。一方、「 コマンド1 || コマンド2 」とすると、コマンド1が失敗したときだけコマンドが実行されるということになります。この書き方はコマンドラインでも使いますが、シェルスクリプトの中で使うケースが多いでしょう。

コマンドの実行に成功した場合だけ、次のコマンドを実行
```
% defaults write com.apple.finder AppleShowAllFiles 0 && killall Finder
```
defaultsコマンドの実行に成功すると、killallも実行される※

※ defaultsやwriteの綴りが違う場合はエラーとなるのでkillallは実行されないが、AppleShowAllFilesなどの綴りが違う場合、「新規の設定項目を定義する」という動作になるためエラーとならず、killallも実行される。

先に実行したコマンドが終わるのを待たずに次の処理をする　&

「&」の1文字で「 コマンド1 & コマンド2 」のようにすると、コマンド1を実行しながらコマンド2を実行する、という意味になります。この「&」はバックグラウンドで実行するという指示で、「 コマンド1 & コマンド2 」はコマンド1をバックグラウンドジョブとして実行し、続けてコマンド2をフォアグラウンドジョブとして実行します。バックグラウンドジョブとフォアグラウンドジョブについて、詳しくは第9章で取り上げます。

複数のコマンドを同時に動かす
```
% grep -r zsh /etc > list1.txt & grep -r bash /etc > list2.txt
```
/etc下にあるファイルから「zsh」という文字列を探して結果をlist1.txtに保存
/etc下にあるファイルから「bash」という文字列を探して結果をlist2.txtに保存
同時に実行する

コマンド置換 `` ` `` `$( )`

コマンドを「`` ` ``」(バッククォート)または `$( )` で括ることで、「コマンドの実行結果」を使ってほかのコマンドを実行できます。これを**コマンド置換**(*command substitution*)と言います。
「`` ` ``」(バッククォート)はJISキーボードの場合は shift + @ で入力します。「`'`」(シングルクォート)と似ているので注意してください。コマンド置換機能も、コマンドラインのほかにシェルスクリプトでもよく使われています。

コマンドの実行結果を引数にする

コマンド2 `` `コマンド1` `` のようにすると、先にコマンド1が実行され、コマンド1の実行結果を引数としてコマンド2が実行されます。

たとえば、xattrというコマンドを、fileというコマンドでどのようなファイルなのかを調べたいとします。fileコマンドは「file ファイル名」でファイルの形式を調べることができますが、調べたいファイルがどこにあるかがわからないと使うことができません。そこで、xattrコマンドの実行ファイルがどこにあるかを `which xattr` で探します。これをコマンドラインで実行すると、以下のようになります。

```
                     ┌─ whichコマンドで実行ファイルを探してfileコマンドで調べる
% which xattr        ············ whichコマンドでxattrの実行ファイルがどこにあるか調べる
/usr/bin/xattr
% file /usr/bin/xattr  ············ fileコマンドの引数に上記の結果を手入力した
/usr/bin/xattr: a /usr/bin/python script text executable, ASCII text
  └─ xattrコマンドはPythonスクリプトであることがわかった
```

コマンド置換機能を使うと、「whichコマンドの実行結果を使ってfileコマンドを実行する」という内容を以下のように1行で書くことができます。

```
% file `which xattr`   ············ whichコマンドの結果を引数にしてfileコマンドを実行
/usr/bin/xattr: a /usr/bin/python script text executable, ASCII text
  └─ xattrがどこにあるか探し、その結果を使ってfileコマンドを実行 (xattrコマンドはPythonスクリプトであることがわかった)
```

「`` ` ``」(バッククォート)の代わりに `$( )` を使って書くと、以下のようになります。実行結果は同じです。

```
% file $(which xattr)   ············ whichコマンドの結果を引数にしてfileコマンドを実行
/usr/bin/xattr: a /usr/bin/python script text executable, ASCII text
```

コマンドの実行結果を引数の一部として使用する

コマンド置換は引数の一部として使用することもできます。たとえば、日付の表示や設定はdateコマンドで行いますが、`date +%m%d` で現在の月と日を「`0425`」のように4桁で出力することができます。zipコマンドで圧縮ファイルを作る際に、ファイル名として `` doc`date +%m%d` `` と指定すると、コマンドを実行した日付を付けた「doc0425.zip」のような名前のファイルを作ることができます。

```
% zip -r doc`date +%m%d` ~/Documents/   ············ 今日の日付をファイル名にした
  └─ 今日が4月25日の場合、`date +%m%d`部分が0425に置き換わる        zipファイルを作成
```

コマンド置換の「ネスト」

「『 コマンド1 の実行結果を使って実行した コマンド2 』の実行結果を使って コマンド3 を実行したい」ということがあります。このような操作を**ネスト**（*nest*、入れ子）と表現します。「`」（バッククォート）の場合、内側の「`」の前に「\」を付ける必要があります。

catコマンドと同じ場所にあるファイルを一覧表示してみましょう。catコマンドの位置をwhichコマンドで探すと、「/bin/cat」とわかります。そして、「/bin/cat」のディレクトリ名部分はdirnameコマンドを使い、**dirname /bin/cat**で取り出すことができます[注6]。実行結果は「/bin」です。「/bin」にあるファイルは**ls /bin**で一覧表示できます。これを一度に実行すると、以下のようになります。

```
catコマンドと同じディレクトリにあるファイルの一覧表示❶
% ls `dirname \`which cat\``
[            dd          launchctl       pwd         test
bash         df          link            rm          unlink
cat          echo        ln              rmdir       wait4path
chmod        ed          ls              sh          zsh
＜以下略＞
```

$( ) の場合は「\」を付けずに使用できます。とくに複数回ネストしたいような場合は、こちらの方が書きやすいでしょう。

```
catコマンドと同じディレクトリにあるファイルの一覧表示❷
% ls $(dirname $(which cat))
[            dd          launchctl       pwd         test
bash         df          link            rm          unlink
cat          echo        ln              rmdir       wait4path
chmod        ed          ls              sh          zsh
＜以下略＞
```

サブシェル ( )

コマンドが **( )** で囲まれていると、囲まれた部分は別のシェルで実行されます。これを**サブシェル**（*subshell*）と言います。サブシェルは、コマンドの実行結果をまとめたいときなどに使用します。コマンドラインでよく使われるのは、標準出力と標準エラー出力の操作です。ここでは「サブシェルを使って標準エラー出力をパイプに渡す」例を紹介します。

サブシェルを使って標準エラー出力をパイプに渡す

パイプは「標準出力を標準入力につなげる」という動作なので、たとえば「エラーメッセージだけをmoreコマンドで表示する」のように標準エラー出力の内容を渡すことができません。

「2>&1」を使うと標準エラー出力を標準出力へ回すことができますが、この状態でパイプに渡すと、標準出力と標準エラー出力の両方が次のコマンドに渡されることになります。

標準エラー出力だけをパイプに渡したい場合は、サブシェルを使います。「(コマンド ＞ ファイル) 2>&1 | コマンド2 」のようにしてサブシェルの中で標準出力をリダイレクトし、標

注6 「dirname パス名 」で指定したパスのディレクトリ名部分を表示するコマンドです。一方、ファイル名部分が欲しい場合はbasenameコマンドを使い「basename パス名 」のようにします。

準エラー出力を標準出力に回してパイプへ渡します。標準出力の結果はいらないという場合は、サブシェルの中で`> /dev/null`のようにしてNullデバイスへリダイレクトします。

なお、シェルスクリプトの中で書くような場合、コマンドの意図をわかりやすくするために、`> /dev/null`を`1> /dev/null`のように「`1>`」として標準出力をリダイレクトしていることを明示する場合があります。意味は同じです。

p.151の**表B**もあわせて参照してください。

```
findコマンドのエラーメッセージをmoreコマンドで表示
% (grep -r zsh /etc > /dev/null) 2>&1 | more
```

Column

デバイスファイルへのリダイレクト　　キャラクタスペシャルファイル、ブロックスペシャルファイル

Unix系OSでは、デバイスをファイルのように見せることでコマンドなどからアクセスできるようになっています。これを「デバイスファイル」（*device file*）や「デバイスノード」（*device node*）と言います。たとえば、macOSのターミナルの場合、`ls > /dev/ttys001`のようにすることでlsの結果をほかのターミナルウィンドウへリダイレクトできます。/dev/ttys001部分はウィンドウと結びついている端末の名前で、ttyコマンドで確認できます（p.226）。

```
% ls > /dev/ttys001                   lsの結果が/dev/ttys001のターミナル画面に表示される
```

なお、端末のように文字単位で入出力するものはキャラクタスペシャルファイル（*character special file*）、これに対し、ハードディスクなど（/dev/disk0s1、p.69）はブロックスペシャルファイル（*block special file*）とも呼ばれており、`ls -l /dev`で表示すると、キャラクタスペシャルファイルは先頭文字が「`c`」、ブロックスペシャルファイルは「`b`」で表示されます。

コマンドライン入力の省力化

ヒストリ/エイリアス/各種展開/ショートカット

本節では、コマンドラインの入力を省力化するヒストリやエイリアス、パス名展開などの各種展開、キーボードショートカットを取り上げます。

ヒストリ(コマンド履歴)の活用

シェルではコマンドラインで入力した**コマンド履歴**を記憶しており、↑↓または control + P、control + N で以前入力したコマンドを呼び出せます。これを**ヒストリ**機能と言います。

コマンド履歴を一覧表示する history

コマンド履歴を一覧表示したい場合はhistoryコマンドを使用します。↑または control + P はコマンド履歴を直近のものから順に遡ることができます[注7]。遡り過ぎた場合は↓または control + N で戻ります。❸のように history のみで実行すると、過去に入力したコマンドラインのリストが zsh の場合は最新16件分、bash の場合は記憶されている分すべてが番号(**ヒストリ番号**)付きで表示されます。

```
% history ……………………………………………❸historyコマンドでコマンドラインの履歴を表示
    1  ls ………………………………………………………入力したコマンドのリストが番号付きで表示される※
    2  ls /Library
    3  ls -l /Library
    4  ls -l /Library/ | head
    5  ls -l -G /Library/
    6  cat /etc/shells
    7  history
```

※ zshは最新16件表示、history 1で1番以降すべて表示される(つまり、すべて表示)。bashは保存されているものがすべて表示、history 16で最新16件表示される。ヒストリ編集用のfcコマンド(bash/zsh共通)の場合、fc -lで最新16件、fc -l 100で100番以降、fc -l -10で最新10件表示。

ヒストリ番号を使って実行する ! !!

上記のhistoryコマンドで表示される**ヒストリ番号**を使って以下の❶ !2 のように指定すると、指定した番号のコマンドを実行することができます。また、直前に実行したコマンドは !! で呼び出すことができます。コマンド履歴は return による実行の単位で記録されているので、「;」などで複数コマンドを連続して実行した場合も、まとめて1つの番号となります。

コマンド履歴を!で呼び出す際は❷ !2 | more のようにコマンドや引数を付け加えることもできます。なお、ヒストリ番号に指定を追加できるのはコマンドラインの前後だけなので、オプションを途中で指定したいような場合は control + P などでコマンドラインを呼び出して、適宜編集します。

注7 保存する件数はシェル変数HISTSIZEで設定でき、macOS Catalina (10.15)ではzshは2000件、bashは500件と設定されています。bashの場合はさらにファイル(.bash_history)に保存する件数として、シェル変数HISTFILESIZEが利用されており、こちらも500件と設定されています。

```
% history ─────────────── ヒストリ番号を確認
    1  ls
    2  ls /Library
    3  ls -l /Library
<以下略>
% !2 ─────────────────── ❶ヒストリ番号「2」の「ls /Library」が実行される
% !2 | more ───────────── ❷「ls /Library | more」が実行される
```

エイリアス（コマンドエイリアス）の設定と活用　alias/unalias

コマンドラインで入力する内容には名前を付けておくことができます。よく使うオプションの組み合わせや、すぐ忘れてしまう1行コマンドなどには自分にとってわかりやすい名前を付けておくと便利です。これを**エイリアス**または**コマンドエイリアス**と言います[注8]。

エイリアスを定義する　alias

エイリアスは alias コマンドで定義します。たとえば、以下のコマンドラインの例のように ❶`alias ll='ls -l'` と定義しておくと、❷`ll` で `ls -l` が実行できるようになります。今回の例のように、定義内容にスペースが含まれる場合は「'」（シングルクォーテーション）または「"」（ダブルクォーテーション）で括るか、スペースの前に「\」（バックスラッシュ）を入れます（p.164）。また、エイリアスは、定義内容がそのまま置き換わるので、❸`ll /Library/` と指定すると、`ll` 部分が `ls -l` に置き換わり、`ls -l /Library/` が実行されることになります。

コマンド名と同じ名前のエイリアスを定義することも可能です。たとえば「ls はいつも -G オプションで実行する」と決めているのであれば、❹`alias ls='ls -G'`（-G はファイルの種類ごとに色を付けて表示するオプション）のようにします。続く実行例を参考にしてください。ただし、コマンド名と同じ名前で定義すると、コマンドの「素の動作」がわかりにくくなるので、コマンドにある程度慣れてからの方が良いでしょう。

なお、❺`\ls` のように「\」を付けるか、`/usr/bin/ls` のようにパスを付けて実行することで、元のコマンドを実行することができます。

```
% alias ll='ls -l' ─────────── ❶エイリアスを定義
% ll                         ❷ls -l が実行される
% ll /Library/                ❸ls -l /Library/ が実行される
% alias ls='ls -G' ─────────── ❹さらにエイリアスを定義
% ls /Library/                ls -G /Library/ が実行される
% ll                         ls -G -l /Library/ が実行される
% \ls /Library/               ❺ls /Library/ が実行される
```

エイリアスはシェルを終了するまでの間だけ有効です。したがって、ターミナルを閉じるとコマンドラインで定義した内容は消えてしまいます。いつも使いたいエイリアスは、シェルの設定ファイルに追加しておきましょう。具体的な方法については、7.3節「zsh の設定」（p.167）および7.4節「bash の設定」（p.178）で取り上げます。

注8　「エイリアス」という呼び名は macOS の Finder でも使いますが、Finder のエイリアスは「ファイルやフォルダの別名」です。コマンドラインや Unix 系 OS で「エイリアス」と言った場合は「コマンドエイリアス」を指します。

定義済みのエイリアスを確認する

`alias`のみで実行すると、定義済みのエイリアスが表示されます。

```
% alias                        ────定義済みのエイリアスを確認※
ll='ls -l'
run-help=man
which-command=whence
```

※ run-helpとwhich-commandはzsh環境で標準設定のエイリアス。

定義済みのエイリアスを削除する　unalias

以下のように、「`unalias` エイリアスの名前 」で定義済みのエイリアスを削除できます。シェルの設定ファイルで定義しているエイリアスも同様に削除できます。

なお、先ほどのようにコマンドラインで定義したエイリアスはターミナルを閉じると消えるので、unaliasコマンドで個別に削除する必要はありません。

```
% unalias ll                   ────unaliasで定義済みのエイリアスを削除
 llというエイリアスを削除した 
% ll
zsh: command not found: ll     ────llが使えなくなった

 （補足：bash環境の場合のメッセージ） 
-bash: ll: command not found
```

グローバルエイリアス(zshのみ)　引数にエイリアスを使う

通常のエイリアスはコマンド部分を置き換えるのに使いますが、zshでは`alias -g`で定義することで、引数部分でもエイリアスが使えるようになります。これを**グローバルエイリアス**(*global alias*)と言います。

たとえば`alias -g NOERR='2>/dev/null'`と定義しておくと、❶`NOERR`と入力した箇所が`2>/dev/null`として実行されることになります。ここでは、グローバルエイリアスであることをわかりやすくするために大文字で定義していますが、小文字での定義も可能です。

```
% alias -g NOERR='2>/dev/null'  ──❶
% grep -r zsh /etc NOERR        ────grep -r zsh /etc 2>/dev/nullが実行される
```

接尾辞エイリアス(zshのみ)　拡張子ごとのエイリアス

❶`alias -s txt=more`のように定義すると、ファイル名の最後の「.」(ピリオド)より後の部分(**接尾辞**)が`txt`と一致したファイルを、moreコマンドで表示できるようになります。これを**接尾辞エイリアス**(*suffix alias*)と言います。❷`alias -s {txt,log,lst}=more`のように接尾辞をまとめて定義することも可能です。

```
% alias -s txt=more             ──❶接尾辞エイリアスを定義
% list1.txt                     ────more list1.txtが実行される
% alias -s {txt,log,lst}=more   ──❷ファイル名の末尾が「.txt」「.log」「.lst」の
                                   いずれかに一致したら「more ファイル名 」を実行
```

パス名展開 * ? [ ]

コマンドラインでは「*」や「?」、「[a-z]」のような記号を使って、ファイルをまとめて指定できます。これらの記号を実際にあるファイル名に対応させていくことを**パス名展開**(*pathname expansion*)と言います。

パス名展開で使用される記号

zshやbashでは、パス名展開に以下の記号が使用できます。「*」「?」については「ファイルをまとめて指定」(p.42)でも取り上げました。

- *****
  空文字(0文字の文字列)も含めた任意の文字列と対応する。たとえば**test***と入力すると「testから始まるファイル」が表示される。「*」には空文字も含まれるので「test」というファイル名も含まれる

- **?**
  任意の1文字と対応する。**test?**と入力すると「test1」「testz」などに対応するが、「test」や「test12」には対応しない

- **[ ]**
  [ ]内のいずれかの1文字と対応。たとえば、**test[12z]**とすると「test1」「test2」「testz」に対応する。また**test[0-9]**や**test[a-z]**のように範囲指定もできる

「*」は任意の文字列、「?」は任意の1文字

「*」は任意の文字列(0文字の文字列も含む)に、「?」は任意の1文字に対応します。

以下のように試すことができます。ここでは、動作を確認しやすくするためにデスクトップに testdir というディレクトリを作成して、テスト用のファイルを作成しています。たとえば❶のようにatest、test、test1、test2、test12、test123、testzというファイルを用意します。❷**test***では名前がtestから始まる6つが、❸**test?**ではtest1、test2、testzの3つが当てはまります。

```
準備：~/Desktop/にtestdirというディレクトリを作り移動
% cd ~/Desktop
% mkdir testdir
% cd testdir
準備：テスト用のファイルを作成
% touch atest test1 test2 test12 test123 testz    ❶ファイル6つを作成※
% ls ………………………………………………… カレントディレクトリのファイルを確認
atest    test    test1    test12    test123 test2    testz
「*」を使った指定
% ls test*    ………………………………………………… ❷
test    test1    test12    test123 test2    testz    ……6つのファイルが該当した
「?」を使った指定
$ ls test?    ………………………………………………… ❸
test1 test2 testz    ……………………………………… 3つのファイルが該当した
```

※ 前述のとおり、touchコマンドでファイルのタイムスタンプを変更できる(p.127)。指定したファイルが存在しない場合は新規作成されるので、テスト用に空のファイルを作成するのに使用できる。もしすでに同名のファイルがあった場合も、内容が書き換えられたり削除されたりすることはない。

160

文字を限定した指定をする ［ ］

[ ]で、括られた文字のいずれか1つという指定ができます。たとえば、**test[123]**でtest1、test2、test3のいずれか、**test[0-9]**ならばtest0〜test9のいずれかという意味になります。**[^0-2]**のように「[」の直後に「^」を付けると「指定した文字以外」という意味になります[注9]。

```
[ ]による指定
% ls ……………………………………………… カレントディレクトリのファイルを確認
atest   test1   test12   test123 test2    testz
% ls test[0-2] ……………………………………… testの後ろに0〜2のいずれか1文字
test1 test2 ……………………………………… test1、test2が該当
% ls test[^0-2] …………………………………… testの後ろに0〜2以外のいずれか1文字
testz …………………………………………… testzが該当
```

このほかの展開

パス名展開は、指定した場所に存在するファイル名やパス名に合わせた展開ですが、このほかにもコマンドラインでよく使われる**展開**（*expansion*）があります。

ブレース展開 { }

ブレース展開は{ }を使い、**{a,bc,def}x**であれば「ax」「bcx」「defx」、**a{a..e}**であれば「aa」「ab」……「ae」のような文字列を生成するというもので、**touch test{1,12}**のように指定すると**touch test1 test12**が実行されます。また、**ls test{1,12}**のように指定すると、ファイルの有無にかかわらず**ls test1 test12**として実行されます。

```
% ls ……………………………………………… カレントディレクトリのファイルを確認
atest   test1   test12   test123 test2    testz
% ls test{1,123} ………………………………… ls test1 test123が実行される
test1   test123
% ls test{1,123,3} ……………………………… ls test1 test123 test3が実行される
ls: test3: No such file or directory
test1   test123
```

チルダ展開 ~

今までも、**cd ~/Desktop**などの形で使っていましたが、「~」（チルダ）1文字、または「~」に続けて「/」（ディレクトリ記号）を指定した場合、「~」の部分がホームディレクトリに置き換わります。

このほか、「~+」でカレントディレクトリ、「~-」で直前のディレクトリ、「~ ユーザ名 」で指定したユーザのホームディレクトリに展開されます[注10]。

注9 bashの場合、[!0-2]という指定も可能です。「!」はヒストリ機能でも使われます（p.157）が、[ ]の中では異なる意味になります。zshで「!」記号をこの用途で使いたい場合は、シェルの設定でヒストリ機能で使用する文字を別の文字に設定しておく必要があります（HISTCHARS、p.168）。

注10 「~」（チルダ）には、もう1つ「名前付きディレクトリ」（*named directory*）という展開があります。これはシェル変数を使った展開で、変数の値が「/」記号から始まっている場合、「~ 変数名 」が変数の値に置き換わります（logdir=/var/logと設定されている場合、cd ~logdirでcd /var/logが実行される）。

各種展開を組み合わせてみよう

[ ]や{ }による指定や、「*」と「?」を組み合わせて指定することもできます。また、それぞれの記号の位置は自由です。

```
記号を組み合わせて指定
% ls ……………………… カレントディレクトリのファイルを確認
atest    test1    test12    test123  test2    testz
% ls test[0-2]* ……… testの後ろに0〜2のいずれか1文字+任意の文字列
test1    test12    test123  test2
% ls test?[0-2]* …… testの後ろに任意の1文字+0〜2のいずれか1文字+任意の文字列
test12   test123
% ls test{12,z}* …… testの後ろに12またはz+任意の文字列(「ls test12* testz*」相当)
test12   test123   testz
```

「.*」でドットファイルを表示する

コマンドの引数などにドットファイルを指定したい場合は、何らかの形で明示する必要があります。たとえば、`ls`や`ls *`ではドットファイルは表示されませんが、`ls .*`のように「.」という文字を指定すればドットファイルを表示できます(p.86)。

echoコマンドで展開の結果を確認

シェルが記号をどのように展開するかは`echo`コマンドで確認できます。`echo`は「引数をそのまま表示する」コマンドです。たとえば、以下の❶のように`echo test[0-9]`と指定したとき、シェルが`test[0-9]`を展開して「test1 test2」とした場合は`echo test1 test2`が実行されるため、画面に❷「test1 test2」と表示されています。

```
echoコマンドで展開の結果を確認
% ls
atest    test1    test12    test123  test2    testz
% echo test[0-9] ………………… ❶
test1 test2 ……………………… ❷test[0-9]はシェルによって「test1 test2」に展開された
% echo ~
/Users/nishi ………………… 「~」がホームディレクトリ「/Users/ユーザ名」に展開された
```

パス名展開ができなかった場合   zshとbashの違い

パス名展開は、シェルが行っています。たとえば、「test1」と「test2」がある場所で`ls test*`と指定したとき、「test*」部分はシェルによって「test1 test2」に展開され、それが`ls`コマンドに渡されています。これはほかの記号やコマンドでも同じです[注11]。

注11 macOSでファイル名を変更するのに使う`mv`コマンドの場合、たとえば1.txt、2.txtというファイルが存在する場所で`mv *.txt *.doc`と入力するとパス名展開によって`mv 1.txt 2.txt *.doc`が、1.txt、2.txt、3.docが存在している場合は`mv 1.txt 2.txt 3.doc`が実行されることになり、この場合はパス名展開ができない、または引数の指定が間違っているというエラーになります。ちなみに、Windowsのコマンドプロンプト(cmd.exe)の場合、パス名展開は各コマンドが行います。したがって、「*」などの記号がどう扱われるかはコマンド次第です。たとえば、ファイル名を変更する`ren`コマンドは`ren *.txt *.doc`で拡張子「.txt」をすべて「.doc」に変更することができるようになっています。

パス名展開に失敗、つまり該当するファイルやディレクトリが1つもなかった場合、zshとbashで動作が異なります。

zshの場合 パス名展開に失敗すると、コマンドが実行されない

パス名展開に失敗すると、zshの場合はコマンドが実行されません。シェルオプション**NOMATCH**を無効にすると、bashと同じ動作になります。

```
% ls ....................................... カレントディレクトリのファイルを確認
atest    test1    test12   test123  test2    testz
% echo test0*
zsh: no matches found: test0*
 「test0*」に該当するファイルがなかったため、エラー 
% unsetopt nomatch .......................... シェルオプション「NOMATCH」を無効に設定
% echo test0*
test0*
 「test0*」に該当するファイルがなかったため、「echo test0*」が実行された 
```

bashの場合 パス名展開されないままの文字列を引数にしてコマンドが実行される

パス名展開に失敗すると、bashの場合は展開されないままの文字列を引数にしてコマンドが実行されます。シェルオプション**failglob**を有効にすると、zshと同じ動作になります。

```
$ ls ....................................... カレントディレクトリのファイルを確認
atest    test1    test12   test123  test2    testz
$ echo test0*
test0*
 「test0*」に該当するファイルがなかったため、「echo test0*」が実行された 
$ shopt -s failglob ......................... シェルオプション「failglob」を有効に設定
$ echo test0*
-bash: no match: test0*
 「test0*」に該当するファイルがなかったため、エラー 
```

Column

ディレクトリ名だけで移動する AUTO_CD

zshでは、**AUTO_CD**というシェルオプション(p.174)を有効にすると、ディレクトリ名をコマンドのように「実行」することで、そのディレクトリへ移動できるようになります。

bashはバージョン4以降でこの機能に対応していますが、本書原稿執筆時点のmacOS Catalina (10.15.3)のbashは3.2.57なのでまだこの機能は使えません。

```
 ディレクトリ名だけで移動（zsh） 
% setopt autocd ............................. シェルオプションAUTO_CDを有効にする
% /var/log      ←/var/logディレクトリへ移動

 ディレクトリ名だけで移動（bash バージョン4以降） 
$ shopt -s autocd
$ /var/log      ←/var/logディレクトリへ移動
```

記号の意味を打ち消す　\ ' ' " "

　パス名展開で使用した「*」や、ヒストリで使用した「!」のような文字をシェルに処理させたくない場合は「\」[注12]を前に付けるか、「'」(シングルクォーテーション)または「"」(ダブルクォーテーション)で囲みます。

「\」と「' '」と「" "」の違い

　「\」や「' '」「" "」には、次のような違いがあります。「\」で、直後の1文字の意味を打ち消すことを「エスケープする」と言うことがあります。

- \ ➡ シェルはこの後の1文字を展開しない
- ' ' ➡ シェルはこの中のすべての文字を展開しない
- " " ➡ シェルはこの中の「!」「$」「`」を除くすべての文字を展開しない[注13]

　先ほどパス名展開の結果をechoコマンドで確認しましたが、ここではls text*で、「*」が打ち消されることを試します。

```
% ls                                 カレントディレクトリのファイルを確認
atest   test1    test12   test123  test2    testz
% echo test1*
test1 test12 test123                 パス名展開されている
% echo test1\*
test1*                               「*」の前に「\」を付ける
                                     パス名展開されない
% echo 'test1*'
test1*                               「test1*」を「' '」で囲む
                                     パス名展開されない
% echo "test1*"
test1*                               「test1*」を「" "」で囲む
                                     パス名展開されない
```

　一方「$」の場合、「\」と「' '」では打ち消されますが、「" "」では打ち消されません。環境変数USERを表示するecho $USERを例にすると、以下のようになります。

```
% echo $USER
nishi                                環境変数USERの内容が表示される
% echo \$USER
$USER                                「$」の前に「\」を付ける
                                     $USERがそのまま表示される
% echo '$USER'
$USER                                $USERを「' '」で囲む
                                     $USERがそのまま表示される
% echo "$USER"
nishi                                $USERを「" "」で囲む
                                     USERの内容が表示される
```

注12　キーボードの設定によって、￥キーの入力が「¥」になるか「\」になるかが異なります。うまく機能しない場合は設定を確認してください(p.18)。

注13　「$」は環境変数の参照する(p.168)ときに、「`」(バッククォート)はコマンド名をコマンドの出力で置き換える(p.154)ときに使用します。

ターミナルで使えるキーボードショートカット　よく使う操作を簡単に

キーボードの control や command とアルファベットキーを組み合わせて、ウィンドウやコマンドラインを操作することができます。control や esc を使用しているものはシェルの、command を使用しているのはターミナルのキーボードショートカットです。

ターミナルウィンドウ関係の操作

表Aは、ターミナルのウィンドウを操作するショートカットです。command + N や command + W などは、ほかのアプリケーションと共通です。

表A　ターミナルで使えるショートカット（ウィンドウ関係）

ショートカット	説明
command + N 、command + T	それぞれ、新しいウィンドウ、新しいタブを開く
shift + command + N	新規コマンドダイアログでコマンドを入力する※
shift + command + K	ssh（p.265）で別のコンピュータに接続する
command + W	現在のウィンドウまたはタブを閉じる
shift + command + W	すべてのタブを閉じてウィンドウも閉じる
command + Q	ターミナルを終了する

※ 実行結果は新しいターミナルに出力される。

表示や実行を制御する操作

表Bは、表示や実行を制御する操作のショートカットです。コマンドの終了方法がわからなくなったら、ひとまず control + C を試してみましょう。

表B　ターミナルで使えるショートカット（表示／実行関係）

ショートカット	説明
control + C	実行中のプログラムの強制終了（p.229）
control + Z	実行中のプログラムの休止／一時停止（p.234）
control + S	画面への出力を停止
control + Q	画面への出力を再開
control + L	画面表示をクリアする（clearコマンド相当）
command + K	ターミナルをクリアする
command + S	ターミナルに出力されている内容を保存する
control + D	ログアウトする（ターミナルを閉じる）※

※ EOF（*End Of File*）を意味するキーで、入力をリダイレクトしているときはファイルの終了という意味になる（p.193）。なお、zshの場合、setopt ignore_eofでシェルオプションIGNORE_EOFをOFFにすると control + D ではログアウトしなくなる（zshの設定➡p.176）。bashの場合、シェル変数IGNOREEOFで control + D を無視する回数を指定できる。たとえば、IGNOREEOF=1とすると、1回めは無視して2回めに control + D でログアウトする（bashの設定➡p.184）。

ヒストリと行内編集関係

表Cはヒストリ、表Dは行内編集関係のキーボードショートカット[14]です。

注14　zshのコマンドライン編集はZLE（*Zsh Line Editor*）という名前で、シェルの設定ファイルで細かい設定が可能です。bashのコマンドライン編集はreadlineライブラリの機能が使われており、inputrc（/etc/inputrcおよび~/.inputrc、使用例はp.106を参照）で設定します。

表C　ターミナルで使えるショートカット（ヒストリ関係）

ショートカット	説明
control + P	1つ前に実行したコマンドラインを表示（↑相当）
control + N	1つ後に実行したコマンドラインを表示（↓相当）。control + Pを押した後に使用する
control + R	コマンド履歴の検索

表D　ターミナルで使えるショートカット（行内編集関係）

ショートカット	説明
control + B	カーソルを1つ左へ（←相当）
control + F	カーソルを1つ右へ（→相当）
control + A	カーソルを行頭へ※
control + E	カーソルを行末へ
esc 、B	カーソルを1単語分左へ
esc 、F	カーソルを1単語分右へ
control + H	カーソルの左側にある文字を削除（Back space 、delete 相当）
control + D	カーソルの位置にある文字を削除（fn + delete 相当）
control + W	カーソル位置から単語の先頭までを削除
control + U	カーソル位置から行頭までを削除
control + K	カーソル位置から行末までを削除
control + Y	直前の control + W、U、Kのいずれかで削除した内容の貼り付け
control + T	カーソルの位置にある文字を左の文字と入れ替えて右に進む
control + I	補完（tab 相当）
control + J 、control + M	実行（return 相当）

※ 一般的な home 相当の操作だが、macOSのターミナルでは home（fn + ←）は画面の先頭にスクロールするという操作に割り当てられている。同様に end（fn + →）は画面の末尾にスクロールする。

Column

「**/」による再帰（zsh）

　zshでは、「**/」でディレクトリ下のファイルを再帰的に検索することができます。たとえば「**/*.txt」であれば、「*.txt」「*/*.txt」「*/*/*.txt」…が対象になります。

```
% ls **/*.txt ................................... カレントディレクトリ下にある「*.txt」を一覧表示
Desktop/file1.txt
Desktop/file2.txt
Library/Caches/com.apple.cache_delete/CacheDeletePurgeHistory.txt
〈以下略〉
% ls /etc/**/*conf ............................... /etcディレクトリ下にある「*conf」を一覧表示
/etc/apache2/extra/httpd-autoindex.conf
/etc/apache2/extra/httpd-dav.conf
/etc/apache2/extra/httpd-default.conf
〈以下略〉
```

　bashはバージョン4.0からシェルオプション **globstar** を有効にすることで同様のことができるようになりますが、macOS Catalina（10.15）のbashはバージョン3.2なので対応していません。

zshの設定

環境変数、シェル変数、設定ファイル

bashも、zsh同様、起動時に「設定ファイル」を読み込み、その内容に従ってプロンプトや環境変数PATH（コマンドサーチパス、p.45）などを設定しています。

環境変数とシェル変数　シェルやコマンドの動作を変える

シェルやコマンドの動作は「環境変数」と「シェル変数」によって変えることができます。

たとえば、ターミナルで使用する言語を設定しているLANGは環境変数、シェルのプロンプトを設定するPS1はシェル変数です。

「変数」って何？　変数の役割、参照方法

「何らかの値」に名前を付けて、その名前を使って値を参照できるようにしたもの、かつ値を自由に変更できるようになっているものを**変数**と言います。

たとえば、これまでに何度か登場しているLANGであれば「言語と地域を示す値」をLANGという名前の変数とし、LANGを見ればどんな言語を使うべきかがわかる、使う言語を変更したければLANGの値を変えるというように利用されています[注15]。

シェル変数は、環境変数とどう違う？

シェル変数はシェル専用の変数、**環境変数**はシェル以外のコマンドも参照できる変数です。環境変数はOSが提供している機能で、複数のプロセスで同じ値を共有するのに使用されています。たとえば、LANGは環境変数でシェル以外のコマンドも参照するのに対し、プロンプトの設定に使うPS1はシェルだけが使うシェル変数です。

zshのおもな環境変数とおもなシェル変数はそれぞれ**表A**、**表B**のとおりです。

表A　おもな環境変数(zsh)※

環境変数	説明
LANG	言語の設定(ja_JP.UTF-8)
PATH	コマンドサーチパス(/usr/local/bin:/usr/bin:/bin:/usr/sbin:/sbin、p.45)
SHELL	シェル(/bin/zshまたは/bin/bash)
LOGNAME	ログイン名
USER	ユーザ名(LOGNAMEと同じ、互換性維持のために定義されている)
PWD	現在の作業ディレクトリ
HOME	ホームディレクトリ(/Users/ ユーザ名)
TERM_PROGRAM	端末のプログラム名(Apple_Terminal)
TERM	現在使用している端末の種類(xterm-256color)
_ (アンダースコア)	直前に実行したコマンド

※ このほか、システムが内部で使用している環境変数もあり、printenvコマンドやenvコマンドで一覧表示できる。

注15　日本語による出力に対応しているコマンドに限られます（p.19の「いろいろな地域の言語を使えるようにするしくみ」もあわせて参照）。

表B　おもなシェル変数（zsh）

シェル変数	説明
ZSH_VERSION	zshのバージョン
HISTFILE	ヒストリ（コマンド履歴）を記録しているファイルのパス
HISTSIZE	ヒストリに記録する履歴数
HISTCMD	現在使用中のzshの履歴数
HISTCHARS	ヒストリを参照する際に使用する記号（デフォルトは「!」）
COLUMNS	端末の桁数
LINES	端末の行数
PPID	親プロセスのPID[1]
precmd_functions	ターミナルのタイトルに表示する内容（update_terminal_cwd[2]）
PS1、PROMPT、prompt	プロンプト（デフォルトは「%n@%m_%1~_%#」、後述）
PS2、PROMPT2	セカンダリプロンプト（コマンド入力が2行以上になった際に表示される）
PS3、PROMPT3	シェルスクリプトで簡単な対話メニュー選択を行うselect文で使用されるプロンプト
PS4、PROMPT4	デバッグ時のプロンプト（通常は使用しない）
IFS	区切り文字（デフォルトはタブおよび改行）。Internal Filed Separator
FPATH、fpath	autoload（関数などの定義ファイルを読み込むzshのビルトインコマンド）の対象となるパス

[1] シェル自身のプロセスIDは「$」（たとえばecho $$のようにして実行）で参照できる。
[2] ターミナルの設定に従って自動生成されるシェル関数で、`type update_terminal_cwd`で内容を確認できる。

シェル変数と環境変数の定義と値の表示

　zsh/bashの場合、どちらの変数も「 変数名 = 値 」で設定し、「**export** 変数名 」を実行すると、その変数が環境変数となります。また、環境変数はenvコマンドおよびprintenvコマンドで一覧表示できます[16]。変数の値は「`echo $`変数名 」で表示します。環境変数の場合「`printenv` 変数名 」でも表示できます。

```
環境変数LANGの値を表示
% echo $LANG ............ 環境変数LANGの値を表示（シェル変数も同じ方法で参照できる）
ja_JP.UTF-8 ............. 環境変数LANGの値が表示された
% printenv LANG ......... 環境変数LANGの値を表示（環境変数のみ）
ja_JP.UTF-8
シェル変数PS1の値を表示
% echo $PS1 ............. シェル変数PS1の値を表示
%n@%m %1~ %# ............ シェル変数PS1の値が表示される※
% printenv PS1
%                       ... シェル変数はprintenvで参照することができない
```
※ bashの場合、「\h:\W \u\$」と表示される（後述）。

定義されている環境変数の値を変更する

　すでに定義されている環境変数の場合、「 変数名=値 」で値を変更できます。たとえばLANGの値を変更したい場合は以下の❶のように「**LANG=** 値 」のようにします。LANGの値の変更を実

[16] envコマンドおよびprintenvコマンドは外部コマンド（p.47）です。したがって、シェル変数を参照することはできません。

行する前後で、dateコマンド（現在の日時を表示）を実行してみると変化がわかりやすいでしょう。なお、ターミナルを開き直すと**LANG**の値は元に戻ります。

```
変数LANGで動作の変化を見る
% echo $LANG                    環境変数LANGの値を表示
ja_JP.UTF-8
% date                          現在の日時を表示を表示
2020年 3月10日 火曜日 10時05分21秒 JST
% LANG=C                        ❶環境変数LANGの値を「C※」に変更
% date                          現在の日時を表示
Tue Mar 10 10:05:25 JST 2020
```

※ 「C」はCommonの意、言語や地域に合わせた表示ではないデフォルトの表示になる（p.21）。

環境変数を設定してコマンドを実行する

「**env** `変数名` `=` `値` `コマンド`」で特定のコマンドに対し環境変数を設定したり、「**env -u** `変数名` `コマンド`」で特定の環境変数が設定されていない状態でコマンドを実行したりすることができます。環境変数の値を設定してコマンドを実行する場合、以下のように**env**を省略して「`変数名` `=` `値` `コマンド`」でも実行できます。

```
% LANG=en_US date    環境変数LANGに「en_US」（英語/アメリカ）を指定してdateコマンドを実行
Tue Mar 10 10:05:33 JST 2020
% LANG=en_GB date    環境変数LANGに「en_GB」（英語/イギリス）を指定してdateコマンドを実行
Tue 10 Mar 2020 10:05:38 JST
% echo $LANG         環境変数LANGの値を表示
C                    LANGの値は変更されていない
```

zshの設定ファイル

シェルは、起動時に**設定ファイル**を読み込み、その内容に従ってプロンプトや環境変数**PATH**（コマンドサーチパス、p.45）などを設定します。zshは、用途ごとに複数の設定ファイルを使用しています。

システム全体用の設定ファイルと個人用/ユーザ固有の設定ファイル

macOSでは、システム全体用の設定ファイルとして「/etc/zprofile」「/etc/zshrc」「/etc/zshrc_Apple_Terminal」の3つのファイルを使用しています。この3つは原則としてユーザは直接編集せず、そのままにしておきます。

ユーザ用の設定は「~/.zprofile」または「~/.zshrc」というファイルで行います。たとえば、プロンプトの表示内容を替えたい場合や、コマンドを楽に入力するためのエイリアスを設定したい場合はユーザ用の設定ファイルを使います（設定ファイルの細かな区別については後述）。

「~/.zshrc」の作成と編集

コマンドラインで設定ファイルを編集する際には、vi/vim（p.217）やnanoというコマンドが使用できます。とくにviは、ほとんどのUnix系OSで使用できるテキストエディタですが、慣れないうちは操作しにくいかもしれません。

シェルの設定ファイルはテキストファイルなので、macOSの「テキストエディット」でも編集できるのですが、「.」から始まる名前のファイルは「ドットファイル」と呼ばれる特別扱いさ

れるファイルで、通常はFinderやテキストエディットの「開く」では表示されません。そこで、ここでは、コマンドラインからテキストエディットを使って開く方法を紹介します[注17]。

❶でホームディレクトリに移動し、❷で設定ファイル「.zshrc」を作成しています。先にファイルを作成しておくことで、テキストエディットで扱いやすいようにしています。ここで使用しているtouchコマンド（p.127）は、ファイルがすでにあればファイルの更新時間を変更するだけなので、既存のファイルを上書きしてしまう心配はありません。

続いて、❸でテキストエディットを使って設定ファイル（.zshrc）を開きます。

```
テキストエディットを使用する場合
% cd ............................................ ❶ホームディレクトリに移動（p.80）
% touch .zshrc .................................. ❷.zshrcファイルがなければ作成
% open -e .zshrc ................................ ❸テキストエディットで.zshrcを開く※

vi (vim)を使用する場合
% cd ............................................ ホームディレクトリに移動
% vi .zshrc ..................................... viコマンドで.zshrcを編集（ファイルがない場合は新規作成）
```

※ -eはテキストエディットでファイルを開くというオプション。「open -a textedit ファイル名」相当。

テキストエディットを使う際の注意

テキストエディットで設定ファイルを編集する場合は、「標準テキスト」で保存する必要があります。また、「スマート引用符」はオフにしましょう。先ほどの❷❸の方法で開いた場合は自動で「標準テキスト」かつ「スマート引用符」はオフになります。新規ファイルで作成する場合や設定を確認する場合は、以下のようにしてください。

[注意❶]標準テキストで保存する

テキストエディットは書式設定のない「標準テキスト」と、フォントサイズや色を変更するといった「書式設定」が可能な「リッチテキスト」を編集することができます。設定ファイルの場合は、必ず「標準テキスト」を使ってください。コマンドラインで設定ファイル指定して開いた場合は「標準テキスト」になります。

テキストエディットで新規作成する場合は、[フォーマット]-[標準テキストにする]で標準テキストを指定します。また、保存時に名前を付ける際に[拡張子が未指定の場合は".txt"を使用]をOFFにします（図A）。なお、ドットファイルの場合は、ファイルが非表示になる旨確認メッセージが表示されます（図B）。["."を使用]をクリックして保存します。

図A 新規ファイル保存時のダイアログ画面

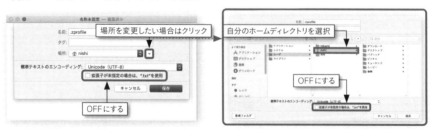

注17 Finderで不可視ファイルを表示するように設定してある場合（p.250、defaultsコマンドのAppleShowAllFile）、Finderで右クリックして[このアプリケーションで開く]-[テキストエディット]で開くことができます。

図B　ドットファイルの場合のメッセージ

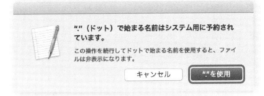

[注意❷]スマート引用符をOFFにする

　テキストエディットには「スマート引用符」という機能があります。これは「' '」や「" "」という引用符を、「‘'」や「“”」に自動で置き換えるという機能です。設定ファイルでは逆向きの引用符は使用できないのでスマート引用符はOFFにしましょう。臨時でOFFにする場合は[編集]メニューの[自動置換]で[スマート引用符]をOFFにします。常にOFFにする場合は、テキストエディットの環境設定で設定します。

　なお、macOS High Sierra（10.13）に収録されているテキストエディットバージョン1.13から、[環境設定]-[新規書類]で[スマート引用符とスマートダッシュ記号はリッチテキスト書類のみで使用]という設定が追加されました。この設定を有効にしておくと、標準テキスト時はスマート引用符が自動で無効になります。

設定ファイルの動作確認　source

　設定ファイル（ホームディレクトリの「.zshrc」）の変更は、ターミナルを開き直したときから有効です。しかし、設定の変更を試しているときに毎回ターミナルを改めて開くのはやや煩雑です。そこで、**source**コマンドを使って設定を反映させる方法を紹介します。sourceは、現在動作中のシェルにファイルを読み込ませて各行を実行させるというコマンドで、簡単に「**.**」（ピリオド1文字）で実行することもできます。

　たとえば、**source ~/.zshrc**と**. ~/.zshrc**は同じ意味です。なお、「**.**」コマンドの場合は**PATH**にないディレクトリにあるファイルを読み込ませる際にはパスの指定が必要です[注18]。

```
% . ~/.zshrc ………「.」コマンドで設定ファイルを読み込む
% source .zshrc …カレントディレクトリにある「.zshrc」を読み込む（cdコマンドでホームディレクトリに移動してから実行）
```
とくに問題がなければ、メッセージは表示されない

zshの設定ファイルはどう読み込まれる？

　zshの設定ファイルは「シェルスクリプト」（p.38）で、シェルが起動するときに設定ファイルに書かれている内容を1つ1つ実行していくことで設定を行っていくというスタイルになっています。たとえば、ログインシェルで読み込まれる /etc/zprofile は❶のようになっています。また、/etc/zshrc は❷のようになっています。

注18　「.」はzshやbashの設定ファイルでほかのファイルを読み込むときにも使われています。次ページやp.180の例もあわせて参考にしてください。なお、シェルスクリプト（p.38）と同じ要領で「zsh .zshrc」あるいは実行許可属性を付けて「./.zshrc」のように実行した場合、現在のシェルとは別にzshが起動して「.zshrc」を実行することになるため、現在のシェルには設定が反映されません。

❶ /etc/zprofile (macOS Catalina)

```
# System-wide profile for interactive zsh(1) login shells.  …コメント行

# Setup user specific overrides for this in ~/.zprofile. See zshbuiltins(1)
# and zshoptions(1) for more details.

if [ -x /usr/libexec/path_helper ]; then … 「/usr/libexec/path_helper」が実行可能ならば、
    eval `/usr/libexec/path_helper -s` …… 「/usr/libexec/path_helper -s」の出力
fi                                         内容をコマンドとして実行する（環境変
                                           数PATHを設定している）
```

❷ /etc/zshrc (macOS Catalina)

```
# System-wide profile for interactive zsh(1) shells.  …コメント行

# Setup user specific overrides for this in ~/.zhsrc. See zshbuiltins(1)
# and zshoptions(1) for more details.

# Correctly display UTF-8 with combining characters.
if [[ "$(locale LC_CTYPE)" == "UTF-8" ]]; then …… UTF-8を使用している場合
    setopt COMBINING_CHARS ……………… シェルオプション「COMBINING_CHARS」を設定（この
fi                                             設定がないと濁点が正しく表示されないことがある）

# Disable the log builtin, so we don't conflict with /usr/bin/log
disable log ……………………………………………… ビルトインコマンドの「log」を無効に設定

# Save command history
HISTFILE=${ZDOTDIR:-$HOME}/.zsh_history …… ヒストリを記録するファイル名
HISTSIZE=2000
SAVEHIST=1000

# Beep on error
setopt BEEP ……………………………………………… シェルオプション「BEEP」を設定
＜中略＞
# Default prompt
PS1="%n@%m %1~ %# " …… PS1（プロンプト）を設定
          macOSのデフォルトは ユーザ名 @ ホスト名 カレントディレクトリ %

# Useful support for interacting with Terminal.app or other terminal programs
[ -r "/etc/zshrc_$TERM_PROGRAM" ] && . "/etc/zshrc_$TERM_PROGRAM" ……
              /etc/zshrc_Apple_Terminalというファイルが読み込み可能なら、「.」コマンド
              で読み込む（変数TERM_PROGRAMにApple_Terminalが設定されている）
```

シェルの起動方法と設定ファイルの使い分け
インタラクティブシェル、ログインシェル、ノンインタラクティブシェル

シェルは、起動方法によって使用する設定ファイルを使い分けるようになっています。

シェルの設定ファイルと実行順　設定ファイルは起動方法によって異なる

　シェルの起動方法は、ユーザ（人間）とやりとりしながら動作する**インタラクティブシェル**（*interactive shell*、対話型シェル）と、シェルスクリプトなどを処理するときの**ノンインタラクティブシェル**（*noninteractive shell*、非対話型シェル）の2つに分かれます。

　インタラクティブシェルのときは、さらに**ログインシェル**かどうか、すなわちログインにともなって起動したのか、コマンドラインなどで起動したのか[注19]で読み込む設定ファイルが異なります。macOSの場合、ターミナルを開いたときに起動するシェルもログインシェル扱いです。

　zshの場合、**表C**のようになっており、ログインシェルのときは❶～❽のファイルが番号順で実行され、ログアウト時に❾❿が実行されます。ログイン以外のインタラクティブシェルの場合は❶❷❺❻、ノンインタラクティブシェルの場合は❶❷が番号順に実行されます。

　なお、macOS Catalina（10.15）で実際に使われているのは、システム全体用の❺/etc/zshrcと/etc/zshrc_Apple_Terminal、および❸/etc/zprofileの3つです。

　ユーザ用の設定はホームディレクトリのファイルで行いますが、通常は❹~/.zprofileか❻~/.zshrcのいずれかで良いでしょう。❷~/.zshenvはシェルスクリプトの動作に影響を与える可能性があるため、メッセージを出力される可能性がある処理や、時間がかかったりエラーが発生する可能性がある処理は書かないように注意してください。

表C　シェルの設定ファイルと実行順（zsh）

設定ファイル		ログイン/ログアウト	インタラクティブ	ノンインタラクティブ
❶/etc/zshenv	❷~/.zshenv	○	○	○
❸/etc/zprofile	❹~/.zprofile	○		
❺/etc/zshrc※	❻~/.zshrc	○	○	
❼/etc/zlogin	❽~/.zlogin	○		
❿/etc/zlogout	❾~/.zlogout	○		

※ macOSでは/etc/zshrcの最後で/etc/zshrc_Apple_Terminalを読み込んでいる。

なぜ異なる設定ファイルを使用するのか　人間向けの処理を行うかどうかがポイント

　まず、インタラクティブシェルとノンインタラクティブシェルについて、ここでの最大の違いは「人間向けの処理を行うかどうか」です。たとえば、プロンプトの表示は人間にとっては重要ですが、ノンインタラクティブシェルでは不要です。

　また、メッセージを表示して良いかどうかが異なります。ノンインタラクティブシェルの場合には、シェルの起動時にメッセージを出してしまうとシェルスクリプトからの出力と混ざってしまいます。したがって、ノンインタラクティブシェルの設定ファイルではメッセージを出さないようにする必要があります。一方、インタラクティブシェルの場合はユーザ向けにメッセージを表示してもかまいません。

　さらに、インタラクティブシェルの中でも、ログインシェルの場合は「ログインのときだけ行う処理」を追加することがあります。macOSではログインシェル≒ターミナルを開くときのシェルですが、OSを起動したらテキスト端末でログインするような環境の場合、たとえばログイン時にメールチェックを行うなどの処理を行うなど、コンピュータの利用開始時に行いたい処理を設定します。

注19　コマンドラインで起動した場合も、-l（--login）オプション付きで起動した場合は「ログインシェル」扱いとなります。

zshの設定例　エイリアス、プロンプトの表示、シェルオプション

　ここでは、個人用設定ファイル（~/.zshrc）での設定例を紹介します。推奨する設定という意味ではありませんので、自分で設定を変更したくなったときの書き方のサンプルとして活用してください。

```
「~/.zshrc」の記述例
alias -g NOERR='2>/dev/null'    ……… エイリアスの設定（p.174）
PS1='%m:%1~ %n%# '              ……… プロンプトの設定（p.175）
setopt noautoremoveslash        ……… シェルオプションの設定（p.177）
```

エイリアスを設定する

　よく使うコマンドや忘れてしまいがちなオプションの組み合わせなどは、エイリアス（コマンドエイリアス）を設定しておくことでコマンドラインでの入力が楽になります。

　たとえば、**open -a preview**を「preview」という名前にしておけば「**preview** ファイル 」でファイルをプレビューで表示できるようになります。また、zshではコマンド以外の部分でも使用できる「グローバルエイリアス」や、拡張子に対応する実行コマンドを設定する「接尾辞エイリアス」が使用できます（p.159）。

　以下のように、コマンドラインで入力するときと同じ内容を、シェルの設定ファイル（~/.zprofileまたは~/.zshrc、p.169）に追加します。

```
設定ファイル（~/.zshrc）に追加
alias preview='open -a preview'   … エイリアス「preview」を定義
alias -g NOERR='2>/dev/null'      ……… グローバルエイリアス「NOERR」を定義
```

　エイリアスを設定したら、❶のように設定ファイルを読み込んで動作確認してみましょう。

```
エイリアス設定ができている場合
% source .zshrc              ❶sourceコマンドで設定ファイル（.zshrc）を読み込む
% preview file.jpg           プレビューでfile.jpg（画像ファイル）が表示される
% grep -r zsh /etc NOERR     grep -r zsh /etc 2>/dev/nullが実行される
```

プロンプトの表示内容を変更する

　プロンプトは「**PS1=**設定内容」で設定できます。デフォルトでは「**%n@%m %1~ %#** 」（末尾スペース）が設定されており、これは「ユーザ名 **@** ホスト名　カレントディレクトリ」に続けて「**%**」とスペースを1文字表示する、という意味です。「**%m**」のような「**%** 文字」の組み合わせは「特殊文字」で**表D**のような意味を持ちます。「**@**」などの文字はそのまま表示されます。まず、コマンドラインでどのような表示だと自分にとって作業しやすいかを確認し、気に入った組み合わせができたら設定ファイル（「~/.zshrc」）に追加すると良いでしょう。なお、プロンプトの最後の「**%#**」は必ず設定しましょう。これはrootのときは「**#**」を、それ以外のときは「**%**」を表示するという設定です。また、プロンプトで使用できるおもな装飾指定については**表E**に示します。

PS1（プロンプト）の設定例（表示内容）

```
PS1='%m:%1~ %n%# '      ……………… bashと同じ設定にする（ホスト名：ディレクトリ ユーザ名）
PS1='%m:%~ %n%# '       ……………… 上記のディレクトリ部分をフルパスに設定
PS1='%m:%~ %F{red}%n%f%# ' ……… 上記のユーザ名部分を赤に設定（%F{red}と%fで囲む）
```

表D　プロンプトに使用できるおもな特殊文字（zsh）

指定	意味
%#	ユーザIDが0（root）のときは「#」、それ以外は「%」
%m	ホスト名（hostnameコマンドで表示される名前。通常は［システム環境設定］-［共有］-［コンピュータ名］と共通）
%M	ホスト名（「.local」など、「.」以降も含めた名前）
%n	現在のユーザ名
%d または %/	カレントディレクトリ（%1dのように数字を追加すると末尾1つ分のディレクトリが表示される）
%~	カレントディレクトリ（ホームは「~」で表示、「%1~」のように数字を追加すると末尾1つ分のディレクトリが表示される）
%N	シェル名（標準では「-zsh」と表示される。「-」記号はログインシェルの意味）
%h または %!	ヒストリ番号
%D	日付（yy-mm-dd）
%T、%@	時刻（24時間）、時刻（12時間、AM/PM）
%D{フォーマット}	フォーマット指定付きの日付時刻。たとえば「年/月/日（曜日） 時:分:秒」なら「%D{%y/%m/%d(%a)%H:%M:%S}」のように指定する※
%%	%自体

※ 日付のフォーマットはほかにもありman strftimeで確認可能。manの画面で「/」に続けて%Aと入力すると説明されている箇所へジャンプできる（「/」は検索のキー操作。p.190）。

表E　プロンプトで使用できるおもな装飾指定（zsh）

指定（開始と終了）	意味
%B　%b	太字表示の開始と終了
%U　%u	下線表示の開始と終了
%F{色名}　%f	文字色表示の開始と終了
%K{色名}　%k	背景色指定の開始と終了

※ 色名はblack/red/green/yellow/blue/magenta/cyan/white、および3桁の数値（256色）による指定が可能。

シェルオプションによるシェルの動作設定

　シェルの動作を調整するための設定を**シェルオプション**（shell option）と言います。たとえば、シェルオプション「`AUTO_CD`」を有効にすると、ディレクトリ名をコマンドのように入力することで、カレントディレクトリを変更できるようになります（p.163）。
　また、シェルオプション「`NO_CLOBBER`」を有効にすると、リダイレクトによるファイルの上書き（p.149）を禁止できます。zshのおもなシェルオプションは**表F**のとおりです。
　シェルオプションを有効にするにはsetoptコマンドまたはset -o、無効にするにはunsetoptコマンドまたはset +oを使います。シェルオプションの「_」は省略可能で、小文字でも指定

できるので、たとえば、AUTO_CDを有効にするのであればsetopt autocdまたはset -o autocd、無効にするならばunsetopt autocdまたはset +o autocdあるいはsetopt noautocdのように元のオプションにnoを付けて設定します。なお、setoptのみで実行すると現在有効になっているオプションが、unsetoptのみで実行すると現在無効になっているオプションが一覧表示できます[注20]。また、一部のオプションについてはset -C(set -o noclobber あるいはset +o clobberと同じ)のように、1文字で設定できるようになっています。この場合も「-」を「+」にすると設定が無効になります。

シェルの設定ファイルには、コマンドラインで入力するのと同じように記述します。

AUTO_CDを有効にする設定例(すべて同じ意味)
```
setopt AUTO_CD
setopt auto_cd
setopt autocd
setopt -J
set -o autocd
```

AUTO_CDを無効にする設定例(すべて同じ意味)
```
unsetopt AUTO_CD
unsetopt auto_cd
unsetopt autocd
setopt NO_AUTO_CD
setopt noautocd
setopt +J
set +o autocd
```

表F　おもなシェルオプション(zsh)

シェルオプション	1文字オプション	説明
AUTO_CD	-J	ディレクトリ名だけでcdを実行する(p.163)
CHASE_LINKS	-w	cdコマンドなどでシンボリックリンクの代わりに物理ディレクトリを使用する
AUTO_REMOVE_SLASH		末尾の「/」を削除する(デフォルト、p.177)
AUTO_LIST	-9	補完候補を自動でリスト表示する(デフォルト)
AUTO_MENU		補完候補をコマンドラインに順次表示する(デフォルト)
BASH_AUTO_LIST		補完候補をbashと同じ方法で表示する[※1]
LIST_TYPES	-X	補完候補にファイルの種類(ディレクトリならば「/」、実行可能ファイルならば「*」)を表示する
GLOB	+F[※2]	パス名展開を行う(デフォルト)
NOMATCH	+3	パス名展開に失敗したらコマンドを実行しない(p.163)
NULL_GLOB	-G	パス名展開できなかった場合は空の文字列にする
DOT_GLOB		ドットファイルもパス名展開の対象にする
EXTENDED_GLOB		拡張パス名展開を行う[※3]
IGNORE_BRACES	-I	ブレース展開({ }による文字列の展開、p.161)を行わない
UNSET	+u	未定義の変数を参照した場合は空の内容を返す(デフォルト)
HIST_IGNORE_DUPS	-h	同じコマンドラインが連続した場合は1つだけヒストリに保存
SHARE_HISTORY		ヒストリをほかの端末(ほかのタブやウィンドウ)と共有する
HIST_NO_STORE		historyコマンドはヒストリに保存しない
ALL_EXPORT	-a	シェル変数を自動でexport(p.168)する

注20　本書では、文章での記載はマニュアル(man zshoptions)に合わせて「大文字」にしていますが、コマンドラインではsetoptおよびunsetoptでリスト表示される際の表記に合わせています。

（続き）

ALIASES		エイリアスを展開する
CLOBBER	+C	リダイレクションでファイルの上書きをしない
CORRECT	-0	コマンド入力を補正する（p.177）
IGNORE_EOF	-7	control + D でログアウトしない（p.165）
RM_STAR_SILENT	-H	rmコマンドで「*」を指定した際の確認メッセージを非表示（p.89）
BEEP	+B	補完できなかったときにビープ音を鳴らす（デフォルト）
EMACS、VI		コマンドライン編集（p.40）を Emacs風、vi風（p.217）に行う

※1 候補が複数ある場合、1回めの tab キーでビープ音、もう一度 tab を押すとリストが表示される。
※2 setopt +Fでパス名展開を行う、setopt -Fでパス名展開を行わない（setopt noglobと同じ）。1文字オプションはsetコマンドでset +Fでも設定可能。
※3 ^*.txtで「*.txtに該当しない」のような指定が可能になる。

コマンド実行時にディレクトリ末尾の「/」を削除しない　AUTO_REMOVE_SLASH

zshでは、補完で入力したディレクトリ名に続けてスペースを入れたときや、実行する際に、末尾の「/」が自動で削除されます。これはシェルオプション「**AUTO_REMOVE_SLASH**」がデフォルトで有効なためで、無効にすると削除されなくなります。

```
setopt noautoremoveslash  …「/」の自動削除を行わない。設定ファイル（~/.zshrc）に追加
```

補完候補の表示をbashと同様にする　BASH_AUTO_LIST

bashでは、補完候補が複数の場合はまずビープ音がなり、もう一度 tab を押すと補完候補のリストが表示されます。zshも同じ動作にするには、「**BASH_AUTO_LIST**」を有効にします。

```
setopt bashautolist  … 補完候補の表示をbashと同じにする。設定ファイル（~/.zshrc）に追加
```

コマンド入力を補正する　CORRECT

コマンドが見つからなかったときに、似たような名前のコマンドを候補として示す「**CORRECT**」というオプションを設定しています。

```
setopt correct  …………………… コマンド入力を補正する。設定ファイル（~/.zshrc）に追加
```

```
correctが設定されていない場合の実行例
% histry
zsh: command not found: histry ……「histry」というコマンドはない

correctが設定されている場合の実行例
% histry
zsh: correct 'histry' to 'history' [nyae]?  … 候補が出る（「y」で「history」が実行される）
```

bashの設定

設定ファイルと設定例

bashも、zsh同様、起動時に「設定ファイル」を読み込み、その内容に従ってプロンプトや環境変数PATH(コマンドサーチパス、p.45)などを設定しています。

bashの設定ファイル　ユーザ設定は「~/.bash_profile」へ

bashも、zsh同様、起動時に「設定ファイル」を読み込み、その内容に従ってプロンプトや環境変数PATHなどを設定しています。

システム全体用の設定ファイルと個人用/ユーザ固有の設定ファイル

macOSでは、システム全体用の設定ファイルとして「/etc/profile」「/etc/bashrc」「/etc/bashrc_Apple_Terminal」の3つのファイルを使用しています。この3つは原則としてユーザは直接編集せず、そのままにしておきます。

ユーザ用の設定ファイルはデフォルトでは用意されていないので、自分で作る必要があります。たとえば、プロンプトの表示内容を替えたい場合や、コマンドを楽に入力するためのエイリアスを設定したい場合はユーザ用の設定ファイルを使います。

設定ファイルは図Aのような使い分けになっています。ログインシェルやインタラクティブシェルという用語については、p.172の「シェルの起動方法と設定ファイルの使い分け」を参照してください。

図A　bashの起動方法と設定ファイル

実際には、設定ファイルから別の設定ファイルを読み込むように構成されており、表Aのような使い分けとなっています。

表A　設定ファイルの使い分け（bash）

場面	システム全体用	個人用（ユーザ固有）
ログインシェルのとき	/etc/profile、/etc/bashrc[※]	~/.bash_profile（または「~/.profile」）、~/.bashrc
それ以外のとき	/etc/bashrc	~/.bashrc

※ ターミナルのバージョン2.6（OS X El Capitan 収録）で/etc/bashrc_Apple_Terminalが追加された（/etc/bashrcから参照されている）。

「~/.profile」と「~/.bash_profile」の違い

「~/.profile」はbashの前身である「sh」（*Bourne Shell*）用の設定ファイル、「~/.bash_profile」はbash用の設定ファイルです。bashはどちらにも対応していますが、両方存在した場合は「~/.bash_profile」を読み込みます。本書では「~/.bash_profile」で説明していますが、「~/.profile」がすでにあった場合は「~/.profile」を使用すると良いでしょう。

ユーザ用の設定ファイルにはこのほか「~/.bashrc」がありますが、「~/.bashrc」はログイン時には読み込まれない点に注意してください。「~/.bashrc」に共通の設定を書きたい場合は、「~/.bash_profile」の中から「~/.bashrc」を参照するように設定します。具体的には、「~/.bash_profile」の中に．**~/.bashrc**という行を追加します（sourceコマンド、p.171）。

「~/.bash_profile」の作成と編集

bashの設定ファイルはテキストファイルで、先述のzshの設定ファイルと同じような手順で作成と編集ができます。以下に、設定ファイル（.bash_profile）を作成し、テキストエディットを使って設定ファイル（.bash_profile）を開く例を紹介します。この方法でテキストエディットを開いた場合、フォーマットは「標準テキスト」、「スマート引用符」は自動でOFFになります。

```
$ cd                         ❶ホームディレクトリに移動（p.80）
$ touch .bash_profile        ❷.bash_profileファイルがなければ作成
$ open -e .bash_profile      ❸テキストエディットで.bash_profileを開く[※]
```
※ -eはテキストエディットでファイルを開くというオプション。「open -a textedit ファイル名 」相当。

設定ファイルの動作確認　source

設定ファイル（ホームディレクトリの「.bash_profile」）の変更は、ターミナルを開き直したときから有効です。しかし、設定の変更を試しているときに毎回ターミナルを改めて開くのはやや煩雑です。前述のzshの例と同様に、**source**コマンドや「**.**」コマンドを使って設定を反映させることができます。例を以下に紹介しておきます。

```
$ . ~/.bash_profile              「.」コマンドで設定ファイルを読み込む
$ source .bash_profile           カレントディレクトリにある「.bash_profile」を読み込む（cd
                                 コマンドでホームディレクトリに移動してから実行）。「.」コ
とくに問題がなければメッセージは表示されない    マンドを使って「. ./.bash_profile」と実行しても良い[※]
```
※ 「.」コマンドの場合、PATHにないディレクトリにあるファイルを読み込ませる際にはパスの指定が必要。「.」はzshやbashの設定ファイルでほかのファイルを読み込むときにも使われている（p.172や次ページの例も参照）。なお、シェルスクリプト（p.38）と同じ要領でbash .bash_profileあるいは実行許可属性を付けて「./.bash_profile」のように実行した場合、現在のシェルとは別にbashが起動して「.bash_profile」を実行することになるため、現在のシェルには設定が反映されない。

bashの設定ファイルはどう読み込まれる？

　bashの設定ファイルは「シェルスクリプト」(p.38)で、シェルが起動するときに設定ファイルに書かれている内容を1つ1つ実行していくことで設定を行っていくというスタイルになっています。たとえば、最初に読み込まれる/etc/profileは❶のようになっており、/etc/bashrcを読み込むようになっています。また、/etc/bashrcでは❷のようになっています。

❶ /etc/profile (macOS Catalina)

```
# System-wide .profile for sh(1)   …コメント行

if [ -x /usr/libexec/path_helper ]; then  …… 「/usr/libexec/path_helper」が実行可能ならば、
        eval `/usr/libexec/path_helper -s`  ‥「/usr/libexec/path_helper -s」の出力
fi                                            内容をコマンドとして実行する（環境変数
                                              PATHを設定している）

if [ "${BASH-no}" != "no" ]; then ……………… 変数BASHが設定されている場合は、
        [ -r /etc/bashrc ] && . /etc/bashrc   /etc/bashrcが読めるなら実行
fi
```

❷ /etc/bashrc (macOS Catalina)

```
# System-wide .bashrc file for interactive bash(1) shells.
if [ -z "$PS1" ]; then ………………………… 変数PS1が定義されていなかったら
   return ……………………………………………… 何もせず、/etc/bashrcを終了
fi
```
（インタラクティブシェルとして起動した場合はbashによってPS1の初期値がセットされるので、これによって「対話処理ではないときは何もしない」という動作になっている）

```
PS1='\h:\W \u\$ '  …PS1でプロンプトを設定。macOSでのデフォルトは「 ホスト名 : カレントディレクトリ  ユーザ名 $」
# Make bash check its window size after a process completes
shopt -s checkwinsize  ……シェルオプション「checkwinsize」を有効にする
                         （checkwinsizeはターミナルの画面サイズを監視するオプション）

[ -r "/etc/bashrc_$TERM_PROGRAM" ] && . "/etc/bashrc_$TERM_PROGRAM" ……
         /etc/bashrc_Apple_Terminalというファイルが読み込み可能なら、「.」コマンドで
         読み込む（変数TERM_PROGRAMにApple_Terminalが設定されている）
```

bashの設定例　エイリアス、プロンプトの表示、シェルオプション

　ここでは、個人用設定ファイル「~/.bash_profile」での設定例を4つ紹介します。zshの例と同様に推奨する設定という意味ではありませんので、自分で設定を変更したくなったときの記述のサンプルとして活用してください。

「~/.bash_profile」の記述例

```
alias preview='open -a preview' ……………………… エイリアスの設定 (p.181)
PS1='\u@\h \W \$ ' ……………………………………………… プロンプトの設定 (p.181)
set -o noclobber ………………………………………………… シェルオプションの設定 (p.183)
export BASH_SILENCE_DEPRECATION_WARNING=1 …… 環境変数の設定 (p.184)
```

エイリアスを設定する

よく使うコマンドや、忘れてしまいがちなオプションの組み合わせなどは、エイリアス（コマンドエイリアス）を設定しておくことで、コマンドラインでの入力が楽になります。

たとえば、**open -a preview**を「preview」という名前にしておけば「**preview** ファイル 」でファイルをプレビューで表示できるようになります。具体的には「~/.bash_profile」に以下の行を追加します。

エイリアスの設定
```
alias preview='open -a preview'  …エイリアス「preview」を定義
```

エイリアスを設定したら、**source .bash_profile**で設定ファイルを読み込んで、動作を確認してみましょう。

```
$ source .bash_profile            sourceコマンドで.bashrc_profileを読み込む
$ preview file.png                プレビューでfile.png（画像ファイル）が表示される
```

プロンプトの表示内容の変更

プロンプトは「**PS1=** 設定内容 」で設定できます。デフォルトでは「**\h:\W \u\$**」が設定されており、これは、「 ホスト名 : カレントディレクトリ ユーザ名 」に続けて「**$**」とスペースを表示する、という意味です。「**\h**」のような「**** 文字 」の組み合わせは「特殊文字」で**表B**のような意味を持ちます。「**:**」などの文字はそのまま表示されます。

まず、コマンドラインでどのような表示だと自分にとって作業しやすいかを確認し、気に入った組み合わせができたら設定ファイル（「~/.bash_profile」）に追加すると良いでしょう。なお、プロンプトの最後の「**\$**」は必ず設定しましょう。これはrootのときは「**#**」を、それ以外のときは「**$**」を表示するという設定です。

PS1（プロンプト）の設定例（表示内容）
```
PS1='\u@\h \W \$ '    ……………… zshと同じ設定にする（ ユーザ名 @ ホスト名   ディレクトリ ）
PS1='\u@\h \w \$ '    ……………… 上記のディレクトリ部分をフルパスに設定
```

表B　プロンプトに使用できるおもな特殊文字（bash）

指定	意味
\\$	ユーザIDが0（root）のときは「#」、それ以外は「$」
\h	ホスト名（hostnameコマンドで表示される名前。通常は［システム環境設定］-［共有］-［コンピュータ名］と共通）
\H	ホスト名（「.local」など、「.」以降も含めた名前）
\u	現在のユーザ名
\w	カレントディレクトリ（フルパス）
\W	カレントディレクトリ（末尾のディレクトリ名部分）
\s	シェル名（標準では「-bash」と表示される。「-」記号はログインシェルの意味）
\!	ヒストリ番号
\d	「 曜日 月 日 」の形式の日付
\D{ フォーマット }	フォーマット指定付きの日付時刻。たとえば「 年 / 月 / 日 （ 曜日 ） 時 : 分 : 秒 」なら「\D{%y/%m/%d(%a)%H:%M:%S}」のように指定する[※]

(続き)

\\	\自体
\数	数(数部分は8進数3桁で指定)
\[\]	非表示文字(色を指定するときなどに使用。続く解説を参照)

※ 日付のフォーマットはほかにもあり、man strftimeで確認可能。manの画面で「/」に続けて%Aと入力すると、説明されている箇所へジャンプできる(「/」は検索のキー操作、p.190)。

プロンプトの色を変更する

プロンプト部分の色を変更するには、「\e[色番号」を使います。表示が乱れることがあるため色指定部分は「\[\]」で囲む必要があるので、以下のようになります。\[\e[0m\]部分は「設定をリセットする」という意味で、この指定がないとコマンドラインで入力する文字の色もプロンプトと同じになります。表Cのような色が指定できます。なお、ターミナル全体で使用する色はターミナルの設定で変更できます[注21]。

PS1(プロンプト)の設定例

❶現在のディレクトリのフルパスを[ ]に入れて表示
PS1='[\w]\$ '

❷❶と同じ内容でプロンプト部分を緑色に設定
PS1='\[\e[1;32m\][\w]\$ \[\e[0m\]'
　　　緑の太字にする　　　　元の色に戻す

❸❶と同じ内容で、プロンプト部分の文字を青の太字、背景色を明るいグレーに設定
PS1='\[\e[1;34m \e[107m\][\w]\$ \[\e[0m\]'
　　　青の太字　背景色を明るいグレー　元の色に戻す

表C 色指定(\[\]の中で指定)

色名		文字の色	太字指定	下線付き指定	文字の背景色
低輝度(暗めな色)	黒	\e[0;30m	\e[1;30m	\e[4;30m	\e[40m
	赤	\e[0;31m	\e[1;31m	\e[4;31m	\e[41m
	緑	\e[0;32m	\e[1;32m	\e[4;32m	\e[42m
	黄	\e[0;33m	\e[1;33m	\e[4;33m	\e[43m
	青	\e[0;34m	\e[1;34m	\e[4;34m	\e[44m
	紫(マゼンタ)	\e[0;35m	\e[1;35m	\e[4;35m	\e[45m
	水色(シアン)	\e[0;36m	\e[1;36m	\e[4;36m	\e[46m
	白(グレー)	\e[0;37m	\e[1;37m	\e[4;37m	\e[47m
高輝度(明るめな色)	黒	\e[0;90m	\e[1;90m	\e[4;90m	\e[100m
	赤	\e[0;91m	\e[1;91m	\e[4;91m	\e[101m
	緑	\e[0;92m	\e[1;92m	\e[4;92m	\e[102m
	黄	\e[0;93m	\e[1;93m	\e[4;93m	\e[103m
	青	\e[0;94m	\e[1;94m	\e[4;94m	\e[104m
	紫(マゼンタ)	\e[0;95m	\e[1;95m	\e[4;95m	\e[105m
	水色(シアン)	\e[0;96m	\e[1;96m	\e[4;96m	\e[106m
	白(グレー)	\e[0;97m	\e[1;97m	\e[4;97m	\e[107m

注21　[プロファイル]-[テキスト]で設定できます(p.15)。

シェルオプションによるシェルの動作設定

前述のとおり、シェルオプションを用いてシェルの動作を調整することができます（**表D**）。たとえば、シェルオプション「`noclobber`」を有効にすると、リダイレクトによるファイルの上書き(p.149)を禁止できます。

シェルオプションを有効にするには、「`set -o` シェルオプション 」のようにします。「`-`」と「`+`」を逆にして、「`set +o` シェルオプション 」のようにすると無効になります。また、一部のオプションについては`set -C`（`set -o noclobber`と同じ）のように、1文字で設定できるようになっています。この場合も「`-`」を「`+`」にすると設定が無効になります。

このほか、シェルオプションには`set -o`で設定できるもののほかに、shoptコマンドで設定できるものもあります（**表E**）[注22]。

シェルの設定ファイルには、コマンドラインで入力するのと同じように記述します。

```
noclobberを「有効」に設定
set -o noclobber
set -C
noclobberを「無効」に設定
set +o noclobber
set +C
```

```
set -o noclobberでリダイレクト時の上書きを禁止
$ ls > list.txt          lsコマンドの結果をlist.txtに出力
$ ls > list.txt          lsコマンドの結果をもう一度list.txtに出力（上書きされる）
$ set -o noclobber       リダイレクトによる上書きを禁止に設定
$ ls > list.txt          lsコマンドの結果をlist.txtに出力
-bash: list.txt: cannot overwrite existing file   上書きできない旨メッセージが表示された
```

表D おもなシェルオプション（setコマンド用）

シェルオプション	1文字オプション	説明
physical	-P	cdコマンドなどでシンボリックリンクの代わりに物理ディレクトリを使用する
noglob	-f	「*」などによるパス名展開を行わない
braceexpand	-B	ブレース展開（{ }による文字列の展開、p.161）を実行する（デフォルトで有効）
nounset	-u	定義していない変数を参照した場合はエラーにする
histexpand	-H	「!」形式の履歴置換を有効にする（デフォルトで有効）
history	—	コマンド履歴を有効にする（デフォルトで有効）
allexport	-a	シェル変数を自動でexport (p.168)する
noclobber	-C	リダイレクションでファイルの上書きをしない（p.183）
ignoreeof	—	control + D で終了しない（IGNOREEOF=10相当）

注22　shoptはbashバージョン2で追加されたコマンドです。setコマンドで設定するシェルオプションは、環境変数「SHELLOPTS」に保存されるのに対し、shoptの場合「shopt -s オプション 」で有効、「shopt -u オプション 」で無効にします。コマンドラインでは、オプション名無しのset -oまたはshoptでそれぞれの設定状況を確認できます。

(続き)

emacs	−	コマンド行の編集操作をEmacs形式にする（デフォルト）
vi	−	コマンド行の編集操作をviコマンド形式にする

表E　おもなシェルオプション（shoptコマンド用）

シェルオプション	説明
dotglob	ドットファイルもパス名展開の対象にする
extglob	拡張パス名展開を行う※
failglob	パス名展開に失敗したらコマンドを実行しない（p.163）
nullglob	パス名展開できなかった場合は空の文字列にする

※ !(*.txt)で「*.txtに該当しない」のような指定が可能になる。

「The default interactive shell is now zsh.」を表示しない

　macOS Catalina（10.15）でインタラクティブシェルとしてbashを起動すると、「**The default interactive shell is now zsh.**」というメッセージが表示されます（図B）。

図B　bash起動時のメッセージ

　このメッセージは、以下のように環境変数として**BASH_SILENCE_DEPRECATION_WARNING=1**を設定することで表示されなくなります。exportで、変数を環境変数として定義します（p.168）。プロンプトの定義に使用した**PS1**のように、動作中のシェルのみで使用する「シェル変数」の場合は不要ですが、今回の「**BASH_SILENCE_DEPRECATION_WARNING**」はbashが起動する際に参照するので、環境変数としておく必要があります（おもなシェル変数は**表F**を参照）。

```
export BASH_SILENCE_DEPRECATION_WARNING=1
```

表F　おもなシェル変数

シェル変数	説明
BASH	bashのパス（/bin/bash）
BASH_ARGC	bashの引数の個数（デバッグ用で通常は使用されていない）
BASH_ARGV	bashの引数（デバッグ用で通常は使用されていない）
BASH_VERSION	bashのバージョン
BASH_SILENCE_DEPRECATION_WARNING	起動時にデフォルトシェルについてのメッセージを表示しない（本文を参照）

(続き)

`HISTFILE`	ヒストリ（コマンド履歴）を記録しているファイルのパス
`HISTFILESIZE`	ヒストリファイルに記録する履歴数
`HISTSIZE`	現在使用中のbashの履歴数
`HOSTNAME`	ホスト名
`COLUMNS`	端末の桁数
`LINES`	端末の行数
`PPID`	親プロセスのPID[1]
`PROMPT_COMMAND`	ターミナルのタイトルバーに表示する内容（update_terminal_cwd[2]）
`PS1`	プロンプト（デフォルトは「\h:\W \u\$ 」、p.181）
`PS2`	セカンダリプロンプト（コマンド入力が2行以上になった際に表示される）
`PS3`	シェルスクリプトで簡単な対話メニュー選択を行うselect文で使用されるプロンプト
`PS4`	デバッグ時のプロンプト（通常は使用しない）
`SHELLOPTS`	現在設定されているシェルオプション
`IFS`	区切り文字（デフォルトはタブおよび改行）

[1] シェル自身のプロセスIDは「$」（たとえば`echo $$`のようにして実行）で参照できる。
[2] ターミナルの設定に従って自動生成されるシェル関数で、`type update_terminal_cwd`で内容を確認できる。

Column

デフォルトのシェルの変更　chshコマンド

ターミナルで使用するシェルはターミナルの環境設定で変更することができますが（p.17）、ユーザのデフォルトシェルを変更したい場合は、chshコマンドを使用します。たとえばbashに変更したい場合は`chsh -s /bin/bash`、zshに変更したい場合は`chsh -s /bin/zsh`のように指定します。ターミナルを開き直すと、指定したシェルのプロンプトが表示されます。

なお、chshで指定できるのは、/etc/shellsファイルに書かれているシェルに限られます。

```
デフォルトのシェルを変更
$ chsh -s /bin/zsh ………………………………………… ログインシェルをzshに変更
Changing shell for nishi.
Password for nishi: ………………………………………… パスワードを入力
ターミナルを開き直すと、zshのプロンプトが表示される
```

Column

AppleScriptをコマンドラインで動かそう

macOSにはGUI環境のアプリーションを操作できる**AppleScript**というスクリプト言語があります。AppleScriptは[アプリケーション]-[ユーティリティ]の「スクリプトエディタ」で編集/実行できますが、コマンドラインで動かすことも可能です。

コマンドラインでAppleScriptを実行するには、/usr/bin/osascriptコマンドを使用します。osascriptは、macOSでアプリケーションのコントロールを行う「OSA」(*Open Scripting Architecture*)というしくみに対応したスクリプトを実行するためのコマンドで、現在AppleScriptのほかにJavaScriptにも対応しています。

基本の使い方
osascript -e ' スクリプト ' .... AppleScriptでスクリプトコマンドを処理
osascript -e 'tell application " アプリケーション " to コマンド ' .. アプリケーション固有のコマンドを実行させる
osascript スクリプトファイル ※ .... スクリプトファイルを処理する

※ ファイル名で実行できるようにするには、スクリプトの1行目に「#! /usr/bin/osascript」を書き、ファイルに実行許可を与える(p.39)。

AppleScriptはほかのスクリプト言語同様、条件や繰り返しなどの構造的なプログラムが書けるほか、「**tell application "** アプリケーション **" to** コマンド 」という構文を使うことで、GUIで行うさまざまな操作をスクリプトで書くことができます。AppleScriptで使用できるアプリケーションとそれぞれのアプリケーションで使用できるコマンドは、スクリプトエディタの[ファイル]-[用語説明を開く]で確認できます。

また、AppleScriptの文法は、スクリプトエディタの[ヘルプ]-[AppleScriptヘルプを表示]および[ヘルプ]-[AppleScript Language Guideを表示]で参照することができます(**図a**)。

osascriptによるmacOSの操作例
% osascript -e 'set Volume 0' システムのボリュームを0にする
% osascript -e 'set Volume 10' .... システムのボリュームを最大にする
% osascript -e 'tell application "Finder" to sleep' .... スリープさせる

図a　スクリプトエディタの[ファイル]-[用語説明を開く]

第8章
テキスト処理とフィルター

　本章では、テキスト処理を行うコマンドを中心に取り上げています。これらのコマンドは、テキストファイルの閲覧や加工だけではなく、コマンドの出力結果を見やすく整形するような用途でも活用されています。
　8.1 節ではテキストファイルの表示、8.2 節では並べ替えや簡単な加工、そして 8.3 節では「正規表現」を使った高度な処理が可能なコマンドを取り上げます。また、8.3 節の最後ではターミナルで使えるテキストエディタの例として vi (vim) を紹介しています。

8.1 　テキストの表示　more/less/head/tail/cat/say
8.2 　テキストの加工　sort/cut/tr/iconv/wc/diff
8.3 　高度なテキスト処理　grep/sed/awk/vi(vim)

テキストの表示

more/less/head/tail/cat/say

本節は、テキストの表示に関するコマンドです。設定ファイルなどのテキストファイルはもちろん、コマンドの出力結果を参照するのにもよく使われるコマンドです。

ここでは、各コマンドの基本的な使い方と、よく使われるオプションを中心に取り上げています。オプションについてはAppendix Aを参照してください。

本節ではテキストファイルを表示する際に使用するコマンドについて扱います。これらのコマンドの多くは、コマンドの実行結果が長くて読みにくいときにも利用されています。

1画面ごとの表示　more/less

moreおよび**less**は、テキストファイルを1画面ずつ表示するコマンドです。「ページャ」(*pager*)とも呼ばれることがあります。元々moreというコマンドがあり、同じ用途で多機能なlessコマンドが作られました。moreとlessはUTF-8に対応しています[注1]。

macOSではmoreコマンドとlessコマンドは同じものですが[注2]、ファイル末尾まで表示したときの動作だけ異なります。moreコマンドの場合、末尾まで表示するとそのまま終了し(`less -EF`相当)、lessコマンドの場合はプロンプトを表示してコマンド入力を待ちます。

基本の使い方
```
more file1           file1を1画面ずつ表示
ls -l /bin | more    ls -l /binの実行結果を1画面ずつ表示
less file1           file1を1画面ずつ表示
ls -l /bin | less    ls -l /binの実行結果を1画面ずつ表示
ls -l /bin | less -N ls -l /binの実行結果を行番号付きで1画面ずつ表示※
```

※ moreコマンドでも同じオプションが使用可能。

`return`で1行、`space`で1画面先に進み、`Q`キー(`q`または`Q`)で終了します。この操作は伝統的なmoreコマンドも共通です。lessコマンド(macOSではmoreコマンドも共通)ではこのほか、`↑``↓`(または`k``j`)など、p.191の表Aを参照)や2本指の上下スワイプで前後にスクロールできます。

検索するには、`/`に続けて検索したい文字列を入力します。検索結果はハイライト表示(反転表示)されます。同じ文字を続けて検索したい場合は`n`、逆方向に検索したい場合は`N`と入力します。ほかにも多くのコマンドがあり、`h`で操作方法を確認できます。

注1　Shift_JISやEUC-JP (p.20)のファイルを表示したい場合は、多言語対応のページャであるlvを利用すると良いでしょう。macOSには収録されていませんが、Homebrew(第11章)が導入されている環境であれば`brew install lv`でインストールすることが可能です。

注2　p.321の基本オプションおよびショートオプションの一部は伝統的なmoreコマンドでも使用できるオプションで、ほかのオプションはlessコマンドで追加されたオプションです。

コマンドの実行結果を表示しながらファイルにも保存する

「`コマンド` | `more`や`コマンド` | `less`」で、コマンドの実行結果を1画面ずつ表示することがありますが、ファイルにも保存したい場合は`-o`オプションを使います。たとえば、以下の例では`ls -l /bin /usr/bin | less -o list.txt`で、`ls -l`で/binと/usr/binを表示結果をlessコマンドで表示するとともに、list.txtに保存しています。

```
lessコマンド（moreコマンド）で実行結果を表示しながら保存
% ls -l /bin /usr/bin | less -o list.txt  …lessで表示するのと同時にlist.txtにも保存
/bin:
total 4896
-rwxr-xr-x  1 root  wheel    35824  1 23 21:58 [
-r-xr-xr-x  1 root  wheel   623344  1 23 21:58 bash
-rwxr-xr-x  1 root  wheel    36768  1 23 21:58 cat
-rwxr-xr-x  1 root  wheel    47296  1 23 21:58 chmod
＜中略＞
-rwxr-xr-x  1 root  wheel    32160  1 23 21:58 ln
-rwxr-xr-x  1 root  wheel    51888  1 23 21:58 ls
-rwxr-xr-x  1 root  wheel    31696  1 23 21:58 mkdir
:  …………… lessコマンドのプロンプト（ここで[/]などのコマンドを入力）
```

なお、zshの場合、マルチIOが有効になっている場合（デフォルトで有効）、パイプとリダイレクトだけでも同じことができます（p.150）。この場合はリダイレクトを先に書きます。

```
実行結果を表示しながら保存（zshのみ）
% ls -l /bin /usr/bin > list.txt | less
total 4896
-rwxr-xr-x  1 root  wheel    35824  1 23 21:58 [
-r-xr-xr-x  1 root  wheel   623344  1 23 21:58 bash
-rwxr-xr-x  1 root  wheel    36768  1 23 21:58 cat
-rwxr-xr-x  1 root  wheel    47296  1 23 21:58 chmod
-rwxr-xr-x  1 root  wheel    32176  1 23 21:58 ln
-rwxr-xr-x  1 root  wheel    51888  1 23 21:58 ls
-rwxr-xr-x  1 root  wheel    31696  1 23 21:58 mkdir
（lessで表示し、list.txtにも保存されている）
```

表示開始位置を指定する

「`+行数`」または「`+/文字列`」で、表示を開始する位置を指定できます。たとえば、`less +10 /etc/man.conf`は/etc/man.confを10行めから表示します。「`+/文字列`」の場合、指定した文字列を検索して見つけた場所から表示します。

どちらも、「指定した位置が画面の先頭になるように表示される」というもので、↑キーで指定行から遡って表示することも可能です。

```
% less +10 /etc/man.conf        ……… /etc/man.confを10行めから表示
% less +/MANPATH /etc/man.conf  … /etc/man.confを「MANPATH」と書かれた箇所から表示
```

表示内容を検索する

`/`に続けて探したい文字列を入力して`return`を押すと該当する文字列の位置へ移動、`n`で下方向へ、`N`で上方向に検索します。**図A**では`man ls`でlsのマニュアルを表示しています。manは指定されたマニュアルのファイルを探して整形し、lessコマンドを使って表示するという処理を行っており[注3]、実際に表示を実行しているのはlessコマンドです。したがって、manの表示の際にもlessのキー操作が可能です（**表A**、**表B**）。

図A　manコマンド（lessコマンド）で表示中の内容を検索

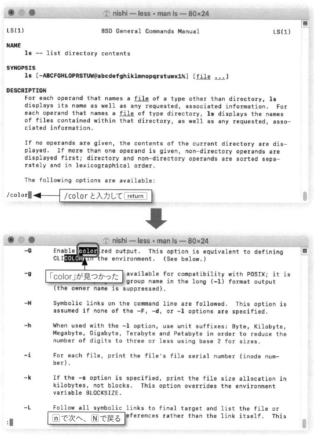

注3　manはデフォルトで/usr/bin/less -isを実行しています（-Pオプションで変更可能）。manのファイルは表示する画面の桁数や表示に使用するコマンドに合わせて整形できるようになっており、macOSのmanの場合、tblコマンド（テーブル整形を行う）やgroffコマンド（指定された形式に合わせて変換を行う）で画面表示用に整えてからlessコマンドへ渡しています。

表A more/lessコマンドで表示中に使用できるおもなコマンド[※]

コマンド	説明
h、H	ヘルプを表示（less画面と同様、`return`で1行、`space`で1画面先に進み、`q`で終了する）
q、:q、Q、:Q、ZZ	終了する
e、^E、j、J、^N、return	1行進む（数字に続いてコマンドを入力すると指定行数分進む、以下同）
y、Y、^Y、k、K、^K、^P	1行戻る
f、^F、^V、space、esc-space	1画面進む（`esc`+`space`の場合、データの末尾で止まらない）
F	1画面進み、末尾まで表示しても終了せずにファイルを監視する（tail -f同様、データが追加され続けるログファイルなどに使用する）
b、^B、esc-v	1画面戻る
d、^D	半画面分進む
u、^U	半画面分戻る
esc-)、→	半画面分右を表示
esc-(、←	半画面分左を表示
g、<、esc-<	先頭行に移動（数字に続いてコマンドを入力すると指定した行へ移動する）
G、>、esc->	最終行に移動（数字に続いてコマンドを入力すると指定した行へ移動する）
r、^R、^L、R	画面を再表示する（`R`の場合は入力を読み直さない）
t、T	タグジャンプ。`t`で次のタグ、`T`で前のタグに戻る（タグは-tや-Tオプションで指定）
v	表示中のファイルをviコマンド（p.217）で編集する（使用するエディタは環境変数VISUALまたはEDITORで変更可能）
! コマンド	シェルでコマンドを実行する（シェルは環境変数SHELLで変更可能）

※ 「^」は`control`キーを押しながら、「esc-」は`esc`キーに続いて、指定された文字（大小文字の区別あり）を入力する。

表B more/lessコマンドで表示中に使用できるおもなコマンド（検索関係）

コマンド	説明
/	検索する（`/`に続いて検索パターン[※]を入力する）
?	文章の先頭方向に検索する（`?`に続いて検索パターンを入力する）
n	次を検索する（`n`に続いて数字を入力すると指定回数分先に進む）
N	先頭方向に次を検索する（`N`に続いて数字を入力すると指定回数分前に戻る）
esc-u	検索結果の反転/反転解除を切り替える
&	検索パターンにあっている行だけを表示する（`&`に続いて検索パターンを入力する）

※ 正規表現（p.207）による指定が可能。

先頭と末尾の表示　head、tail

`head file1`でファイルの冒頭部分を、`tail file1`でファイルの末尾部分を表示します。どちらもデフォルトは10行で、`-n 3`（または`-3`）のように行数を指定することも可能です。複数のファイルを指定することもでき、この場合は各ファイルの先頭に「==> ファイル名 <==」が表示されます。

```
┌─ 基本の使い方 ─────────────────────────────────┐
│ head file1 ············ file1の冒頭部分（10行）を表示          │
│ head -3 file1 ········· file1の冒頭3行を表示                │
│ ls -l / | head ········ 「ls -l /」の実行結果の冒頭部分（10行）だけを表示 │
│ tail file1 ············ file1の末尾部分（10行）を表示          │
│ tail -3 file1 ········· file1の末尾3行を表示                │
│ ls -l / | tail ········ 「ls -l /」の実行結果の末尾部分（10行）だけを表示 │
└─────────────────────────────────────────┘
```

パイプと組み合わせて、コマンドの実行結果を確認する際にも使われます。

```
┌─ headでコマンド実行結果の先頭部分だけを表示 ────────────────┐
│ % ls -l /bin | head -3 ············「ls -l /bin」の結果を先頭3行だけ表示 │
│ total 4896                                            │
│ -rwxr-xr-x  1 root  wheel   35840  1 23 21:58 [       │
│ -r-xr-xr-x  1 root  wheel  623344  1 23 21:58 bash    │
│ % ································· 3行表示して処理が終了した │
└─────────────────────────────────────────────┘
```

headでコマンドの実行結果を素早く確認

　headでコマンドの実行結果を表示した場合、headの表示が終了した時点でコマンドライン全体が終了します。そこで、時間が掛かりそうな操作を試してみたいときにも便利です。
　たとえば、以下の❶のように`find / -name '*.jpg' 2>/dev/null | head -3`[注4]のように実行すると、headが3行分表示した段階、つまりファイルを3つ見つけた時点でfindコマンドの実行が終了します[注5]。

```
┌─ headでコマンド実行結果の冒頭部分を表示 ─────────────────┐
│ % find / -name '*.jpg' 2>/dev/null | head -3 ······❶findコマンドの結果を3行表示 │
│ /usr/share/doc/postfix/html/postfix-logo.jpg          │
│ /usr/share/doc/cups/images/smiley.jpg                 │
│ /usr/share/cups/ipptool/gray.jpg                      │
│ % ································· 3行表示して処理が終了した │
└─────────────────────────────────────────────┘
```

ファイルの表示と連結　cat

　`cat file1`でfile1の内容を**表示**します。また、複数のファイルをリダイレクトして保存することで、ファイルを**連結**（*conCATenate*）することができます。一般的にはテキストファイルに使用しますが、オプションを指定しない場合、一切の加工をせずに表示するのでバイナリファイルの連結に使うこともできます。

[注4] findはファイルを探すコマンドで、ここではシステム全体から「*.jpg」に該当する名前のファイルやディレクトリを探しています（p.129）。2>/dev/nullはエラーメッセージを表示しないための指定です（p.149）。

[注5] パイプの後ろのコマンド（本文の例ではheadコマンド）が終了すると、前のコマンド（本文の例ではfindコマンド）に終了を伝えるシグナル（PIPEシグナル、p.229の表Aを参照）が送られます。

> **基本の使い方**
> ```
> cat file1                       file1を表示
> cat -n file1                    file1に行番号を付けて表示
> cat file1 file2 file3 > file4   file1、file2、file3を連結してfile4にする
> ```

以下の❶では、ファイルの内容を画面に表示しています。❷では-nオプションを指定して行番号付きで表示しています。

```
% cat /etc/shells                          ❶テキストファイルを画面に表示
# List of acceptable shells for chpass(1).          以下、内容が画面に表示される
# Ftpd will not allow users to connect who are not using
# one of these shells.

/bin/bash
/bin/csh
/bin/dash
＜以下略＞
% cat -n /etc/shells                       ❷行番号付きで表示
     1  # List of acceptable shells for chpass(1).       行番号が付いた
     2  # Ftpd will not allow users to connect who are not using
     3  # one of these shells.
     4
     5  /bin/bash
     6  /bin/csh
     7  /bin/dash
＜以下略＞
```

キーボードから入力した内容をファイルに保存する

catのみで実行すると、catコマンドは標準入力、すなわちキーボードから入力した内容をそのまま表示します。そこで**cat > file1**のように、リダイレクトを使うと、キーボードからの入力をそのままfile1に保存できます。

入力の終わりには、control + D を入力します。control + D は「ファイルの終了」(EOF)という意味のキー操作です。

> **キーボードから入力した内容をファイルに保存**
> ```
> % cat > file1
> aaa                              （キーボードから入力）
> bbb
> ccc
>                                  最後まで入力したら、改行の後で control + D を入力
> % cat file1                      保存された内容を表示
> aaa
> bbb
> ccc
> ```
> キーボードから入力した内容がfile1に保存されている

テキストの読み上げ　say

　sayは、テキストファイルやコマンドラインで指定した文字列を音声で読み上げるコマンドです。

```
基本の使い方
say -f file1 ……………………… file1を音声で読み上げる
say 'こんにちは' ……………………「こんにちは」と音声で読み上げる※
```
※ 引用符は省略可能。

　「**say -f** `ファイル名`」または「**say** `文字列`」で、指定したファイルや文字列を読み上げます。日本語環境の場合、たとえば「**say こんにちは**」でスピーカーから「こんにちは」という音声が流れます。英単語を指定すると、いわゆるカタカナ英語の発音か、ローマ字読みで発音されます。

```
sayコマンドで音声読み上げ
% say こんにちは ………………………「こんにちは」と読み上げる（日本語環境）
% say hello ……………………………「ハロー」と読み上げる（日本語環境）
```

ほかの話者(ほかの言語)を指定する　-v

　「**-v** `名前`」で読み上げる「人」の名前を指定することができます。話者のラインナップは**say -v '?'**で確認できます。名前に続いてロケール(p.21)が表示されるので、たとえば「en_US」ならば言語は英語で地域は米国、「en_GB」ならば言語は英語で地域は英国とわかります。ほかにも話者によって声や読み方に特徴があり、「#」以下にどのような読み上げを行うかが表示されています。

```
読み上げの話者を指定
% say -v '?' ………………………………………… 話者を確認
Alex                    en_US     # Most people recognize me by my voice.
Alice                   it_IT     # Salve, mi chiamo Alice e sono una voce italiana.
Alva                    sv_SE     # Hej, jag heter Alva. Jag är en svensk röst.
＜以下略＞
sayで使用できる話者とロケールが表示
% say -v Alex 'Hello, I can read English' …… アメリカ英語で読み上げが実行される
% say -v Daniel 'Hello, I can read English' … イギリス英語になる（Danielはen_GB地域）
```

テキストの加工

sort/cut/tr/iconv/wc/diff

　本節で扱うのは、テキストの加工に関するコマンドです。並べ替えや行数のカウントは、コマンドの出力結果を参照するのにもよく使われます。ここでは、各コマンドの基本的な使い方と、とくにコマンドラインでファイルを操作する際に便利な使い方を中心に取り上げています。オプションの一覧についてはAppendix Aを参照してください。

テキストの並べ替え　sort

　`sort file1`でfile1を行単位で並べ替えて表示します。重複の除去も可能で、パイプと組み合わせてコマンドの実行結果を並べ替えるのにも使われます。

基本の使い方
```
sort file1              file1を並べ替える
sort -u file1           file1を並べ替えて重複を取り除く
ls -l / | sort          ls -l /の実行結果を並べ替える
```

　以下の✪のように複数のファイルを指定した場合、すべてを合わせた上で並べ替えます。

sortでテキストファイルを並べ替える
```
% cat file1             file1の内容を確認
Apple
Orange
Lemon
% cat file2             file2の内容を確認
Red
Yellow
Orange
% sort file1 file2      ✪file1とfile2を並べ替える
Apple
Lemon
Orange
Orange
Red
Yellow
```
アルファベット順に表示された
```
% sort -u file1 file2   file1とfile2を並べ替えて重複を除去
Apple
Lemon
Orange
Red
Yellow
```
重複が除去された

数の大小で並べ替える

数の大小で並べ替える場合には`-n`オプションを使用します。たとえば、ディレクトリのディスク使用量を調べる`du`コマンド（p.141）で`du -s /System/Applications/*`と実行すると、/System/Applications/直下のディレクトリのディスク使用量（各アプリケーションのサイズ）が表示されますが、この結果を以下の❶のように`sort`コマンドで並べ替えることで、サイズが小さい順に並べ替えることができます。なお、大きい順にしたい場合は、逆順を意味する`-r`オプションも一緒に指定します。

```
duコマンドの結果を並べ替えてサイズ順に表示
% du -s /System/Applications/* | sort -n ……… ❶duの結果を並べ替える
1976    /System/Applications/Stocks.app
2320    /System/Applications/Mission Control.app
2832    /System/Applications/Launchpad.app
＜中略＞
121632  /System/Applications/TV.app
153592  /System/Applications/Music.app
422288  /System/Applications/Utilities
```

フィールドを指定して並べ替える

`-k`オプションで並べ替えに使用するフィールドを指定できます。たとえば、`ls -l`ではファイルサイズが5番めに表示されるので、`ls -l | sort -k 5 -n`でサイズ順に並べることができます（`ls -lSr`相当[注6]）。なお、オプションをまとめて指定したい場合は、`-k`と`5`を続けて指定する必要があるため`sort -nk 5`のようにします。

以下では`ls -l /bin/*  | sort -nk 5`で/binにあるファイルを小さい順に表示しています。また、ここではtotal行を出さないように/bin/ではなく/bin/*としました。サイズが大きい順にしたい場合は、`-r`オプションを付けて`ls -l | sort -rk 5`のようにします（`ls -lS`相当）。

```
ls -lの結果を並べ替えてサイズ順に表示
% ls -l /bin/* | sort -nk 5 ……… /binのファイルを小さい順に表示
-rwxr-xr-x  1 root  wheel     30976  1 23 21:58 /bin/sync
-rwxr-xr-x  1 root  wheel     31200  1 23 21:58 /bin/sleep
-rwxr-xr-x  1 root  wheel     31264  1 23 21:58 /bin/echo
＜中略＞
-r-xr-xr-x  1 root  wheel    623344  1 23 21:58 /bin/bash
-rwxr-xr-x  1 root  wheel    633328  1 23 21:58 /bin/zsh
-r-xr-xr-x  1 root  wheel   1300128  1 23 21:58 /bin/ksh
```

文字の切り出し　cut

`cut`はファイルを読み込んで、それぞれの行から指定した部分だけを切り出して表示するコマンドです。「3文字めから10文字め」、あるいはタブなどで区切られたファイルから「1番めのフィールドと3番めのフィールド」のように選んで取り出すことができます。

注6　同じサイズの場合の並べ方の扱いが`ls -lSr`と異なるため、完全一致とはなりません。lsの-rで逆順にした場合、同じサイズの場合はファイル名の逆順になるためです。

各行から切り出したい箇所を「何文字めから何文字め」というリストで指定します。複数箇所から取り出したいときは「,」で区切ります。

> **基本の使い方**
> ```
> cut -c 3-10 file1  ……………file1の各行から3文字め〜10文字めを表示
> cut -f 1,3 -d , file1  ……「,」区切りのファイルから1つめと3つめのフィールドを表示
> ```

たとえば、以下の❶では-b 1-12,46-で、ls -l /の実行結果から先頭のファイル属性などの部分とファイル名部分だけ表示しています。1-12は先頭から12バイトという意味で、-12と指定することも可能です。ここでは冒頭の属性等11文字分とスペース1文字で12バイト分指定しています。46-は46バイトめ以降という意味で、46は筆者のmacOS環境でls -l /を実行したときにファイル名が始まる位置です。使用場面に合わせて調整してください[注7]。

-bは「切り出す位置をバイト数で指定する」というオプションです。同じように使うオプションに-cがあり、こちらは「文字数」で指定します。英数字の場合は-bと-cで結果は変わりませんが、日本語などマルチバイトの文字を扱いたい場合はデータに合わせて-bまたは-cで指定します。

> **ls -lの結果からファイルの属性とファイル名だけを出力**
> ```
> % ls -l / | cut -b 1-12,46-  …………❶
> total 9
> drwxrwxr-x+ Applications
> drwxr-xr-x  Library
> drwxr-xr-x@ System
> <中略>
> lrwxr-xr-x@ tmp -> private/tmp
> drwxr-xr-x@ usr
> lrwxr-xr-x@ var -> private/var
> ```

CSVファイルから必要な部分だけを取り出す

表計算や会計ソフトの入出力によく使われるファイル形式にCSV（*Comma Separated Value*）があります。CSVは各フィールドを「,」で区切った1件＝1行のテキストデータです。

cutコマンドでCSVデータを扱うときは、-fオプションで何番めのフィールドが必要かを示し、-dオプションで区切り文字である「,」を指定します。以下の例では-f 1,3 -d ','でCSVの1番めと3番めだけ取り出しています。

なお、cutコマンドでは順番の入れ替えはできません。順番を入れ替えるような操作をしたいときは、awk (p.214) やRubyなどのスクリプト言語を使用すると良いでしょう。また、データの中に「,」や改行が入っている場合は、正しく処理できない点も注意してください[注8]。

> **CSVファイルから1番めと3番めだけ取り出して保存**
> ```
> % cut -f 1,3 -d ',' file1.csv > file2.csv
> ```

注7　trコマンドでタブ区切りにすることで、「1番めと9番め以降のフィールドを切り出す」という指定が可能になります。
注8　たとえばCSVのデータが「abc」と「1,500」の2項目という意味で「abc,"1,500"」となっていた場合、cutコマンドでは「"1」が2番めのフィールドとして扱われます。

文字列の置き換え tr

trは、文字を置き換えたり削除したりするコマンドです。標準入力から受け取った内容を処理して、その結果を標準出力へ出力するので、テキストファイルを処理したい場合はcatコマンドなどを使うか、リダイレクトします。基本的な使い方は以下のとおりです。

基本の使い方

```
cat file1 | tr A-Z a-z > file2  ……file1の大文字をすべて小文字に変換してfile2に保存
tr -d '\r' <file1 >file2  ………………file1の改行コードをCRLFからCRを削除してfile2に保存
```

大文字を小文字にする、改行コードを変換する、「,」で区切られているものを改行区切りにするなどの処理によく使われます。たとえば、**tr abc ABC**でa➡A に、b➡Bに、c➡Cに置き換えます。**tr xyz 321**ならばx➡3、y➡2、z➡1になります。

以下の例のように、範囲を指定して**tr a-z A-Z**のように指定することも可能です。このように、trの置き換えは一対一の対応で行われるので、置き換え前（1つめの引数）と置き換え後（2つめの引数）の長さが同じになるように指定します。

trでアルファベットをすべて大文字に変更（大文字/小文字変換の例）

```
% cat /etc/shells | tr a-z A-Z
# LIST OF ACCEPTABLE SHELLS FOR CHPASS(1).
# FTPD WILL NOT ALLOW USERS TO CONNECT WHO ARE NOT USING
# ONE OF THESE SHELLS.

/BIN/BASH
/BIN/CSH
/BIN/DASH
<以下略>
```

特定の文字や制御文字を削除する

-dオプションで指定した文字を削除することができます。たとえば、**tr -d A-Z**ならば大文字がすべて除去されます。**-d**オプションは印刷できない文字や、表示の邪魔になる制御文字を削除するのにも使うことができます。たとえば、Windows環境ではテキストファイルの改行に**CRLF**（CRとLFという制御コード）を使用しており、macOS環境では**LF**のみを使用しています[注9]。trコマンドではCRを「**\r**」で表すことができるので、以下の例のように**tr -d '\r'**でCRを削除することができます。シェルで「****」が特別な意味を持つため、引用符で囲む必要がある点に注意してください。

Windows環境の改行文字をmacOS用に変換（改行コード変換の例）

```
% cat file1 | tr -d '\r' >file2
```

なお、ファイルを変換する場合、catコマンドを使うほかに入力をリダイレクトするという方法もあります。

注9 CRは「Carriage Return」の略でタイプライターでは行頭に戻るという意味、LFは「Line Feed」の略で行を変えることを意味しています。ちなみに、Mac OS 時代はCRのみで改行していました。文字コードは16進数ではCRが0x0d、LFが0x0a、8進数ではそれぞれ015と012です。

```
┌─ Windows環境の改行文字をmacOS用に変換（入力をリダイレクトする場合）─┐
% cat file1 ……… ファイルの内容を確認
Red
Green
Blue
% xxd file1 ……… xxd（ファイルの内容を2進数や16進数で表示するコマンド）で16進表示
00000000: 5265 640d 0a47 7265 656e 0d0a 426c 7565  Red..Green..Blue
00000010: 0d0a                                     ..   ……… 改行の位置に「0d0a」
% tr -d '\r' <file1 >file2                              （CRLF）が入っている
% xxd file2                                        改行が「0a」（CR）のみになった
00000000: 5265 640a 4772 6565 6e0a 426c 7565 0a    Red.Green.Blue.
```

固定長のデータをCSVやタブ区切りにする

-sオプションで、連続している文字を1つにまとめることができます。

たとえば、tr -s ' 'で連続したスペースが1つになります。さらに、tr -s ' ' ','のようにすれば、連続したスペースを「,」に置き換えることができます。ls -lの結果は画面で見やすいようにスペースを入れて位置が揃えられていますが(固定長)、これを「,」区切りのCSV形式にするならば以下の❶ls -l / | tr -s ' ' ','のようにします。

また、cutコマンドのようにタブ区切りの方が扱いやすい場合は「\t」に置き換えます。たとえば、p.197の「ls -lの結果から属性とファイル名を取り出す」のであれば、❷❸のようにタブ区切りにすることで「1番めと9番め以降のフィールドを切り出す」という指定で処理することができます。なお、タブをスペースに戻したい場合は、expandコマンド(p.206)を使用して変更できます。

```
% ls -l / | tr -s ' ' ','  ………❶連続したスペースを1つにして「,」に変換
total,9
drwxrwxr-x+,6,root,admin,192,1,23,21:49,Applications
drwxr-xr-x,62,root,wheel,1984,3,5,03:36,Library
drwxr-xr-x@,8,root,wheel,256,1,23,21:49,System
＜中略＞
lrwxr-xr-x@,1,root,admin,11,3,1,17:38,tmp,->,private/tmp
drwxr-xr-x@,11,root,wheel,352,3,1,17:38,usr
lrwxr-xr-x@,1,root,admin,11,3,1,17:38,var,->,private/var
% ls -l / | tr -s ' ' '\t'  ………❷連続したスペースを1つにしてタブに変換
total   9
drwxrwxr-x+     6       root    admin   192     1       23      21:49 ↵
                                                                Applications
drwxr-xr-x      62      root    wheel   1984    3       5       03:36   Library
drwxr-xr-x@     8       root    wheel   256     1       23      21:49   System
＜中略＞
lrwxr-xr-x@     1       root    admin   11      3       1       17:38 ↵
                                                tmp     ->      private/tmp
drwxr-xr-x@     11      root    wheel   352     3       1       17:38   usr
lrwxr-xr-x@     1       root    admin   11      3       1       17:38 ↵
                                                var     ->      private/var
```

```
% ls -l / | tr -s ' ' '\t' | cut -f 1,9-       ❸❷の1番めと9番め以降のフィールド
                                                                    を切り出す
total
drwxrwxr-x+     Applications
drwxr-xr-x      Library
drwxr-xr-x@     System
＜中略＞
lrwxr-xr-x@     tmp       ->      private/tmp
drwxr-xr-x@     usr
lrwxr-xr-x@     var       ->      private/var
```

Column

文字の置き換えと文字列の置き換え

解説で示したとおり、tr(p.198)の置き換えは「文字単位」で行われます。たとえば図aのように**tr bash BASH**としても、bashという文字列がBASHになるわけではありません。置き換えはあくまでも1文字ずつ実行されます。

文字列の単位で「bashをBASHにする」としたい場合、たとえばsed(p.211)ならば図bのように**sed s/bash/BASH/g**で置き換えることができます。

図a　trで置き換える

```
% cat /etc/shells | tr bash BASH    ……… trでbashをBASHに置き換える
# LiSt of AcceptABle SHellS for cHpASS(1).
# Ftpd will not Allow uSerS to connect wHo Are not uSing
# one of tHeSe SHellS.

/Bin/BASH
/Bin/cSH
/Bin/dASH
＜以下略＞
```
b、a、s、hがそれぞれB、A、S、Hに置き換えられた

図b　sedで置き換える

```
% cat /etc/shells | sed s/bash/BASH/g   ……… sedでbashをBASHに置き換える
# List of acceptable shells for chpass(1).
# Ftpd will not allow users to connect who are not using
# one of these shells.

/bin/BASH
/bin/csh
/bin/dash
＜以下略＞
```
bashがBASHに置き換えられた

テキストエンコーディング（文字コード）の変換　iconv

iconvはテキストファイルのテキストエンコーディング（文字コード、p.19）を変換するコマンドです[注10]。使用できるテキストエンコーディングは**iconv -l**で確認できます。なお、テキストエンコーディングの指定は大文字でも小文字でもかまいません。

```
基本の使い方
iconv -f sjis file1 ………………… Shift_JISで書かれたファイルをUTF-8にして画面に表示
iconv -f utf8 -t sjis file1 > file2 …… UTF-8のfile1をShift_JISに変換してfile2に保存
```

たとえば、Windows環境で作成されたテキストファイル「file1」がShift_JISだったため、ターミナル（UTF-8）で表示したら文字化けしてしまったというような場合は**iconv -f sjis -t utf8 file1**のように指定します。デフォルトはUTF-8なので**iconv -f sjis file1**でもかまいません。

結果は画面（標準出力）に表示されるので保存したい場合は、以下の❶のようにリダイレクトします。対応する文字がないなどで変換できなかった場合、エラーメッセージが表示されて処理が中断されますが、❷のように**-c**オプションを指定した場合、変換できなかった文字は出力せず、最後まで処理を続けます。

```
Shift_JISのテキストファイルをUTF-8にして保存
% cat file1.txt            まずはfile1.txtを表示
??????cA???E?B
????'V?t?gJIS?rₛ????ₔ?t?@?C???B
Shift_JISで書かれている場合、ターミナルでは表示できない
% iconv -f sjis file1.txt        file1.txtをShift_JISからUTF-8（デフォルト）に変換
こんにちは、世界。
これはシフトJISで保存されたファイル。
UTF-8に変換された
% iconv -f sjis file1.txt > file2.txt       ❶Shift_JISで書かれたfile1.txtをUTF-8に変換してfile2.txtに保存
% iconv -f sjis -c file1.txt > file2.txt    ❷❶と同様だが、変換できない文字があった場合はスキップして最後まで処理を続ける
```

使用できるテキストエンコーディングを確認する

iconv -lで使用できるテキストエンコーディングが一覧表示されます。同じ行に表示されているものは同じ意味で、たとえば、**Shift_JIS**であればMS_KANJIやSHIFT_JIS、SJISと指定できることがわかります。同様に、Linux環境などで使われていた**日本語EUC**はEUC-JPやEUCJPと指定します。**UTF-8**はUTF-8またはUTF8で指定します[注11]。いずれの場合も、大文字/小文字の区別はありません。

[注10] テキストエンコーディングを変換するコマンドとして古くから使われているnkf（*Network Kanji Filter*）もあり、こちらは改行コードの変換にも対応しています。macOSには収録されていませんが、Homebrew（第11章）が導入されている環境であれば**brew install nkf**でインストールできます。なお、Windows環境の改行コードをmacOS環境向けに変換したい場合はtrコマンド（p.198）が使用できます。

[注11] iconv -lではUTF-8のほかに「UTF-8-MAC」も出力されます。Unicodeでは、表記の揺れがあっても文字列の並び順に影響が出ないように行う「Unicode正規化」（*normalization*）を行いますが、macOSの場合、ファイル名などでNFD（*Normalization Form Canonical Decomposition*、正規化方式D）に基づくコードが使われており、iconvではこれを「UTF-8-MAC」と表示しています。UTF-8とUTF-8-MACでは、たとえば日本語の濁音の扱いなどが異なります。

201

```
（iconvで使用できるテキストエンコーディングを確認（一部略））
% iconv -l
ANSI_X3.4-1968 ANSI_X3.4-1986 ASCII CP367 IBM367 ISO-IR-6 ISO646-US ↲
                                    ISO_646.IRV:1991 US US-ASCII CSASCII
UTF-8 UTF8
UTF-8-MAC UTF8-MAC
＜中略＞
EUC-JP EUCJP EXTENDED_UNIX_CODE_PACKED_FORMAT_FOR_JAPANESE CSEUCPKDFMTJAPANESE
MS_KANJI SHIFT-JIS SHIFT_JIS SJIS CSSHIFTJIS
CP932
ISO-2022-JP CSISO2022JP
ISO-2022-JP-1
ISO-2022-JP-2 CSISO2022JP2
＜以下略＞
```

テキストファイルの行数/単語数/文字数　wc

`wc file1`で、file1 の行数と単語数とバイト数を表示します。単語数はスペースとタブまたは改行の区切りでカウントされており、UTF-8による日本語の文字数も数えることができます[注12]。コマンドの実行結果の行数を調べるのにも使います。

（基本の使い方）
| wc file1 | .... | file1の行数/単語数/バイト数を表示 |
| コマンド | wc -l | .... | コマンドの実行結果が何行あったか表示 |

たとえば、以下の❶では「/etc/shells」（シェルの設定ファイル）の行数、単語数、バイト数を数えています。バイト数ではなく文字数としたい場合は-mオプションを指定すると文字数だけが表示されます。文字数を行数と単語数とともに表示したい場合は❷のようにオプションを3つ指定します。なお、オプションの順番を問わず行数、単語数、バイト数または文字数という順で表示されます。❸のように複数のファイルを指定した場合、それぞれのファイルのカウント結果と合計が表示されます。

```
（ファイルの行数と文字数を数える）
% wc /etc/shells ............................... ❶
      11      31     189 /etc/shells
（行数、単語数、バイト数が表示された）
% cat file.txt ............................ ファイルの内容を確認
りんご 林檎
オレンジ 蜜柑
レモン 檸檬
% wc file.txt ............................ 行数、単語数、バイト数をカウント
       3       6      54 file.txt
% wc -m file.txt ............................ 文字数をカウント
```

注12　LANG=ja_JP.UTF-8 が設定されている必要があります。macOSの場合、[ターミナル]の[環境設定]-[プロファイル]にある[詳細]のテキストエンコーディングに応じて設定されます。

```
          22 file.txt
 文字数が表示された（空白と改行も1文字と数えられている）
% wc -l -w -m file.txt ················❷行数、単語数、バイト数をカウント
       3       6      22 file.txt
 行数、単語数、文字数が表示された
% wc -l /etc/*Terminal* ················❸複数ファイルを指定、行数のみをカウント（-l）
     242 /etc/bashrc_Apple_Terminal
      37 /etc/zshrc_Apple_Terminal
     279 total
 -lオプションで行数のみをカウント、最後に合計を表示
```

実行結果の件数を数える

　実行結果をwcに渡すことで、「結果が何行表示されているか」つまり「結果が何件か」を簡単に調べることができます。たとえば❶のようにlsコマンドの結果をwcに渡せば、該当するファイルの数がいくつだったかがわかります。なお、lsの結果は画面ではマルチカラムで表示しますが、パイプでほかのコマンドに渡す場合は1件1行となります。

　❷ではfile（ファイルの種類を表示するコマンド、p.311）で/usr/binにあるファイルを調べて、grepコマンドで「script」を含む行で絞り込み、wcに渡すことで/usr/binにスクリプトがいくつあるかを表示しています。なお、スクリプトの場合、fileコマンドで調べると必ず「script」という文字列が表示されると仮定して数えています。fileコマンドの **-b** オプションは結果のみでファイル名を表示しないオプションで、「osascript」コマンドのようにコマンド名に含まれる「script」の文字列をカウントしないために指定しています。grepの **-i** オプションは大文字/小文字を区別しないオプションで、実際には存在しませんが「Script」のような大文字混じりの表示がある可能性を考慮して指定しています。

```
 実行結果の件数を表示
% ls /bin/c* /usr/bin/c* | wc -l    ❶lsとwcを組み合わせてファイルの個数を数える
84 ······································· /binと/usr/binにある「c」から始まるファイルは84個
% file -b /usr/bin/* | grep -i script | wc -l ············❷
348 ······································· /usr/binにあるスクリプトは推定348個
```

テキストファイルの比較　diff

　diff はファイルを行単位で比較して、違っている箇所を出力するコマンドです。違っている箇所は「差分」（*difference*）と呼ばれ、プログラミングや文書管理システムの内部処理などでも使用されています。基本的な使用例は次のとおりです。

```
 基本の使い方
diff file1 file2   ············file1とfile2を比較して異なる箇所を出力
diff -u file1 file2 ············file1とfile2を比較して異なる箇所を出力
                                （異なる箇所を前後関係とともに出力）
```

　以下のapplist01.txtとapplist02.txtを比較してみましょう。

```
applist01.txt
1   Automator.app
2   Calculator.app
3   Calendar.app
4   Chess.app
5   Contacts.app
6   DVD Player.app
7   Dashboard.app
8   Dictionary.app
9   FaceTime.app
10  Font Book.app
11  Game Center.app
12  Image Capture.app
13  Launchpad.app
14  Mail.app
15  Maps.app
＜以下略＞
```

```
applist02.txt
1   Automator.app
2   Calculator.app
3   Calendar.app
4   chess.app ………… 変更されている
5   Contacts.app
6   DVD Player.app
7   Dashboard.app
8   Dictionary.app
9   Dropbox.app ………… 追加されている
10  FaceTime.app
11  Font Book2.app ……… 変更されている
12  Game Center2.app …… 変更されている
13  Image Capture.app
14  Launchpad.app
15  Mail.app
＜以下略＞
```

`diff applist01.txt applist02.txt`で、違っている箇所が表示されます。これがデフォルトの表示（**--normal**オプション相当）で、以下の例の❶❷❸❹がセットで示されます。

❶の違っている箇所の部分は「1つめのファイルの行番号」「**a/d/c**（追加/削除/変更）のいずれか1文字」「2つめのファイルの行番号」の組み合わせで示されます。たとえば、以下の実行例では「**4c4**」でそれぞれ4行めが変更されていることがわかります。変更内容はその後の表示から、❷1つめのファイルでは「Chess.app」であった箇所が、❹2つめのファイルでは「chess.app」とわかります。❶'の「**8a9**」は1つめのファイルの8行めと2つめのファイルの9行めに着目し、行の追加があることを示しています。

変更が複数行にわたる場合は行番号が「開始位置，終了位置」のように示されます。たとえば1行めから5行めであれば「**1,5**」となります。❷'「**10,11c11,12**」では、1つめのファイルの10行め〜11行めと2つめのファイルの11行め〜12行めに変更があることがわかります。

```
diffでファイルを比較（デフォルト）
% diff applist01.txt applist02.txt
4c4 ……………………………………………… ❶違っている箇所 ⇒ 変更（c）があった箇所
< Chess.app ……………………………………… ❷1つめのファイルの内容
--- …………………………………………………… ❸区切りの行
> chess.app …………………………………… ❹2つめのファイルの内容
8a9 ……………………………………………… ❶'追加（a）があった箇所
> Dropbox.app
10,11c11,12 …………………………………… ❷'変更（c）があった箇所
< Font Book.app
< Game Center.app
---
> Font Book2.app
> Game Center2.app
```

context形式

-cオプション（**--context**オプション）で、前後関係がわかるように表示されます。デフォルトでは前後3行が表示されますが、**-C 1**のように大文字のオプションで行数を指定することもできます。

以下は、先ほどと同じファイルで、context形式で前後1行を出力しています。最初に「***　1つめのファイル　タイムスタンプ 」「--- 2つめのファイル　タイムスタンプ 」が表示され、その後は「***」で1つめのファイル、「---」で2つめのファイルが示されています。変更のある箇所は「!」、2つめのファイルで追加されている行は「+」、削除された行は「-」で示されます。

```
違いを前後関係とともに表示（context形式）
% diff -C 1 applist01.txt applist02.txt
*** applist01.txt      2020-03-10 11:00:00.000000000 +0900  ……「***」が1つめのファイル
--- applist02.txt      2020-03-10 11:00:00.000000000 +0900  ……「---」が2つめのファイル
**************
*** 3,5 ****  ……………………………………… 1つめのファイルの3～5行め
  Calendar.app
! Chess.app   ……………………………………… この行が異なる（「!」マーク）
  Contacts.app
--- 3,5 ----  ……………………………………… 2つめのファイルの3～5行め
  Calendar.app
! chess.app   ……………………………………… この行が異なる
  Contacts.app
***
*** 8,12 **** ……………………………………… 1つめのファイルの8～12行め
  Dictionary.app
  FaceTime.app
! Font Book.app
! Game Center.app
  Image Capture.app
--- 8,13 ---- ……………………………………… 1つめのファイルの8～13行め
  Dictionary.app
+ Dropbox.app ……………………………………… この行が追加されている（「+」マーク）
  FaceTime.app
! Font Book2.app
! Game Center2.app
  Image Capture.app
```

unified形式

-uオプション（**--unified**オプション）でも前後関係がわかるように表示されますが、context形式と違い、2つのファイルを合わせた状態で表示します。デフォルトでは前後3行が表示されますが、**-U 1**のように大文字のオプションで行数を指定することもできます。

以下は、先ほどと同じファイルで、unified形式で前後1行を出力しています。最初に「---　1つめのファイルタイムスタンプ 」「+++ 2つめのファイルタイムスタンプ 」が表示されています。続いて、違っている箇所が「@@ -1つめのファイルでの位置 +2つめのファイルでの位置 @@」で出力され、「-1つめのファイル」と、それに対応する「+2つめのファイル」の内容が示されます。つまり、1つめのファイルに対して、「-」の行を削除して「+」の行を追加すると、結果として2つめのファ

イルになります。Gitというバージョン管理システムでもこの形式が使われています。

```
違いを前後関係とともに表示（unified形式）
% diff -U 1 applist01.txt applist02.txt
--- applist01.txt       2020-03-10 11:00:00.000000000 +0900
+++ applist02.txt       2020-03-10 11:00:00.000000000 +0900
@@ -3,3 +3,3 @@ ………両ファイルの3行めから3行分
 Calendar.app
-Chess.app
+chess.app
 Contacts.app
@@ -8,5 +8,6 @@ ………1つめのファイルの8行めから5行分/2つめのファイルの8行めから6行分
 Dictionary.app
+Dropbox.app
 FaceTime.app
-Font Book.app
-Game Center.app
+Font Book2.app
+Game Center2.app
 Image Capture.app
```

Column

タブとスペース　expand、unexpand

　プログラムを書くとき（インデント/*indent*、字下げ）や、テキストエディタなどで文書を入力する際に、tabで「空白」を入れることがあります。画面上はスペースに似ていますが、実際には制御文字「タブ」(\t)が入っており、エディタなどではタブの次に入力した文字の位置が揃うように調整された上で表示されています。

　揃える位置は、通常では8文字が使われています。これを**タブ幅**(*tab width*)と言います。タブ幅はソフトウェアによっては変更可能で、通常は2文字、4文字または8文字が使用されています。

　expand file1で、file1のタブをスペースに置き換えることができます。行の途中にあるタブもタブ幅を考慮してスペースに置換されます。デフォルトのタブ幅は8桁で、**-t**オプションで変更できます。

　逆に、**unexpand file1**で行頭の空白をタブ文字に変換することができます[a]。

注a　unexpandも**-t**でタブ幅を設定可能。**-t**を指定すると行頭以外にある空白も変換対象となります。

高度なテキスト処理

grep/sed/awk/vi(vim)

本節では、正規表現などを利用した高度なテキスト処理を行うコマンドを取り扱います。ここでは、各コマンドのごく基本的な使い方を紹介しています。慣れないうちはわかりにくいものも数多くありますが、実行例のコマンドはなるべくそのまま試せるようにしてありますので、ぜひ手を動かして試してみてください。また、オプションについてはAppendix Aを参照してください。

文字列の検索　grep

grepコマンドは、指定したファイルや標準入力から受け取った内容から指定した文字列を含む行だけを表示します。

文字列の指定には「abc」や「macOS」のような文字列そのもののほかに、「アルファベットの小文字で5文字」や「2桁の数字」のようなパターン（*pattern*、型/様式）で指定することができます。パターンの指定には、**正規表現**（*regular expression*）を使用します。

```
基本の使い方※
grep 'abc' file1 ………… file1の中で、「abc」が含まれる行だけを表示
grep -v 'abc' file1 ……… file1の中で、「abc」が含まれない行だけを表示
ls -l / | grep 'admin' … ls -l /の実行結果のうち「admin」が含まれる行だけを表示
```
※ 'abc'部分は正規表現を使った指定が可能。通常の文字列のみの場合、引用符は省略可能。

たとえば、以下の❶では、**grep PS1 /etc/***部分で/etcにあるファイルから「PS1」と書かれている箇所を検索しています。**PS1**はプロンプトを設定する環境変数なので**grep PS1/etc/***でどのファイルで設定しているか探すことができます。また、サブディレクトリまで対象にしたい場合は**-R**オプションを、ディレクトリは無視したい場合には**-d skip**を指定します。許可がないなどのエラーメッセージを表示したくない場合は、**-s**オプションを指定するか、**2> /dev/null**でエラーメッセージをリダイレクトすると良いでしょう（p.149）。以下の例では**-R**と**-s**を指定しています。

```
プロンプトを設定しているファイルを探す
% grep -Rs PS1 /etc/*  …❶サブディレクトリも検索（-R）、エラーメッセージを表示しない（-s）
/etc/bashrc:if [ -z "$PS1" ]; then
/etc/bashrc:PS1='\h:\W \u\$ '
/etc/zshrc:PS1="%n@%m %1~ %# "
 PS1は/etc/bashrcと/etc/zshrcの中で参照/設定しているとわかった
```

検索パターンに正規表現を使用する　シンボリックリンクをリストアップする2つの例

たとえば、シンボリックリンクをリストアップしたいとき、findコマンドを使うこともできますが、もう少し手軽にlsコマンドの結果をgrepコマンドで絞り込むことでも確認できます。ここでは、正規表現のサンプルとして2つの例を示します。

まず、`ls -l`の結果から見る方法です。`ls -l`の場合、シンボリックリンクは「`lrwx……`」のようにリンクを表す「`l`」(エル)から始まります。正規表現を使うと、「行頭にある`l`」を「`^l`」と表すことができるので、`ls -l | grep ^l`とすることで、`ls -l`の結果からシンボリックリンクの行だけを表示することができます。

```
── ls -lの結果からシンボリックリンクだけを表示 ──
% ls -l / | grep ^l
lrwxr-xr-x@  1 root  admin  11 11  4 19:28 etc -> private/etc
lrwxr-xr-x   1 root  wheel  25 11  8 20:15 home -> /System/Volumes/Data/home
lrwxr-xr-x@  1 root  admin  11 11  4 19:33 tmp -> private/tmp
lrwxr-xr-x@  1 root  admin  11 11  4 19:33 var -> private/var
```

次に、`ls -F`から見る方法です。`ls -F`の場合、シンボリックリンクはファイルの末尾に「`@`」が表示されるので[注13]、行末という意味の「`$`」を付けて「`@$`」を検索します[注14]。

```
── ls -Fの結果からシンボリックリンクだけを表示 ──
% ls -F / | grep @$
etc@
home@
tmp@
var@
```

なお、「`@`」はファイル名にも使うことができるので、「名前の末尾に`@`を使っているファイル」が存在した場合にはこの方法では絞り込むことができません。逆に、「`@`」がファイル名のどこにも使われていないとわかっている場合は、位置まで指定せずに`ls -F | grep @`としても良いでしょう。「`@`」が使われているファイルがあるかどうかは`ls *@*`や`ls | grep @`で確認できます。

基本正規表現と拡張正規表現

grepで使用できる正規表現は、基本正規表現と拡張正規表現の2種類があります。

基本正規表現(*basic regular expression*、BRE)はgrepコマンドに限らず、さまざまなコマンドで使用できます(**表A**)。たとえば、先ほど使用した、行頭を「`^`」で、行末を「`$`」で表すのは基本正規表現です。

拡張正規表現(*extended regular expression*、ERE)では「3桁の数値」のように文字の個数を指定するなど、基本正規表現では指定しにくい文字列も表現できます(**表B**)。grepコマンドで拡張正規表現を使う場合は`-E`オプションを付けるか、grepコマンドの代わりにegrepコマンドを使います[注15]。

注13 `ls -F`は-lオプション無しのls同様、画面表示では複数列での出力となりますが、パイプやリダイレクトで画面以外に出力した場合は1件1行となります。したがって、ファイル名の末尾は行末ということになります。

注14 「`$`」はシェルでは「`$ 変数名 `」のように環境変数やシェル変数を参照するのに使用します。今回のように「`$`」の後ろに何もない場合は動作に影響しませんが、「`$`」をシェルに処理させないようにしたい場合は「`'@$'`」または「`@\$`」のように「`'`」または「`\`」を使用します。「`" "`」の場合「`$`」が展開されるので使用できません(p.164)。

注15 拡張正規表現の記号に「`\`」を付けても有効です。たとえば`grep -s 'PS[0-9]\+' /etc/*`と`grep -sE 'PS[0-9]+'/etc/*`と`egrep -s 'PS[0-9]+' /etc/*`は同じ意味で、いずれも「PSの後ろに数字([0-9])が1つ以上(+)」という意味になります。

表A grepで使えるおもな正規表現（基本正規表現）

記号	意味	指定例	指定例の動作
^	行頭	^abc	abcから始まる行にマッチする
$	行末	abc$	abcで終わる行にマッチする
\\<	語頭	\\<abc	abcで始まる単語にマッチする
\\>	語尾	abc\\>	abcで終わる単語にマッチする
.	改行以外の任意の1文字	t.st	textやtestにマッチするがtxtにはマッチしない
*	直前パターンの0回以上の繰り返し	t*t	textやtxtにマッチする
\\d	数字（[0-9] 相当）	PS\\d	PS1やPS2にはマッチするがPSaにはマッチしない
\\D	数字以外	PS\\D	PSaにはマッチするがPS1にはマッチしない
\\s	空白文字（スペースやタブ）	PS\\s1	「PS_1」（スペース）にマッチする
\\S	空白文字以外	PS\\S1	「PS_1」（スペース）にはマッチしないが「PS11」にはマッチする
\\w	アルファベットと数字および「_」（[a-zA-Z0-9_] 相当）※	a\\w	aaやa1などにマッチするが「a_」（スペースを含む）にはマッチしない
\\W	アルファベットと数字および「_」以外	a\\W	「a_」（スペースを含む）にはマッチするが、aaにはマッチしない
[...]	囲まれている文字のどれか	[abc]	abcのいずれかにマッチする
[^...]	囲まれている文字でない文字	[^abc]	abc以外にマッチする
[n-n]	指定範囲のどれかの文字	[a-e]	abcdeのいずれかにマッチする

※ 単語構成文字（*word character*）と言い、変数名などの「名前」として使用できる文字を指す。なお、定義は man re_format でも確認できる。

表B grepで使えるおもな正規表現（拡張正規表現）※1※2

記号	意味	指定例	指定例の動作
?	直前パターンが0回または1回ある	PS[0-9]?	PSやPS1にはマッチするがPS123にはマッチしない
+	直前パターンの1回以上の繰り返し	PS[0-9]+	PS1やPS123にはマッチするがPSにはマッチしない
{n}	直前パターンのn回の繰り返し	[0-9]{3}	3桁の数値にマッチする
{n,}	直前パターンのn回以上の繰り返し	[0-9]{3,}	3桁以上の数値にマッチする
{,m}	直前パターンのm回以下の繰り返し	[0-9]{,5}	5桁以下の数値にマッチする
{n,m}	直前パターンのn回〜m回の繰り返し	[0-9]{3,5}	3桁から5桁の数値
|	または	txt|doc	txtまたはdocにマッチする
()	()内をひとまとまりとする	(abc){2}	abcabcにマッチする

※1 検索文字列の中に特殊文字と同じ文字を使いたい場合は「\\」を付ける。たとえば\\wという文字を探したい場合は\\\\wとする。
※2 正規表現として「?」「+」「|」「{ }」「( )」を使う場合は「\\?」のように「\\」を付けるか、-Eオプションを付ける必要がある。

複数のパターンで検索する

「redまたはblue」のように、複数のパターンでどちらかが該当する行を表示したい場合は ❶ `-e 'red' -e 'blue'` のように `-e` オプションを使用します。

「redとblueの両方」という場合、redが必ず先と決まっているのであれば検索パターンを正規表現で ❷ `'red.*blue'` のように指定、順番が決まっておらずどちらでも良い場合は ❸ のように「red」で検索した結果を「blue」で絞り込みます。

```
複数のパターンで検索
% cat file1 ……………………………… file1の内容を確認
[A] red-white-blue
[B] white-blue-red
[C] yellow-green-white
[D] black-red-yellow
[E] blue-black-white
[A]〜[E]の5行
% cat file1 | grep -e 'red' -e 'blue' ……… ❶「red」または「blue」が含まれる行
[A] red-white-blue
[B] white-blue-red
[D] black-red-yellow
[E] blue-black-white
4行が該当
% cat file1 | grep 'red.*blue' ……………… ❷「red」の後に「blue」がある行
[A] red-white-blue
1行が該当
% cat file1 | grep 'red' | grep 'blue' ……… ❸「red」と「blue」がある行
[A] red-white-blue
[B] white-blue-red
2行が該当
```

※ ❶と❸の「 ' 」は省略可能。❷はパス名展開にも使用する「*」を使っているため、引用符が必要。

前後関係やファイル中の位置がわかるようにする

検索結果の行だけだとわかりにくい場合は `-n` で行番号を付けたり、`--context` で前後の行を表示するとわかりやすくなります。画面の場合、さらに `--color` オプションで該当箇所を色付きにすることも可能です。なお、`--color` は常に指定したいような場合は、エイリアス（p.158）で `alias grep='grep --color'` のように指定しておきます。

```
行番号や前後の行も付けて表示
% grep -Rsn PS1 /etc/* ……………… 結果を行数付きで表示（-n）
/etc/bashrc:2:if [ -z "$PS1" ]; then
/etc/bashrc:6:PS1='\h:\W \u\$ '
/etc/zshrc:70:PS1="%n@%m %1~ %# "
ファイル名の後に行番号が表示された
% grep -Rsn --context --color PS1 /etc/* ……… 前後2行表示（--context）、該当箇所は
                                              色付きの太字で表示（--color）
/etc/bashrc-1-# System-wide .bashrc file for interactive bash(1) shells.
```

```
/etc/bashrc:2:if [ -z "$PS1" ]; then
/etc/bashrc-3-    return
/etc/bashrc-4-fi
--
--
/etc/bashrc-4-fi
/etc/bashrc-5-
/etc/bashrc:6:PS1='\h:\W \u\$ '
/etc/bashrc-7-# Make bash check its window size after a process completes
＜以下略＞
```
該当箇所が赤の太字になり、前後の行も表示された

コマンドによるテキスト編集　sed

　sedは「Stream EDitor」の略で、「エディタ」の名のとおり多彩なファイル編集が可能ですが、ここでは基本的な使い方のみ解説します。

　「**sed -e** 処理コマンド 」で標準入力からのデータを、「**sed -e** 処理コマンド ファイル名 」で、ファイルを処理して標準出力へ出力します。ファイルを直接書き換えたい場合は「**sed -i -e** コマンド ファイル名 」としますが、「**sed -i.bak -e** コマンド ファイル名 」のようにして、バックアップを保存しておいた方が良いでしょう。なお、処理コマンドが1つの場合、**-e** オプションは省略可能です。

基本の使い方
- `sed -e s/red/green/ file1` …… file1の「red」という文字列を「green」に置き換える（結果は標準出力、-eは省略可能）
- `sed -e s/red/green/ -e s/white/gold/ file1` …… file1の「red」を「green」に、「white」を「gold」に置き換える（結果は標準出力）
- `sed -e 3,5d file1` …… file1の3行目から5行目を削除する（結果は標準出力、-eは省略可能）
- `sed -n /start/,/end/p file1` …… file1の「start」が含まれている行から「end」が含まれている行までを出力する（結果は標準出力）

ファイルを直接書き換える場合
- `sed -i -e s/red/green/ file1` …… file1の「red」という文字列を「green」に置き換える（file1を書き換える）
- `sed -i.bak -e 3,5d file1` …… file1の3行目から5行目を削除する（file1を書き換える、元の内容はfile1.bakに保存）
- `sed -i.`date +%Y%m%d-%H%M%S` -e` コマンド file1 …… file1をコマンドに従って書き換える、元の内容は「file1.年月日-時分秒」という名前のファイルに保存

sedによる処理の基本

　sedでは、対象となる行の位置（アドレス、*address*）とコマンドの組み合わせで処理を指定します。アドレスには行番号や正規表現を使った検索パターンによる指定が可能で、省略した場合すべての行が対象になります。

行番号で処理を行う

　たとえば、1行目を削除するなら **sed 1d** とします。**ls -l / | sed 1d** で、**ls -l** の1行目（**total** の行）を削除します。

```
sedでls -lの1行めを削除
% ls -l /  ……………………………… 加工前の状態を確認
total 9  ……………………………………… 1行めにtotalの行が表示される
drwxrwxr-x+   6 root  admin   192  1 23 21:49 Applications
drwxr-xr-x   62 root  wheel  1984  3  5 03:36 Library
drwxr-xr-x@   8 root  wheel   256  1 23 21:49 System
＜以下略＞
% ls -l / | sed 1d  …………………… 「1」という位置を「d」で削除
drwxrwxr-x+   6 root  admin   192  1 23 21:49 Applications ……… 元の1行めは
drwxr-xr-x   62 root  wheel  1984  3  5 03:36 Library              削除されている
drwxr-xr-x@   8 root  wheel   256  1 23 21:49 System
＜以下略＞
```

検索パターンで処理を行う

行番号ではなく「totalから始まる行を削除」のように指定したい場合は、**ls -l | sed /^total/d** とします。

```
sedでls -lの「totalから始まる行」を削除
% ls -l / | sed /^total/d  …… 「/^total/」という位置（「^」は行頭を表す）を「d」で削除
drwxrwxr-x+   6 root  admin   192  1 23 21:49 Applications
drwxr-xr-x   62 root  wheel  1984  3  5 03:36 Library
drwxr-xr-x@   8 root  wheel   256  1 23 21:49 System
＜以下略＞
```

行を指定する方法

処理する位置を行番号で指定する場合は、**1**または**2,5**のように範囲で示します。指定の後ろに！を付けるとそれ以外という意味になります。たとえば、❶**2,5**で2行め〜5行め、❷**2,5!**なら2行め〜5行め以外という意味になります。また、最終行は「**$**」で表します。

行の内容で指定する場合は、パターンを「**/ /**」で示します。p.207の「検索パターンで処理を行う」で示した例のように **/^total/** のように正規表現が使用できます。

```
sedで範囲指定した行だけを出力
% ls -l  …………………………… 加工前の状態を確認（ホームディレクトリで実行）
total 0
drwx------@ 15 nishi  staff   480  3 10 11:55 Desktop  ……………… 2行め
drwx------+  8 nishi  staff   256  3  5 08:32 Documents
drwx------+  5 nishi  staff   160  3  8 16:33 Downloads
drwx------@ 55 nishi  staff  1760  3  2 00:16 Library  ……………… 5行め
drwx------+  4 nishi  staff   128  3  1 18:02 Movies
drwx------+  5 nishi  staff   160  3  5 04:00 Music
drwx------+  4 nishi  staff   128  3  1 18:01 Pictures
drwxr-xr-x+  4 nishi  staff   128  3  1 17:58 Public
9行出力された
% ls -l | sed -n 2,5p  ……… ❶2行め〜5行めを出力（-nで出力を抑制し、pコマンドで出力している）
drwx------@ 15 nishi  staff   480  3 10 11:55 Desktop
```

```
drwx------+   8 nishi  staff   256  3  5 08:32 Documents
drwx------+   5 nishi  staff   160  3  8 16:33 Downloads
drwx------@  55 nishi  staff   160  3  8 16:33 Library
```
2行めから5行めまでが出力された

```
% ls -l | sed -n 2,5\!p    ❷2行め〜5行め以外を出力
total 0
drwx------+   4 nishi  staff   128  3  1 18:02 Movies
drwx------+   5 nishi  staff   160  3  5 04:00 Music
drwx------+   4 nishi  staff   128  3  1 18:01 Pictures
drwxr-xr-x+   4 nishi  staff   128  3  1 17:58 Public
```
2行めから6行めまで以外が出力された

　なお、「!」や「$」はコマンドラインで特別な意味を持つので、**sed -n '2,6!p'** のように「' '」（シングルクォーテーション）で括るか、❷のように「\」を付ける必要がある点に注意してください。「" "」（ダブルクォーテーション）の場合は「!」が展開されるので今回のケースでは使用できません（p.164）。

置き換えコマンド

　「**s**/置換前/置換後/フラグ」で指定した文字列を置き換えます。置換前の文字列には正規表現を使用できます。
　指定した範囲の中でのみ置き換えたいという場合は「**1,5s**/置換前/置換後/フラグ」あるいは「/パターン/**s**/置換前/置換後/フラグ」のように**s**の前に行番号やパターンを指定します。以下のコマンドラインの例のように、フラグ部分には**p**、**g**、数値が使用できます。

文字列の置換の指定例
```
% ls -l | sed s/staff/STAFF/1      ……… すべての行で、1つめの「staff」を「STAFF」に
                                         置き換える（フラグの1は省略可能）
% ls -l | sed 2,5s/staff/STAFF/    … 2〜5行めで、1つめのstaffをSTAFFに置き換える
% ls -l | sed /Do/s/staff/STAFF/   … Doが含まれる行で、1つめのstaffをSTAFFに置き換える
% ls -l | sed 2,5s/o/0/g           … 2〜5行めの範囲で、すべての「o」を「0」に置き換える（gフラグ）
% ls -l | sed -n s/o/0/gp          … すべての「o」を「0」に置き換え（gフラグ）、置き換えた行だけを出力（pフラグ）
```

正規表現で文字の一部を取り出す

　( )を使って、パターンの一部を取り出すことができます。以下では、lsで表示したファイルリストを「[拡張子]ファイル名」のように加工しています。「file1.txt」のように拡張子付きのファイルがあるディレクトリで実行してください。
　以下では、ファイル名を「.」という文字で区切り、その前後を正規表現の「.*」で表して「.*\..*」としています。「.」は任意の1文字、「*」は直前パターンの0回以上の繰り返しで、区切りになっている「.」は正規表現ではなく「.」という文字そのものなので「\.」と表しています。そして、1つめの塊と2つめの塊をそれぞれ**( )**で囲むと「**(.*)\.(.*)**」となります。
　シェルでは「*」がパス名展開、**( )**はサブシェルを表すのに使用されているため、ここでは「' '」で括っています。また、**( )** による指定は拡張正規表現なので、sedを**-E**オプション付きで実行しています[注16]。

注16　-Eオプションを使わない場合は、拡張正規表現用の記号に「\」を付けて「**'s/\(.*\)\.\(.*\)/[\2] \1/'**」とします。

```
% ls -1   …加工前の状態を確認（結果を見やすいように数字の「1」オプションで1行表示にしている※）
diary1.txt
diary2.txt
image1.jpg
image2.jpg
image3.jpg
sample.zip
% ls | sed -E 's/(.*)\.(.*)/[\2] \1/'   ……sedの置き換えコマンドでファイル名の一覧を加工
[txt] diary1
[txt] diary2
[jpg] image1
[jpg] image2
[jpg] image3
[zip] sample
```

※ lsコマンドは、画面出力時は複数行（マルチカラム）で出力、パイプやリダイレクトでは1件1行で出力されるので、sedが受け取っている内容はls -1（数字の「1」）と同じ状態である（p.115）。

パターン全体を取り出す

置き換え前のパターン全体は & で表せます。先ほどの例で「[拡張子] ファイル名全体 」のようにするなら、次のようになります。部分的に取り出すのは1ヵ所になったので ( ) は1ヵ所で、置換後の指定も \1 のみとなっています。

```
sedの置き換えコマンドでファイル名の一覧を加工
% ls | sed -E 's/.*\.(.*)/[\1] &/'
[txt] diary1.txt
[txt] diary2.txt
[jpg] image1.jpg
[jpg] image2.jpg
[jpg] image3.jpg
[zip] sample.zip
```

パターン処理によるテキスト操作　awk

awkコマンドはテキストファイルを1行ずつ読んで、あらかじめ用意したプログラムに従って処理します。テキストの各行を、スペースやタブで区切って「フィールド」として処理するのが特徴で、スペースやタブが連続していても1つの区切りとして扱うほか、オプションで区切り文字を変更することも可能です。

awkは複雑なプログラムを記述することができる「スクリプト言語」でもありますが、本書ではコマンドラインですぐに使える範囲の基本的な使い方のみを示します。

```
基本の使い方                         lから始まる行だけ、9、10、11番めのフィールドを出力する（シンボ
ls -l / | awk '/^l/{print $9,$10,$11}'   …リックリンクだけを対象に「 ファイル名 -> リンク先 」を表示）※
```

※ awkコマンドはプログラム部分（書式を参照）で「$」を多用するため、処理全体を「 ' ' 」（シングルクォーテーション）で括っている。プログラム内では記号前後のスペースは省略可能。

テキストの各行をスペースやタブで区切り、左から順番に **$1**、**$2**、**$3**……と指定します。

たとえば、**ls -l /bin**の結果から、5番めのフィールド（ファイルサイズの部分）が100000ならば9番めのフィールド（ファイル名の部分）を出力するという処理ならば**ls -l /bin | awk '$5 >= 100000 { print $9 }'**のように書きます。処理の中でスペースや「>」を使うため全体を引用符で括っていますが、**$5**のように「**$**」を使うため、引用符は「" "」ではなく「' '」を使用します。なお、本文では読みやすくするために記号の前後にスペースを入れていますが、以下で示す実行例のように「**>=**」や「**{ }**」前後のスペースは省略可能です。

長くなる場合、処理の部分をファイルに保存しておいて**-f**オプションで読み込みます。処理内容をファイルから読み込む場合、処理のまとまりを示す**{ }**の前後で改行したり、複数のアクションを並べる際に「**;**」の代わりに改行で区切ることができます。シェルスクリプト（p.38）同様、ファイルに実行可能属性を付けてコマンドのように使用することもできます。

```
% ls -l / | awk '/^l/{print $9,$10,$11}'      シンボリックリンクを対象に9、10、11番め
etc -> private/etc                             のフィールドを出力
home -> /System/Volumes/Data/home
tmp -> private/tmp
var -> private/var
 さまざまな条件が指定できる
% ls -l /bin | awk '$5>=100000{print $9}'     サイズが10000より大きいファイルを対象に
bash                                           9番めのフィールドを出力
csh
dash
ksh
launchctl
pax
tcsh
zsh
```

パターンとアクション

awkのプログラム部分は「 パターン **{** アクション **}** 」という形式になっています。パターンが省略された場合はすべての行が対象となり、アクションが省略された場合は行全体を出力という意味になります。ただし、パターンとアクションの両方を省略することはできません。

```
 パターンとアクション 
% ls -l /bin | awk '$5 >= 100000 { print $9 }'
                    パターン        アクション
 ls -lの結果で、5番めのフィールドが100000以上なら9番めのフィールドを出力➡サイズが100000以上のファイル名を出力 
```

パターン（条件）の指定方法

処理したい行を「パターン」で指定します。パターンには、**==**（等しい）、**!=**（等しくない）などの演算子で文字列や数値と比較するほか、lengthなどの関数を使うことができます。たとえば、「1つめのフィールド（**$1**）がtotalという文字列と一致しなければ」であれば**$1 != "total"**、「1行全体（**$0**）の長さが13を超えていたら」ならば**length($0)>13**のように指定します。どのような関数や演算子が使用できるかは**man awk**で確認できます。

```
名前が10文字以上のアプリケーションを表示
% ls /System/Applications/ | awk 'length($0)>13{print}'  …長さが13を超える行だけを出力
Calculator.app
Dictionary.app
Image Capture.app
＜以下略＞
```
全体の長さが13文字を超えるもの、すなわち名前が10文字以上のアプリケーションが表示された

なお、printアクションは省略できるので、上記と同じ処理は`awk 'length($0)>13'`と書くことができます。さらに、length関数で「行全体」を示す(`$0`)の部分も省略することができるので、今回の処理は`awk 'length>13'`のみで実行できます[注17]。

```
省略した書き方
% ls /System/Applications/ | awk 'length>13'
Calculator.app
Dictionary.app
Image Capture.app
＜以下略＞
```

BEGINとEND

BEGINとENDという特別なパターンがあります。BEGINは「最初に読み込むファイルの先頭行の前」、ENDは「最後のファイルの最終行の後」という意味で、データを読み込む前に処理したいことは`BEGIN{ }`に、すべてのデータを読み終わった後に処理したいことは`END{ }`に記述します。以下は、先ほどと同じ内容を行番号付きで出力し、最後に件数を表示しています。

```
名前が10文字以上のアプリケーションを行番号付きで表示
% ls /System/Applications/ | awk 'BEGIN{i=0}length>13{print ++i,$0}END{print "count=",i}'
1 Calculator.app
2 Dictionary.app
3 Image Capture.app
＜中略＞
8 Time Machine.app
9 VoiceMemos.app
count= 9                  ……………………最後に行数を表示（END部分）
```

出力を加工する

アクション部分には、printによる出力のほかに計算や文字列を操作する関数などを書くことができます。複数の処理をしたい場合は「`;`」で区切ります。たとえば「.appを取り除いて出力」であれば`{ sub(".app","");print }`のように書くことができます。

subは文字列を置き換える関数で、「sub(置換前, 置換後, 対象文字列)」と指定します。対象文字列を省略すると、レコード全体(`$0`)が対象となります。

[注17] lengthやprintなどの関数では、どこまでが関数の引数であるかを明示する必要があるときに( )を使います。スクリプトを保存しておく場合は、後から読んだときにすぐわかるように、あるいは引数を追加するなどの変更をしやすいように、なるべく省略せずに書いておくことをお勧めします。

以下の例では、置換前文字列を".app"、置換後文字列を""として置き換えることで、行の中の「.app」を取り除いています[18]。

```
名前が10文字以上のアプリケーション名を表示
% ls /System/Applications/ | awk 'length>13{sub(".app","");print}'
Calculator
Dictionary
Image Capture
＜以下略＞
```

区切り文字を変更する

区切り文字を変えたい場合は、**-F**オプションを使うか、**BEGIN{ }**の中で**FS=**を指定します。**BEGIN{ }**で指定するのは、おもにawkスクリプト(awkのプログラムを列記したファイル)の中で書くためです。スクリプトの中に書いておくことで、実行時に指定しなくても常に同じ処理ができるようになります。

たとえば、CSV形式(p.197)のファイルを処理したい場合は「-F ,」で区切り文字を「,」にします。また、先ほどの例のようにファイル名を処理したい場合は「-F .」で区切り文字を「.」にするというやり方があります。区切り文字を「.」にすれば、先ほどの「行全体が13文字を超えていたら「.app」を取り除いて出力」という処理を「1つめのフィールドが10以上なら1つめのフィールドを出力」と書き換えることができます[19]。具体的には以下の例のようになります。

```
区切り文字を「.」に変える
% ls /System/Applications/ | awk -F . 'length($1)>=10{print $1}'
Calculator
Dictionary
Image Capture
＜以下略＞
```

テキストエディタ　vi(vim)

vi (vim) は、ターミナル用のエディタです。古くから使われており、設定ファイルを編集するコマンドとして割り当てられていることがあるため、最低限の操作は把握しておく必要があります。もちろん現在もアップデートが続けられており、マスターしがいのあるエディタでもありますが、本書ではごく基本的な操作だけ紹介します。

viはターミナル用なので、キーボードで操作します。元々は矢印キーなどを使わずアルファベットや記号だけで操作できるようになっており[20]、キーボードからの入力はカーソルの

---

[18] awkのsub関数は最初に見つけたものを処理するので、厳密に指定したいならば正規表現を使い、末尾「.app」という意味でsub(".app$","")のように指定します。たとえば、末尾が「.app」である行だけを対象に、末尾の「.app」を取り除いて、長さをチェックして出力、という処理で組み立てるとawk '/.app$/{sub(".app$","");if(length>=10)print}'やawk '{if((sub(".app$",""))&&(length>=10))print}'のようになります。

[19] この処理だとアプリケーション名に「.」を含むケースに対応できません。そのようなアプリケーションはインストールされていないとわかっている場合に有効な、簡便な方法です。

[20] 元々viというコマンドがあり、矢印キーなどが使えるようになったvimコマンドが開発されました。macOSではviはvimへのシンボリックリンクとなっており、どちらのコマンド名でもvimが起動します。

移動や検索をするための「コマンド」として扱われます。この状態を「Nomal（通常）モード」と言います。キーボードの[i]キーを押すと「Insert（挿入）モード」となり、キーボードからの文字入力待ちの状態となります。Insertモードは[esc]キーで終了し、Nomalモードに戻ります。

Nomalモードで[:]キーを押すとプロンプトが表示されるので、[w]を入力して保存、[q]でviを終了します。編集したファイルを保存せずに終了する場合は、[q]の後に強制を示す[!]を入力します。

Column

GNU版awkによるCSVの加工

awkは1970年代に作られたコマンドで、さまざまなバージョンが存在します。Linuxなどで使われているのはmacOSとは異なるGNU版のawkで、バージョン4から「パターンによる分割」が可能になりました。これは、**FS=文字**ではなく**FPAT=パターン**でフィールドを区切る、というものです。FPATを使うと、たとえば値の中に「,」が使われているCSVも処理できるようになります。

GNU版のawkは、第11章で取り上げているパッケージ管理システム「Homebrew」が導入されている環境であれば**brew install awk**でインストールすることが可能です。GNU版awkのコマンド名は「gawk」となっています。

以下は、「The GNU Awk User's Guide」で紹介されているFPAT[注a]を使って「2番めのフィールドを出力する」というサンプルスクリプトです。

```
csvcut.awkの内容
BEGIN{
  FPAT="([^,]*)|(\"[^\"]+\")"
}
{
  print $2
}
```

```
file1.csvの内容
Apple,100,red
Orange,"1,000",orange
"Lemon","2,500","yellow"
```

```
macOSのawkで2番めのフィールドを出力
% awk -F , '{print $2}' file1.csv     区切り文字を「,」にして2番めのフィールドを出力
100
"1                                    「,」で単純に区切っても正しく処理できない
"2
```

```
GNU版awkで2番めのフィールドを出力
% gawk --version                      バージョンを確認（FPATが使えるのはバージョン4以降）
GNU Awk 5.0.1, API: 2.0 (GNU MPFR 4.0.2, GNU MP 6.1.2)
〈以下略〉
% gawk -f csvcut.awk file1.csv
100
"1,000"
"2,500"
```

注a　URL https://www.gnu.org/software/gawk/manual/html_node/Splitting-By-Content.html
最初に掲載されているFPATは空の項目に対応しておらず、「NOTE:」にあるFPATで修正されています。なお、項目の中に改行が入っているCSVには対応していません。

「vi ファイル名」でファイルを開きます。たとえば、カレントディレクトリの「.zshrc」であれば vi .zshrc で開きます（図A）。ファイルがない場合は、新規で作成されます。

図A 「vi ファイル名」でファイルを編集

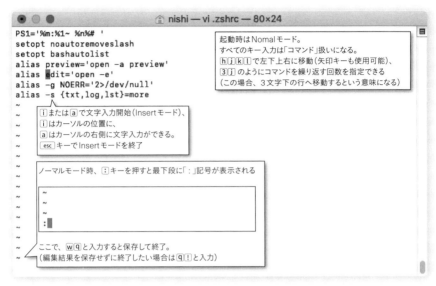

このほか、検索や置き換えなどの操作もあり、vimtutor コマンドを使って練習することができます（図B～図D）。

図B ターミナルで「vimtutor」を実行

図C　チュートリアルが表示される（読みながら操作できる）

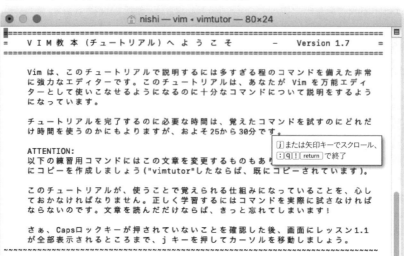

図D　画面に従ってスクロールすると次のレッスンが表示される

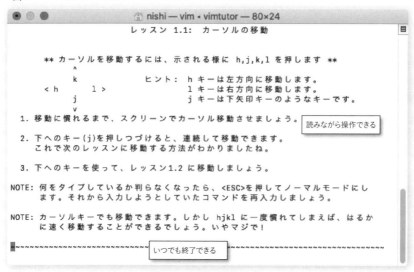

　lessコマンドやvisudoコマンド（sudoの設定を変更する）のように「ファイルを編集モードで開く」という操作があるコマンドの場合、通常はviコマンドを使用するようになっているので、終了する方法と、できれば文字の入力と削除、そして検索によるカーソル移動の方法を知っておくと役に立つでしょう（主要コマンドの表➡p.330）。macOSの場合、ターミナル画面に表示されている文字をコピーしたり、カーソル位置にコピーした文字をペーストで挿入することができるので、編集作業そのものは普段使い慣れているエディタを使い、編集結果をviの画面にペーストするという方法が使えます。

第9章
プロセスとコマンドの関係

　コマンドの開始から終了までを「プロセス」と、コマンドラインでコマンドを入力して return を押してから一連のコマンドが終わるまでを「ジョブ」と言います。
　本章では、実行中のプロセスを確認する方法や終了させる方法、そしてプロセスを扱う上でとても大切な「シグナル」について扱います。

9.1　プロセスとシグナル　　[アクティビティモニタ]/top/ps/killall/kill
9.2　ジョブの役割　　ジョブコントロール/jobs/fg/bg/nohup
9.3　システムの再起動とシャットダウン　　reboot/halt/shutdown

プロセスとシグナル

［アクティビティモニタ］/top/ps/killall/kill

はじめに現在実行されているプロセスを知り、不要なプロセスを終了させるためのコマンドを取り上げます。オプションについてはAppendix Aを参照してください。

プロセスの基礎知識

macOSでは、常に複数の処理が同時に行われています。たとえば、ターミナルを動かしているときもFinderは動いていますし、iTunesやSafariを動かしている場合もあるでしょう。メールの受信やカレンダーの同期をしているかもしれません。

一般に、アプリケーションやコマンドは、それぞれが1つの**プロセス**（*process*）として動きます。OSはプロセス単位でメモリや周辺機器などのリソース（*resource*、資源）を割り当てます。GUI環境では［アプリケーション］-［ユーティリティ］にある［アクティビティモニタ］で、現在動作しているプロセスを表示できます。**図A**はターミナルでfindコマンドを実行している際の画面の例です。

図A ［アクティビティモニタ］

コマンドの実行≒プロセスの開始

シェルはコマンドの入力に応じてプロセスをスタートさせます。処理が終わると、プロセスは自ら終了します。たとえば、lsコマンドはファイルのリストを表示し終わったら終了します。p.224の図Bの例のように、lsコマンドの出力をmoreコマンド（p.188）で表示している場合、lsの出力が1画面分よりも少なければmoreコマンドもすぐに終わりますが、1画面分より多い場合はユーザからの入力を待っている間moreのプロセスは残ります。

topコマンドでプロセスを表示する

ターミナルでプロセスを見たい場合は、**ps**コマンドや**top**コマンドを使います。psコマンドは現在のプロセスを一覧表示するコマンドで、topコマンドは1秒間隔で情報を表示し続けます。ターミナルを2つ開き、片方でtopコマンドを実行し、もう片方でmoreコマンドなどを実行してみると、動いている様子がわかります。

まず片方のターミナルで **top -o pid** のようにtopコマンドを実行します。**-o pid**は「PID」（プロセスID）の大きい順で表示するというオプションです[注1]。ターミナルの上の方にプロセス数や使用しているメモリの量などが表示され、下の方に現在動作しているプロセスが表示されます。プロセスIDは「1」から番号が振られていくので、基本的には「起動が新しい順」となります[注2]。topコマンドは Q キーを押すまで情報を表示し続けます。

```
% top                         topコマンドでプロセスを表示
Processes: 399 total, 2 running, 397 sleeping, 1335 threads          15:27:36
Load Avg: 2.03, 1.51, 1.47  CPU usage: 8.98% user, 5.33% sys, 85.67% idle
SharedLibs: 537M resident, 80M data, 187M linkedit.
MemRegions: 52576 total, 2963M resident, 242M private, 847M shared.
PhysMem: 8692M used (2239M wired), 7691M unused.
VM: 1839G vsize, 1875M framework vsize, 0(0) swapins, 0(0) swapouts.
Networks: packets: 1220288/412M in, 3256313/2176M out.
Disks: 451946/4376M read, 564594/6584M written.

PID    COMMAND       %CPU  TIME      #TH  #WQ  #PORT  MEM     PURG   CMPR  PGRP
15366  top           2.2   00:00.33  1/1  0    26     3160K+  0B     0B    15366
15361  zsh           0.0   00:00.01  1    0    21     968K    0B     0B    15361
15360  login         0.0   00:00.03  2    1    31     1056K   0B     0B    15360
15208  remindd       0.0   00:00.36  2    1    110    7628K   248K   0B    15208
15207  nbagent       0.0   00:00.32  4    1    160    3720K   0B     0B    15207
14724  MTLCompilerS  0.0   00:00.05  2    1    21     6244K   0B     0B    14724
14723  QuickTime Pl  0.0   00:00.29  5    1    278    10M     8192B  0B    14723
14710  XprotectServ  0.0   00:00.05  2    1    28     4448K   0B     0B    14710
14696  Accessibilit  0.0   00:00.05  3    1    151    3440K   0B     0B    14696
14657  MTLCompilerS  0.0   00:00.07  2    1    27     7832K   0B     0B    14657
<以下略：現在のプロセスが1画面分表示される（ Q で終了）>
```

topでコマンドが実行されている様子を見てみよう

ターミナルで**top**を動かしておいて別のターミナルを開いてコマンドを動かすと、そのコマンドがプロセスのリストに上がる様子が確認できます。たとえばlsコマンドを実行すると、プロセスリストの一番上にほんの一瞬「ls」と表示されます。ただし、ファイルの量がよほど多くないと読むことのできないくらいのスピードでしょう。

注1 topを起動した後に並び順を変えることもできます。この場合は小文字のo（オー）を入力すると画面のなかほどの、プロセスの一覧の上の空行部分にプロンプトが表示されるので「pid」と入力して return を押します。なお、macOS Mojave（10.14）までのデフォルトはPID順なのでこの操作は不要です。

注2 後述するように、プロセスIDはプロセスが生成されるごとに付けられますが、その番号のプロセスが終了すると「空き」になり、カーネルが管理できる上限になると、再度「1」から順に開いている番号が再利用されます。この場合、「PIDが大きい＝新しいプロセス」にはならなくなります。

そこで、`ls -l /bin | more`で、lsの出力をmoreコマンドで出力してみましょう（**図B**）。図B右のtopコマンドの表示を見てみると、lsコマンドは表示が終わるのですぐに消えますが（あるいはほとんど見えない）、moreコマンドはキー入力を待っている間、表示されていることが確認できます。moreを動かしている方のターミナルで space を何度か押して、すべてを表示し終えるとtopコマンドの表示からもmoreが消えます。

図B ターミナル2つでtopコマンドとmoreコマンドを実行する

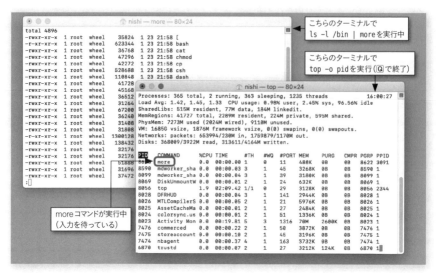

実行中のプロセスの表示　ps

psコマンドも現在のプロセスを表示するコマンドです。topコマンドのようにずっと監視するのではなく、psコマンドを実行した瞬間に実行されていたプロセスが表示されます。

基本の使い方

ps ………………現在実行中のプロセスを表示（自分のプロセスで端末を使用しているもののみ）
ps -x …………現在実行中のプロセスを表示（自分のプロセスすべて）
ps -A …………全ユーザのプロセスを端末を持たないものも含めて表示
ps -f …………親プロセスのIDや開始時間を表示、コマンド名をフルパスで表示（p.226）
ps aux ………全ユーザのプロセスをユーザ名や時刻入りで表示（p.227）

以下の❶のようにオプション無しで実行すると、「自分のプロセス」かつ「端末を持つプロセス」（後述）が表示されるため、zshしか表示されないかもしれません。そこで❷のように-Aオプションを使うと、ほかのユーザのプロセスや端末を持たないプロセスも表示されます。かなりの量になるので、❷ではheadコマンド（p.191）で最初の方だけ表示しています。たとえば、最初に表示されている「PID 1」のプロセスは、システム起動時に実行されている/sbin/launchdで、これはrootユーザのプロセスです。

```
psコマンドでプロセスを表示
% ps ─────────────────────────────────①
  PID TTY           TIME CMD
 9752 ttys000    0:00.02 -zsh※
 9782 ttys001    0:00.01 -zsh
現在の端末で動作しているプロセスが表示（ターミナルを2画面開いているのでbashが2つ表示されている。
「-zsh」または「-bash」のように 先頭に「-」（ハイフン）が付いているのはログインプロセスという意味）

% ps -A | head ────── ②-Aオプションですべてのプロセスを表示してheadコマンドで先頭部分のみ表示
  PID TTY           TIME CMD
    1 ??         2:24.85 /sbin/launchd
   89 ??         0:20.11 /usr/sbin/syslogd
   90 ??         0:04.20 /usr/libexec/UserEventAgent (System)
   93 ??         0:02.53 /System/Library/PrivateFrameworks/Uninstall.framework/
                         Resources/uninstalld
   94 ??         0:04.83 /usr/libexec/kextd
   95 ??         0:13.07 /System/Library/Frameworks/CoreServices.framework/Versions/A
                         /Frameworks/FSEvents.framework/Versions/A/Support/fseventsd
<以下略>
```

※ bash環境の場合は「-bash」と表示される。

ここで表示されているのは、**PID**（プロセスのID、次項）、**TTY**（実行している端末、p.226）、**TIME**（CPUを使用した累積時間）、**CMD**（コマンド）です。psコマンドはほかにもさまざまな情報を表示することができます（p.232の表D）。

プロセスID　プロセスにはIDがある

プロセスには固有のIDが付いています。これをプロセスID（*process ID*、PID）と言います。システムが起動してからプロセスが作られた順に番号が振られていき、カーネルが管理できる上限に達すると、プロセスが終了して「空き」となっているプロセスIDが再利用されていきます。先ほど **ps -A | head** を実行しましたが、このとき先頭には「PID 1」の「/sbin/launchd」が表示されていました。このことからmacOSで一番はじめに生成されたプロセスは/sbin/launchdで、このlaunchdはずっと動き続けているのだということがわかります（p.270）[注3]。

以下のように **ps -A** を実行してプロセスの一覧を最後の方まで見ると、**ps -A** 実行時に最後に実行したコマンド、すなわち **ps -A** 自身が表示されます。

```
% ps -A ─────────────────── ps -Aですべてのプロセスを表示
  PID TTY           TIME CMD
    1 ??         2:24.86 /sbin/launchd
   89 ??         0:20.11 /usr/sbin/syslogd
   90 ??         0:04.20 /usr/libexec/UserEventAgent (System)
<中略：現在実行中のすべてのプロセスが表示される>
 9751 ttys000    0:00.02 login -pf nishi
 9752 ttys000    0:00.02 -zsh
 9792 ttys000    0:00.00 ps -A
最後にps -Aが表示される。ターミナルウィンドウが複数開いている場合、ttys001、ttys002……のシェルが下に表示されることがある
```

注3　実際には、launchdに先立ち「kernel_task」が「PID 0」で動いています。これはカーネル自身のプロセスで、topコマンドやアクティビティモニタで確認することができます。

プロセスと端末　「端末と結び付けられているプロセス」の存在

p.5で述べたとおりターミナルウィンドウのように、シェルが動いてコマンドを入力したり実行結果を表示したりできる画面を「端末」と言います。端末で実行されているプロセスの場合、「**TTY**」欄に名前が表示されます。このようなプロセスを「端末を持つプロセス」「端末と結び付けられているプロセス」と呼ぶことがあります。これはプロセスの入出力が端末に対して行われているという意味で、端末で実行したコマンドは大半が「端末を持つプロセス」です。自分の端末を持つプロセスには「**ttys000**」「**ttys001**」のような端末名が表示されます。

端末名はターミナルの画面ごとに付けられており、**tty**コマンドで確認できます[注4]。

```
% ps                          まずはpsコマンドを実行して、自分のプロセスかつ
  PID TTY           TIME CMD                端末を持つプロセスを表示
 9752 ttys000    0:00.02 -zsh
 9782 ttys001    0:00.01 -zsh
ターミナルが2つ実行されていることがわかった
% tty                         ttyコマンドでこの端末の端末名を確認
/dev/ttys000
この端末はttys000であることがわかった。したがって、psの1行めに表示されているPID 9752がこの端末で動いているプロセス
```

なお、macOSの場合、openコマンドでテキストエディットなどを実行できますが(p.30)、ウィンドウアプリケーションのプロセスは端末とは結び付いていないため、psコマンドでは**-x**や先ほど使用した**-A**のオプションを付けないと一覧表示の対象にはなりません。端末を持たないプロセスの場合、psコマンドのTTY欄には「**??**」が表示されます。

親プロセスと子プロセス　プロセスには親子関係がある

コマンドラインでlsコマンドを実行すると、シェルであるzshやbashがlsの**親プロセス**となります。そして、lsはzshやbashの**子プロセス**です。このように、プロセスには親子関係があり、たとえば**ps -f**で親プロセスのIDを表示できます。以下で表示されている「**PID**」がプロセスID、「**PPID**」が親のプロセスIDです[注5]。

```
% ps -f                PPID（親プロセスのID）付きで現在のプロセスを表示
  UID   PID  PPID   C STIME   TTY           TIME CMD    （直近のCPU使用率「C」や
  501  9752  9751   0 6:44PM ttys000     0:00.03 -zsh    プロセスの開始時刻「STIME」
  501  9782  9781   0 6:45PM ttys001     0:00.01 -zsh    なども表示されている）
ターミナルが2つ開いているので、2つのzshが表示されている
```

親プロセスを辿る　親プロセスのIDを調べる

「**ps プロセスID**」で、プロセスを指定して表示することができます。**ps -f**で親プロセスのIDを調べて表示してみましょう[注6]。なお、PIDやPPIDの数値は実行している状況によって異

注4　ターミナルの[環境設定]-[プロファイル]のアイコンをクリックして表示される[ウィンドウ]および[タブ]で、ターミナルのタイトルバーに端末名を常に表示しておく設定も可能です。

注5　シェル自身のプロセスIDはecho $$、シェルの親プロセスのプロセスIDはecho $PPIDでも確認できます。

注6　ps fでプロセスを親子関係のツリー状に表示できるようになっているpsコマンドもありますが、macOSに収録されているpsコマンドは非対応です。なお、プロセスをツリー表示する「pstree」というコマンドがあり、Homebrew（第11章）が導入されている環境であればbrew install pstreeでインストールすることが可能です。

なるので、自分の環境での実行結果に合わせて適宜変更してください。

```
% ps -f  ……… 親のプロセスIDを確認
  UID   PID  PPID   C STIME   TTY          TIME CMD
  501  9752  9751   0 6:44PM ttys000    0:00.03 -zsh
  501  9782  9781   0 6:45PM ttys001    0:00.01 -zsh
% ps -f 9781  ……… 新しい方（＝後で開いたターミナル）のzshの親にあたるPPIDを表示してみた
  UID   PID  PPID   C STIME   TTY          TIME CMD
    0  9781   338   0 6:45PM ttys001    0:00.02 login -pf nishi
```
zshの親プロセスはloginコマンドとわかった

```
% ps -f 338  ……… さらに親のプロセスを辿っていく
  UID   PID  PPID   C STIME   TTY          TIME CMD
  501   338     1   0 8:15PM ??         1:42.06 /System/Applications/↵
Utilities/Terminal.app/Contents/MacOS/Terminal -psn_0_57358
```
loginの親プロセスはTerminalで、さらにその親のIDは1だとわかった

```
% ps -f 1  ……… 1のプロセスを表示
  UID   PID  PPID   C STIME   TTY          TIME CMD
    0     1     0   0 8:14PM ??         2:25.13 /sbin/launchd
```
PID 1のプロセスは/sbin/launchdで、その親は0となっている

```
% ps -f 0
  UID   PID  PPID   C STIME   TTY          TIME CMD
```
PID 0のプロセスは表示されない。PID 0はkernel_task（カーネル）で、topコマンドや［アクティビティモニタ］で表示可能

Column

psコマンドのオプション　-aとa

　psコマンドには**-A**や**-f**のような「**-**」（ハイフン）を使ったオプションのほかに、**a**のような1文字で指定できるオプションもあります。これは古いスタイルのオプションで、macOSに収録されているpsコマンドでは、とくに頻繁に用いられている**a/u/x**の3つが互換性のため残されています。

　ps aは**ps -a**（ほかのユーザのプロセスも表示、端末を持つもののみ）に相当しますが、❶のように表示される項目が若干異なり、**TTY**が「**TT**」となり**ttys000**の「**s000**」部分のみが表示され、**STAT**（プロセスの状態）が追加されます。**ps x**は**ps -x**（端末を持たないプロセスも表示）に相当します。したがって、**ps ax**で表示対象となるプロセスは**ps -A**相当となります。**u**は表示項目を変更するオプションで、❷のようにユーザ名やCPU使用率、プロセスの開始時刻が表示されるなど、ユーザの実行状況を表示するのに適した表示内容となります。

```
% ps a  ……………………………………………………❶ほかのユーザのプロセス（端末を持つもののみ）を表示
  PID   TT  STAT      TIME COMMAND
  997 s000  Ss     0:00.03 login -pf minami
  998 s000  S+     0:00.02 -bash
  394 s001  Ss     0:00.04 login -pf nishi
  413 s001  S      0:00.07 -zsh
 1018 s001  R+     0:00.00 ps a
% ps au  …………………………………………………❷さらにユーザ名や開始時刻入りで表示
USER       PID  %CPU %MEM      VSZ    RSS   TT  STAT STARTED      TIME COMMAND
root      1020   0.0  0.0  4268728    924 s001  R+   8:48PM    0:00.00 ps au
minami     998   0.0  0.0  4278316   1384 s000  S+   8:47PM    0:00.02 -bash
root       997   0.0  0.1  4282344   4396 s000  Ss   8:47PM    0:00.03 login -pf
nishi      413   0.0  0.0  4278768   1988 s001  S    7:15PM    0:00.08 -zsh
root       394   0.0  0.1  4282344   4376 s001  Ss   7:15PM    0:00.04 login -pf
```

プロセスに「シグナル」を送る

プロセスに**シグナル**(signal、信号)を送ることで、プロセスの状態を変化させることができます。

「killall Finder」はFinderにシグナルを送っている

p.28の「ウィンドウのタイトルにパスを表示する」で、「defaultsコマンドで設定を変更し、**killall Finder**でFinderを再起動」という操作をしていますが、この**killall**コマンドがプロセスにシグナルを送るというコマンドです。どんなシグナルを送るかを指定しなかった場合は「TERMシグナル」を送るので、**killall Finder**では「Finderと名の付くプロセスにTERMシグナルを送る」ということをしています。

TERMシグナルとは終了命令という意味のシグナルです。Finderの場合、終了命令を受け取るといったん終了し、すぐにまた起動します。起動するときに設定ファイルを読み直すことから、「設定ファイルの変更を反映させるのにkillallする」ということを行っていたのです(シグナルの種類については後述)。

シグナル送信前後の「PID」の変化を見る

killall Finderではシグナルを受け取ると、Finderはいったん終了し、改めて起動しています。Finderのプロセスが新しくなっていることをpsコマンドで確かめてみましょう。

「PID」の変化を見たいので、事前に次の❶のようにしてFinderの「PID」を調べます。psコマンドは**-A**オプション(すべてのプロセスを表示する)を指定し、**-f**オプションで「PID」と「PPID」およびコマンドラインがフルで表示されるようにした上で、grepコマンド(p.207)を使ってFinderを絞り込んでいます[注7]。

「PID」を確認したら、❷のように**killall Finder**でFinderを再起動させて、改めて❸のように「PID」がどうなったか確認します。

```
killall前後のFinderのPIDを表示
% ps -Af | grep Finder           ❶FinderのPIDを確認
  501  370     1  0 7:31AM ??    0:48.14 /System/Library/CoreServices
                                         /Finder.app/Contents/MacOS/Finder
FinderのPIDは370、親プロセスのPPIDは1とわかった※
% killall Finder                 ❷Finderに終了シグナルを送る
いったんデスクトップのアイコンなどが消えて、再び表示される
% ps -Af | grep Finder           ❸再度FinderのPIDを確認
  501 8136     1  0 8:17PM ??    0:01.50 /System/Library/CoreServices
                                         /Finder.app/Contents/MacOS/Finder
  501 8147  9004  0 8:17PM ttys010 0:00.00 grep Finder
FinderのPIDが9004になった。親プロセスのPPIDは1のまま変化していない
```

※ 実行のタイミングによってはgrep Finderのプロセスが表示されることがある。

プロセスIDを指定してシグナルを送る　kill

シグナルを送るコマンドにはもう一つ、**kill**というコマンドもあります。killallでは名前を指定していたのに対し、killコマンドはプロセスIDを使ってプロセスを指定します。ピンポイントで1つだけプロセスを終了させることができます。

注7　プロセス名でPIDを検索するpgrepというコマンドもあります。たとえば、**pgrep Finder**でFinderのプロセスIDだけが表示されます。

たとえば、ターミナルウィンドウを2つ開いて、それぞれでcatを動かしておきます。catコマンドはテキストファイルを表示するのに使用されているコマンドですが、**cat**のみで実行すると、標準入力（ここではキーボード、p.146）からの入力を待ちます。この状態で**killall cat**を実行するとすべてのcatが終了しますが、catのプロセスIDを調べて「**kill** `プロセスID`」を実行すれば、特定のcatだけを終了させることができます。

```
% ps              現在動作しているプロセスを確認（ターミナルが3つ動いている状態で実行）
  PID TTY           TIME CMD
 9752 ttys000    0:00.04 -zsh
 9782 ttys001    0:00.02 -zsh
 9848 ttys001    0:00.00 cat
 9850 ttys002    0:00.01 -zsh
 9855 ttys002    0:00.00 cat
  現在ttys001とttys002でcatコマンドが動作している
% kill 9848       ttys001で動作中のcatコマンドを終了させる
  （ttys001の端末に"terminated"のメッセージが出力される、後述）
```

シグナルの種類

シグナルはkill/killallコマンド以外でも使われています。たとえば、実行中のコマンドがなかなか終了しないとき、キーボードで `control` + `C` を押して終了させることがありますが、このときは「INT」というシグナルがプロセスに送られています。**表A**のようなシグナルがあります。kill/killallコマンドでシグナルを指定したい場合、シグナル名を使って「**kill -HUP** `プロセスID`」あるいはシグナル番号を使って「**kill -1** `プロセスID`」のように指定します。killallコマンドも同様です。

表A おもなシグナル

シグナル番号	シグナル名	意味
1	HUP	制御している端末またはプロセスが終了した（切断された）
2	INT	キーボードからの割り込み（`control` + `C`）
6	ABRT	プロセスの異常終了（*abort*）
9	KILL	プロセスの強制終了
13	PIPE	読み手のいないパイプへの書き込み（2つのコマンドが **cmdA** | **cmdB** で動作している際、**cmdB** が終了すると **cmdA** に送られるシグナルで、通常はこのシグナルを受け取ったプロセスは即座に終了する）
15	TERM	プロセスの終了（kill/killallコマンドのデフォルトシグナル）

catコマンドの場合、シグナルを受け取って終了するとその旨メッセージを表示します。先ほどの **kill 9848** の場合、**ttys001** の画面には「**zsh: terminated cat**」（bashの場合は「**Terminated: 15**」）というメッセージが表示されます。**kill -HUP 9855** で、**ttys002** で動作中のcatにHUPシグナルを送ると、**ttys002** の画面に「**zsh: hangup cat**」（bashの場合は「**Hangup: 1**」）と表示されます。

```
% ps                  再度プロセスを確認
  PID TTY           TIME CMD
```

```
9752 ttys000      0:00.05 -zsh
9782 ttys001      0:00.02 -zsh
9850 ttys002      0:00.01 -zsh
9855 ttys002      0:00.00 cat
```
(ttys002でcatコマンドが動作している)

```
% kill -HUP 9855
```
  ────── ttys002で動作中のcatコマンドにHUPシグナルを送る
(ttys002の端末に"hangup"のメッセージが出力される)

```
% ps
```
  ────── 再度プロセスを確認
```
  PID TTY          TIME CMD
 9752 ttys000      0:00.05 -zsh
 9782 ttys001      0:00.02 -zsh
 9850 ttys002      0:00.02 -zsh
```
(9855のプロセス（ttys002のcat）がなくなった)

なお、表AにあるKILLシグナルは通常のシグナルでは終了できなくなっているようなプロセスに対して送るもので、いわば**最後の手段**です。後処理をせずただちに終了してしまい、子プロセスがそのまま残ってしまったり、ファイルが開いたままになってしまったりするような可能性もあるため、KILLシグナルを試す前にほかのシグナルで終了できないかを試すなどしましょう。

シグナルに対しどう動くかは受け取り手次第

killall Finder はFinderがいったん終了しまた再起動するのに対し、**killall Safari** や **killall Terminal** ではそれぞれ指定したアプリケーションが単に終了します。シグナルに対してどのような動きをするかは受け取ったプロセスによって異なります。ただし、概ね同じような振る舞いをするように作られています。

Safariやターミナルは、終了シグナルを受け取るとアプリケーションの［終了］メニュー（`command` + `Q`）と同じように終了します。多くのコマンドやアプリケーションはこのような動作になっています。一方、Finderの場合、macOSのGUI環境を支えているので、なるべく起動し続けるように設計されています。そこで、シグナルを受け取って終了してもただちに起動し直すようになっています。

プロセスの親子関係と起動/終了

親プロセスが終了するとき、子プロセスがまだ残っている場合は先に子プロセスへ終了シグナルが送られます。子プロセスがすべて終了できてはじめて、親プロセスが終了するのが正しい流れです。シャットダウンする際には、親から子へシグナルが伝えられ、子が終了できないときには、ユーザに処理を問い合わせたり（たとえば「強制的に終了しますか？」）、問答無用に終わらせたりするという流れになっています。

終了しているはずなのに存在している「ゾンビプロセス」

起動や終了に失敗したなどの理由で、本来終了しているはずなのにプロセスのリストの中では残っていることになっているプロセスを**ゾンビプロセス**（*zombie process*）と言います。ゾンビプロセスは、プロセス自体は何もできなくなっているけれどリストから消えるきっかけがなくなって残っているというもので、多くの場合はログアウトや再起動の際に消去されます。

プロセスがどのような状態なのかは、psコマンドの**-o**または**-O**オプションで「stat」を出力

することで確認できます（次ページの**表B～表D**）。ゾンビプロセスは「**Z**」と表示されます。なお、通常のプロセスは「**R**」（動作中）か「**S**」（待機）、および「**U**」（割り込みできない状態での待機状態）です。

ps -A -o stat,pid,comm のように指定すると、すべてのプロセス（**-A**）について、状態（**stat**）、PID（**pid**）、コマンド（**comm**）が表示されます。これをsortコマンド（p.195）で並べ替えると次のように状態順に並ぶので、もしゾンビプロセスがあれば最後にまとめて表示されます。

```
ゾンビプロセスはある？
% ps -Ao stat,pid,comm | sort
R+    9039 ps
R+    9040 sort
S      242 /usr/libexec/secinitd
S      243 /usr/sbin/cfprefsd
＜中略：すべてのプロセスが表示される＞
Ss    9006 automountd
Ss    9019 login
```

Column

実行中のシェルの切り替え　exec

execは、指定したコマンドを現在実行しているシェルを置き換えるコマンドです。おもに別のシェルを実行したいときに使用します。たとえば、**exec dash** で現在動作しているシェルの代わりにdash（p.37）が起動します。元のシェルに戻したい場合は、改めて「**exec 元のシェル**」を実行するかターミナルを開き直します。

なお、日常的に使用したいシェルはchshコマンド（p.185）でログインシェルを変更するか、ターミナルの環境設定で各シェル用のプロファイルを作成しておくと良いでしょう（p.17）。

```
% ps -O ppid ……………………………現在のプロセスIDと親プロセスのID（PPID）を確認
  PID  PPID   TT  STAT    TIME COMMAND
 3411  3410 s000   S    0:00.04 -zsh
% dash …………………………………………dashを実行※
$ ……………………………………………………dashが起動してプロンプトが変わった
$ ps -O ppid
  PID  PPID   TT  STAT    TIME COMMAND
 3411  3410 s000   S    0:00.05 -zsh
 3443  3411 s000   S    0:00.00 dash ……………dashはzshの子プロセスとして動作している※
$ exit ……………………………………………シェルを終了
% ……………………………………………………dashが終了してzshに戻った
% ps -O ppid
  PID  PPID   TT  STAT    TIME COMMAND
 3411  3410 s000   S    0:00.05 -zsh
% exec dash ………………………………execを使ってdashを実行
$ ……………………………………………………dashが起動してプロンプトが変わった
$ ps -O ppid
  PID  PPID   TT  STAT    TIME COMMAND
 3411  3410 s000   S    0:00.06 dash ……………zshのプロセスIDでdashが実行中※
$ exit ……………………………………………シェルを終了
[プロセスが完了しました] …………dashが終了しターミナルで実行されているプロセスがすべて終了した
```

※ dash -l のように、シェルを-lオプション付きで実行するとログインプロセス扱いとなり「-dash」と表示される。

ゾンビプロセスは、正常に起動/終了できていれば本来は存在しないはずのものなので、もし何度も出現しているとすれば、そのコマンドまたはそのコマンドを呼び出している親プロセスに何らかの問題がある可能性があります。ソフトウェアを最新版にする、再インストールする、あるいは別のものを使うなどするとシステムが安定する場合もあります。プロセスの確認は、そういったことを調べるきっかけとしても役に立ちます。

表B プロセスの状態(STAT)

プロセスの状態	説明
R	実行中
S	スリープ状態
I	アイドル状態(20秒以上、スリープしている)
T	停止状態
U	割り込みできない状態での待機状態
Z	終了したが親プロセスに回収されずメモリに残っているプロセス(ゾンビプロセス)

表C プロセスの状態(2文字め以降)

プロセスの状態	説明
+	フォアグラウンドプロセス
s	セッションリーダ(macOSの場合はプロセスのグループリーダ、p.233)
<	優先度を上げられているプロセス
N	優先度を下げられているプロセス
>	メモリに制限が加わっているプロセス
E	終了しようとしているプロセス
L	ロックされているプロセス
A	ランダム方式によるページ置き換え(スワップ)要求を出しているプロセス
S	FIFO(*First-In First-Out*)によるページ置き換え(スワップ)要求を出しているプロセス
V	他プロセスの呼び出しで保留中のプロセス
W	スワップアウトしているプロセス
X	トレースまたはデバッグされているプロセス

表D -O、-oで使用できるおもな表示項目

表示項目	説明
args、command	コマンドと引数
comm	コマンド
ucomm	識別用のコマンド名(スペースや「/」を含まない)
pid	プロセスID
ppid	親のプロセスID
pgid	プロセスのグループID
jobc	ジョブ番号
uid	ユーザID(実効ユーザID)
user	uidに基づいたユーザ名

(続き)

gid、group	グループ
logname	ユーザのログイン名
state、stat	プロセスの状態
cpu	CPU使用率
time、cputime	CPUを使用した累積時間
rss	使用しているスワップされていない物理メモリ
vsz、vsize	プロセスの仮想メモリサイズ
start	開始時刻
lstart	開始時刻(年月日)
etime	プロセスが起動されてからの経過時間
nice、ni	nice値(プロセスの優先順位。大きいと優先度が低い)
tt	端末名(tty部分を除く)
tty	端末名(フルネーム)

Column

プロセス、スレッド、プロセスグループ、セッション、ジョブ、そしてタスク

「現在コンピュータで実行中の何か」を表現するときに、プロセスやスレッド、タスク、ジョブなどさまざまな言葉が登場します。これらの違いは「カーネルによる処理の単位」です。

1つのコマンドの実行に対応しているのが**プロセス**です。各プロセスにID(**PID**)が付けられており、psコマンドやアクティビティモニタではプロセス単位で今何が行われているかを確認できます。

カーネルはさまざまな処理を細かく分割して切り替えながら実行することで、複数の処理を同時に行っています。この単位が**スレッド**(thread)で、プロセスは1つ以上のスレッドに分けて処理されています。プロセスを複数のスレッドに分けて同時に処理できるようにしているしくみを「マルチスレッド」と言い、カーネルがこのマルチスレッド処理を効率良く行うことで処理速度が上がります。

一方で複数のプロセスをグループにまとめることもあります。これを**プロセスグループ**と言い、おもにシグナルの送信などのプロセス管理で使われます。macOSのkillやkillallコマンドは対応していませんが、プロセスグループのID(**PGID**)を指定してシグナルが送れるようになっているkillコマンドもあります。psコマンドでは`-O pgid`オプションでグループIDを表示、`-g`オプションで表示したいPGIDの指定ができます。グループIDは基本的に親プロセスのグループIDが引き継がれており、「PID＝PGID」となっているプロセスは「グループリーダ」と呼ばれます。なお、親プロセスが先に終了することもあるため、グループリーダのプロセスが存在するとは限りません。

プロセスグループをさらにまとめたものが**セッション**です。こちらにもID(**SID**/session ID)がありpsコマンドでは`-O sess`で表示できますが、macOSの場合はすべて0になっています。

プロセスをまとめて扱うためのもう一つのしくみが**ジョブ**です。これはカーネルではなくシェルが管理しており、コマンドラインでまとめて実行したものが1つのジョブとなります。たとえばlsと実行したらlsというプロセスだけのジョブ、`ls | more`ならば、lsとmoreの2つのプロセスが1つのジョブとなります(p.234)。

ところで、プロセスや後述するジョブ、分野によってはスレッドのことを「タスク」と呼ぶことがあります。もう少し広く「仕事」「ひとまとまりの作業」という意味合いで使われていることもあり、指し示す内容は状況によって異なります。たとえば「マルチタスク」は、実現方法はどうあれ「多くの処理が同時にできる」ということを表すのに使われています。

ジョブの役割

ジョブコントロール/jobs/fg/bg/nohup

コマンドラインで実行している内容は、シェルが「ジョブ」として管理しています。コマンドラインへの理解を深めるために、ジョブコントロールの操作を試してみましょう。

ジョブコントロールの基礎知識

コマンドラインでコマンドを実行したら終わるまで待たなければ次のコマンドは入力できませんが、**ジョブコントロール**(*job control*)によって1つのコマンドラインを切り替えて使えるようになります。

macOSではターミナルを複数使うことができるので、ジョブコントロールの操作、具体的には control + Z というキー操作およびjobs、fg、bgコマンドが必要になることはあまりありませんが、「バックグラウンドジョブ」という用語やコマンドラインで使用する記号「&」について理解するために、まずはジョブコントロールの操作から試してみましょう。

プロセスはカーネルが、ジョブはシェルが管理している

プロセスはOS(カーネル)が管理するのに対し、ジョブはシェルが管理しています。コマンドを1つだけ動かした場合、たとえばコマンドラインで **ls -l** と実行した場合は1プロセス=1ジョブですが、**ls -l | more** のようにパイプ(p.147)でつなげるなどして複数のコマンドを実行した場合は、複数のプロセスで1つのジョブとなります。p.192で、findコマンドとheadコマンドを組み合わせることで「headで指定した行数分だけファイルが見つかったら処理を終了」という操作をしていますが、これも、シェルがfindとheadを1つのジョブとして管理しています。

現在のジョブは **jobs** コマンドで一覧表示できます。ただし、ここで表示できるのは「jobsコマンドを実行しているシェル自身が管理しているジョブ」なので、通常は何も表示されません。

control + Z でジョブを一時停止する　zshの例

コマンドを実行しているときに control + Z で一時停止させることができます。たとえば❶のように **ls -l /bin | more** で表示している途中(moreコマンドが入力待ちをしている箇所)の❷で control + Z を入力すると、zshの場合は「**suspended**」と表示されて実行中のジョブが停止します。この状態で❸ **jobs** を実行すると、現在のジョブが一覧表示されます。また、❹のようにpsコマンドでプロセスを表示すると、moreコマンドが動作中であることが確認できます。

```
% ls -l /bin | more ……………❶
total 4896
-rwxr-xr-x  1 root  wheel   35824  1 23 21:58 [
-r-xr-xr-x  1 root  wheel  623344  1 23 21:58 bash
-rwxr-xr-x  1 root  wheel   36768  1 23 21:58 cat
```

```
<中略>
-rwxr-xr-x  1 root  wheel    51888  1 23 21:58 ls
-rwxr-xr-x  1 root  wheel    31696  1 23 21:58 mkdir
-rwxr-xr-x  1 root  wheel    37472  1 23 21:58 mv
:                                          ❷入力待ちしている状態で control + Z
```

ジョブが停止した
```
<中略：❷で control + Z を押した後の画面>
-rwxr-xr-x  1 root  wheel    51888  1 23 21:58 ls
-rwxr-xr-x  1 root  wheel    31696  1 23 21:58 mkdir
-rwxr-xr-x  1 root  wheel    37472  1 23 21:58 mv

zsh: done         ls -l /bin |
zsh: suspended    more
%                                          現在のジョブが停止してプロンプトが表示された
% jobs                                     ❸ジョブの一覧を表示
[1]  + done         ls -l /bin |
       suspended    more                   ジョブ[1]（lsが終わってmoreがsuspended）
```
停止されているジョブが表示された
```
% ps -O stat                               ❹プロセス一覧を「状態（STAT）」入りで表示
  PID STAT   TT  STAT      TIME COMMAND
 7909 S     s000  S       0:00.18 -zsh
 8162 T     s000  T       0:00.00 more
```
zshとmoreが動作中。lsは処理が終わっているため、表示されない

control + Z でジョブを一時停止する bashの例

bashでも同じ操作が可能です。「**Stopped**」という部分をはじめ表示されるメッセージが若干異なりますが、内容は同じです。

ジョブが停止した
```
<中略：control + Z を押した後の画面>
-rwxr-xr-x  1 root  wheel    51888  1 23 21:58 ls
-rwxr-xr-x  1 root  wheel    31696  1 23 21:58 mkdir
-rwxr-xr-x  1 root  wheel    37472  1 23 21:58 mv

[1]+  Stopped                 ls -l /bin | more
$                                          現在のジョブが停止してプロンプトが表示された
$ jobs                                     ジョブの一覧を表示
[1]+  Stopped                 ls -l /bin | more
$ ps -O stat                               プロセス一覧を「状態（STAT）」入りで表示
  PID STAT   TT  STAT      TIME COMMAND
  998 S     s000  S       0:00.03 -bash
 1040 T     s000  T       0:00.00 more
```
bashとmoreが動作中。lsは処理が終わっているため、表示されない

ジョブの再開

　fgコマンドを実行すると停止中のジョブが再開されます。fgは「フォアグラウンド」、つまり前面で再開させるという意味のコマンドで、画面表示やキーボードからの入力を受け付ける状態となります。これに対し、「バックグラウンド」で再開させるには**bg**コマンドを実行します。

　今回停止させているジョブは、moreコマンドでキーボードからの入力を受ける必要があるのでfgで再開させます。

```
 ─ fgでジョブを再開させる ─
% fg
[1]  + done          ls -l /bin |
        continued    more

total 4896
-rwxr-xr-x  1 root  wheel   35840  1 23 21:58 [
-r-xr-xr-x  1 root  wheel  623344  1 23 21:58 bash
-rwxr-xr-x  1 root  wheel   36768  1 23 21:58 cat
<中略>
-rwxr-xr-x  1 root  wheel   51888  1 23 21:58 ls
-rwxr-xr-x  1 root  wheel   31696  1 23 21:58 mkdir
-rwxr-xr-x  1 root  wheel   37472  1 23 21:58 mv
:
 ─ 停止したジョブが再開された ─
```

フォアグラウンドジョブとバックグラウンドジョブ

　ターミナルでキーボードからの入力を受け付ける状態になっているプログラムを**フォアグラウンドジョブ**（*foreground job*）と呼びます。これに対し、バックグラウンドで処理されているジョブを**バックグラウンドジョブ**（*background job*）と呼びます。

バックグラウンドジョブのメリット

　シェルからコマンドを実行すると、通常はそのコマンドでの処理が終了するまではシェルに制御が戻りません。キーボードからの入力は実行中のコマンドが受け付けることになります。コマンドを「バックグラウンド」で実行させることで、シェルに制御を戻すことができます（**図A**）。macOSではターミナルを複数開いて処理できますが、端末が1つしか使えないような場合、完了を待たずに次の処理に入れるため便利です。

図A　バックグラウンドジョブで実行すると…

バックグラウンドジョブとして起動する findコマンドをバックグラウンドで実行する例

キー入力が必要ないコマンド（ジョブ）はバックグラウンドジョブとして動作させることができます。バックグラウンドジョブとして起動するには、コマンドの最後に「**&**」を付けます。なお、バックグラウンドジョブにした場合も、実行結果やエラーメッセージは画面に表示されます。フォアグラウンドでほかのコマンドを動かす際に混ざってしまうので、バックグラウンドジョブにしたい場合は次に示すサンプルのように、あらかじめ出力をリダイレクトしておきましょう。以下のように、ファイルを探すコマンドであるfindコマンド（p.129）をバックグラウンドジョブとして実行してみます。

❶では「.DS_Store」という名前のファイルを探すという指定をしています。また、**>filelist.txt**で実行結果をfilelist.txtというファイルに保存し、**2>/dev/null**でエラーメッセージは破棄してどこにも出力しないようにしています（p.149）。こうすることで、画面にはfindコマンドからのメッセージが表示されなくなります。findでルートディレクトリからすべてのファイルを探すとそれなりの時間が掛かりますが、バックグラウンドで実行しているのですぐにプロンプトが表示されます。

この状態で❷のようにjobsを実行すると、findコマンドのジョブが実行中である旨表示されます。処理速度が速い機種で実行している場合はすぐに完了するので、実行中ではなく終了を示す「**[1]+ Exit**」が表示されるかもしれません。「**[1]+ Exit**」はバックグラウンドで実行したジョブが終了すると出力されるメッセージですが、これは、フォアグラウンドで何かコマンドを実行したタイミング（return を押したタイミング）で表示されます。

また、❸**tail filelist.txt**で実行結果を出力しているファイルの末尾を表示すると、findコマンドの出力内容を確認できます。❹のように時間をおいて何度か実行すると、結果が継ぎ足されていく様子がわかります。findコマンドの実行が終わると、次にコマンドラインで return を押したタイミングで「**[1]+ Exit** ジョブ内容 」というメッセージが表示されます。

```
バックグラウンドで実行
% cd ~/Desktop          実行結果をファイルに保存するためデスクトップに移動しておく
% find / -name .DS_Store > filelist.txt 2>/dev/null &      ❶
[1] 8170               ジョブ番号（後述）は1、プロセスIDは8170で開始した
%                      バックグラウンドで実行しているのですぐプロンプトが表示される
% jobs                 ❷ジョブの一覧を表示
[1]  + running    find / -name .DS_Store > filelist.txt 2> /dev/null
findコマンドのジョブが実行中であることがわかる
% tail filelist.txt    ❸tailコマンドでfindの出力を保存しているファイルの末尾を表示
/.DS_Store
検索された.DS_Storeの一覧が表示される
% tail filelist.txt    ❹再びtailコマンドを実行
/.DS_Store
/System/Library/Templates/Data/Applications/.DS_Store
/System/Library/Templates/Data/Applications/Utilities/.DS_Store
実行結果が追加されている様子がわかる
```

複数のジョブを切り替える

ジョブは番号で管理されています。新しいジョブを開始するときにジョブがなければ**1**、すでにあれば**2**、**3**……のように順番に付けられていきます。複数のジョブが動いている場合、「**%** ジョブ番号 」でジョブを呼び出せます。ジョブの番号はjobsコマンドで確認できます。

たとえば、`ls -l /bin/ | more` を実行して control + Z で処理をいったん停止させ、先ほどの find コマンドを実行した状態で jobs コマンドを実行するとジョブが2つ表示されます。この状態で `%1` と入力して return を押すと、1番めのジョブがフォアグラウンドに呼び出されます。

```
% jobs ……………………………………………ジョブの一覧を表示
[1]  - running    find / -name .DS_Store > filelist.txt 2> /dev/null
[2]  + done       ls -l /bin/ |
       suspended  more
% %2 ……………………………………………ジョブ番号2を呼び出す
[2]  - done       ls -l /bin/ |
       continued  more

total 4896 ………………………………………moreが再開した
-rwxr-xr-x  1 root  wheel   35824  1 23 21:58 [
-r-xr-xr-x  1 root  wheel  623344  1 23 21:58 bash
-rwxr-xr-x  1 root  wheel   36768  1 23 21:58 cat
:q …………………………………………………「q」を入力してmoreコマンドを終了させる
% …………………………………………………moreが終了してプロンプトが表示された
% jobs ……………………………………………ジョブ一覧を表示
[1]  + running    find / -name .DS_Store > filelist.txt 2> /dev/null
残りのジョブの状態が表示される
```

control + C でジョブを終了させる

フォアグラウンド/バックグラウンドを問わず、ジョブ、すなわちコマンドラインで実行したコマンドは処理が終わればそのまま終了します。

このほか、シェルから control + C で終了させることができます。control + C は「INTシグナル送る」という操作で、通常はINTシグナルを受け取ったコマンドは処理を終了します。なお、control + C を受け取るのはフォアグラウンドのジョブです。バックグラウンドジョブの場合はキー入力を受け取ることができないので、fgでフォアグラウンドにしてから control + C を入力します。

```
ジョブを終了させる
% find / -name .DS_Store > filelist.txt 2>/dev/null &
[1] 8186 …………………findコマンドがバックグラウンドで開始された
% fg ……………………バックグラウンドのジョブをフォアグラウンドに持ってくる
[1]  + running    find / -name .DS_Store > filelist.txt 2> /dev/null
^C …………………… control + C を入力
% ……………………ジョブが終了してプロンプトが表示された
```

バックグラウンドジョブと親プロセスの終了 nohup

バックグラウンドで動作しているジョブがある状態で、ターミナルを閉じるなどで親プロセスであるシェルが終了した場合、バックグラウンドジョブも強制終了します[8]。これを防

注8 　macOS High Sierra (10.13) まではターミナルを閉じてもバックグラウンドジョブは残っていましたが、macOS Mojave (10.14) 以降は一緒に終了するようになりました。

ぐには、**nohup**コマンドを使い、「**nohup コマンド &**」のように実行します。

　以下は、端末を2つ開いて、片方で**nohup sleep 300 &**を実行したときの様子です。sleepは指定した秒数だけ待つというコマンドで、シェルスクリプトなどで動作のタイミングを調整にするのによく使われるコマンドです。ここでは単に「一定時間経過したら終了するコマンド」として使用しています。

　以下は**ttys001**の画面で、❶**nohup sleep 300 &**を実行しています。続いて、別の端末（**ttys000**）で❷**ps -O ppid**を実行すると、**ttys001**でzshとsleepが動いている様子がわかります。psの**-O ppid**は出力にPPID列を加えるという意味のオプションです。

```
┌ ttys001の画面 ─────────────────────────────
% nohup sleep 300 &  ············· ❶
[1] 8529  ················· バックグラウンドで実行が開始された
% appending output to nohup.out※
                         return でプロンプトが表示される
```

※ nohupで実行されているコマンドは端末がなくなった状態でも継続するため、出力はカレントディレクトリの「nohup.out」に保存されるようになっている。この状態でもほかのコマンドは通常どおり実行可能。

```
┌ ttys000の画面 ─────────────────────────────
% ps -O ppid                    ❷
  PID  PPID TT   STAT     TIME COMMAND
 8518  8517 s000 S     0:00.06 -zsh
 8555  8554 s001 S+    0:00.03 -zsh
 8558  8555 s001 SN    0:00.01 sleep 300 ···PID=8558でsleepが実行されている様子がわかる
```

　この状態で**ttys001**のターミナルを閉じます。このとき、sleepコマンドを強制終了する旨の確認メッセージが表示されることがありますが（**図B**）、問題ありませんので[終了]をクリックしてください。

図B　ターミナルを閉じる

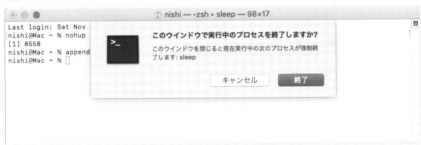

　sleepを実行したターミナルを閉じた後に、❸再びもう片方の端末でpsコマンドを実行すると、**ttys001**のプロセスがなくなっている様子がわかります。しかし、❹**ps -O ppid -p 8529**でプロセスIDを指定して表示すると[注9]、sleepがまだ実行中であることがわかります。300秒が経過すればsleepは自動で終了しますが、❺のようにkillコマンドで終了させること

注9　「-p **プロセスID**」は表示するプロセスIDを指定するオプションです。-p部分は省略可能ですが、指定内容をわかりやすくするために使用しています。

もできます。

```
┌(ttys001のターミナルを閉じた後の)ttys000の画面（続き）┐
% ps -O ppid ..................... ❸
  PID  PPID  TT   STAT    TIME COMMAND
 8518  8517  s000 S      0:00.06 -zsh
┌ttys001のプロセスがなくなっている┐
% ps -O ppid -p 8529 ............ ❹nohupで実行されているsleepのPIDを指定して表示
  PID  PPID  TT   STAT    TIME COMMAND
 8558     1  ??   SN     0:00.01 sleep 300
┌まだ実行中（端末がなくなっているのでTT欄は「??」になっている）┐
% kill 8558 ..................... ❺sleepのPIDを指定して終了させる
% ps -O ppid -p 8558 ............ ❻再度プロセスを表示
  PID  PPID  TT   STAT    TIME COMMAND
┌8558は終了しているため、何も表示されない┐
```

Column

ウィンドウアプリケーションとバックグラウンドジョブ

普段macOSを使っている場合、ウィンドウアプリケーションはFinderやLaunchpad、あるいはDockなどから起動しますが、ターミナルから起動することも可能です。

ターミナルからウィンドウアプリケーションを起動した場合も、そのウィンドウアプリケーションが終了するまでは制御がシェルに戻りません。そこで、あらかじめ「&」を付けて起動することでシェルに制御が戻り、続けてほかのコマンドを入力できる状態となります。「&」無しで実行した場合はコマンドラインで control + Z を入力して停止させて、bgで再開させます。

ウィンドウアプリケーションの場合、「バックグラウンド」と言ってもGUI操作では通常どおりの操作が可能です。なお、macOS環境で、openコマンドでアプリケーションを開いた場合はバックグラウンドにするといった操作は不要です。

システムの再起動とシャットダウン

reboot/halt/shutdown

第9章の最後に、コマンドラインでシステムを再起動したりシャットダウンする方法について扱います。

システムの再起動とシャットダウン　reboot、halt

`sudo reboot`でシステムを終了して再起動、`sudo halt`でシステムを終了し、電源を切断(シャットダウン)します。どちらも実行にはroot権限が必要です。

```
% sudo reboot                    ……システムを再起動
Password:                        ……パスワードを入力
ただちに再起動処理が始まる
```

haltとrebootともに、オプションでファイルシステムのキャッシュを書き出さないなど、終了/再起動のための処理を行わずに終了/再起動させることができますが、これらのオプションはディスクのトラブルなどで通常の方法では終了/再起動できない場合に使用します。

なお、rebootとhaltは実際には同じ内容のコマンド[注10]で、rebootという名前で実行すると再起動、haltという名前で実行するとシステムを終了します。

タイミングを指定した再起動とシャットダウン　shutdown

shutdownは、時間を指定してシステムをシャットダウンや再起動を行うことができます。実行にはroot権限が必要です。

```
基本の使い方
sudo shutdown -r now             ……ただちにシステムを再起動（rebootコマンド相当）
sudo shutdown -h +10             ……10分後にシステムをシャットダウン
```

システムの再起動は**-r**、終了は**-h**、スリープは**-s**を指定[注11]、「今すぐ」の場合は時間指定として**now**を指定します。

```
システムをただちに終了
% sudo shutdown -h now
Password:                                  ……パスワードを入力
Shutdown NOW!
System shutdown time has arrived           ……システムが終了
```

[注10] ほかのUnix系システムではハードリンクやシンボリックリンクになっていることがあります。
[注11] スリープは、このほかAppleScriptを使った`osascript -e 'tell application "Finder" to sleep'`という方法があります(p.186)。sshで接続している場合、shutdownだと接続が切断されるのに対し、AppleScriptでFinderをスリープさせた場合は切断されません。

シャットダウンや再起動のタイミングを指定する

nowのかわりに**+5**のように指定すると、今すぐではなく「5分後」という意味になります。日時を指定したい場合は「**yymmddhhmm**」の形で指定します。now以外のタイミングを指定した場合は実行される予定の時刻とshutdownコマンドのPIDが表示されます。

```
[5分後に再起動]
% sudo shutdown -r +5
Password:
Shutdown at Sun Mar  5 23:28:46 2020.
shutdown: [pid 6282]
%
*** System shutdown message from nishi@Mac.local ***
System going down in 5 minutes
```

シャットダウンや再起動を中止する

指定時刻の前であれば、killまたはkillallコマンドでshutdownコマンドを終了させて、シャットダウンや再起動を取りやめにすることができます。

shutdownコマンドを実行したターミナルを含め、shutdownコマンド実行時に開いていたターミナルにはシャットダウンまたは再起動する旨メッセージが表示されていますが、[return]で再びプロンプトが表示されます。ここで、**sudo killall shutdown**を実行するか、以下の❶のようにshutdown実施時に表示されるプロセスID（**pid**）を使って、❷のようにkillコマンドを実行するとshudownを中止できます。

なお、シャットダウンや再起動が行われる5分前になると新たなログインができなくなるため[注12]、新しくターミナルを開いてもコマンドの入力はできません。シャットダウンや再起動を中止したい場合はshutdownを実行したターミナルやshutdownを実行する前に開いていたターミナルでkillまたはkillallコマンドを実行します。

```
[シャットダウンや再起動の中止]
% sudo shutdown -r +5
Password:
Shutdown at Sun Mar  5 23:28:46 2020.
shutdown: [pid 6282]        ❶shutdownのPIDが表示されている
%
*** System shutdown message from nishi@Mac.local ***
System going down in 5 minutes

                            [return]で再びプロンプトが表示される
% sudo kill 6282            ❷killで再起動を中止（sudo killall shutdownでも可）
```

注12　5分より先の時間を指定してshutdownコマンドを実行した場合、5分前に改めて「System going down in 5 minutes」というメッセージが表示され、/etcディレクトリに「nologin」というファイルが作成されます。この/etc/nologinがあるとシステムへの新たなログインができなくなります。

第10章
システムとネットワーク

　本章は、システム全体の情報とネットワークに関する章です。これらの項目は、macOSでは基本的にGUIで行いますが、コマンド操作に置き換えることで使い勝手が向上する項目もあります。
　なお、ネットワークの分野は大変幅広く、使用できるコマンドも各コマンドのオプションも多岐にわたります。本書ではネットワークがつながらないようなとき、状況を調べるのに最初に使う基本的なコマンドを取り上げています。また、システムのメンテナンスに役立つコマンドも紹介します。

10.1　システム環境設定　　［システム情報］/system_profiler/systemsetup/defaults
10.2　ネットワーク設定　　［ネットワーク］/ifconfig/networksetup/scutil/hostname/ping
10.3　リモート接続とダウンロード　　［共有］/ssh/ssh-keygen/ssh-copy-id/ssh-add/curl
10.4　システムのメンテナンス　　［Spotlight］/mdutil/mdworker/tmutil/softwareupdate

システム環境設定

[システム情報]/system_profiler/systemsetup/defaults

本節ではシステム全体の設定について扱います。基本的な変更はGUIで行いますが、操作内容が決まっている場合はコマンドラインからの操作の方が手早く確実ということがあります。また、設定によってはコマンドラインからしかできないものもあります。

システムのバージョン情報の表示　sw_vers、uname

macOSのバージョン情報は[アップルメニュー]（画面左上の林檎アイコン）-[このMacについて]で確認できます（**図A**）。

図A　[アップルメニュー]-[このMacについて]の表示

コマンドラインでは**sw_vers**で表示できます。**sw_vers**で、macOSのプロダクト名（Mac OS X）とバージョン（10.15）およびビルドバージョンが表示されます。

Unix系システムで広く使われている**uname**コマンドはOSの名前とバージョンを表示するコマンドで、macOSのカーネル（コアOS）であるDarwin（p.7）とそのバージョンが表示されます。**uname**でカーネルの名前（Darwin）が、**uname -a**でバージョンも含めたすべての情報が表示されます。

```
% sw_vers                    macOSのプロダクト名とバージョンを表示
ProductName:    Mac OS X
ProductVersion: 10.15.3
BuildVersion:   19D76
% uname                      カーネルの名前を表示
Darwin
% uname -a                   バージョンを含めたすべての情報を表示
Darwin Mac 19.3.0 Darwin Kernel Version 19.3.0: Thu Jan  9 20:58:23 PST 2020;
root:xnu-6153.81.5~1/RELEASE_X86_64 x86_64
```

システムの詳細情報の表示　system_profiler

システムの詳細情報は、[アップルメニュー]（画面左上の林檎アイコン）-[このMacについて]の[概要]にある[システムレポート]をクリック、または[アプリケーション]-[ユーティリティ]の[システム情報]で確認できます(**図B**)[注1]。

図B　[システム情報]（[アプリケーション]-[ユーティリティ]）

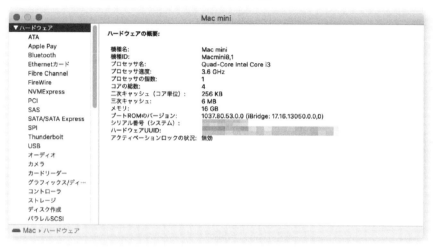

コマンドラインでは❶`system_profiler`で同じ情報が表示できます。1つ1つの項目を表示するのにやや時間がかかりますが、「**system_profiler 項目 項目 項目**……」で表示したい項目を指定することができます。項目のリストは❷`system_profiler -listDataTypes`で一覧表示できます。

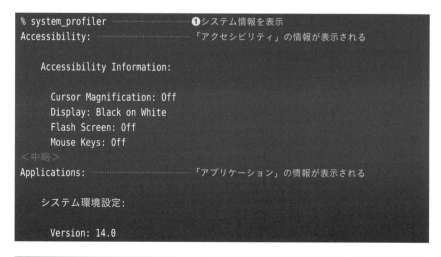

注1　option+[Appleメニュー]-[システム情報]でも表示できます。ターミナルからは`open -a system\ profiler`で開きます。

```
            Obtained from: Apple
            Last Modified: 2020/02/10 2:31
            Signed by: Software Signing, Apple Code Signing Certification Authority,↲
                                                                    Apple Root CA
＜以下略＜
 情報が順次表示される（項目切替時に時間がかかることがある）
% system_profiler -listDataTypes  ……… ❷どのような項目があるのか確認
Available Datatypes:
SPParallelATADataType
SPUniversalAccessDataType
SPSecureElementDataType
＜以下略＞
 項目のリストが表示される
```

インストールされているアプリケーションの名前、バージョン、場所の表示

　macOSにインストールされているアプリケーションは、[システム情報]-[ソフトウェア]-[アプリケーション]（図C）、コマンドラインでは`system_profiler SPApplicationsDataType`で一覧表示できます。

図C　　[アプリケーション]の情報（[システム情報]-[ソフトウェア]）

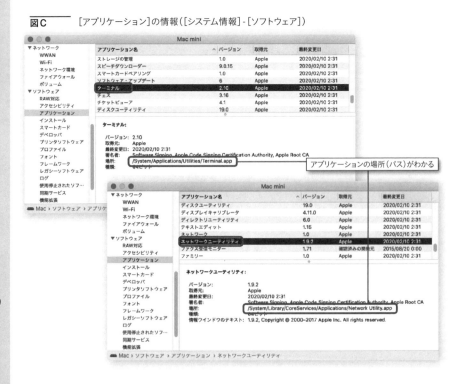

```
                システムにインストールされているアプリケーションを一覧表示
% system_profiler SPApplicationsDataType              アプリケーションを一覧表示
Applications:

    AppleMobileSync:

      Version: 5.0
      Obtained from: Apple
      Last Modified: 2020/02/10 2:31
      Signed by: Software Signing, Apple Code Signing Certification Authority, Apple Root CA
      Location: /Library/Apple/System/Library/PrivateFrameworks/MobileDevice.framework/
                        Versions/A/AppleMobileSync.app         場所がわかる
<中略>
    テキストエディット:

      Version: 1.15
      Obtained from: Apple
      Last Modified: 2020/02/10 2:31
      Signed by: Software Signing, Apple Code Signing Certification Authority, Apple Root CA
      Location: /System/Applications/TextEdit.app        場所がわかる
<以下略>
```

Column

コマンドラインでアプリケーションを開く　open

システム情報や **system_profiler SPApplicationsDataType**（p.246）などでアプリケーションの「場所」がわかると、コマンドラインから open コマンド（p.30）を使って開くことができます。

open コマンドでは、「**open -a アプリケーション名**」または「**open / パス / アプリケーション名 .app**」でアプリケーションを開くことができます。アプリケーション名は大文字/小文字の区別はありません。**open -a TextEdit** は **open -a textedit** でも実行可能です。アプリケーション名の途中に空白が入る場合は、全体を引用符（" " または ' '）で囲むか、空白の前に「\」マークを入れます。たとえば、[ネットワークユーティリティ]（Network Utility.app、ネットワーク接続状況を調べるアプリケーションで、[システム情報]（p.244）の［ウィンドウ］メニューから起動できる）であれば、**open -a network\ utility** のようにします。よく使うアプリケーションはシェルの設定ファイルでエイリアスを設定しておくと良いでしょう（zsh→p.167、bash→p.178）。パスを指定する場合、tab キーによる補完が使用できます。なお、テキストエディットは特別に **open -e** だけで開くことも可能です。

```
 テキストエディットを開く
 open /System/Applications/TextEdit.app  ファイル名  ……… パスの部分は補完が可能
 open -a TextEdit  ファイル名 ……… アプリケーション名（TextEdit）でも開くことができる
 open -a textedit  ファイル名 ……… 小文字でも良い
 open -e  ファイル名 ……………………… テキストエディットの場合は「-e」オプションでも良い

 [ネットワークユーティリティ] を開く
 open /System/Library/CoreServices/Applications/Network\ Utility.app
 open -a network\ utility ……… スペースの前に「\」を入れる
 open -a 'network utility' ……… 全体を引用符で囲む（"〜"でも良い）
```

システム環境設定の情報

システム環境設定の情報(**図D**)も同様に、**system_profiler SPPrefPaneDataType**で一覧表示できます。システム環境設定の画面も「**open 場所**」で開くことができます。設定もコマンドラインで行いたい場合はsystemsetupコマンドを使用します(次項参照)。

図D システム環境設定の情報([システム情報]-[ソフトウェア]-[環境設定パネル])

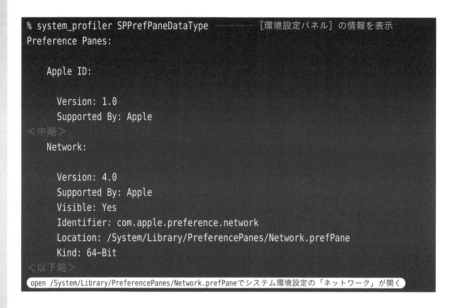

```
% system_profiler SPPrefPaneDataType          [環境設定パネル]の情報を表示
Preference Panes:

    Apple ID:

      Version: 1.0
      Supported By: Apple
<中略>
    Network:

      Version: 4.0
      Supported By: Apple
      Visible: Yes
      Identifier: com.apple.preference.network
      Location: /System/Library/PreferencePanes/Network.prefPane
      Kind: 64-Bit
<以下略>
```
open /System/Library/PreferencePanes/Network.prefPaneでシステム環境設定の「ネットワーク」が開く

システムの環境設定の変更　systemsetup

システムの環境設定は、**systemsetup**コマンドで表示/変更することができます。実行にはroot権限が必要なので、sudoコマンドを使って実行します（p.56）。

`sudo systemsetup -get`……で現在の設定を表示、`sudo systemsetup -set`……で設定を変更します。どのような項目が指定できるかは`sudo systemsetup -printCommands`で、使い方の概略は`sudo systemsetup -help`で確認できます。

なお、引数を指定せずに`sudo systemsetup`のみで実行すると、対話モードになります。たとえば、**help**で`systemsetup -help`相当の情報が表示されます。対話モードは**exit**で終了します。

（基本の使い方）
```
sudo systemsetup -printCommands  …操作可能な項目を一覧表示
sudo systemsetup -get……         …現在の設定を表示
sudo systemsetup -set……  値     …設定を変更
```

以下は、コンピュータ、ディスプレイ、ハードディスクがスリープするまでの時間を確認し、それぞれスリープしないように設定しています[注2]。

```
（コンピュータ、ディスプレイ、ハードディスクがスリープするまでの時間を確認）
% sudo systemsetup -getcomputersleep ※
Computer Sleep: after 10 minutes
% sudo systemsetup -getdisplaysleep
Display Sleep: after 10 minutes
% sudo systemsetup -getharddisksleep
Hard Disk Sleep: after 10 minutes
（コンピュータ、ディスプレイ、ハードディスクがスリープしないように設定）
% sudo systemsetup -setcomputersleep 0
setcomputersleep: Never
% sudo systemsetup -setdisplaysleep 0
setdisplaysleep: Never
% sudo systemsetup -setharddisksleep 0
setharddisksleep: Never
% sudo systemsetup -setharddisksleep 0
```

※ sudoコマンドを実行する際に「Password:」というプロンプトが出てパスワード入力を求められたら、実行しているユーザのパスワードを入力。

アプリケーション設定の一覧表示/操作　defaults

macOSでは、アプリケーションの設定は**プロパティリスト**（*property list*）として保存されており、通常は各アプリケーションの設定メニューで行います。コマンドラインで操作したい場合は**defaults**コマンドを使用します。defaultsコマンドは、設定メニューには表示されていない項目も変更することができます。

注2　スリープの制御にはこのほか、pmset（電源管理用のコマンド）やcaffeinate（条件を設定してシステムがスリープ状態にならないようにするコマンド）を使う方法があります。

> **基本の使い方**
> defaults read com.apple.finder …… 「com.aple.finder」（Finder）の現在の設定を表示
> defaults write com.apple.finder AppleShowAllFiles 1 … FinderのAppleShowAllFilesという
> 　　　　　　　　　　　　　　　　　　　　　　　　　　　設定を「1」（有効）にする

　defaultsコマンドでは、設定を「**ドメイン** **キー** **値**」のセットで行います。現在の設定値を確認する場合はreadコマンドを使い、「**defaults read** **ドメイン** **キー**」、設定を変更したい場合はwriteコマンドで「**defaults write** **ドメイン** **キー** **値**」とします。

　ドメインとキーはアプリケーションごとに決まっており、たとえばFinderの不可視ファイルを表示する設定であれば、ドメインは「`com.apple.finder`」で、キーは「`AppleShowAllFiles`」、そして値は「`1`」で有効、「`0`」で無効となります[注3]。

```
defaultsコマンドでFinderの設定を表示/変更
% defaults read com.apple.finder AppleShowAllFiles ……… 現在の設定値を確認
0 ……………………………………………………………………………………………… 現在の設定値は0（無効、FALSE）
% defaults write com.apple.finder AppleShowAllFiles 1
　設定を変更（Finderの場合、システムの再起動またはkillall Finderで有効になる、p.228）
% defaults read com.apple.finder AppleShowAllFiles ……… 現在の設定値を確認
1 ……………………………………………………………………………………………… 現在の設定値は1（有効、TRUE）
```

ドメインを一覧表示する　defaults domains

　設定済みのドメインは**defaults domains**で一覧表示できます。「,」区切りで表示されているので、trコマンド（p.198）で「,」を「`\n`」（改行）に置き換えると見やすくなります。なお、実行結果はOSのバージョンやインストールされているアプリケーションによって異なります。

```
ドメインのリストを一覧表示（trコマンドで加工）
% defaults domains | tr ',' '\n'　defaults domainsの結果を、「,」を改行に置き換えて出力
ContextStoreAgent
com.apple.AMPLibraryAgent
com.apple.ActivityMonitor
com.apple.AdLib
com.apple.AddressBook
com.apple.AppleMediaServices
＜以下略＞
```

　ドメインの詳細については公開されていないため、名前を手掛かりに探す必要があります。たとえば、先ほどの**defaults domains | tr ',' '\n'**の結果をgrepコマンド（p.207）で絞り込むと以下のようになります。なお、実行結果はOSのバージョンやインストールされているアプリケーションによって異なります。

```
ドメインのリストからFinderを探す（grepコマンドを使用）
% defaults domains | tr ',' '\n' | grep -i finder　出力結果のうち、「finder」を含む行
com.apple.finder                                 だけ表示（grepの-iは大文字/小文字を区別しないオプション、p.327）
```

注3　OS X El Capitan（10.11）までは真偽値で「TRUE」または「FALSE」で表示されていました。設定時の値は1としても、真偽値でTRUEあるいは-boolean TRUEのようにしても結果は変わりません。

ドメインのキーを一覧表示する　defaults read

dedfaultsのreadコマンドでキーを指定せずに「`defaults read` `ドメイン`」で実行すると、現在設定されているキーと設定内容が一覧表示されます。

```
 ドメインを指定して設定されているキーを確認 
% defaults read com.apple.finder
{
    AppleShowAllFiles = 0;
    ComputerViewSettings =     {
        CustomViewStyleVersion = 1;
        WindowState =         {
            ContainerShowSidebar = 1;
            ShowPathbar = 0;
            ShowSidebar = 1;
            ShowStatusBar = 0;
            ShowTabView = 0;
            ShowToolbar = 1;
            SidebarWidthTenElevenOrLater = 167;
            WindowBounds = "{{67, 289}, {770, 436}}";
        };
    };
<以下略>
```

プロパティリストの表示/操作　plutil

plutilはアプリケーションの設定（プロパティ）を表示/編集するコマンドです。プロパティが保存されているファイルの多くは拡張子「.plist」が使われており、プロパティリストと呼ばれています（p.249）。

 基本の使い方
`plutil -p` `plistファイル` ……………………………… plistファイルの内容を表示

プロパティリストはさまざまな形で使われており、たとえば、システム全体の設定は/System/Library/下や/Library/Preferences/下に、個人の設定は~/Library/Preferences/下に保存されています。このほか、アプリケーション（.app）やコンポーネント（.component）の中にも「Info.plist」という名前で保存されています。

「`plutil -p plist` `ファイル`」でplistファイルの内容を一覧表示します。たとえば、Finder.appのInfo.plistを表示するならば❶のように`plutil -p /System/Library/CoreServices/Finder.app/Contents/Info.plist`とします。アプリケーションがどこにあるかわからない場合は［システム情報］（p.245）から探すか、❷のようにfindコマンドで探します。また、［システム環境設定］で設定するような項目であれば、❸のように「/Library/Preferences/」に「`ドメイン名`.plist」というファイル名で保存されています。なお、プロパティリストの設定内容は公開されていませんので、基本的には設定を調べるだけに留めてGUI環境で設定する方が安全です。

```
                  ┌plutilコマンドでFinderの設定可能項目を表示─┐
% plutil -p /System/Library/CoreServices/Finder.app/Contents/Info.plist
{                                                         ❶Finderのプロパティを表示
  "Application-Group" => [
    0 => "dot-mac"
    1 => "com.apple.coreservices.appleidauthentication.keychainaccessgroup"
  ]
  "BuildMachineOSBuild" => "18A391012"
  "CFBundleDevelopmentRegion" => "English"
  "CFBundleDisplayName" => "Finder"
  "CFBundleDocumentTypes" => [
    0 => {
      "CFBundleTypeName" => "Folder"
      "CFBundleTypeOSTypes" => [
        0 => "fold"
      ]
      "CFBundleTypeRole" => "Editor"
      "LSIsAppleDefaultForType" => 1
    }
<以下略>
% find / -name Finder.app 2>/dev/null  ……… ❷Finder.appを探す※
/System/Library/CoreServices/Finder.app
/System/Volumes/Data/System/Library/CoreServices/Finder.app
% find /Library/Preferences -name '*.plist'  ……❸findコマンドで［システム環境設定］
/Library/Preferences/com.apple.ARDAgent.plist       の「*.plist」を探す
/Library/Preferences/com.apple.networkextension.uuidcache.plist
/Library/Preferences/SystemConfiguration/com.apple.Boot.plist
/Library/Preferences/SystemConfiguration/com.apple.accounts.exists.plist
<以下略>
```

※ 「/System/Volumes/Data/System/Library」下のFinder.appも見つかるが、「/System/Library」と実体は同じ（Firmlinks、p.167)。/System/Volumes下はfindの対象外としたい場合は-prune(p.130)を使ってfind / -path /System/Volumes -prune -or -name Finder.app -print 2>/dev/nullのようにする。単に表示されなければ良いのであれば、grep -vで結果から取り除いてfind / -name Finder.app 2>/dev/null | grep -v /System/Volumesのようにする。

アプリケーションの設定をデフォルトに戻す

　個人用の設定ファイルを削除することで、アプリケーションの設定をデフォルトに戻すことができます。個人用の設定は、「~/Library/Preferences/」下に保存されています。たとえば、ターミナル(Terminal.app)の設定であれば、「~/Library/Preferences/com.apple.Terminal.plist」です。

```
ターミナルの設定をデフォルトに戻す
% find ~ -name "*Terminal.plist" 2>/dev/null   …ターミナルの設定ファイルを探す
/Users/nishi/Library/Preferences/com.apple.Terminal.plist  …設定ファイルが見つかった
% plutil -p ~/Library/Preferences/com.apple.Terminal.plist   …………内容を確認
{
  "Default Window Settings" => "Basic"
  "DefaultProfilesVersion" => 1
  "HasMigratedDefaults" => 1
  "Man Page Window Settings" => "Man Page"
  "NSNavLastRootDirectory" => "~/Documents"
 <以下略>
% rm ~/Library/Preferences/com.apple.Terminal.plist   …………設定ファイルを削除
```

自動起動や定期実行の設定　launchctl

　システム起動やログイン時に自動で実行されるコマンドや、定期的に実行されるコマンド「launchd」(p.270)を通じて実行されます。launchdはカーネルが最初に実行するコマンドで、設定は、起動時に実行される**デーモン**（**Daemons**）と、ユーザがログインしたときに実行される**エージェント**（**Agents**）に分かれています。さらに、エージェントはシステム全体用と各ユーザー用に別れます。

　launchdが実行するコマンドの設定ファイルは、**表A**の5つのディレクトリに保存されており、**launchctl**コマンドで有効にするかどうかを設定できます。また、launchd用のplistの書き方は、`man launchd.plist`で確認できます。本書では、現在の設定や状態を確認する方法を中心に扱います。Appendix Aのコマンドリファレンスもあわせて参照してください。

表A　launchdが使用するディレクトリ

ディレクトリ	説明
/System/Library/LaunchAgents	システム全体用のエージェントの設定
/System/Library/LaunchDaemons	システム全体用のデーモンの設定
/Library/LaunchAgents	管理者によるエージェントの設定
/Library/LaunchDaemons	管理者によるデーモンの設定
~/Library/LaunchAgents	ユーザが固有で作成したエージェントの設定[※]

※ デフォルトでは用意されていない。

現在ロードされているサービスを表示する❶　launchctl list

　サービスは、まずシステムにロードされ、設定に従って実行されます。ロード済みのサービスは`launchctl list`で確認できます。`list`はlaunchctlのマニュアル（`man launchctl`）によると「**LEGACY SUBCOMMAND**」とされていますが、macOS Catalina (10.15)でも使用可能です。

　`launchctl list`で、ユーザ環境でロードされているサービスが表示されます。システム全体のサービスはsudoを使い`sudo launchctl list`で表示します。それぞれ、実行中のサービスはプロセスIDが表示されます。psコマンドでプロセスIDを指定して表示すると、コマンド名がわかります。

```
ユーザ環境でロードされているサービスを表示
% launchctl list
PID     Status  Label
335     0       com.apple.trustd.agent
-       0       com.apple.MailServiceAgent
-       0       com.apple.mdworker.mail
-       0       com.apple.appkit.xpc.ColorSampler
327     0       com.apple.cfprefsd.xpc.agent
＜以下略＞
% sudo launchctl list | head
PID     Status  Label
-       0       com.apple.storedownloadd.daemon
310     0       com.apple.CoreAuthentication.daemon
154     0       com.apple.coreservicesd
859     0       com.apple.touchbarserver
-       0       com.apple.deleted_helper
＜以下略＞
% ps -f 335,327,310,154,859      プロセスの情報を表示（-fはコマンド名を省略せずに
  UID   PID  PPID   C STIME   TTY          TIME CMD            出力するオプション）
    0   154     1   0 1:12AM ??        0:00.40 /System/Library/CoreServices
                                                /coreservicesd
    0   310     1   0 1:13AM ??        0:00.03 /System/Library/Frameworks
                                                /LocalAuthentication.framework/Support/coreauthd
  501   327     1   0 1:13AM ??        0:01.96 /usr/sbin/cfprefsd agent
  501   335     1   0 1:13AM ??        0:02.40 /usr/libexec/trustd --agent
    0   859     1   0 3:01AM ??        0:06.38 /usr/libexec/TouchBarServer
```

現在ロードされているサービスを表示する❷　launchctl print

サービスの情報は「`launchctl print` ターゲット」でも表示できます。ターゲットには「ドメインターゲット」と「サービスターゲット」があり、それぞれ表Bのような書式になっています。`launchctl list`と比べて少々わかりにくいので、具体的に見てみることにしましょう。

表B　おもなドメインターゲットとサービスターゲット

	ドメインターゲット	サービスターゲット
システム全体	system	system/サービス名
ユーザごと	user/ユーザID	user/ユーザID/サービス名
ユーザごと	gui/ユーザID	gui/ユーザID/サービス名
プロセスごと	pid/プロセスID	pid/プロセスID/サービス名

システムのサービスを表示する

　システム全体用のサービスは「システムドメイン」に属しています。`launchctl print system`で情報を表示すると、`services = { 〜 }`というブロックに現在ロードされているシステムが一覧表示されます。

```
┌─ システムドメインのサービスを表示 ─┐
% launchctl print system
com.apple.xpc.launchd.domain.system = {
        type = system
        handle = 0
        active count = 427
        on-demand count = 0
        service count = 325
        active service count = 119
        ＜中略＞
        services = { ─────── 個々のサービスが表示される
                    255       -        com.apple.driverkit.↩
                                       AppleUserUSBHostHIDDeviceKB-(0x100000302)
                      0       -        com.apple.managedconfiguration.teslad
                      0       -        com.apple.lskdd
                    243       -        com.apple.runningboardd
        ＜以下略＞
```

ユーザのサービスを表示する

ユーザのサービスは「launchctl print user/ ユーザID 」または「launchctl print gui/ ユーザID 」で表示できます。自分自身のユーザIDは `id -u` で確認できます。

```
┌─ ユーザドメインのサービスを表示 ─┐
% launchctl print user/`id -u`  ユーザIDが501の場合「launchctl print user/501」が実行される
com.apple.xpc.launchd.domain.user.501 = {
        type = user
        handle = 501
        active count = 65
        ＜中略＞
        services = { ─────── 個々のサービスが表示される
                      0       -        com.apple.accessibility.mediaaccessibilityd
                      0       -        com.apple.cvmsCompAgent3425AMD_x86_64_1
                      0       -        com.apple.mdworker.sizing
                    335       -        com.apple.trustd.agent
                      0       -        com.apple.MailServiceAgent
        ＜以下略＞

┌─ ユーザのGUIドメインのサービスを表示 ─┐
% launchctl print gui/`id -u`  ユーザIDが501の場合「launchctl print gui/501」が実行される
com.apple.xpc.launchd.user.domain.501.100006.Aqua = {
        type = user login
        handle = 100006
        active count = 282
        ＜中略＞
        services = { ─────── 個々のサービスが表示される
                      0       0        com.apple.syncdefaultsd
```

```
       481          -         com.apple.assistantd
         0          -         com.apple.DataDetectorsLocalSources
         0          -         com.apple.unmountassistant.useragent
         0          -         com.apple.SafariHistoryServiceAgent
<以下略>
```

詳細情報から設定ファイルと実行コマンドを探す

サービスの詳細は「`launchctl print` サービスターゲット」、すなわち「`launchctl print` ドメイン/サービス名」で表示できます。

たとえば、先ほどの「launchctl print gui/ユーザID」で表示された「com.apple.syncdefaultsd」を以下のようにして確認すると「state」(状態)は「waiting」(待機)で、「path」で設定ファイル(plistファイル)、「program」で実行ファイル名がわかります。同じく「com.apple.assistantd」は「state」は「running」(実行中)で、設定ファイルとコマンドのほかに、プロセスIDも表示されている様子がわかります。

```
「gui/ユーザID」の「com.apple.syncdefaultsd」を表示
% launchctl print gui/`id -u`/com.apple.syncdefaultsd
com.apple.syncdefaultsd = {
        active count = 0
        copy count = 0
        one shot = 0
        path = /System/Library/LaunchAgents/com.apple.syncdefaultsd.plist
        state = waiting ………………… 待機

        program = /System/Library/PrivateFrameworks/SyncedDefaults.framework/↵
                                                 Support/syncdefaultsd
<以下略>
```

```
「gui/ユーザID」の「com.apple.assistantd」を表示
% launchctl print gui/`id -u`/com.apple.assistantd
com.apple.assistantd = {
        active count = 19
        copy count = 0
        one shot = 0
        path = /System/Library/LaunchAgents/com.apple.assistantd.plist
        state = running ………………… 実行中

        program = /System/Library/PrivateFrameworks/AssistantServices.↵
                                  framework/Versions/A/Support/assistantd
<中略>
        domain = com.apple.xpc.launchd.user.domain.501.100006.Aqua
        asid = 100006
        minimum runtime = 10
        exit timeout = 5
        runs = 1
        successive crashes = 0
        pid = 481 ………………… プロセスID
<以下略>
```

ネットワーク設定

[ネットワーク]/ifconfig/networksetup/scutil/hostname/ping

　本節ではネットワーク関連のコマンドを取り上げます。とくに、ネットワークがつながらないようなとき、状況を調べるのに最初に使う基本的なコマンドを取り上げています。オプションについてはAppendix Aを参照してください。

ネットワーク設定とインターネット接続の基礎知識

　ネットワークの設定は、[システム環境設定]-[ネットワーク]で確認/設定できます（図A）。

図A　　[システム環境設定]-[ネットワーク]

ネットワークインターフェイス

　macOSのネットワークインターフェイスにはen0、en1……という名前が付けられています。ほかのデバイスと違い、/devにはありません[注4]。番号とインターフェイスの対応は、[ネットワークユーティリティ]の[info]で確認できます（図B）。

　[ネットワークユーティリティ]（/System/Library/CoreServices/Applications/Network Utility.app）はSpotlightで検索するか、[システム情報]（アップルメニューの[このMacについて]）の[ウィンドウ]-[ネットワークユーティリティ]で開くか、**open -a network\ utility**で起動すると良いでしょう。

注4　ほかのUnix系OSでは、「/dev/tcp」や「/sys/class/net」（/sys/device/～へのシンボリックリンク）が用いられていることがあります。

図B　［ネットワークユーティリティ］-［info］

IPv4 と IPv6

　後出の ipconfig コマンドや「ネットワークユーティリティ」の［IPアドレス］欄で「**192.168.1.18**」のように表示されているのは **IPv4**（*Internet Protocol version 4*）による IP アドレスです。IPv4 は 32 ビットで定義されている IP アドレスで、0～255 の数値×4 組で表記します。

　これに対し、**IPv6**（*Internet Protocol Version 6*）という規格があり、こちらはアドレスを 128 ビットで定義します。IP アドレスはインターネットでも使用されているアドレスで、32 ビットの IPv4 では足りなくなってしまうためあらたに策定されました。IPv6 のアドレスの表記は 16 進数で 16 ビット単位ごとに「**:**」（コロン）で区切ることになっており[注5]、ifconfig コマンドでは「**inet6**」から始まる行で示されています。

　ifconfig コマンドで IPv4 のアドレスだけを表示したい場合は **ifconfig -a inet**、IPv6 のアドレスだけを表示したい場合は **ifconfig -a inet6** のように指定します。

ローカル IP アドレスとグローバル IP アドレス

　ifconfig で表示される IPv4 のアドレスは、**ローカル IP アドレス**（*local IP address*）と呼ばれる IP アドレスです（**図C**）。

図C　ローカル IP アドレスとグローバル IP アドレス

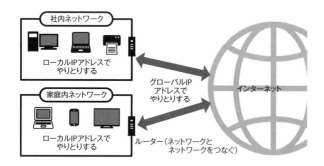

　企業内や家庭内などで使用するのがこのローカル IP アドレスで、ローカルネットワークという限られた場所の中で1台の機器を特定するのに使われています。

注5　このほか、「**0**」を省略できるなどのルールがあります。

ネットワーク同士のネットワークを「internet」、今日私たちが、Webなどを中心に利用している世界規模のIPネットワークをThe Internet（インターネット）と言いますが、このインターネットで使用するアドレスをローカルIPアドレスに対し、**グローバルIPアドレス**（*global IP address*）と言います。ネットワーク通信では、テレビやラジオのように「放送されているデータを一方的に受信する」のではなく、Webサーバやメールサーバなどに要求（リクエスト）を送って、結果を受け取ることで成り立っています。インターネットのやりとりにはグローバルIPを使用します。

家庭のネットワークの場合、グローバルIPアドレスは「プロバイダ」（*provider*）と呼ばれる接続業者によって割り当てられます。

グローバルIPアドレスを確認する

IPv4の場合、ローカルネットワーク内では、自分のグローバルIPアドレスが何になっているかはわかりません。したがって、ifconfigではグローバルIPアドレスを表示することはできません。

インターネットへの接続にルーター（*router*）[注6]を使用している場合、ルーターの設定画面でグローバルIPアドレスを確認できることがあります。このほかの確認方法として、グローバルIPアドレスを表示するWebサイトを利用する方法があります。「グローバルIPアドレス 確認」などのキーワードで検索できます。なお、これらのWebサイトでは、IPアドレスのほか、OSやWebブラウザの種類などの情報が表示されるかもしれませんが、これらは普段のインターネット通信でやりとりされている情報です。たとえば、Webサーバはこれらの情報を使って相手のソフトウェアに合わせたデータを送り返すといったことをしています。

IPv6の場合、固有のアドレスは「ユニキャストアドレス」（*unicast address*）と呼ばれており、「`fc00`」から始まるアドレスが**ユニークローカルユニキャストアドレス**（*unique local address*、ULA）でIPv4のローカルIPアドレスに相当します。このほか、「`fe80`」から始まるアドレスが「リンクローカルユニキャストアドレス」（*link-local unicast address*）がローカルで使用されます。「`2001`」や「`2400`」などで始まるアドレスが**グローバルユニキャストアドレス**（*global unicast addresses*、GUA）で、IPv4のグローバルIPアドレスに相当します。いずれも自動で割り当てられています。

ネットワーク設定の表示/変更　　ifconfig、networksetup

ifconfigは、ネットワークインターフェイスの情報を表示するコマンドです。GUI環境の［ネットワークユーティリティ］（p.258、図B）では［Info］の画面で表示される内容に相当します。ifconfigコマンドはUnix系OSで広く使われているコマンドで[注7]、設定の確認だけではなく、変更も可能です。

```
基本の使い方
ifconfig ……………… すべてのインターフェイスの情報を表示
ifconfig -l ………… ❶ネットワークのデバイス名を一覧表示
ifconfig デバイス名 ‥指定したネットワークデバイスの情報を表示（デバイス名は❶で確認）
sudo ifconfig デバイス名 up/down ……… 指定したデバイスを有効（up）か無効（down）に設定
```

注6　異なるネットワーク間で通信できるようにする役割を持つハードウェアやソフトウェア。
注7　ipコマンドへの移行が進んでいます。

macOSの場合は、ifconfigコマンドのほかに **networksetup** コマンドもあり、こちらの方が扱いやすいでしょう。networksetupコマンドは、［システム環境設定］-［ネットワーク］に相当する操作を行うコマンドです。

基本の使い方

```
networksetup -listallnetworkservices …… ❶サービス一覧を表示
networksetup -listallhardwareports  …… ❷デバイス一覧を表示
networksetup -getinfo サービス名                    指定したサービス
                                                 （Ethernet、Wi-Fi等）の
                                                 情報を表示
                                                 （サービス名は❶で確認）
networksetup -getairportnetwork デバイス名  …… 現在接続しているWi-Fiのネットワーク名を
                                              表示（デバイス名は❷で確認）
networksetup -setairportpower デバイス名 on/off  …… Wi-Fiを有効（on）か無効（off）に設定
networksetup -listpreferredwirelessnetworks デバイス名 …… ❸使用できるWi-Fiネットワーク名を一覧表示
networksetup -setairportnetwork デバイス名 ネットワーク名 パスワード …… 指定したWi-Fiネットワークに接続
                                                                （ネットワーク名は❸で確認）
networksetup -help …… ヘルプを表示
```

Column

MACアドレス　ネットワークのハードウェアアドレス、arp（コマンド）

ifconfigコマンド（p.259）では、IPアドレスのほかにネットワークデバイスの「MACアドレス」を確認できます。MACアドレス（*Media Access Control address*）はハードウェア固有のアドレスで、「ハードウェアアドレス」や「物理アドレス」とも呼ばれています。

MACアドレスは48ビットで「`00:00:00:00:00:00`」のような形式で6組の16進数で表記します。最初の3組はハードウェアを提供しているハードウェアベンダーを、残りの3組は各ベンダーが管理しています[注a]。

p.258で「ローカルIPアドレス」について解説していますが、IPv4の場合「ARP」（*Address Resolution Protocol*、アドレス解決プロトコル）を使って、IPアドレスをMACアドレスを対応させることで、通信相手に信号を届けています[注b]。通常はIPアドレスとMACアドレスの対応は自動的に行いますが、arpコマンドで設定することも可能です。現在の状況は **arp -a** で確認できます。各対応はARPエントリと呼ばれ、「 ホスト名 (IPアドレス) at MACアドレス on ネットワークデバイス ifscope [ethernet]」のように表示されます。最後の「ifscope [ethernet]」は普段私たちが使用しているWi-FiやLANケーブルなどの規格であるEthernetという意味です。

```
% arp -a
? (169.254.XXX.XXX) at e4:a7:xx:xx:xx:xx on en0 [ethernet]
ntt.setup (192.168.1.1) at 2c:ff:xx:xx:xx:xx on en0 ifscope [ethernet]
? (192.168.1.102) at 14:99:xx:xx:xx:xx on en0 ifscope [ethernet]
? (192.168.1.116) at 30:85:xx:xx:xx:xx on en0 ifscope [ethernet]
＜中略＞
? (224.0.XXX.XXX) at xx:xx:xx:xx:xx:xx on en0 ifscope permanent [ethernet]
```

注a　MACアドレスの前半部分はOUI（*Organizationally Unique Identifier*）と呼ばれており、IEEE（*Institute of Electrical and Electronics Engineers*、米国電気電子学会）のWebサイトでリストを入手できます。かなり大きなテキストファイルなので、たとえばcurlコマンド（p.268）で curl -O http://standards-oui.ieee.org/oui/oui.txt のようにしてダウンロードしてから参照すると良いでしょう。

注b　IPv6ではARPの機能はICMPv6（*Internet Control Message Protocol for IPv6*）に組み込まれています。ICMPはネットワークの状態をお互いに通知するためのプロトコルで、たとえばpingコマンドで使われています。

Wi-Fiネットワークに接続する

　Wi-Fiがつながりにくい、思ったような速度が出ていない場合、いったん切断して再接続すると調子が良くなることがあります。「**networksetup -setairportnetwork** `デバイス名` **off**」で切断、「**networksetup -setairportnetwork** `デバイス名` **on**」でWi-Fiが有効になります。デバイス名がわからない場合は、**networksetup -listallhardwareports** で確認できます。「**Hardware Port: Wi-Fi**」の下の「**Device:**」行がWi-Fi用のデバイス名です。

　接続先を変更したい場合は、まず「**on**」にしてから「**networksetup -setairportnetwork** `デバイス名` `ネットワーク名` `パスワード`」のように、ネットワーク名とパスワードを指定します。

```
ネットワークデバイスを確認
% networksetup -listallhardwareports | grep -i -A1 wi-fi      Wi-Fiのデバイスを名を確認※
Hardware Port: Wi-Fi
Device: en1                       デバイス名が「en1」であることがわかった
% networksetup -setairportpower en1 on   en1を有効（on）にする（すでに有効の場合は何も行われない）
% networksetup -getairportnetwork en1    en1が接続しているネットワークを表示
Current Wi-Fi Network: my-home-net01     現在接続しているSSIDは「my-home-net01」
% networksetup -setairportnetwork en1 my-home-net02  パスワード
            en1が接続するネットワークを「my-home-net02」（パスワード部分にはSSIDのパスワードを入力）にする
```

※ networksetup -listallhardwareportsでデバイスのリストを表示、Wi-Fiの場合「Hardware Port: Wi-Fi」という行が表示され、1行下に「Device:`デバイス名`」が表示されることから、grepコマンドで「wi-fi」という行を検索し（-iは大小文字を区別しないオプション）、-A1で1つ下の行も含めて表示している。何も表示されない場合そもそもWi-Fiのデバイスが認識されていない可能性があるので、[システム環境設定]で確認（p.257）。

ホスト名の表示と設定　scutil、hostname

　scutil はネットワーク関連の設定を行うコマンドで、コマンドラインではおもにホスト名の表示や設定に使用します。実行内容はオプションで指定し、オプションを指定しなかった場合はコマンド入力モードになります。プロンプト（**>**）が表示されるので、**help** と入力すると使用方法の表示、**quit** で終了します。

　macOS環境では、「Bonjour（ボンジュール）」と（Mac同士の通信）いうしくみによって、特別な設定をしなくてもFinderや画面共有で相手を見つけることができるようになっています[注8]。❶**scutil --get LocalHostName** では、このBonjourで使用する名前を確認、❷「**scutil --set LocalHostName** `新しい名前`」で名前を変更します。なお、**--set** オプションで名前を変更する際にsudoコマンドを使用しなかった場合は、ダイアログが表示されるので管理者の名前とパスワードを入力します。

```
Bonjourで使用する名前の確認と変更
% scutil --get LocalHostName              ❶名前を確認
Mac                     現在の名前はMac（ほかの機器からは「Mac」でアクセスできる）※
% sudo scutil --set LocalHostName macmini    ❷名前をmacminiに変更
Password:                       自分のパスワードを入力
```

※ [システム環境設定]-[共有]-[コンピュータ名]の[編集]ではローカルホスト名に「.local」が表示されるが、これはBonjourが使用している「mDNS」（*Multicast DNS*）用のドメイン名。mDNSはローカルネットワークで通信相手を見つけるのに使うしくみで、ローカルネットワークの機器は共通で「.local」というドメインに参照するようになっている。

注8　「Bonjour for Windows」をインストールすることで、Windows環境でもmacOSマシンに対して名前でアクセスできるようになります。iTunesやiCloudとともにインストールされます。

macOSの3つの名前

scutilの**--get**オプションと**--set**オプションでは、**ComputerName**、**LocalHostName**、**HostName**の3種類を指定できます。

ComputerNameがmacOSをインストールしたときに付ける呼び名で、**LocalHostName**がBonjourで使用する名前です。通常は**ComputerName**と共通ですが、ローカルネットワーク内で重複しているときは別の名前が自動的に割り当てられます。**HostName**はWindowsやLinuxなど、Bonjourが導入されていないコンピュータとやりとりする場合に使用する名前です。

通常は3つとも、［システム環境設定］-［共有］の［コンピュータ名］を元に付けられており、名前がネットワーク内で重複している場合や、TCP/IPネットワークで使用できないような文字が使用されている場合は、使用可能な名前が自動で割り当てられます。名前がわからない場合や、名前を指定しても接続できないような場合、scutilの**--get**オプションで名前を確認して、必要に応じて**--set**オプションで変更しましょう。

```
●macOSに付けられている名前を確認
% scutil --get ComputerName          コンピュータ名を確認
Mac
% scutil --get LocalHostName         Bonjourで使用する名前を確認
Mac
% scutil --get HostName
HostName: not set                    「HostName」が設定されていないことがわかった
% sudo scutil --set HostName Mac     「HostName」をMacに設定
Password:                            自分のパスワードを入力
```

hostnameによるホスト名の表示と設定

hostnameはホスト名を表示するコマンドです。Unix系OSで昔から使われています。hostnameで現在のホスト名を表示します。**scutil --get HostName**に相当します。

名前を変更することもできますが、macOS環境の場合、hostnameコマンドでの変更は一時的なもので再起動すると自動設定される内容に戻ります。macOS環境で名前を変更して保存したい場合、scutilコマンドを使用しましょう。変更にはroot権限が必要です。以下の例は一時的な変更でホスト名をmac02に設定しています。プロンプトにホスト名を表示している場合（zsh➡p.174、bash➡p.181）、ターミナルを開き直すとホスト名部分が変化します。

```
% hostname                    現在のホスト名を表示
Mac                           現在のホスト名はMac
% sudo hostname mac02         ホスト名をmac02に変更
```

Column

ファイル共有のプロトコル　APFSではSMBかNFSを使用する

ネットワーク機器同士がやりとりをするのには共通するプロトコル(*protocol*、通信規約)が必要ですが、macOSはファイル共有用プロトコルとしてClassic Mac OS(p.9)時代から使われているAFP(*Apple Filing Protocol*)のほか、SMB(*Server Message Block*)、NFS(*Network File System*)に対応しています。ただし、macOS High Sierra(10.13)で新しく導入されたAPFS(p.60)はAFPによるファイル共有はできない[注a]ので、SMBかNFSを使用する必要があります。

[注a] URL https://support.apple.com/ja-jp/guide/mac-help/mh17131/mac

接続相手の確認　ping

`ping`は、ネットワークをテストするのに使用するコマンドです。「`ping` ホスト名」や「`ping` IPアドレス」で、相手から応答があるかどうかを調べます。特定の相手だけ応答がないのか、同じネットワーク内(ネットワークアドレスが自分のコンピュータと同じ機器)ならどうかなどを調べることで、問題がある箇所を特定する手掛かりとします。

```
基本の使い方
% ping www.example.com  ………… www.example.comから応答があるかを調べる  (control+Cで終了)
% ping 192.168.1.20     ………… 192.168.1.20から応答があるかを調べる    (control+Cで終了)
% ping -c 4 www.example.com … www.example.comから応答があるかを調べる  (4回試して終了)
```

`ping`コマンドは1秒間隔で相手に小さなデータを送り、何ミリ秒後に応答があったかを control + C で終了するまで実行し続けます。「`ping` ホスト名」で相手から応答がない場合は、名前解決(p.264)ができていない可能性を考えて、「`ping` IPアドレス」でIPアドレスを指定します。「ホスト名だと応答がなかったがIPアドレスなら応答があった」という場合、DNSサーバの設定を見直します。

IPアドレスを指定しても応答がない場合は、相手までの経路(*route*、ルート)に問題がある可能性があります。接続にルーターを使用している場合は、そもそもルーターからの応答があるか調べた方が良いかもしれません。可能であれば、ローカルネットワークにある別のコンピュータから応答があるかどうかも試してみましょう。

```
サーバからの応答を調べる
% ping www.example.com
PING www.example.com (93.184.216.34): 56 data bytes
64 bytes from 93.184.216.34: icmp_seq=0 ttl=54 time=113.947 ms
64 bytes from 93.184.216.34: icmp_seq=1 ttl=54 time=113.722 ms
64 bytes from 93.184.216.34: icmp_seq=2 ttl=54 time=113.791 ms
64 bytes from 93.184.216.34: icmp_seq=3 ttl=54 time=113.792 ms
^C ………………………………………………… control+Cで終了
--- www.example.com ping statistics ---
4 packets transmitted, 4 packets received, 0.0% packet loss
round-trip min/avg/max/stddev = 113.722/113.813/113.947/0.082 ms
```

pingで応答がない/応答までに時間がかかる場合

応答までに時間がかかるという場合は、相手のコンピュータにアクセスが集中していて処理しきれていない、ネットワークが混雑しているなどの可能性があります。

IPアドレスを指定しても応答がない場合や応答に時間がかかる場合、ルーターや社内にある別のコンピュータなど、ネットワークアドレスが同一の場所では応答があるか確認しましょう。ネットワークアドレスが同じ、すなわち同じネットワークの中でも応答がない/応答が遅いという場合、ネットワークケーブルの問題やネットワークカードの不調などの可能性が高いと考えられます。なお、pingコマンドは通信相手に小さいデータを送り応答があるかどうかを調べるコマンドなので、そもそも相手がpingに応答しない設定となっている場合には調べることができません。

Column

さまざまなネットワークコマンド　nslookup、route、traceroute、netstat

本書で取り上げたifconfigやpingのほかにもネットワークコマンドはたくさんあります。ここでは、接続状況を調べるのによく使用されるnslookup、route、traceroute、netstatを紹介します。

nslookup　接続先のIPアドレスを調べる/ドメインとIPアドレスを結び付ける

たとえば`nslookup www.example.com`のようにすると「www.example.com」のIPアドレスを知ることができます。なお、nslookupのみで実行するとインタラクティブモード（対話モード）となり、nslookupコマンドによるプロンプトが表示されます。`exit`または`control`＋`C`で終了できます。

接続先のドメインからIPアドレスを知ること、またその逆を「名前解決」（*name resolution*）と言い、名前解決を行うためのしくみをDNS（*Domain Name System*）、名前解決を行うサーバをDNSサーバまたはネームサーバと言います。DNSサーバの設定が間違っていたり、新しいIPアドレスに更新されていないような場合、相手先に接続できなくなります[注a]。なお、IPアドレスからドメインを知ることを「逆引き」と言いますが、逆引きができるかどうかは相手先のサーバの設定次第です。

routeとtraceroute　ネットワークの「経路」を表示する

ネットワークで直接やりとりができるのは、ローカルネットワークで同じネットワークアドレスを持つ相手のみで、それ以外の場所、たとえばインターネットで「www.example.com」に接続したいような場合にはルーターや、ルーターの役割を果たすゲートウェイ（*gateway*）と呼ばれるサーバを経由する必要があります。宛先のアドレスごとに、どんな経路を使うのかをまとめたものをルーティングテーブル（*routing table*）と言い、routeコマンドで操作できるほか、「`route get` ホスト名」や「`route get` IPアドレス」でルーター（ゲートウェイ）の情報を表示できます。ルーティングテーブルはシステムが自動で設定しますが、routeコマンドで設定することも可能です（`man route`を参照）。

routeコマンドで表示できるのは最初のゲートウェイまでで、その先を知りたい場合はtracerouteコマンドで「`traceroute` ホスト名」のように調べます。tracerouteコマンドではそれぞれの場所の応答時間も調べるので、経路のうちどこで時間がかかっているのかなどを知ることも可能です。

netstat　現在の通信状態を調べる

netstatは現在の通信状態を調べるコマンドです。netstatのみで実行すると、アクティブな接続が表示されます。`netstat -p tcp`でTCPプロトコルに限定したり、`netstat -I en0`のように表示するインターフェイスを限定することができます。また、`netstat -r`でルーティングテーブルを一覧表示することも可能です。表示に時間がかかる場合は、名前解決を行わない`-n`オプションも指定し`netstat -rn`のようにすると良いでしょう[注b]。

```
% netstat
Active Internet connections
Proto Recv-Q Send-Q  Local Address          Foreign Address        (state)
tcp4       0      0  192.168.1.124.rfb      192.168.1.116.60130    ESTABLISHED
tcp4       0      0  192.168.1.124.50380    17.57.145.68.5223      ESTABLISHED
tcp4       0      0  192.168.1.124.50251    192.168.1.116.microsof ESTABLISHED
tcp6       0      0  fe80::aede:48ff:.54479 fe80::aede:48ff:.49186 ESTABLISHED
《以下略》
```

注a　「`nslookup -type=ns` 接続相手」で接続相手の名前を管理しているDNSサーバの情報を知ることができます。ただし、自分で管理しているサーバではない場合、この後できることはとくにありません。多くの場合、しばらく待つと最新の情報に更新されて接続できるようになります。

注b　接続待ちをしているポートを調べる際は、ほかのUnix系OSではnetstatコマンドを使い`netstat -a | grep LISTEN`（すべて表示してLISTENという表示を絞り込む）のように行いますが、macOSではlsof（開いているファイルを一覧表示するコマンド）を使い`sudo lsof -i -P | grep LISTEN`のようにします。

リモート接続とダウンロード

[共有]/ssh/ssh-keygen/ssh-copy-id/ssh-add/curl

本節では、SSH (*Secure Shell*) によるリモート接続と、SSH接続で使用する鍵ファイルを作成する方法について扱います。

リモート接続　ssh

ssh は、暗号化された通信を使ってリモート接続をするコマンドです。接続するには、接続先のコンピュータでSSHサーバ (**sshd**) が動いている必要があります[注9]。また、接続にはパスワード認証による方法と、公開鍵認証方式とがあります。

```
基本の使い方
ssh host02            host02という名前で動作しているコンピュータに現在のユーザ名でログイン
ssh nishi@host02      ユーザ名nishiでhost02にログイン
ssh nishi@192.168.1.1 ユーザ名nishiで192.168.1.1にログイン
```

「**ssh** ホスト名」あるいは「**ssh** IPアドレス」で、現在のユーザ名で接続先にログインします。ほかのユーザ名を使用してログインしたい場合は **ssh minami@192.168.1.103** のように、ホスト名やIPアドレスの前に「ユーザ名 @」を指定します。以下は鍵を使用せずパスワード認証を行っている例で、はじめて接続したコンピュータの場合、正しい相手に接続しているかを確認するメッセージが表示されます。接続先に間違いがなければ **yes** で接続します。

```
% ssh minami@192.168.1.122            SSHでほかのコンピュータにログイン
The authenticity of host '192.168.1.122 (192.168.1.122)' can't be established.
ECDSA key fingerprint is SHA256:NqmIxxxxxxxxxxxxxxxxxxxxxxxxxxxxxxxxx+swY.
Are you sure you want to continue connecting (yes/no)? yes        yesと入力
Warning: Permanently added '192.168.1.122' (ECDSA) to the list of known hosts.
Password:                             ユーザminamiの192.168.1.122でのパスワードを入力
Last login: Tue Mar 10 02:40:50 2020
ログインできた。切断するまでの間、この画面で入力したコマンドはすべて接続先である192.168.1.122で実行される
macmini:~ minami$
192.168.1.122のプロンプトが表示された
macmini:~ minami$ sw_vers             c
ProductName:            Mac OS X
ProductVersion:         10.13.6
BuildVersion:           17G9016
macmini:~ minami$ exit                exitで接続を終了
logout
```

注9　macOSの場合は[システム環境設定] - [共有]にある「リモートログイン」を有効にします。コマンドで行う場合は sudo launchctl load -w /System/Library/LaunchDaemons/ssh.plist のように実行します（無効にする際は load を unload に変更）。launchctl は macOS で launchd を操作するのに使用されているコマンドです (p.253)。ここでは設定ファイルを launchctl に読み込ませており、ほかのマシンからSSHで接続すると sshd が自動で起動するようになります。

```
Connection to 192.168.1.122 closed.
%  ............................................................  接続元のプロンプトに戻った
```

10-3 SSH接続用の公開鍵と秘密鍵の作成　ssh-keygen、ssh-copy-id、ssh-add

　SSH接続用の公開鍵と秘密鍵を作成することで、パスワード方式ではなく鍵方式でSSH接続できるようになります。**公開鍵方式**では「公開鍵」(*public key*)と「秘密鍵」(*private key*)のペアを作り、自分のPCに秘密鍵のファイルを保管、秘密鍵とペアになっている公開鍵のファイルを接続先に配置します。鍵は**ssh-keygen**コマンドで作成します。

基本の使い方	
`ssh-keygen -t rsa -b 4096 -C ''`	暗号化はRSAの4096bit、コメントなしを指定して公開鍵と秘密鍵を作成※
`ssh-keygen`	公開鍵と秘密鍵を作成（RSAの2048bitで生成、コメントとして「 ユーザ名 @ ホスト名 」が記録される）
`ssh-keygen -p`	……鍵のパスフレーズを変更
`ssh-keygen -l`	……公開鍵を確認（鍵指紋と暗号化方式、コメントが表示される）
`ssh-copy-id` ユーザ名 @ 接続先	……公開鍵を接続先にコピー

※　暗号化方式はrsa（デフォルト）、dsa（古い形式で非推奨）、ecdsa（DSAの改良版）、ed25519（OpenSSH 6.5以降で使用可能な新しい方式）から指定可能（Appendix A、p.339）。コメントは公開鍵の末尾に保存される。

　❶ssh-keygenコマンドを実行すると、❷のように秘密鍵の保存場所とファイル名を確認するメッセージが表示されます。デフォルトでは~/.sshの中に作成されます。続いて❸「パスフレーズ」の入力が求められます。これから作成する鍵を使用する際に入力するフレーズで、ログインパスワードとは異なります。なお、スペースも含めた文章（フレーズ）でも設定可能です。自宅のPCなど、限られた場所で使う鍵の場合はパスフレーズを省略することもあります。パスフレーズは**ssh-keygen -p**で後から変更できます。

　鍵は❹「id_rsa」と❺「id_rsa.pub」のように「鍵ファイル名」と「鍵ファイル名.pub」のペアとなっています。ファイル名に「.pub」が付いている方が公開鍵で、接続先への登録にはこちらを使用します。接続の安全性を守るため、秘密鍵は別のコンピュータなどに持ち出さないようにしましょう。

　鍵のファイル名に続いて、公開鍵の指紋(*fingerprint*)と「randomart」が表示されます。公開鍵は接続先のSSHサーバーなどにコピーしますが、鍵の指紋は、その公開鍵ファイルが正しいものか確認する際に使用します。randomartも公開鍵を元に生成されるもので、正しい公開鍵を使用しているかを視覚的に確認しやすくするために使用されます。たとえば、**ssh -o VisualHostKey=yes**のように接続すると、接続時にこのrandomartが表示されます[注10]。

公開鍵と秘密鍵を作る	
`% ssh-keygen -t rsa -b 4096 -C ''`	❶鍵のペアをRSA暗号化方式、4096ビットで生成
`Generating public/private rsa key pair.`	
`Enter file in which to save the key (/Users/nishi/.ssh/id_rsa):`	❷秘密鍵の保存先とファイル名を確認。[return]で先へ進む
`Created directory '/Users/nishi/.ssh'.`	
`Enter passphrase (empty for no passphrase):`	❸パスフレーズを入力（パスフレーズなしで接続したい場合は何も入力せずに[return]）
`Enter same passphrase again:` …… 同じ内容をもう一度入力	
`Your identification has been saved in /Users/nishi/.ssh/id_rsa.`	❹
`Your public key has been saved in /Users/nishi/.ssh/id_rsa.pub.`	❺

注10　鍵が変更されると表示が変化するため、鍵の改ざんに気づきやすくなります。「VisualHostKey=yes」を常に指定したい場合は、設定ファイル「~/.ssh/config」に「VisualHostKey=yes」という行を追加します。

```
The key fingerprint is:
SHA256:YDIzxxxxxxxxxxxxxxxxxxxxxxxxxxxxxxxxxxxxcsXQ
The key's randomart image is:      ……以下にrandomart（イメージ）が表示される
+---[RSA 4096]----+
|  .+oE           |
|  oo= .    .     |
|  o*+o .  ....   |
|   .X.. .++. o.  |
|   .o...So=oo..  |
|   ... +.o+.oo o |
|    .=.o  oo..  .|
|    ooo.o    .   |
|     .oo ...     |
+----[SHA256]-----+
```

鍵を作成したら❻「`ssh-copy-id` ユーザ名 @ 接続先」で接続先にコピーします[注11]。sshコマンド同様、現在のユーザ名で接続する場合は「ユーザ名 @」部分は省略できます。

公開鍵を接続先にコピー
```
% ssh-copy-id minami@192.168.1.122  ❻ユーザminamiで192.168.1.122に接続して公開鍵をコピー
/usr/bin/ssh-copy-id: INFO: Source of key(s) to be installed: "/Users/nishi/.
ssh/id_rsa.pub"※
/usr/bin/ssh-copy-id: INFO: attempting to log in with the new key(s), to filter
out any that are already installed
/usr/bin/ssh-copy-id: INFO: 1 key(s) remain to be installed -- if you are prompt
ed now it is to install the new keys
Password:                         ユーザminamiの192.168.1.122でのパスワードを入力

Number of key(s) added:        1

Now try logging into the machine, with:   "ssh 'minami@192.168.1.122'"
and check to make sure that only the key(s) you wanted were added.
```
公開鍵がコピーされた

※ 初回接続時は「Are you sure ～」のメッセージが表示される（「yes」で次回からは表示されなくなる）。

鍵をコピーすると、❼「`ssh` ユーザ名 @ 接続先」でログインできるようになります。❸でパスフレーズを設定した場合、接続に先立ちパスフレーズを入力する必要があります。

公開鍵を使って接続
```
% ssh minami@192.168.1.122         ❼ユーザminamiで192.168.1.122に接続
Last login: Tue Mar 10 14:26:34 2020 from 192.168.1.116
macmini:~ minami$                  接続できた
macmini:~ minami$ exit             接続終了
%                                  元の環境に戻った
```

注11　接続先の「~/.ssh/authorized_keys」に公開鍵が追加されます。

パスフレーズ付きで鍵ファイルを作った場合も、❽ssh-addコマンドでssh-agent[注12]に鍵とパスフレーズを登録しておくことで、接続時のパスフレーズ入力を省略できるようになります。

```
作成時にパスフレーズを設定した場合
% ssh minami@192.168.1.122 ……………ユーザminamiで192.168.1.122に接続
Enter passphrase for key '/Users/nishi/.ssh/id_rsa':  ……先ほど❸で入力した
Last login: Tue Mar 10 14:27:21 2020 from 192.168.1.116    パスフレーズを入力
macmini:~ minami$ ……………………………接続できた
macmini:~ minami$ exit ……………………接続終了
% ……………………………………………………………元の環境に戻った
鍵とパスフレーズを登録
% ssh-add                           ❽鍵とパスフレーズを登録
Enter passphrase for /Users/nishi/.ssh/id_rsa:  （先ほどの❸のパスフレーズを入力）
Identity added: /Users/nishi/.ssh/id_rsa (/Users/nishi/.ssh/id_rsa)
鍵とパスフレーズが登録できた※
% ssh minami@192.168.1.122 ……………ユーザminamiで192.168.1.122に接続
Last login: Tue Mar 10 17:11:17 2020 from 192.168.1.116
macmini:~ minami$ ……………………………パスフレーズなしで接続できるようになった
```

※ コメントが登録されている場合、末尾の( )部分にコメントが表示される。

GitHubにSSH接続するための例

先述のように❶〜❺ssh-keygenコマンドで鍵を作成して、❽ssh-addコマンドで鍵を登録し、その後公開鍵をGithub[注13]などに登録する例を簡単に紹介します。

公開鍵はテキストファイルなので、テキストエディットで開いて内容をコピーするという方法もありますが、❾pbcopyコマンドを使う方法もあります。

```
先にssh-keygenでキーを作成し、ssh-addでキーを登録しておく
% pbcopy < ~/.ssh/id_rsa.pub    ❾公開鍵をクリップボードにコピー
```

これで、公開鍵の内容がクリップボード（ペーストボード）にコピーされたので、GitHubの場合ならプロフィールなどの設定ページにある [SSH and GPG keys] から辿れる登録フォームに command + V でペーストします。

ファイルのダウンロード　curl

curlは、ほかのコンピュータと通信してデータをやりとりするコマンドです。本書ではダウンロードのみ扱いますが、サーバへのアップロードも可能です。

```
基本の使い方              http://XXX/download.zipをダウンロードしてmyfile.zipとして保存
curl http://XXX/download.zip > myfile.zip…  download.zipをダウンロード
curl -O http://XXX/download.zip ……………………
                                     download.zipをダウンロード。リダイレクトされ
curl -O -L http://XXX/download.zip ………………  ている場合、リダイレクト先からダウンロード
```

[注12] SSHの認証エージェントで、SSH接続の認証時に使用されています。macOS Catalina（10.15）では自動起動するよう設定されています（設定ファイルは /System/Library/LaunchAgents/com.openssh.ssh-agent.plist）。

[注13] URL https://github.co.jp

ファイルのURLを指定してダウンロードします。デフォルトの出力先は標準出力なので、**-O**オプションで転送元のファイル名を使用するか、リダイレクトまたは**-o**オプションで保存先を指定します。

-Oを指定した場合、URLの最後の「/」記号より後ろがファイル名として扱われます。ここでは**http**……を使用していますが、**https**や**ftp**なども使用可能です。

```
% curl -O http://zsh.sourceforge.net/Doc/zsh_a4.pdf
  % Total    % Received % Xferd  Average Speed   Time    Time     Time  Current
                                 Dload  Upload   Total   Spent    Left  Speed
100 1790k  100 1790k    0     0  1318k      0  0:00:01  0:00:01 --:--:-- 1317k
```
┗ ファイルがダウンロードされ、zsh_a4.pdfという名前で保存された ┛

リダイレクトされている場合

ダウンロード元によっては、別のサーバや最新版のファイルなどのURLに自動で転送（リダイレクト、*redirect*）されていることがあります。リダイレクト先のファイルをダウンロードしたい場合は**-L**オプションを指定します。

```
┃ リダイレクト先を確認 ┃
% curl https://downloads.raspberrypi.org/raspbian_latest
<!DOCTYPE HTML PUBLIC "-//IETF//DTD HTML 2.0//EN">
<html><head>
<title>302 Found</title>
</head><body>
<h1>Found</h1>                                       ← リダイレクトされるらしいことがわかる
<p>The document has moved <a href="http://downloads.raspberrypi.org/raspbian/
images/raspbian-2020-02-14/2020-02-13-raspbian-buster.zip">here</a>.</p>
<hr>
<address>Apache/2.4.10 (Debian) Server at downloads.raspberrypi.org Port 80</address>
</body></html>       「-L」でリダイレクト先をダウンロード、「-o」で保存先のファイル名を指定※
% curl -L https://downloads.raspberrypi.org/raspbian_latest -o ←
2020-02-13-raspbian-buster.zip
```

※ -O（大文字のオー）オプションを使った場合はコマンドラインで指定したURLでファイル名が決まるため、「raspbian_latest」というファイル名で保存されることになる。

Column

wget　Webサイトをまるごとダウンロードする

macOSではWebサイトからファイルをダウンロードするのにcurlコマンドを使うことができますが、curlと同じような用途で使われているコマンドにwgetがあります。たとえば**wget http:// ……/download.zip**で指定したファイルがダウンロードできるほか、「**wget -r 場所**」で指定した場所（URL）からリンクされているファイルも含めて再帰的にダウンロードすることも可能です。

wgetコマンドはmacOSには収録されていませんが、Homebrew（第11章）でインストールすることが可能です。

ファイルを連番で指定する

URLに、file1、file2、file3……のように連番が使われている場合、**[1-100]** のようにまとめて指定することができます。**[1-100]** は1～100、**[001-100]** は001～100となります。また、アルファベットを **[a-z]** のように指定することも可能です。

途中のディレクトリを連番で指定することもできます。保存側でも連番でディレクトリを作成する必要がある場合は **-o** オプションで「**#**」を使ってディレクトリ名やファイル名を指定します。

たとえば、保存するURLが「**http://XXX/2011/0101.html**」のように「/年/月日.html」のようになっていて、保存したい年が年が2011～2020だった場合、対象のURLを「**http://XXX/20[11-20]/[01-12][01-31].html**」のように指定できます。たとえば、2020年の分だけ保存するならば❶のように **curl -f -O http://～/2020/[01-12][01-31].html** のように指定します。「**0231.html**」のように存在しないURLを指定する可能性があるため、**-f** オプション(失敗してもメッセージを表示しない)を付けています。

❷では、ディレクトリを作成しながら保存しています。保存先のディレクトリやファイル名に [ ] に対応する数字を使いたい場合は左から順に **#1**、**#2**、**#3** と指定し「**diary/20#1/#2#3.html**」のようにすれば、「diary/年/月日.html」で保存されるということになります。

既存のディレクトリではなく、ディレクトリを新規作成する必要がある場合は **--createdirs** オプションも指定します。

```
% curl -f -O http://～/2020/[01-12][01-31].html     ❶連番のファイルを取得して保存
% curl --create-dirs -f -o 'diary/20#1/#2#3.html' http://～/20[11-20]/[01-12][01-31].html
diaryディレクトリ下に「2011」…「2020」ディレクトリを作り、「0101.html」…「1231.html」という名前で保存
                                                  ❷連番のディレクトリを作成して保存
```

Column

「サービスプロセス」とlaunchdの役割

前述のとおり、launchdはmacOSでサービスプロセスの管理を行っているプログラムです。**サービス**(*service*)とはユーザやほかのプログラムからのリクエストに応じて処理を行うプログラムのことで、いったん起動したらシステムを終了するまでは常駐し続けます。とくに、ユーザと直接やりとりしない常駐プロセスは**デーモン**(*daemon*)と呼ばれることがあります。また、アカウント認証のためのやりとりなど、ユーザやほかのコマンドの代理として動くサービスは**エージェント**(*agent*)と呼ばれています。

launchdはカーネルの実行開始後、最初に実行されるプロセスで、プロセスIDには「1」が割り当てられます(p.225)[注a]。ほかのサービスプロセスはlaunchd経由で実行、つまりlaunchdの子プロセス(p.226)として実行されます。psコマンドの **-A** オプションやtopコマンド、[アクティビティモニタ]などで、たくさんのサービスが実行中であることが確認できます。

launchdはこのほか、一定時間ごとに実行するコマンドの管理なども行っています[注b]。サービスの開始や終了を手動で行いたい場合はlaunchctlコマンドを使用します(p.253)。

[注a] ほかのUnix系OSでは同じような役割の「systemd」や「init」が実行されます。
[注b] launchd以前からあるプログラムにcron(サービス名はcrond)があり、Catalinaにもインストールされています。

システムのメンテナンス

[Spotlight]/mdutil/mdworker/tmutil/softwareupdate

　ここでは、Spotlight検索やTime Machine、ソフトウェアアップデートをコマンドラインで操作する方法を扱います。

Spotlight検索のインデックスの管理　mdutil

　mdutilはSpotlight検索用のインデックスを管理するコマンドです。ボリューム（p.63）単位で有効/無効を切り替えたり、インデックスを破棄して再構築したりします。

　なお、インデックスの内容を設定したり、Spotlight検索の対象外にしたい場所をディレクトリを指定したい場合は[システム環境設定]-[Spotlight]でも設定できます（**図A**）。

図A　　[システム環境設定]-[Spotlight]の設定※

※　図左はSpotlightのインデックスに登録する対象（カテゴリ）を指定。図右はインデックスに登録しない場所を指定。

基本の使い方
```
mdutil -sa ……………… すべての場所について、インデックスが有効か無効かを表示
sudo mdutil -i on / ……システム用のボリュームに対するインデックス作成を有効に設定
sudo mdutil -E / ………… システム用のボリュームに対するインデックスを破棄して再構築
sudo mdutil -d / ………… システム用のボリュームの検索を停止（-i on /で再開）
```

　「`mdutil -s` 場所」で、指定した場所に対するインデックスが有効になっているかを確認します。以下の❶では、`-s`および`-a`オプションですべての場所について確認しています。続いて、❷では「olddata」というボリューム（/Volumew/olddataにマウント）を検索対象外にし、インデックスの作成を停止しています。ボリュームは/Volumesにマウントされているので、mdutilで指定する場所の名前は`ls /Volumes/`で確認できます。

```
mdutilで指定した場所のインデックスを無効に設定
% mdutil -sa  ·············· ❶すべての場所について、インデックスが有効か無効かを確認
/:
        Indexing enabled.
/System/Volumes/Data:
        Indexing enabled.
/Volumes/TmpData:
        Indexing disabled.
それぞれの場所について表示された
                                         ❷「TmpData」の検索を停止し、
% sudo mdutil -d -i off /Volumes/TmpData ············ インデックスは作成しないようにする
Password:  ·································· パスワードを入力
/System/Volumes/Data/Volumes/TmpData:
2020-03-08 21:31:13.039 mdutil[2461:22681] mdutil disabling Spotlight: /System/
Volumes/Data/Volumes/TmpData -> kMDConfigSearchLevelFSSearchOnly
        Indexing disabled.
```

Spotlight検索&登録情報のメタデータの表示　mdfind、mdls

Spotlight関連のコマンドにはmdutil以外にもたとえば、検索をする**mdfind**、どのような情報が登録されているかを一覧表示する**mdls**があります。

```
検索
% mdfind file1 ························· file1を検索
/Users/nishi/Desktop/dir1.zip
/Users/nishi/Desktop/file1.txt
file1がデスクトップとデスクトップのdir1.zipの中に見つかった
```

```
登録情報のメタデータを表示
% mdls ~/Desktop/file1.txt ········· file1.txtのメタデータを表示
_kMDItemDisplayNameWithExtensions   = "file1.txt"
kMDItemContentCreationDate          = 2020-03-08 09:55:02 +0000
kMDItemContentCreationDate_Ranking  = 2020-03-08 00:00:00 +0000
kMDItemContentModificationDate      = 2020-03-08 09:57:48 +0000
kMDItemContentModificationDate_Ranking = 2020-03-08 00:00:00 +0000
kMDItemContentType                  = "public.plain-text"
<以下略>
```

インデックス構築を行う　mdworker

Spotlightが使用しているインデックスデータは**mds**(*metadata server*)が管理しています。また、インデックスの構築は**mdworker**が行っています。

mdworkerは常にシステムを監視して、ファイルに変更があるとインデックスを更新しています。システムをインストールした直後や新しいボリュームをマウントしたとき、あるいはmdutilや[システム環境設定] - [Spotlight]で設定を変更すると、mdworkerの負荷が上がり、CPUやメモリ領域を圧迫することから[注14]、システム全体のパフォーマンスが低下するこ

注14　たとえば、[アクティビティモニタ]やtopコマンド(p.223)でmdworkerが上位で複数動作している様子が確認できます。

とがあります。中断させたいときはkillallコマンド（p.228）で終了させることができます。なお、システムが必要に応じmdworkerを改めて実行するのでインデックスが作成されなくなるということはありません。

Spotlightで検索不要の場所や、検索不要の情報はmdutilや［システム環境設定］-［Spotlight］で対象から外し、mdworkerの負荷をあまり上げないようにしておくと良いでしょう。

Time Machineの操作　tmutil

Time MachineはmacOSのシステム全体を定期的に自動バックアップするしくみで、全体的な設定は［システム環境設定］-［Time Machine］で行います。本書では、**tmutil**コマンドによるバックアップの開始や終了、リストの表示、バックアップファイルの復元と削除などの基本操作のみ扱います。

```
基本の使い方
tmutil startbackup ……………………ただちにバックアップを開始
tmutil stopbackup ……………………現在進行中のバックアップを中止
tmutil listbackups ……………………バックアップのリストを表示
```

Time Machineを有効にすると、バックアップが1時間ごとに作成されます。もちろんすべてのファイルをバックアップしているわけではなく、前回のバックアップからの変更のみが反映されているのですが、量が多いとバックアップに時間がかかり、システム全体のパフォーマンスが落ちてしまうことがあります。

このような場合、**tmutil stopbackup**で進行中のバックアップを中止することができます。逆に、1時間ごとというタイミングではなく、いますぐバックアップを行いたいという場合は**tmutil startbackup**を実行します。

```
tmutilによるバックアップの中止/開始
% tmutil stopbackup ……………………現在進行中のバックアップを中止
% tmutil startbackup ……………………ただちにバックアップを開始
```

どちらもメッセージは表示されませんが、［システム環境設定］-［Time Machine］で進行中かどうかが確認できます（**図B**）。なお、［システム環境設定］の画面でバックアップを中止することも可能です。

図B　［システム環境設定］-［Time Machine］

バックアップ先とバックアップ状況を確認する

Time Machineによるバックアップファイルは、「/ バックアップ先 /Backups.backupdb/ コンピュータ名 / バックアップした日付 」に保存されています。コンピュータ名は[システム環境設定]-[共有]-[コンピュータ名]で設定した名前です。

❶`tmutil destinationinfo`でバックアップ先の情報が、❷`tmutil listbackups`でバックアップのリストが表示されます注15。

```
 tmutilでバックアップの状況を確認 
% tmutil destinationinfo  ……………… ❶
==========================================
Name            : MyBackup
Kind            : Local
Mount Point     : /Volumes/MyBackup
ID              : F5C45EB9-D3XX-4CXX-A9E2-D1164DEC0AE0
 バックアップ先の情報が表示された 
% tmutil listbackups  ……………… ❷
/Volumes/MyBackup/Backups.backupdb/Mac/2020-03-09-220301
/Volumes/MyBackup/Backups.backupdb/Mac/2020-03-09-234001
/Volumes/MyBackup/Backups.backupdb/Mac/2020-03-10-004944
＜以下略＞
 バックアップのリストが表示された 
```

バックアップからファイルを復元する

GUI環境では[アプリケーション]の「Time Machine」からバックアップを表示して、必要なファイルを復元することができます。

tmutilの場合、「`tmutil restore` バックアップファイル 復元先 」で復元します。以下の例のように、バックアップファイルは、`tmutil listbackups`で表示されたパスと、バックアップ対象のボリューム名に続けて、ディレクトリやファイルを指定します。tabによるパスの補完が可能です。復元先には、デスクトップなど「復元したファイルを保存したいディレクトリ」を指定します。同じ名前のファイルがある場合は上書きできないので、❸のように復元先としてファイル名指定します。

```
 tmutilでファイルを復元 
% tmutil restore /Volumes/MyBackup/Backups.backupdb/Mac/2020-03-10-004944/ ↵
Macintosh\ HD\ -\ Data/Users/nishi/Desktop/file1.txt file1.txt.old ……… ❸
Total copied: 0.00 MB (94 bytes)
Items copied: 1
 2020年3月10日時点のデスクトップにあるfile1.txtをカレントディレクトリの「file1.txt.old」として復元した 
```

Time Machineバックアップとハードリンク

Time Machineバックアップでは、変更がなかったファイルについては、各バックアップにハードリンクが作成されています。リンク数はlsコマンドの-lオプションで確認できます。

注15　[システム環境設定]の[セキュリティとプライバシー]-[フルディスクアクセス]でターミナルが有効になっている必要があります(p.26)。

また、**-i**オプションでinode番号を表示すると、実体が同じであることが確認できます。

たとえば、以下の実行例ではTime Machineにバックアップされている2つのfile1.txtを表示しています。inodeが一致しているので物理的に同一のファイルであることがわかります。

```
┌─ Time Machineによるバックアップファイルをlsコマンドで表示 ─┐
% ls -il /Volumes/MyBackup/Backups.backupdb/Mac/2020-03-10-004944/
Macintosh\ HD\ -\ Data/Users/nishi/Desktop/file1.txt
526658 -rw-r--r--@ 1 nishi  staff  94  3 10 22:01 /Volumes/MyBackup/Backups.
backupdb/Mac/2020-03-10-004944/Macintosh HD - Data/Users/nishi/Desktop/file1.txt
% ls -il /Volumes/MyBackup/Backups.backupdb/Mac/2020-03-10-104158/
Macintosh\ HD\ -\ Dataåa/Users/nishi/Desktop/file1.txt
526658 -rw-r--r--@ 1 nishi  staff  94  3 10 22:01 /Volumes/MyBackup/Backups.
backupdb/Mac/2020-03-10-104158/Macintosh HD - Data/Users/nishi/Desktop/file1.txt
```
サイズやタイムスタンプのほか、inodeも一致している（＝物理的に同一のファイル）

ローカルスナップショットを削除する

Time Machineは、外付けのハードディスクやネットワークドライブなどにバックアップファイルを作成します。したがって、外出中などでバックアップ先が使用できない場合にはバックアップができない、ということになります。

この問題を解決するために、Time Machineには**ローカルスナップショット**（*local snapshot*）という機能があります。これは、通常のバックアップ先が使用できないときに、内蔵ディスクにバックアップデータを一時保存するというもので、Time Machineを有効にすると自動で有効になります。

内蔵ディスクの空き領域が少なくなった場合、古いスナップショットは自動で削除されますが[注16]、**sudo tmutil deletelocalsnapshots**でマウントポイントか日付を指定して削除することができます。

```
┌─ ローカルスナップショットを有効/無効に設定 ─┐
% tmutil listlocalsnapshots /
Snapshots for volume group containing disk /:
com.apple.TimeMachine.2020-03-10-092224.local
com.apple.TimeMachine.2020-03-10-102148.local
com.apple.TimeMachine.2020-03-10-144219.local
com.apple.TimeMachine.2020-03-10-214425.local
com.apple.TimeMachine.2020-03-10-224431.local
＜以下略＞
% tmutil deletelocalsnapshots 2020-03-10-214425
Deleted local snapshot '2020-03-10-214425'
```

ソフトウェアアップデート　softwareupdate

softwareupdateは、ソフトウェアアップデートを行うコマンドです。App Storeの「アップデート」画面で表示されるような、macOS付属のアプリケーションやApp Storeからイン

注16　URL https://support.apple.com/ja-jp/HT204015

ストールしたアプリケーションが対象です。

> **基本の使い方**
>
> softwareupdate -ia ……すべてのアップデート対象をインストール
> 　　　　　　　　　　（必要なファイルが配備されていない場合は自動でダウンロード）
> softwareupdate -l ……アップデート対象のリストを表示
> softwareupdate -d ……アップデートに必要なファイルをダウンロード

以下の❶の`softwareupdate -l`で、アップデート対象のリストを表示します。名前やサイズのほかに、推奨されているものには「`Recommended: YES`」、インストール後に再起動が必要なものには「`Action: restart`」が表示されます。

インストールは`-i`オプションで行います。アップデート対象をすべてインストールしたい場合は`-a`オプションを併用し`softwareupdate -ia`で、❷のように対象を指定したい場合は「`softwareupdate -i` 対象 」でインストールします。

```
softwareupdate -lの実行例
% softwareupdate -l ……………………………❶
Software Update Tool

Finding available software
Software Update found the following new or updated software:
* Label: Command Line Tools for Xcode-11.2
        Title: Command Line Tools for Xcode, Version: 11.2, Size: 224942K, Recommended: YES,
```
アップデート対象が表示された（対象がない場合は「`No new software available.`」と表示される）

```
% softwareupdate -ia ………………………………❷
Software Update Tool

Finding available software

Downloaded Command Line Tools for Xcode
Installing Command Line Tools for Xcode
Done with Command Line Tools for Xcode
Done.
```
アップデートが完了した

```
（参考：macOS 10.15.3アップデート前の環境でのsoftwareupdate -lの実行例）
% softwareupdate -l
Software Update Tool

Finding available software
Software Update found the following new or updated software:
* Label: macOS 10.15.3 Update-
        Title: macOS 10.15.3アップデート, Version: , Size: 4439570K, Recommended: YES, ↵
                                                                    Action: restart,
```

第11章
Homebrew×パッケージ管理

　macOS用のアプリケーションを追加したいときは、App Storeからダウンロードしたり、ソフトを販売しているサイトや店舗でパッケージを購入したりします。一方、ターミナルのコマンドの場合は「パッケージ管理システム」を使うと効率良く追加できます。数多くのコマンドを手軽に活用できるのはUnix系OSの強みです。

　本章で取り上げるHomebrewは、macOSで使われているパッケージ管理システムです。インターネットに接続できれば、簡単に新しいコマンドを導入することができます。

11.1　[入門]パッケージ管理システム　パッケージ管理の役割と主要な選択肢
11.2　Homebrewのセットアップ　インストール/主要ディレクトリ/基本用語
11.3　パッケージのインストール/更新/アンインストール
　　　　brew install/list/outdated/upgrade/uninstall/unlink/cleanup
11.4　パッケージの検索と情報の確認　brew search/info/cat/home

[入門]パッケージ管理システム

パッケージ管理の役割と主要な選択肢

パッケージ管理システムとはどのようなことを行っているか、概要を確認しましょう。

パッケージ管理システムの役割

OSにソフトウェアをインストールしたり、必要に応じてアップデートしたり、安全な形でアンインストールしたりするためのシステムを**パッケージ管理システム**(*package management system*)と言います[注1]。

本章で取り上げる**Homebrew**は、macOS環境で使われている定番のパッケージ管理システムの一つです。

インストール

実行可能ファイルを適切な位置にコピーして、OS上で使用できる状態にすることを**インストール**(*install*)と言います。macOS環境では、多くのパッケージはハードディスクにファイルをコピーするだけで動作します。通常は、管理を簡単にするためにアプリケーションフォルダ(/Applications)にコピーしますが、マウスのダブルクリックで動作させることを想定すると、必ずしもアプリケーションに配置する必要はありません。

しかし、ターミナルで動作させる場合、**PATH**の通った場所に実行ファイルを配置しなければ快適に使うことはできません。また、「システム共通で使用する設定ファイルは/etcに置く」といった習慣もあります。このような配置を行うのはインストーラ(*installer*)の役割です。

アップデート(更新)

多くのソフトウェアは日々変化しています。たとえば、開発者は自分自身や利用者のニーズに合わせて機能を強化したり、開発者が想定していなかった使い方をされた場合や、開発時に気付いていなかった問題点を修正したりしています。とくに、「脆弱性」や「セキュリティホール」と呼ばれるセキュリティ上の問題点が発見された場合には、ただちに修正をしなければ危険です。

インストールされているソフトウェアを、新しいバージョンと置き換える作業を**アップデート**(*update*)と言います。ソフトウェアを安全に使用するにはアップデートが不可欠です[注2]。

アンインストール

ソフトウェアをOS/環境から取り除くことを**アンインストール**(*uninstall*)と言います。ソフトウェアを正しくアンインストールするには、インストール時にどこに何のファイルを配置したかを記録しておく必要があり、パッケージ管理システムではこれらの管理も行います。

注1　この意味合いで言えば「App Store」もパッケージ管理システムではありますが、「パッケージ管理システム」という言葉はおもにUnix系のシステムで使われています。

注2　Homebrewには、Homebrew自身をアップデートする`brew update`コマンドと、パッケージをアップデートする`brew upgrade`コマンドがあるため、本章の解説部分ではパッケージのアップデートについては「更新」という用語を用いています。

どのようなパッケージ管理システムがあるか

　macOS環境で使われているパッケージ管理システムには、本章で取り上げているHomebrewのほかに、MacPortsやFinkなどがあります。

　最も古くから利用されているのは**MacPorts**で、BSD系のシステムで伝統的に使用されている「ports」というパッケージ管理システムのmacOS版です。コマンド名はportで、パッケージは/opt/local下にインストールされます。

　FinkはUnix環境向けのオープンソフトウェア群をmacOSやDarwinで使えるようにするためのプロジェクトで、パッケージ管理には「Debian APT」システムを使用しています。コマンド名はfinkで、パッケージは/sw下にインストールされます。

　HomebrewはMacPortsやFinkよりも新しいパッケージ管理システムで、macOSの「管理者」であれば一般ユーザでも操作できるなど、利用しやすくなっています。Homebrewに対応したパッケージもかなり増えてきました。詳しくは次節以降で取り上げますが、コマンド名は**brew**で、パッケージは**/usr/local**下にインストールされます。

Column

「ライブラリ」と「依存関係」

　ソフトウェアはさまざまな処理を行いますが、ファイルを開く、文字を表示するといった共通して行う処理も数多くあります。よく使う機能は、部品のようにまとめておくと便利です。このような、部品を集めて再利用できるようにしたファイルを**ライブラリ**（library）と言います。中でも、いろいろなプログラムが利用するライブラリを「共有ライブラリ」と呼びます。たとえばUnix系OSにおいて、代表的かつ最も重要な共有ライブラリが「libc」です。

　Aをインストールして実行するにはBのライブラリが必要、あるいは別のパッケージに入っているCというコマンドも必要、のように、「あるソフトウェアを使うにはこのソフトウェアが必要」という関係を「依存」と言います。

　依存関係をチェックするのが、パッケージ管理システムの重要な役割の一つです（**図a**）。パッケージ管理システムは、インストールの際に依存関係をチェックして、必要なソフトウェアが入っているかを確認し、ときには必要なパッケージを自動でインストールします。また、アンインストールの際には、そのパッケージがほかのパッケージに必要とされていないかを確認します。

図a　パッケージ管理システムは依存関係をチェックする

Homebrewのセットアップ

インストール/主要ディレクトリ/基本用語

実際にHomebrewをインストールしてみましょう[注3]。次項で、インストールされた内容を見ながら、ディレクトリや用語を確認します。

Homebrewのインストール

Homebrewは、macOSに収録されているRubyを使ってインストールします。また、Homebrew動作時には、macOS用の開発環境である「Xcode」に含まれている「Command Line Tools for Xcode」(**CLT**)も使用されます。CLTがインストールされていない場合は、Homebrewのインストール時に自動でインストールされます。sudoによる実行なので、途中でパスワードの入力が求められることがあります。

インストールコマンドの実行

Homebrewのインストールは、公式サイトにインストールコマンド列が書かれているのでコピーして実行しましょう（**図A**）。ここで実行するコマンドは「curlコマンドで最新版のインストールファイルをダウンロードしてbashで実行」という内容です。sudoコマンドが使用されているので、途中でパスワードの入力を求められたら自分自身のパスワードを入力します。

図A Homebrewの公式サイト[※]と、インストールコマンド列

※ URL http://brew.sh/index_ja.html

注3 Homebrewのインストールにあたり、MacPortsがすでにインストールされていて問題が発生するケースがあります。MacPortsとHomebrewはパッケージ管理の方針やインストール先が異なり混乱の元になるので、特別な理由がない限りMacPortsが不要な場合はアンインストールしてHomebrewで一本化することをお勧めします。MacPortsがインストールされているかどうかは、portコマンドが使用可能かで確認できます。また、lsコマンドでMacPorts用のディレクトリ（/opt/local）があるかどうか、あるいはPATHにMacPorts用のディレクトリが入っているかどうかでも確認できます。アンインストールの手順は、公式サイトの情報が掲載されています。
　URL https://guide.macports.org/#installing.macports.uninstalling
なお、MacPorts環境を一時的に退避させたい場合は`sudo mv /opt/local ~/macports`のようにしてMacPortsが使用している「/opt/local」を退避させます。とくに、MacPortsをインストールすると、Homebrewがコマンドをインストールする「/usr/local/bin」よりもMacPortsが使用する「/opt/local/bin」と「/opt/local/sbin」の方が優先されるようにPATH設定されているため、同名コマンドをHomebrewでインストールした場合はMacPorts側が優先されることになります。

```
┌─────────────────────────┐
│Homebrewのインストール│
└─────────────────────────┘
% /bin/bash -c "$(curl -fsSL https://raw.githubusercontent.com/Homebrew/inst
all/master/install.sh)" ……………… Homebrewの公式サイトのコマンドをペーストして return
==> This script will install:
/usr/local/bin/brew
/usr/local/share/doc/homebrew
/usr/local/share/man/man1/brew.1
/usr/local/share/zsh/site-functions/_brew
/usr/local/etc/bash_completion.d/brew
/usr/local/Homebrew
==> The following new directories will be created:
/usr/local/bin
/usr/local/etc
/usr/local/include
＜中略＞
Press RETURN to continue or any other key to abort ……… return で続行
==> /usr/bin/sudo /bin/mkdir -p /usr/local/bin /usr/local/etc /usr/local/include /
usr/local/lib /usr/local/sbin /usr/local/var /usr/local/opt /usr/local/share/zsh /
usr/local/share/zsh/site-functions /usr/local/var/homebrew /usr/local/var/home
brew/linked /usr/local/Cellar /usr/local/Caskroom /usr/local/Homebrew /usr/loc
al/Frameworks
Password: …… 実行中のユーザのパスワードを入力（sudoコマンドが使用されている）
＜中略＞
==> Installing Command Line Tools for Xcode-11.3
     ……………Xcode Command Line Toolsがない場合インストールされる
＜中略＞
==> Installation successful!
＜中略＞
==> Next steps:
- Run `brew help` to get started
- Further documentation:
    https://docs.brew.sh
```
Homebrewがインストールされた

Homebrewの実行コマンド

　Homebrewをインストールすると **/usr/local/bin/brew** コマンドが使えるようになります。Homebrewでは、この **brew** コマンドを使ってパッケージのインストールや更新を行います。

　/usr/local/bin/brewは/usr/local/Homebrew/bin/brewへのシンボリックリンクで、内容はbashのスクリプトファイルです。ここではおもに環境設定を行っており、パッケージのインストール等は/usr/local/Homebrew/Library/HomebrewにあるRubyスクリプトで行っています。

Homebrewの更新とメンテナンス

　Homebrewの更新は **brew update** で行います。パッケージのインストールなど、Homebrewを使用する際に自動で実行されるので手動で行う必要はあまりないでしょう。

Homebrewのアンインストール

　Homebrew自体をアンインストールするには関連ディレクトリの削除や、/usr/local/binなどにあるシンボリックリンクの削除、Homebrew自身の削除を行います。トップページにあるインストールコマンド列の **install** を **uninstall** に変えることでアンインストールが実行されます[注4]。なお、アンインストール中にsudoコマンドが使用されているため、途中でパスワードの入力が求められた場合は、自分自身のパスワードを入力します。

Homebrewのディレクトリと用語

　Homebrewでは、やや独特な用語が使われています（p.289）。ここでは、ディレクトリ名やマニュアル、画面のメッセージなどで頻繁に登場する言葉を紹介します。なお、次節以降で取り上げるHomebrewの操作そのものはコマンドラインに親しんでいればとても簡単で、本項に書かれていることを理解しなくても、コマンドを入力すればそのまま使用できるようになっています。

Homebrewのディレクトリ

　Homebrewをインストールすると、/usr/local以下に「bin」「sbin」「etc」などの基本的なディレクトリが作成されます。これらのディレクトリの用途は「/usr」以下と同じです。たとえば、一般ユーザが使うコマンドは「/bin」に、システムメンテナンス用のコマンドは「/sbin」に、設定ファイルは「/etc」に配置されます。

　Homebrew独自のディレクトリはHomebrew本体がインストールされる「Homebrew」と、Homebrewによってインストールされたパッケージが配置される「Cellar」、ウィンドウアプリケーション用の「Caskroom」です。

```
% ls -F /usr/local/      ……… Homebrewインストール後の/usr/local/ディレクトリを確認
Caskroom/     Homebrew/     include/      sbin/
Cellar/       bin/          lib/          share/
Frameworks/   etc/          opt/          var/
```

Formula

　Homebrewは、**Formula**（フォーミュラ）に従ってパッケージをインストールします。Formulaとは手段、製法といった意味合いで、内容はインストールの手順が書かれたRubyスクリプトです。

　通常、Formulaの名前はコマンド名、あるいはパッケージ名と同じです。たとえば、treeコマンドをインストールしたい場合はtreeという名前のFormulaに従ってインストールするので、**brew install tree** のように指定します。また、treeコマンドのFormulaは **brew cat tree** で確認できます。treeのインストールに必要なファイルはすべてtreeパッケージという1つのファイル（tarアーカイブ）にまとめられています。

Cellar

　Homebrewは、Formulaに従ってパッケージを「/usr/local/Cellar」に展開し、実行コマン

注4　HomebrewのFAQより。「How do I uninstall Homebrew?」URL https://github.com/Homebrew/brew/blob/master/docs/FAQ.md#how-do-i-uninstall-homebrew

ドのシンボリックリンクを「/usr/local/bin」に作成します。つまり、Cellar（セラー）は「パッケージ置き場」の役割を果たしています。

「/usr/local/Cellar」の中には、Formula名（パッケージ名）のディレクトリが作られます。パッケージごとのディレクトリは Keg（ケグ）と呼ばれています。各パッケージのファイルは「/usr/local/Cellar/ パッケージ名 / バージョン /」にインストールされています。

Cask

Homebrewで管理するのはおもにコマンドラインツールですが、ウィンドウアプリケーションもあります。これらを管理するのが Cask（カスク）(Homebrew-Cask) です[注5]。たとえば、GUIで利用するWebブラウザである「Google Chrome」は `brew cask install google-chrome` でインストールできます（p.288）。

Caskでは、実行プログラムなどは/Applications（アプリケーションフォルダ）に配置されるので、インストール後は、ほかのウィンドウアプリケーションと同じようにアプリケーションフォルダから実行することができます。管理情報は/usr/local/Caskroomに配置されます。

Homebrewのリポジトリ

パッケージをインストールするには、パッケージを入手する必要があります。現在どんなパッケージが公開されており、どこから入手すれば良いかという情報を管理しているのが**リポジトリ**（*repository*）です。リポジトリは「保管所、ソフトウェアや文書が目的に沿って集積されている場所」といった意味で、Homebrewに限らずさまざまなシステムで使われています。

Homebrewは公式リポジトリからパッケージをダウンロードしてインストールするように設定されているほか、ユーザが独自のリポジトリを加えて管理できるようになっています。

Homebrewのマニュアル

Homebrewのマニュアルは/usr/local/share/下にインストールされており、`man brew` で、さらに詳しくは `info brew` で、サブコマンドの一覧は `brew --help` で参照できます。最新情報やFAQは公式サイトの「Documentation」[注6]で公開されています。

> **基本の使い方**
> ```
> man brew          brewコマンドのマニュアルを表示
> info brew         brewコマンドの詳細なマニュアルを表示
> brew --help       brewコマンドで使用できるサブコマンド（installなど）を表示
> brew help サブコマンド   brewのサブコマンドのヘルプを表示
> ```

注5　URL　https://github.com/Homebrew/homebrew-cask
注6　URL　https://docs.brew.sh

283

パッケージのインストール/更新/アンインストール

brew install/list/outdated/upgrade/uninstall/unlink/cleanup

本節ではHomebrewの基本操作である、パッケージのインストールと更新、およびアンインストールについて扱います。

パッケージのインストールと更新　　brew install

パッケージのインストールは「`brew install` パッケージ名 」で行います。

> **基本の使い方**
> `brew install` パッケージ名 ……………… パッケージをインストール
> `brew reinstall` パッケージ名 …………… パッケージを再インストール
> `brew list` パッケージ名 …………………… インストールされた内容を確認

※ 本章ではパッケージ管理で一般的に使われる パッケージ名 としているが、man brew等ではbrew install formulaと表記されている(p.282)。formulaの部分で「パッケージ名」を指定する。

以下は、`brew install pstree`でpstreeコマンドをインストールしています。pstreeはプロセスの親子関係(p.226)をツリーで表示するコマンドで、Unix系OSではポピュラーなコマンドです。多くの場合、コマンド名がそのままパッケージ名(Formula)となっていますが、欲しいパッケージが見つからない場合は`brew search`(p.290)やインターネット検索で情報を集めましょう。

```
pstreeをインストール
% brew install pstree
==> Downloading https://homebrew.bintray.com/bottles/pstree-2.39.catalina.bottle
################################################################## 100.0%
==> Pouring pstree-2.39.catalina.bottle.2.tar.gz
🍺 /usr/local/Cellar/pstree/2.39: 5 files, 24.3KB
pstreeがインストールできた
% brew list pstree ………………………… インストールされた内容を確認
/usr/local/Cellar/pstree/2.39/bin/pstree
/usr/local/Cellar/pstree/2.39/share/man/man1/pstree.1
pstreeコマンドとマニュアルがインストールされている
% pstree -h ……………………………… pstreeのヘルプを表示
pstree $Revision: 2.39 $ by Fred Hucht (C) 1993-2015
EMail: fred AT thp.uni-due.de

Usage: pstree [-f file] [-g n] [-l n] [-u user] [-U] [-s string] [-p pid] [-w] [pid ...]
 <中略>
    -p pid     show only branches containing process <pid>
    -w         wide output, not truncated to window width
    pid ...    process ids to start from, default is 1 (probably init)
```

```
Process group leaders are marked with '='.
```
<!-- pstreeのヘルプが表示された（より詳しい情報はman pstree） -->

```
% pstree -p $$         pstreeを実行してみる（シェルのプロセスIDを指定してツリー表示）
-+= 00001 root /sbin/launchd
 \-+= 00335 nishi /System/Applications/Utilities/Terminal.app/Contents/MacOS/Te
   \-+= 24856 root login -pf nishi
     \-+= 24896 nishi -zsh
       \-+= 42241 nishi pstree -p 24896
         \--- 42242 root ps -axwwo user,pid,ppid,pgid,command
```

※ シェル変数「$」を使ってシェルのプロセスIDを参照している（zsh/bash共通）。

パッケージはどのようにインストールされているか

Homebrewでインストールしたパッケージは「/usr/local/Cellar/パッケージ/バージョン」に展開されており、実行ファイルへのシンボリックリンクが/usr/local/binに作成されています。

<!-- どのようにインストールされているかを確認 -->
```
% which pstree                            どこにあるpstreeが実行されているかを確認
/usr/local/bin/pstree
% ls -l `!!`                              「ls -l /usr/local/bin/pstree」で情報を確認※
lrwxr-xr-x  1 nishi  admin  32  3 11 23:15 /usr/local/bin/pstree
                                         -> ../Cellar/pstree/2.39/bin/pstree
```
<!-- /usr/local/Cellar/下のファイルにリンクされている -->
```
% ls -F /usr/local/Cellar/pstree    Cellarにあるpstreeを確認
2.39/                               バージョン番号のディレクトリがある
% ls -F /usr/local/Cellar/pstree/2.39     ディレクトリの中を確認
INSTALL_RECEIPT.json    bin/
README                  share/
```

※ 「!!」は直前のコマンドを繰り返す（ヒストリ、p.157）、「\`!!\`」部分は「直前に実行したコマンドの実行結果」に置き換わる（コマンド置換、p.154）。

パッケージはどこにダウンロードされているか

インストールに使用したファイルは、Homebrewのキャッシュディレクトリに保存されています。キャッシュのパスは **brew --cache** で確認できます（パッケージのキャッシュファイルの削除については後述）。

```
% brew --cache                                    キャッシュのパスを確認
/Users/nishi/Library/Caches/Homebrew
% ls -F `!!`                                      キャッシュディレクトリの内容を確認
ls -F `brew --cache`
descriptions.json          linkage.json
downloads/                 pstree--2.39.catalina.bottle.2.tar.gz@
```
<!-- ダウンロードされたファイル※ -->
＜以下略＞

※ キャッシュ直下にあるtarファイルはシンボリックリンクで、downloads下のファイルにリンクされている。

パッケージの更新　brew outdated、brew upgrade

多くのパッケージは不定期で更新されています。機能強化のほかにセキュリティ対策という場合もあるので、こまめに確認しましょう。更新対象のパッケージがあるかどうかは`brew outdated`、更新は`brew upgrade`で行います。

> **基本の使い方**
> ```
> brew outdated                    更新対象のパッケージを一覧表示
> brew upgrade パッケージ名         パッケージを更新
> brew upgrade                     すべてのパッケージを更新
> ```

以下では、❶`brew outdated`で調べたところ、wget（ファイルのダウンロードに使用されるコマンド、p.269）が新しくなっていることがわかったので❷のように`brew upgrade wget`で更新しています。更新対象を指定しない場合、すべてのパッケージが対象となります。なお、似た名前のコマンドに`brew update`がありますが、こちらはHomebrew自身のアップデートを行うコマンドです。

```
% brew outdated                    ❶更新対象のパッケージがあるか調べる
wget (1.19.1) < 1.20.3_2           wgetの新しいバージョンが公開されていることがわかった
% brew upgrade wget                ❷wgetを更新
==> Upgrading 1 outdated package:
wget 1.20.3_2
<中略>
==> Pouring wget-1.20.3_2.catalina.bottle.1.tar.gz
🍺  /usr/local/Cellar/wget/1.20.3_2: 50 files, 4.0MB
Removing: /usr/local/Cellar/wget/1.19.1... (11 files, 1.6MB)
```
wgetが更新され、古いバージョンが削除された

パッケージのアンインストール　brew uninstall

パッケージのアンインストールは「`brew uninstall` パッケージ名」で行います。`brew uninstall`の代わりに`brew remove`や`brew rm`も使用可能です。

> **基本の使い方**
> ```
> brew uninstall パッケージ名         パッケージをアンインストール
> brew uninstall --force パッケージ名  パッケージのすべてのバージョンをアンインストール
> ```

※ uninstallの代わりにremoveおよびrmも使用可能。また、--forceオプションは-fと略すことも可能。

以下では、`brew uninstall wget`でwgetをアンインストールしています。

なお、パッケージをアンインストールしても、キャッシュディレクトリにあるダウンロードファイルはそのまま残ります。同じバージョンを再インストールする際は、このキャッシュファイルが再利用されます。キャッシュファイルの削除は、`brew cleanup`（p.288）で行います。

```
wgetのアンインストール
% brew uninstall wget
Uninstalling /usr/local/Cellar/wget/1.20.3_1... (50 files, 4.0MB)
```

[参考]コマンドを一時的に使用不可にしたい場合　brew unlink/link

　コマンドをアンインストールしたいのではなく、一時的に利用できないようにしたいという場合は`brew unlink`を使用します。たとえば、macOSの/binや/usr/binにあるコマンドと同じ名前のコマンドをHomebrewでインストールしているけれど、macOSに元々入っているコマンドの方を使いたい、というときなどに利用します。元に戻すには`brew link`を使用します。

　Homebrewでは、パッケージを/usr/local/Cellarに展開し、/usr/local/Cellarにある実行ファイルのシンボリックリンクを/usr/local/binに作成することでコマンドラインで使用できるようにしています。したがって、シンボリックリンクを操作すれば、コマンドを一時的に無効化したり元に使用できるようになります[注7]。

　以下は、Homebrewでrsyncをインストールしている場合の実行例です。macOS Catalina（10.15）には元々rsyncのバージョン2.6.9がインストールされていましたが、Homebrewではバージョン3以降のrsyncがインストールされます。環境変数`PATH`(p.45)ではHomebrewが使用しているパスである「/usr/local/bin」が優先されるようになっているため、**rsync**を実行するとHomebrewでインストールした「usr/local/bin/rsync」が実行されます。この様子を、whichコマンド(p.47)とrsyncの`--version`オプション（バージョンを表示する）で確認しています。

```
（brew install rsyncで、rsyncコマンドをインストールしている）
% which rsync
/usr/local/bin/rsync ……………「rsync」で/usr/local/bin下のrsync（Homebrewでインストール
                              したrsync）が実行される※
% rsync --version
rsync  version 3.1.3  protocol version 31 …… rsyncのバージョンは3.1.3
＜以下略＞
（Homebrewでインストールしたrsyncを一時的に使用不可に設定）
% brew unlink rsync ……… rsyncをアンリンクして一時的に使用不可に変更
Unlinking /usr/local/Cellar/rsync/3.1.3_1... 3 symlinks removed
% which rsync
/usr/bin/rsync ……………………「rsync」で/usr/bin下のrsync（元々インストールされている方
                              のrsync）が実行される
% rsync --version ……… rsyncのバージョンは2.6.9
rsync  version 2.6.9  protocol version 29
＜以下略＞
（Homebrewでインストールしたrsyncを使用可能に変更）
% brew link rsync ……… rsyncをリンクして使用可能に変更
Linking /usr/local/Cellar/rsync/3.1.3_1... 3 symlinks created
% which rsync
/usr/local/bin/rsync
% rsync --version
rsync  version 3.1.3  protocol version 31
```

※ Homebrewでインストールした直後は、シェルが「/usr/bin/rsync」というパスを記憶しているため「/usr/local/bin/rsync」が実行されないことがある。この場合はhash -rでシェルが記憶しているコマンドのテーブル（ハッシュテーブル/hash table）をクリアすると良い（zsh/bash共通）。

注7　このしくみを利用して、パッケージのバージョンを切り替えることも可能です。「brew switch **パッケージ** **バージョン**」のようにします。

キャッシュファイルの削除　brew cleanup

`brew cleanup`で古いバージョンのファイルを削除します。パッケージを指定する場合は「`brew cleanup` パッケージ」とします。

インストール時に必要なファイルはキャッシュディレクトリに保存されます。キャッシュファイルを削除したい場合は、以下のようにコマンドを実行します。

`-s`は、アンインストールしたパッケージのキャッシュファイルをまとめて削除する場合に使うオプションです。このほか、「`--prune=`日数」を付けると、指定した日数よりも古いファイルを削除できます。`--prune=0`ですべてのキャッシュファイルが削除されます。

```
基本の使い方
brew cleanup パッケージ名 ……………古いバージョンのファイルを削除
brew cleanup -s ………………………アンインストールしたパッケージのキャッシュファイルを削除
brew cleanup --prune=日数 ………指定した日数が経過したパッケージを削除
                                （日数を0にするとすべてのファイルが削除対象になる）
```

※ `-n`オプションを付けると、どのファイルが削除されるかを確認できる。

どのファイルが削除されるかを事前に確認したい場合は、または`-n`オプション（`--dry-run`オプション）を付けて実行してみると良いでしょう。`-n`は、インストールや削除などを行わず、実行時のメッセージだけを表示するというオプションです。

```
どのファイルが削除されるかを確認
% brew cleanup -s -n
Would remove: /Users/nishi/Library/Caches/Homebrew/ ↩
                          wget--1.20.3_1.catalina.bottle.1.tar.gz (1.4MB)
Would remove: /Users/nishi/Library/Caches/Homebrew/Cask/ ↩
                          google-chrome--78.0.3904.97.dmg (79.5MB)
《中略》
==> This operation would free approximately 95.8MB of disk space.
削除されるファイルがわかった（実際に削除したい場合は-nオプションなしで実行）
```

ウィンドウアプリケーションのインストールとアンインストール　brew cask

ウィンドウアプリケーションは「`brew cask install` パッケージ名」でインストール、「`brew cask uninstall` パッケージ名」でアンインストールします。

```
基本の使い方※
brew cask install パッケージ名 …………パッケージをインストール
brew cask reinstall パッケージ名 ………パッケージを再インストール
brew cask list パッケージ名 ………………インストールされた内容を確認
brew cask uninstall パッケージ名 ………パッケージをアンインストール
```

※ `brew cask`コマンドのマニュアルは`man brew-cask`で参照可能。

以下は、Google Chromeをインストールしています。パッケージの名前は`brew search chrome`で探しました。

```
┌─ Google Chrome (google-chrome) のインストール ──────────────────┐
% brew cask install google-chrome
==> Tapping homebrew/cask
Cloning into '/usr/local/Homebrew/Library/Taps/homebrew/homebrew-cask'...
remote: Enumerating objects: 12, done.
remote: Counting objects: 100% (12/12), done.
＜中略＞
==> Installing Cask google-chrome
==> Moving App 'Google Chrome.app' to '/Applications/Google Chrome.app'.
🍺  google-chrome was successfully installed! ……google-chromeがインストールできた
% brew cask list google-chrome ……インストールされた内容を確認
==> Apps
/Applications/Google Chrome.app (179 files, 219.6MB)
└─「/Applications」（アプリケーションフォルダ）に「Google Chrome.app」がインストールされている ─┘
```

Caskのパッケージはどのようにインストールされているか

　Caskのパッケージは/usr/local/Caskroom下に展開されますが、アプリケーションのファイル本体（アプリケーション名.app）は/Applicationsに配置され、Caskroom下にはシンボリックリンクが作られます。

```
┌─ Caskroomの中を確認 ──────────────────────────────────┐
% ls -F /usr/local/Caskroom
google-chrome/
% ls -F /usr/local/Caskroom/google-chrome
80.0.3987.132/
% ls -l /usr/local/Caskroom/google-chrome/80.0.3987.132
total 0
lrwxr-xr-x  1 nishi  admin  31  3 11 00:49 ↵
                              Google Chrome.app -> /Applications/Google Chrome.app
```

Column

Homebrewの用語　　Cellar、Formula、Cask

　「homebrew」はビールなどの「自家醸造」という意味です。ユーザがビール（ソフトウェア）を自ら醸造（コンパイル構築）して飲む（使用する）というイメージで独特な用語が使用されています。

　たとえば、パッケージを保存しているディレクトリは「Cellar」ですが、「cellar」はビールの貯蔵庫という意味です。パッケージは「Formula」に従ってインストールされます。パッケージのインストール時のメッセージにも、ビールの絵文字や「Pouring」（pourは注ぐ）という言葉が使われています。

　Cellarの下に作られる各パッケージ名のディレクトリは「Keg」（樽）と呼ばれます。macOS用のウィンドウアプリケーションを管理する「Cask」も樽という意味です（ビールのCaskはKegと違い炭酸ガスを使用しない伝統的なエールビールで使われる樽とのこと）。また、公式以外のFormulaを追加する際は **brew tap** を用いますが、「tap」には樽やビールサーバの「栓」「注ぎ口」という意味があります。

　なお、manで表示されるマニュアルなどで「formula」あるいは「formulae」（複数形）とあるのは、Formula名を指定するという意味です。本書では馴染みやすいように「パッケージ名」としています。

パッケージの検索と情報の確認

brew search/info/cat/home

本節ではパッケージ名を探す方法と、パッケージの情報を参照する方法について扱います。

パッケージ（Formula）の検索　brew search

多くの場合、「コマンド名＝パッケージ名」となっていますが、パッケージ名がわからない場合は`brew search`で検索すると手がかりが見つかることがあります。

> **基本の使い方**
> `brew search` 対象 ………「対象」が名前に含まれているパッケージ（Formula）を一覧表示
> `brew search /`対象`/` ……対象を正規表現のパターンで指定してパッケージを一覧表示

`brew search abc`で、abcが名前に含まれているパッケージを検索します。大小文字の区別はありません。すでにインストールされているパッケージには「✔」（緑色のチェックマーク）が表示されます。正規表現を使いたい場合は`brew search /^abc/`のように指定します。

```
% brew search tree                     名前に「tree」を含むパッケージを探す
==> Formulae
pstree ✔            tree ✔             treecc              treefrog

==> Casks
family-tree-builder                    sourcetree
figtree                                treesheets
```

パッケージ情報の確認　brew info/cat/home

パッケージの詳しい情報を確認は`brew info`、インストール手順の表示には`brew cat`、パッケージの公式サイトの表示は`brew home`を使用します。

> **基本の使い方**
> `brew info` パッケージ名 ………パッケージの詳しい情報を表示
> `brew cat` パッケージ名 …………パッケージのFormula（インストール手順）を表示
> `brew home` パッケージ名 ………パッケージの公式サイトを表示（Webブラウザが起動）

「`brew info` パッケージ名」で、パッケージの詳しい情報を表示します。まだインストールされていないパッケージも表示可能です。依存パッケージがある場合は「`==> Dependencies`」に表示されます。インストールされている場合は「✔」（緑色のチェックマーク）が、インストールされていない場合は「✘」（赤色のバツマーク）が表示されます。これらはパッケージをインストールする際に、必要に応じ自動的にインストールされます。インストール時に指定可能なオプションがある場合は「`==> Options`」以下に表示されます。

```
% brew info imagemagick ……………… imagemagickの情報を表示
imagemagick: stable 7.0.10-0 (bottled), HEAD
Tools and libraries to manipulate images in many formats
https://www.imagemagick.org/
Not installed
From: https://github.com/Homebrew/homebrew-core/blob/master/Formula/imagemagick.rb
==> Dependencies
Build: pkg-config ✘
Required: freetype ✘, jpeg ✘, libheif ✘, libomp ✘, libpng ✘, libtiff ✘, libtool ✘,
little-cms2 ✘, openexr ✘, openjpeg ✘, webp ✘, xz ✔
＜以下略＞
```

Column

ソースコードからのインストール

　macOSにソフトウェアを追加したい場合、App Storeやソフトウェアの開発元からインストール用パッケージを入手したり、Homebrewなどを利用してインストールしたりしますが、「ソースファイルを入手して自分で実行ファイルをビルドしてインストールする」という方法もあります。

　多くの場合、ソースファイルは複数に分割されており、それぞれのファイルを**コンパイル**(*compile*)して**オブジェクトファイル**(*object file*)と呼ばれるファイルを作成し、さらに複数のオブジェクトファイルを**リンク**(*link*)して、実行ファイルにする作業が必要です。これが**ビルド**(*build*、構築)です。

　ビルドやインストール等の作業をまとめて行うためのコマンドが**make**で、makeの実行にあたり、どのファイルをコンパイルすれば良いか、必要なオプションは何かなどの手順が書かれたファイルを「Makefile」と言います。

　treeコマンド（ファイルとディレクトリの一覧をツリー状に表示）のソースコードを使い、実際にmakeコマンドでtreeコマンドの実行ファイルを作成してみましょう。makeコマンドはXcodeのCLT(p.280)に収録されています。インストールされていない場合、コマンドラインでmakeを実行するとCLTをインストールするか確認するメッセージが表示されるので、メッセージに従ってインストールします。Homebrewが導入済みであればCLTもインストールされているでしょう。

ソースコードの入手

　以下の❶ではcurlコマンドでソースコードを開発者のWebサイトからダウンロードして、❷でtarコマンドで展開内容を確認してから❸で展開しています。展開後、「tree-1.7.0」ディレクトリが作成されます。例には含まれていませんが、拡張子が「.c」および「.h」のファイルがソースファイル、doc以下に展開される「tree.1」がmanコマンド用のマニュアルファイルです。

```
% cd ~/Downloads ……………………………… ダウンロードファイルを保存するディレクトリへ移動
% curl -O http://mama.indstate.edu/users/ice/tree/src/tree-1.8.0.tgz   ❶ダウンロード
＜以下略＞
% tar -tvzf tree-1.8.0.tgz ……………………………………………………… ❷展開される内容を確認
-rw-r--r--  0 sbaker users   12024 11 17  2018 tree-1.8.0/CHANGES
-rw-r--r--  0 sbaker users     597  1  4  2018 tree-1.8.0/INSTALL
＜以下略：tree-1.8.0というディレクトリが作成されて、その中に展開されることがわかる＞
% tar -xvzf tree-1.8.0.tgz ……………………………………………………… ❸展開
x tree-1.8.0/CHANGES
x tree-1.8.0/INSTALL
x tree-1.8.0/LICENSE
x tree-1.8.0/Makefile
＜以下略＞
```

Makefileの編集とmakeの実行

treeコマンドの場合、同じソースコードでLinuxやFreeBSDなどさまざまなOS用の実行ファイルを作成できるようになっています。Unix系コマンドの多くがこのように作られていますが、その過程で必要となる手順はOSによって異なります。たとえば、必要とするファイルを置いてある場所や、コンパイル用のコマンドの実行時に指定するべきオプションが異なったりするためです。

そこで、Makefileを実行したい環境に合わせて書き換えます。環境とは具体的にはOSの種類やバージョン、インストールされている開発ツールなどを指します。treeの場合はエディタでMakefileを手動で書き換える必要がありますが、「Configure」などの名前で環境設定用のスクリプトが収録されている場合はそちらを使用します。構築の方法については、開発者のWebサイトやソースコードに含まれているREADMEなどに書かれていますので適宜参考にしてみてください。

```
｜Makefileの修正内容｜
# $Copyright: $
# Copyright (c) 1996 - 2018 by Steve Baker
＜中略：Copyrightの情報が書かれている＞
# Uncomment for OS X:  ……macOS用の設定があるので以下のように書き換える
# It is not allowed to install to /usr/bin on OS X any longer (SIP):
prefix = /usr/local
CC=cc
CFLAGS=-O2 -Wall -fomit-frame-pointer -no-cpp-precomp
LDFLAGS=
MANDIR=/usr/local/share/man/man1
OBJS+=strverscmp.o
｜行頭の「#」を削除し、MANDIR=が/usr/local下になるように修正（以下略）｜
```

Makefileを編集して保存したら、makeを実行します。実行中のメッセージを見ると、ccコマンド（コンパイルを行うコマンド）によって拡張子「.o」のファイル（オブジェクトファイル）が生成され、最後にオブジェクトファイルを組み合わせて実行ファイル（tree）が構築される様子がわかります。

なお、環境によっては途中に警告（**warning**）が表示されることがありますが、処理そのものは完了しており、多くの場合は問題ありません。必要なファイルが不足しているなどの場合は致命的なエラー（**fatal error**）となり、実行ファイルは構築されません。メッセージに従って、必要なファイルを揃えるなどの対処が必要となります。

```
% cd tree-1.8.0/   ……ソースファイルを展開したディレクトリ（Makefileがあるディレクトリへ移動）
% make             ……makeを実行してtreeを構築（Makefileに従ってコンパイルとリンクが実行される）
cc -O2 -Wall -fomit-frame-pointer -no-cpp-precomp -c -o tree.o tree.c
cc -O2 -Wall -fomit-frame-pointer -no-cpp-precomp -c -o unix.o unix.c
＜中略＞
cc  -o tree tree.o unix.o html.o xml.o json.o hash.o color.o file.o strverscmp.o
```

カレントディレクトリにtreeコマンドが作成されています。「./tree」で実行してみましょう。

動作に問題がなければ**sudo make install**でインストールします。以下に実行例を示しますが、Homebrewに同パッケージがあるので、実機で試すのは上記の**make**までにしておいて、実際のインストールはHomebrewで行うことをお勧めします。

```
% sudo make install   ……………………make installを実行。Makefileに従いファイルを配置し、
install -d /usr/local/bin                            パーミッションを設定していく様子
install -d /usr/local/share/man/man1
if [ -e tree ]; then \
         install tree /usr/local/bin/tree; \
    fi
install doc/tree.1 /usr/local/share/man/man1/tree.1
```

Appendix

Appendix A
［基本コマンド＆オプション］クイックリファレンス

　本編で登場したコマンドを中心に、便利なコマンドの基本の使い方と主要オプションを紹介します。

- **A.1** macOSアプリケーションの実行と設定
- **A.2** マニュアルの閲覧
- **A.3** コマンドライン環境
- **A.4** 環境変数／シェル変数／シェルオプション
- **A.5** プロセス
- **A.6** rootおよびユーザ関連
- **A.7** ファイルシステム
- **A.8** ファイルの操作❶　属性やパーミッションの表示と変更
- **A.9** ファイルの操作❷　コピー、削除
- **A.10** ファイルの操作❸　検索
- **A.11** ファイルの操作❹　圧縮、展開
- **A.12** フィルターとテキスト処理
- **A.13** システムの情報／メンテナンス
- **A.14** ネットワーク
- **A.15** Homebrew

凡例

コマンド（オプション）

基本の使い方

▼主要オプションやサブコマンド

※補足：zsh/bash共通で使えるものを中心に掲載。いずれかのシェルに限定されるものなどについては適宜注記。

A.1 macOSアプリケーションの実行と設定

open — macOSアプリケーションの実行　→p.30, p.247

open file1	file1をデフォルトアプリケーションで開く
open dir1	Finderでdir1を表示（新しいウィンドウで表示、すでに表示している場合は最前面、アプリケーションパスの場合はアプリケーションが起動）
open -a appname	アプリケーション「appname」(p.33)を開く
open -a preview file1.png	プレビューでfile1.pngで開く
ls -l | open -f	ls -lの実行結果をテキストエディット(TextEdit.app)で表示[※]

[※] テキストファイルは「open_ランダムな文字列.txt」という名前で/tmpディレクトリ(p.34)に作成される。/tmpディレクトリのファイルは再起動時、および3日以上アクセスがない場合に削除されるので、必要に応じて別の場所に保存すると良い（/tmp内の削除は/etc/periodic/daily/110.clean-tmpsで、定期削除の設定は/etc/defaults/periodic.confのdaily_clean_tmps*で定義されている）。

▼openの主要オプション

-a アプリケーション	アプリケーションを開く
-a アプリケーション ファイル	アプリケーションでファイルを開く
-e ファイル	テキストエディットでファイルを開く
-f	標準入力から入力を受け取ってテキストエディットを開く（基本の使い方を参照）
-t ファイル	デフォルトのテキストエディットでファイルを開く
-R ファイル	ファイルの場所をFinderで開く

defaults — アプリケーション設定の一覧表示／操作　→p.249

defaults read domain1	ドメイン「domain1」の現在の設定を表示
defaults read com.apple.finder	「com.aple.finder」(Finder)の現在の設定を表示
defaults write com.apple.finder AppleShowAllFiles 1	FinderのAppleShowAllFilesの設定を「1」(有効)にする
defaults domains | tr ',' '\n'	すべてのドメインを表示[※]

[※] 「,」区切りで表示されるので、読みやすくするためにtrコマンド(p.198)で改行に置き換えている。

▼defaultsの主要サブコマンド

read	設定を表示（ドメインとキーを指定することも可能）
read-type ドメイン キー	設定のデータ型(plistで設定する型)を表示
write ドメイン キー 値	設定を書き込む(plist形式による指定も可能)
rename ドメイン 旧キー 新キー	キー名を変更
delete ドメイン キー	設定を削除（キーを省略した場合、指定したドメインのすべてのキーを削除する）
find 文字列	ドメイン、キー、値から指定した文字列を検索
domains	すべてのドメインを表示

A.2 マニュアルの閲覧

-h — ヘルプの表示（コマンド全般）

command1 -h	コマンド「command1」のヘルプを表示[※]

[※] 多くのコマンドでは、-hオプションで簡単な使い方を画面に表示。間違った引数を指定したり、引数が必須であるコマンドの場合、引数なしで実行した場合にも、ヘルプが表示されることがある。なお、GNU系(p.366)のオプションが使用できるコマンドの場合、--helpでヘルプが、--versionでバージョンが表示される。

man — マニュアルを表示／検索　→p.50

`man command1`　コマンド「command1」のマニュアルを表示[※]

[※] 表示にはlessコマンドが使用されている（lessコマンドの操作についてはp.191を参照）。

▼manの主要オプション

オプション	説明
-a	一致したすべてのマニュアルページを表示（manは分野ごとに章が分けられてるが、同じ名前のコマンドが複数の章に収録されていることがある）
-s 章番号	対象とする章番号(p.54)を指定
-f	該当するコマンドを一覧表示（概要部分から検索）
-K	キーワードを全文検索し、該当するすべてのマニュアルページを表示

help — bashのビルトインコマンドの使い方を表示 （bash）　→p.54

`help command1`　コマンド「command1」の使い方を表示（bashのビルトインコマンドのみ）

`help`　bashのビルトインコマンドを一覧表示[※]

[※] man bashでも確認可能。なお、zshのビルトインコマンドはman zshbuiltinsで参照。

A.3　コマンドライン環境

pwd — カレントディレクトリの表示　→p.80

`pwd`　カレントディレクトリのパスを表示

▼pwdの主要オプション

オプション	説明
-L	論理的なディレクトリ名を表示（デフォルト）
-P、-r (zshのみ)	物理的なディレクトリ名を表示（シンボリックリンクの場合、参照先のディレクトリ名が表示される、p.105）

cd — カレントディレクトリの移動　→p.79

コマンド	説明
`cd dir1`	dir1へ移動
`cd`	ホームディレクトリへ移動
`cd -`	直前のディレクトリに戻る

▼cdの主要オプション

オプション	説明
-L	論理的なディレクトリ名で移動（デフォルト）
-P	物理的なディレクトリへ移動（シンボリックリンクを指定した場合、実際のディレクトリへ移動する）

alias — コマンドエイリアスを設定／表示　→p.174 zsh、p.181 bash

コマンド	説明
`alias ll='ls -l'`	llという名前でls -lを実行 zsh/bash共通
`alias`	現在定義されているエイリアスを一覧表示 zsh/bash共通
`alias -g NOERR='2>/dev/null'`	NOERRを2>/dev/nullに置き換えて実行 zsh
`alias -s {txt,log,lst}=more`	ファイル名の末尾が「.txt」「.log」「.lst」のいずれかに一致したら「more ファイル名」を実行 zsh

▼aliasの主要オプション `zsh`

-g	グローバルエイリアスを定義(コマンド名以外のところでも使用できる)
-s	接尾辞エイリアスを定義(ファイル名の、最後の「.」より後ろの部分に対応するコマンドを定義できる)
-L	現在定義されているエイリアスを「alias `名前`=`定義`」の書式で一覧表示(エイリアス定義用の文字列になる)
+s、+g	それぞれ、-s、-gで定義されているエイリアスを一覧表示

unalias　コマンドエイリアスを削除　→p.159

`unalias name1`　「name1」という名前で定義されているエイリアスを削除

▼unaliasの主要オプション

-a	`zsh` すべてのコマンドエイリアス(通常のエイリアス)とグローバルエイリアスを削除、`bash` すべてのエイリアスを削除
-s	`zsh` すべての接尾辞エイリアスを削除

history　ヒストリ(コマンド履歴)を表示　→p.157

`history`　現在記録されているヒストリを一覧表示[※]

※ zshは最新16件を表示(fc -l相当)。

▼historyの主要オプション `zsh` [※]

`数字`	指定した番号以降のヒストリを表示(history 10で10番以降のヒストリを表示)
-l	最新16件分のヒストリを一覧表示 (-l 100で100番以降、-l +100で最新100件、-l `開始番号` `最終番号` で範囲を指定)
-n	番号なしで表示
-r	逆順で表示

※ ヒストリを部分的に削除したい場合は~/.zsh_historyの該当行から削除する。

▼historyの主要オプション `bash` [※]

`数字`	表示件数を指定(history 10で最新の10件を表示)
-c	コマンド履歴をクリア
-d `番号`	指定した番号のコマンド履歴をクリア

※ このほか、ヒストリをファイルから読み書きするためのオプションがある。

fc　ヒストリ(コマンド履歴)を表示する、編集して実行する

`fc -l`	最新16件分のヒストリを表示
`fc -l 100`	ヒストリ番号100番以降のヒストリを表示
`fc 10`	10番のヒストリを編集して実行(viが起動するので編集して保存、終了すると編集した内容でコマンドが実行される)[※]

※ 番号を指定しなかった場合、最後に実行したコマンド(「!!」相当)が対象になる。

▼fcの主要オプション(表示関係※)

-l	最新16件分のヒストリを一覧表示(-l 100で100番以降、-l +100で最新100件、「-l 開始番号 最終番号」で範囲を指定)
-n	(-lと一緒に使用)番号なしで表示
-r	(-lと一緒に使用)逆順で表示

※ このほか、zsh/bashそれぞれで編集用のオプションがある。

source 現在のシェルでファイルを実行　→p.171

`source file1`	file1の内容を現在のシェルで実行
`. ./file1`	file1の内容を現在のシェルで実行(環境変数PATHにないディレクトリの場合、パスを指定する必要がある)

eval 引数を連結してシェルで実行　→p.172、p.346

`eval ls`	現在のシェルでlsコマンドを実行
`` eval `echo myname=$USER` ``	echoコマンドの結果(myname=ユーザ名)をシェルで実行
`` eval `/usr/libexec/path_helper -s` ``	/usr/libexec/path_helper -sの実行結果を現在のシェルで実行

type シェルが実行しているコマンドの検索　→p.47

`type command1`	コマンド「command1」を実行した際、実際に呼び出されるコマンドを表示

▼typeコマンドの主要オプション bash ※

-t	実行されるコマンドの種類だけを表示(ビルトインは「shell builtin」、エイリアスは「alias」、外部コマンドの場合は「file」と表示される)
-p	実行されるコマンドがfile(外部コマンド)の場合、パス付きのファイル名だけを表示
-a	同名のエイリアスやコマンドがあったらすべてを表示

※ zshのオプションはwhenceコマンドを参照(typeはwhence -v相当)。

which コマンドの検索　→p.47、p.154

`which command1`	command1(外部コマンド)のパスを表示※

※ zsh環境でwhichを実行すると、ビルトインコマンドのwhich(whence -c相当)が実行される。外部コマンドのwhichを実行したい場合は/usr/bin/which コマンド名のようにパス名を指定して実行する。

▼whichの主要オプション(/usr/bin/which)

-a	同名のコマンドがあったら、すべてを表示

whence/where/which/type シェルが実行しているコマンドの検索　zsh

`whence command1`	command1を実行した際に、実際に呼び出されるコマンドを表示※

※ zshでは、where、which、typeはwhenceの別名で、typeコマンドはwhence -v、whichコマンドはwhence -c、whereコマンドはwhence -caに相当する。

▼whenceコマンドの主要オプション `zsh`

-w	「名前: 種類」という書式で表示(種類部分にはalias、builtin、command、function、hashed、reserved、noneが表示される)
-f	関数の場合、関数の内容も表示
-p	エイリアスやビルトインコマンドでも外部コマンドとしてパスを検索(/usr/bin/whichコマンド相当)
-a	同名のエイリアスやコマンドがあったらすべてを表示
-m	パターンで指定(-m 'wh*'で名前whから始まるコマンドをすべて表示)
-s	見つかったコマンドのパスにシンボリックリンクが含まれていたら「パス -> リンク先」で表示

hash　シェルが記憶しているコマンドのパスを確認、リセット　→p.287

hash	シェルが記憶しているコマンド名と実際のパスの組み合わせ表(コマンドハッシュテーブル)を表示
hash -r	コマンドハッシュテーブルを削除

A.4　環境変数/シェル変数/シェルオプション

echo　文字列の表示、変数の値の表示　→p.38、p.93、p.162

echo hello	helloという文字列を表示
echo $value	変数valueの値を表示(環境変数、シェル変数ともに表示可能)
echo myname=$USER	「myname=USERの値」を表示
echo abc*	シェルがabc*をパス名展開(p.160)した結果を表示

▼echoの主要オプション

-n	末尾の改行を出力しない
-e	エスケープシーケンスを解釈する(zshのデフォルト)。「\」と組み合わせて特殊文字を表す(「\a」でベル、「\n」で改行、「\t」でタブなど)。「\xFF」のように16進数で指定することも可能
-E	エスケープシーケンスを解釈しない(bashのデフォルト)。echo -E '\a'は「\a」という文字を表示

printenv/env　環境変数の表示/設定　→p.167(おもな環境変数)、p.168

printenv	現在の環境変数を一覧表示
printenv LANG	環境変数LANGの値を表示
env	現在の環境変数を一覧表示
env LANG=C date	環境変数LANGの値を「C」にしてdateコマンドを実行[※]

[※] envのオプションを使わず、環境変数の指定だけを行う場合はLANG=C dateのようにできる。

▼envの主要オプション(実行コマンド指定時)

-i	envコマンドで指定した変数以外をクリアした状態でコマンドを実行
-P 代替パス	環境変数PATHの代わりにパスを指定してコマンドを実行
-S 文字列	文字列を分割して別々の引数扱いにした上でコマンドを実行(スクリプトの「#!」で複数のコマンドをコマンドに渡したいときなどに使用。詳細はman envを参照、「#!」についてはp.39を参照)
-u 変数名	指定した変数をクリアした状態(unset)でコマンドを実行

export　環境変数の設定　→p.168

`export my_status`	すでに定義されているシェル変数my_statusを環境変数にする
`export my_status=OK`	環境変数my_statusを定義し、値をOKにする

▼exportの主要オプション

`-n` 名前	環境変数から指定した名前の変数を取り除く(bashのみ[1])
`-f` 名前	シェル関数をほかのコマンドでも使用できるようにする
`-p`	現在設定されている環境変数を「declare -x 変数名='値'」の形で出力[2]

[1] zshの場合は「typeset +x 名前」(「export 名前」は「typeset +gx 名前」相当)。
[2] declareは変数や関数を定義するコマンドで、-xオプション付きで実行すると「export 変数名=値」と同様に環境変数を定義できる。

set/setopt/unsetopt　シェルオプションの設定と表示　zsh　→p.175

`set`	現在定義されている変数(シェル変数および環境変数)や関数を一覧表示
`set -o`	シェルオプションの設定状況を一覧表示
`setopt`	現在定義されているシェルオプションを一覧表示
`unsetopt`	現在定義されていないシェルオプションを一覧表示
`setopt noclobber`	シェルオプションNO_CLOBBERを有効に設定(CLOBBERの否定=リダイレクションでファイルの上書きをしない)※
`unsetopt noclobber`	シェルオプションNO_CLOBBERを無効に設定

※「NO」を先頭に付けると否定になる。大小文字の区別はなく、「_」が入っているものは省略可能。一部のシェルオプションには1文字のオプションが割り当ててあり、setopt -C、setopt +C(-Cの解除)のように使用できる。1文字のオプションはsetコマンドでも実行可能。set/setoptで指定できるオプションについてはp.176の表Fを参照。

▼setの主要オプション zsh

`-o`	現在設定されているシェルオプションを表示
`+o`	現在設定されているシェルオプションを設定するためのコマンド列を表示
`-o` シェルオプション	シェルオプションを有効に設定(setopt相当)
`+o` シェルオプション	シェルオプションを無効に設定(unsetopt相当、-oによる設定を打ち消す)

set/shopt　シェルオプションの設定と表示　bash　→p.183

`set`	現在定義されている変数(シェル変数および環境変数)や関数を一覧表示
`set -o`	シェルオプションの設定状況を一覧表示※
`shopt`	シェルオプションの設定状況を一覧表示※

※ bashのシェルオプションは、setコマンドで設定するものとshoptコマンドで設定するものがある(p.183)。setコマンド用のシェルオプションはp.183の表D、shoptコマンド用はp.184の表Eを参照。

▼setコマンド用のシェルオプションを設定

`set -o noclobber`	シェルオプションnoclobberを有効に設定
`set +o noclobber`	シェルオプションnoclobberを無効に設定
	shoptコマンド用のシェルオプションを設定
`shopt -s failglob`	シェルオプションfailglobを有効に設定
`shopt -u failglob`	シェルオプションfailglobを無効に設定

▼setの主要オプション `bash`

-o	現在設定されているシェルオプションを表示
+o	現在設定されているシェルオプションを設定するためのコマンド列を表示
-o シェルオプション	シェルオプションを有効に設定
+o シェルオプション	シェルオプションを無効に設定(-oによる設定を打ち消す)

▼shoptの主要オプション

-s シェルオプション	シェルオプションを有効に設定
-u シェルオプション	シェルオプションを無効に設定
-p	シェルオプションの設定状況を、「shopt -s オプション 」の書式で一覧表示(保存しておくと定義ファイルとして使用できる)

A.5 プロセス

ps	**実行中のプロセスの表示**	➡p.224、p.227、p.233
ps	現在実行中のプロセスを表示(自分のプロセスで端末を使用しているもののみ)	
ps -x	現在実行中のプロセスを表示(自分のプロセスすべて)	
ps -A	全ユーザのプロセスを端末を持たないものも含めて表示	
ps -a -j	端末で実行されているすべてのプロセスをユーザ名入りで表示	
+ps -o stat,pid,comm	状態(stat)とPID(pid)とコマンド(comm)を表示※	

※ 状態の見方はp.232の表Bおよび表C、指定できる項目はp.232の表Dを参照。

▼psの主要オプション※1

-A、-e	ほかのユーザのプロセスも表示(端末を持たないものも含む)
-a	ほかのユーザのプロセスも表示(端末を持つもののみ)
-x	端末を持たないプロセスも表示
-u ユーザ名	指定したユーザのプロセスを表示
-t 端末	指定した端末のプロセスを表示(端末の指定方法はオプションなしのpsでTTYの表示を確認)
-p プロセスID	指定したIDのプロセスを表示
-f	UID、PID、PPID、CPU使用率、開始時刻、TTY、経過時間、コマンドを表示(**fullフォーマット**)
-j	ユーザ名、PID、PPID、PGID、セッション、ジョブ、状態、TT、経過時間、コマンドを表示(**jobsフォーマット**)
-l	長いフォーマットで表示
-v	仮想メモリ関連の情報を中心に表示。表示はメモリ使用率順(-m相当)となる
-O 表示内容	追加して表示する内容を「,」区切りのキーワードで指定※2
-o 表示内容	表示する内容を「,」区切りのキーワードで指定※2
-L	-O、-oで使用できるキーワードを表示
-c	コマンド列をフルパスではなくコマンド名のみに設定
-E	環境変数も表示
-m	メモリ使用率で並べ替える
-r	CPU使用率で並べ替える

※1 ハイフンなしのa、u、xも使用可能(p.227のコラムを参照)。
※2 -Oと-oは「,」で区切るか-O 'ppid user'のようにスペースで区切ることも可能(「'」または「"」で括る必要がある)。使用例はp.231、指定できる項目はp.232の表Dを参照。

top　実行中のプロセスの監視/表示　→p.223

| top | プロセスの状態を1秒間隔で表示(qで終了) |

▼topの主要オプション

オプション	説明
-s 秒数	表示を更新するまでの秒数(デフォルトは1秒)
-pid プロセスID	指定したプロセスIDだけを表示
-user ユーザ	指定したユーザのプロセスだけを表示
-u	CPUと時間順に表示(-o cpu -O time相当)
-o 項目	表示順位を決める項目を指定(デフォルトはCPU使用率)
-O 項目	表示順位を決める2番めの項目を指定
-stats 項目1 , 項目2 , ……	表示する項目

▼おもな表示項目(-O、-o、-statsオプションで指定可能)

表示項目	説明
pid	プロセスID
ppid	親のプロセスID
state	プロセスの状態(pstateでも指定可能)
command	コマンド名
uid	ユーザID
user	ユーザ名(usernameでも指定可能)
cpu	CPU使用率
time	CPU使用時間
mem	メモリの使用量
vsize	使用している仮想メモリの総量

kill/killall　プロセスの終了/再起動　→p.228、p.356

kill 100	PID 100のプロセスに終了シグナル(TERM)を送る
kill -HUP 100	PID 100のプロセスに切断シグナル(HUP)を送る
kill -KILL 100	PID 100のプロセスにプロセスの強制終了シグナル(KILL)を送る[※]
killall mdworker	実行中のmdworkerのプロセスに終了シグナル(TERM)を送る
killall -HUP mdworker	実行中のmdworkerのプロセスに切断シグナル(HUP)を送る
killall -KILL mdworker	実行中のmdworkerのプロセスに強制終了シグナル(KILL)を送る

※ -KILLは通常の手段では終了できなくなってしまったプロセスに使用(p.230)。

▼kill/killallの主要オプション(シグナル関連)

-l	シグナルのリストを表示[※]
-s シグナル	プロセスに送るシグナルを指定(シグナル番号およびシグナル名が使用可能)
-番号	プロセスに送るシグナル番号を指定(-15でTERMシグナルを送信)
-シグナル名	プロセスに送るシグナル名を指定(-SIGTERM、-TERMでTERMシグナルを送信)

※　おもなシグナル番号とシグナル名はp.229の表Aを参照。

▼killall の主要オプション（対象の指定関連）

-t 端末	指定した端末に限定する
-u ユーザ名	指定したユーザのプロセスに限定する
-e	（-uオプション指定時）実ユーザではなく実効ユーザで指定
-c	プロセス名を指定（ログインシェルのbashのように「-」（ハイフン）から始まるプロセスの場合 -c'-bash' とスペースを入れずに指定する）
-m	プロセス名を正規表現で指定
-s	実行される内容を表示（実際には実行しない）

halt/reboot/shutdown　システムの終了/再起動　→p.241

sudo reboot	システムをただちに再起動
sudo halt	システムをただちに終了
sudo shutdown -h now	ただちにシステムを終了（shutdown コマンド相当）
sudo shutdown -r +10	10分後にシステムを再起動

▼shutdown の主要オプション※

-h	システムを終了（halt）
-r	システムを再起動（reboot）
-s	システムをスリープにする
-u	5分待ってから電源を切断。UPS（Uninterruptible Power Supply、無停電電源装置）用

※ オプションの後に「+数字（分/minutes）」や now でタイミングを指定する。

A.6　root およびユーザ関連

sudo　コマンドをほかのユーザとして実行　→p.56

sudo command1	rootユーザとして指定した command1 を実行
sudo -s	rootユーザでシェルを実行

▼sudo の主要オプション

-K	認証情報を完全に消去（ほかの引数と同時に使用できない）
-k	単体で使用した場合はコマンド実行後に認証情報を消去、ほかのオプションやコマンドと一緒に使った場合、保存されている認証情報を使わないでコマンドを実行
-u ユーザ	指定したユーザでコマンドを実行（ユーザはユーザ名か「# ユーザID」で指定、省略時はroot）

id/whoami/groups　ユーザの識別情報を表示　→p.110、→p.121

id user1	user1 のIDや所属グループを表示※
id -p user1	user1 のログイン名や所属しているグループ名を読みやすいレイアウトで表示
whoami	自分自身の現在のユーザ名を表示（id -un 相当）
groups	自分自身が所属しているグループを表示（id -Gn 相当）
groups user1	user1 が所属しているグループを表示（id -Gn ユーザ名相当）

※ ユーザ名を省略した場合は自分自身の情報を表示。名前ではなくユーザIDを指定することも可能（id 0 でrootの情報が表示される）。

▼ idの主要オプション[1]

-p	人間に読みやすいフォーマットで表示
-G	ユーザのグループをグループIDで表示(-Gnでグループ名を表示)
-u	ユーザのIDを表示(-unでユーザ名を表示)
-g	実効グループをグループIDで表示(ファイルの作成等はこのグループIDで行われる。通常はプライマリグループ、-gnでグループ名を表示)
-r	実効IDの代わりに実IDを表示(-g、-uオプション使用時)[2]
-n	ユーザIDやグループIDの代わりにユーザ名やグループ名を表示(-G、-g、-uオプション使用時)
-A	セキュリティイベント監査(security event audit)の情報表示

[1] -nおよび-r以外のオプションは、ほかのオプションと同時に使用できない。
[2] ユーザとグループに関して「実ユーザ/実グループ」「実効ユーザ/実効グループ」の2種類がある(p.144)。

A.7 ファイルシステム

diskutil	ディスクの状況の確認/修復	→p.69
diskutil list	ディスクの一覧を表示	
diskutil umount /Volumes/mydata	/Volumes/mydataをアンマウント	
diskutil eject /dev/disk1	/dev/disk1をイジェクト	

▼ diskutilの主要サブコマンド※

list	デバイスノード(/dev/disk[番号]、p.70)のリストを表示
info [対象]	指定したマウントポイント(/Volumes/〜)またはデバイスノードの情報を表示
mount [対象]	対象をマウント(対象としてマウントポイントまたはデバイスノードを指定)
mountDisk [対象]	対象として指定したディスクのすべてのボリュームをマウント
umount [対象]	マウントを解除(対象としてマウントポイントまたはデバイスノードを指定)。unmount [対象]も同様
umountDisk [対象]	指定したディスクのマウントを解除。unmountDisk [対象]も同様
eject [対象]	ディスクをイジェクト(取り外し可能な状態になり、OSからはアクセスできなくなる)

※ 対象部分はマウントポイント(/Volumes/[名前])やデバイスノード(/dev/disk[番号])で指定。デバイスノードはdiskutil listで確認できる。このほか、ディスクを消去したりパーティションのサイズを変えるなどのサブコマンドがある。

mount	ディスクをマウント	→p.73、p.74
mount	現在のマウントの状態を表示	
sudo mount -t ntfs /dev/disk2s1 ~/data	NTFSフォーマットの/dev/disk2s1を~/dataにマウント※	

※ macOSはNTFSフォーマットへの書き込みに対応していないため、読み取り専用でマウントされる。

▼ mountの主要オプション

-t [種類]	ファイルシステムの種類を指定
-o [オプション]	マウントオプション(次表を参照)を指定(オプションは「,」区切りで複数指定可能)
-r	読み込み専用でマウント(-o rdonly相当)

-w	読み書き可能な状態でマウント

▼主要なマウントオプション

noexec	バイナリの直接実行を禁止
nosuid	SUID、SGID (p.126)を許可しない
rdonly	読み取り専用でマウント
nobrowse	Finderに表示しない

umount　ディスクのマウントを解除　→p.74

`sudo umount /dev/disk2s1`	/dev/disk2s1のマウントを解除 (デバイスかマウントポイントを指定)
`sudo umount -h 192.168.1.40`	192.168.1.40のボリュームをすべてアンマウント

▼umountの主要オプション

-h 接続先	指定した接続先のボリュームをすべてアンマウント、接続先はIPアドレスやコンピュータ名で指定できる

df　ディスクの空き領域の確認　→p.72

`df -hl`	ローカルディスクの空き領域を表示
`df -h file1`	file1が保存されているディスクの空き領域を表示

▼dfの主要オプション

-a	すべてのマウントポイントを表示
-l	ローカルファイルシステムのみ表示
-T 種類	対象とするフォーマットの種類を指定 (-t hfsでHFSフォーマットの場所だけを表示)[※]

※ -Tはほかのオプションより後に指定する。

▼dfの主要オプション (ブロックサイズ関連)[※]

-h	サイズに応じて読みやすい単位で表示
-H	読みやすい単位で表示。ただし、1024単位ではなく1000単位の値を使用
-k	1024バイト (1KB、*kilobyte*)のブロック数で表示
-m	1048576バイト (1MB、*megabyte*)のブロック数で表示
-g	1073741824バイト (1GB)のブロック数で表示

※ 最後に指定したものが優先。無指定時は512バイトのブロック数で表示 (環境変数BLOCKSIZEで変更可能)。

du　ディレクトリのディスク使用量の確認　→p.141

`du -sh dir1`	dir1のディスク使用量を表示
`du -d 1 -h`	カレントディレクトリ下のディスク使用量をサブディレクトリごとに集計して表示

▼duの主要オプション

-a	ファイルごとのサイズを表示[※1]
-s	指定したディレクトリの合計のみを表示 (サブディレクトリの行が表示されなくなる)[※1]

オプション	説明
-d 深さ	集計するディレクトリの深さを数字で指定(-d 0が-s相当になる)[1]
-c	表示した内容の総計を表示
-H	コマンドラインで指定したシンボリックリンクを辿る[2]
-L	すべてのシンボリックリンクを辿る[2]
-P	シンボリックリンクを辿らない(デフォルト)[2]
-I ファイル/場所	指定したファイルやディレクトリは集計の対象外にする
-h	サイズに応じて読みやすい単位で表示[3]
-k	1024バイト(1KB)のブロック数で表示[3]
-m	1048576バイト(1MB)のブロック数で表示[3]
-g	1073741824バイト(1GB)のブロック数で表示[3]
-x	異なるファイルシステム(パーティション)にあるディレクトリは対象外にする

[1] -a、-s、-dは同時に使用できない。
[2] -H、-L、-Pは最後に指定したものが優先。
[3] -h、-k、-m、-gは最後に指定したものが優先。無指定時は512バイトのブロック数で表示(環境変数BLOCKSIZEで変更可能)。

dd　ブロック単位でファイルをコピー、変換　→p.355

コマンド	説明
`dd bs=1k count=100 if=/dev/zero of=file1`	1k × 100個 = 102400バイト分をゼロで埋めたファイル「file1」を生成
`sudo dd bs=1m if=file1.iso of=/dev/rdisk`番号	file1.isoを、「/dev/rdisk 番号」のデバイスに転送(ISOイメージをそのまま「disk 番号」のデバイスに書き込む)[※]

※ 「/dev/disk 番号」と「/dev/rdisk 番号」は物理的には同じデバイスだが、「/dev/disk 番号」はランダムアクセス(random access)が可能、「/dev/rdisk 番号」は連続アクセス(シーケンシャルアクセス/sequential access)に限定されるため高速になる。diskの 番号 については第4章を参照(p.70)。

▼ddの主要オプション(入出力関係)

オプション	説明
if=ファイル	標準入力の代わりにファイルから読み込む。デバイスファイルも指定可能
of=ファイル	標準出力の代わりにファイルから読み込む。デバイスファイルも指定可能
bs=バイト数	1回に読み書きするバイト数※
ibs=バイト数	1回に読み込むバイト数(デフォルトは512バイト)
obs=バイト数	1回に書き出すバイト数(デフォルトは512バイト)
count=個数	入力ブロックからコピーする個数※
skip=ブロック数	入力開始時にスキップするブロック数。ブロックのサイズはibsの指定に従う
seek=ブロック数	出力開始時にスキップするブロック数。ブロックのサイズはobsの指定に従う

※ バイト数やブロック数には単位が使用可能。k、m、gの単位が使用可能(1024の累乗)。

▼ddの主要オプション(変換関係)

オプション	説明
conv=変換方法	変換方法(次表を参照)に従って変換。変換方法の指定は「,」区切りで複数指定可能
cbs=バイト数	conv=でblockまたはunblockを指定した際のブロックのサイズ

▼ddコマンドのconvで指定できる主要な変換方法

変換方法	説明
block	改行区切りの入力データをcbs=で指定したサイズの固定長データにする。指定したサイズより長いものは末尾をカット、短い場合はスペースで埋める
unblock	入力データをcbs=で指定した長さ固定長のものとみなし、末尾のスペースを削除
lcase	大文字を小文字に変換
ucase	小文字を大文字に変換

sync	各入力ブロックをibs=で指定したサイズになるまでNULLで埋める(blockまたはunblockと一緒に利用された場合NULLではなくスペースで埋める)
sparse	NULLの入力ブロックは出力先に書き込まずにスキップする
notrunc	出力ファイルを切り詰めない
noerror	読み込みエラー後も処理を続ける

A.8　ファイルの操作❶　属性やパーミッションの表示と変更

ls		ファイルリストの表示	➡p.108、p.115
ls		カレントディレクトリのファイルを一覧表示	
ls dir1		dir1のファイルを一覧表示	
ls -l file1		file1の詳細情報を表示	

▼lsの主要オプション(表示フォーマット関係)

-l	ロングフォーマットで表示。ディレクトリを指定した場合、最初にトータルのブロック数を表示してからディレクトリ内のファイルの情報を表示(p.116)
-F	ファイル名の後ろにファイルの種類を表す記号を表示(p.119)
-p	ディレクトリだった場合のみ、ファイル名の後ろに「/」を表示
-G	色付きで表示(環境変数CLICOLORが設定されている場合-Gなしでもカラーになる。p.119)
-i	ファイルのinode番号(p.101)を表示
-C	リストを常に複数の列で出力(リダイレクトやパイプで画面以外に出力した場合も画面表示と同じように複数の列で出力する)
-1	リストを常に1件1行で表示(画面表示の際も、リダイレクトやパイプで画面以外へ出力した場合と同じように1行1件で表示)
-m	ファイル名のリストを「,」(カンマ)で区切って表示

▼-lオプションと一緒に使うオプション

-@	拡張属性も表示
-e	ACLも表示
-O	ファイルフラグも表示
-h	ファイルサイズを単位付きで表示
-s	ブロック数を表示(1ブロックは512バイト、環境変数BLOCKSIZEでブロックサイズを変更できる)
-k	-sが指定されているときに、ブロックサイズではなくKB(kilobyte)数で表示(環境変数BLOCKSIZEの設定を無視)
-n	ユーザ名とグループ名の代わりにユーザIDとグループIDを表示
-g	所有者を表示しない(グループ名は表示)
-o	グループを表示しない(所有者は表示)
-T	タイムスタンプを年月日と時刻で表示
-u	更新日(日付と時刻)の代わりに最終アクセス日を表示
-U	更新日の代わりにファイルの作成日を表示
-c	更新日の代わりに状態(属性など)を最後に変更した日を表示

▼lsの主要オプション（表示対象関係）

-a	ドットファイルも表示
-A	ドットファイルも表示。ただし、「.」と「..」を除く。root（ユーザ）のデフォルト指定
-d	ディレクトリの内容ではなく、ディレクトリそのものの情報を表示
-R	ディレクトリを指定した場合、再帰的に表示
-H	コマンドラインで指定したファイルやディレクトリがシンボリックリンクの場合はリンク先の情報で表示（-F、-d、-lと一緒に使う。ls -l /etcではシンボリックリンクの情報が表示されるがls -lH /etcだとls -l /private/etcと同じ結果になる）
-L	ディレクトリ内のファイルも含めて、すべてをシンボリックリンクのリンク先の情報で表示（-Pオプションを打ち消す）
-P	常にリンクそのものの情報を表示（-Hと-Lを打ち消す）

▼lsの主要オプション（並べ替え関係）[※]

-t	更新日順で表示（新しいものが上、p.120）
-u	（-tと一緒に使用）最終アクセス日で並べ替え
-U	（-tと一緒に使用）ファイルの作成日で並べ替え
-c	（-tと一緒に使用）ファイルの状態（属性など）を最後に変更した日で並べ替え
-S	ファイルサイズで並べ替え
-r	並び順を逆にする
-f	ファイルを並べ替えない（デフォルトは名前順だが、-fを付けると並べ替えをまったく行わない。自動で-aも有効になる）

[※] 相反するようなオプションを指定した場合は、後に指定したものが優先される。

▼-Fで表示される主要な記号[※]

/	ディレクトリ
*	実行可能属性が付けられているファイル
@	シンボリックリンク

[※] このほか、特殊な記号として「=」（ソケット）、「|」（FIFO/*First-In First-Out*）、「%」（Overlay Filesystemのwhiteout機能による非表示属性）がある。

▼lsコマンドの色の設定（初期値）

N文字め	意味	色の設定	文字色	背景色
1	ディレクトリ	ex	青	なし
2	シンボリックリンク	fx	マゼンタ	なし
3	ソケット[※1]	cx	緑	なし
4	FIFO[※1]	dx	茶	なし
5	実行可能	bx	赤	なし
6	ブロックスペシャルファイル[※2]	eg	青	シアン
7	キャラクタスペシャルファイル[※2]	ed	青	茶
8[※3]	実行可能（所有者の権限で実行される実行ファイル）	ab	黒	赤
9[※3]	実行可能（所有グループの権限で実行される実行ファイル）	ag	黒	シアン
10[※3]	所有者/所有グループではなくても書き込めるディレクトリ（所有者だけが削除/リネームできるように設定されているディレクトリ）	ac	黒	緑
11	所有者/所有グループではなくても書き込めるディレクトリ（だれでも削除/リネームできるディレクトリ）	ad	黒	茶

（注釈は次ページ）

※1 おもに動作中のプロセス同士の通信に使われる特殊ファイルで、/var（/private/var）下に作成されることが多い。
※2 デバイスファイルについては、p.156のコラム「デバイスファイルへのリダイレクト」を参照。
※3 「8」「9」はそれぞれSUID、SGIDという特別なパーミッションが付いている実行ファイル、「10」はstickyビットという特別なパーミッションが付いているディレクトリ(p.126)。

▼色指定※

指定	色
a	黒
b	赤
c	緑
d	茶（暗い黄色）
e	青
f	紫（マゼンタ）
g	水色（シアン）
h	明るい灰色
x	デフォルト

※ 大文字のA～Hで指定すると太字になる。

stat 属性の表示 →p.120

`stat -x file1` file1（ファイルやディレクトリ）の情報を表示

▼statの主要オプション

-l	ファイルの情報をls -lTのフォーマットで表示(lsの-Tはタイムスタンプを年月日と時刻で表示するオプション)
-F	-lオプションに加えて、ファイル名の後に種類に応じて「/」（ディレクトリ）や「@」（シンボリックリンク）、「*」（実行可能属性が付いている）などの記号を表示
-L	シンボリックリンクを指定した場合、リンク先の情報を表示
-x	情報を見出し付きのフォーマットで表示

chflags ファイルフラグの変更 →p.125

`chflags hidden file1` ファイルにhidden属性を追加

`chflags nohidden file1` ファイルからhidden属性を取り除く

▼chflagsの主要オプション

-f	エラーメッセージを表示しない
-R	ディレクトリを再帰的に変更
-H	(-Rと併用)コマンドラインで指定したシンボリックリンクを辿る※
-L	(-Rと併用)すべてのシンボリックリンクを辿る※
-P	(-Rと併用)シンボリックリンクを辿らない※
-h	シンボリックリンクの場合、リンク先ではなくリンクそのもののパーミッションを変更

※ -H、-L、-Pは-Rが指定されていない場合は無効、同時に指定した場合は後に指定したものが優先。

▼chflagsで変更できる主要なファイルフラグ

hidden	不可視。GUI環境で非表示にする
schg、schange、simmutable	変更禁止（rootのみ設定可能）
uchg、uchange、uimmutable	変更禁止、ユーザレベルで設定可能（所有者またはrootのみ設定可能）
sappnd、sappend	追加のみ可能（rootのみ設定可能）
uappnd、uappend	追加のみ可能、ユーザレベルで設定可能（所有者またはrootのみ設定可能）
arch、archived	アーカイブ（システムがバックアップ時などに使用する。rootのみ設定可能）
opaque	ユニオンマウント（union mount、複数のファイルシステムを重ねて1つのファイルシステムとして見せる機能）で使用（所有者またはrootのみ設定可能）
nodump	dump禁止（バックアップなどで使用する。所有者またはrootのみ設定可能）

xattr　　拡張属性の表示/変更

xattr file1	file1の拡張属性を表示
xattr -c file1	file1に設定されている拡張属性をすべて削除

▼xattrの主要オプション

-r	ディレクトリを再帰的に表示
-s	シンボリックリンクを指定した場合、シンボリックリンクそのものの情報を表示
-v	常にファイル名を表示（-vを指定していない場合、引数としてファイルを1つだけ指定した場合はファイル名が表示されない）
-l	属性と値を16進数と合わせて表示

▼xattrの主要な操作オプション

-p 属性名	指定した属性だけを表示
-w 属性名 属性値	属性を追加（-xを併用すると属性値を16進数で指定）
-d 属性名	指定した属性を削除
-c	すべての属性を削除

chmod　　パーミッションの変更　　→p.122

chmod +x file1	file1に実行許可属性を追加[※]
chmod =x file1	file1を実行許可属性のみに（読み書きは不可にする）[※]
chmod -w file1	file1から書き込み許可を取り除く[※]
chmod 777 dir1	dir1に777（すべて許可）を設定[※]

※ パーミッションの表し方についてはp.123を参照。

▼chmodの主要オプション

-R	ディレクトリを再帰的に変更
-H	（-Rと併用）コマンドラインで指定したシンボリックリンクを辿る[※]
-L	（-Rと併用）すべてのシンボリックリンクを辿る[※]
-P	（-Rと併用）シンボリックリンクを辿らない[※]
-h	シンボリックリンクの場合、リンク先ではなくリンクそのもののパーミッションを変更

※ -H、-L、-Pは-Rが指定されていない場合は無効、同時に指定した場合は後に指定したものが優先。

▼chmodの主要オプション（ACL関係）

+a ' `ACLの内容` '	ACLを追加※	
-a ' `ACLの内容` '	ACLを削除※	
-E	ACLを標準入力から読み込む	
-C	ACLが正しく並んでいるかをチェック	
-N	すべてのACLを取り除く	

※ ACLの内容部分は「`ユーザ名` allow `項目`」で許可、「`ユーザ名` deny `項目`」で禁止。項目にはread、write、append、executeが、ディレクトリに関してはディレクトリ内にACLを引き継ぐfile_inheritなどが設定可能(p.124)。

chown　所有者/グループの変更　→p.127

`sudo chown nishi file1`	file1の所有者をユーザnishiにする※
`sudo chown nishi:everyone file1`	file1の所有者をユーザnishiに、グループをeveryone（全員が所属しているグループ）にする※

※ 変更前の所有者と変更後の所有者両方の権限が必要なため、rootで実行（sudoコマンドを使用）。

▼chownの主要オプション

-f	エラーメッセージを表示しない
-R	ディレクトリを再帰的に変更
-H	(-Rと併用)コマンドラインで指定したシンボリックリンクを辿る※
-L	(-Rと併用)すべてのシンボリックリンクを辿る※
-P	(-Rと併用)シンボリックリンクを辿らない※
-h	シンボリックリンクの場合、リンク先ではなくリンクそのもののパーミッションを変更

※ -H、-L、-Pは-Rが指定されていない場合は無効、同時に指定した場合は後に指定したものが優先。

chgrp　所有グループの変更

`chgrp everyone file1`	file1の所有グループをeveryone（全員が所属しているグループ）に変更

▼chgrpの主要オプション

-R	ディレクトリを再帰的に変更
-H	(-Rと併用)コマンドラインで指定したシンボリックリンクを辿る※
-L	(-Rと併用)すべてのシンボリックリンクを辿る※
-P	(-Rと併用)シンボリックリンクを辿らない※
-h	シンボリックリンクの場合、リンク先ではなくリンクそのもののパーミッションを変更

※ -H、-L、-Pは-Rが指定されていない場合は無効、同時に指定した場合は後に指定したものが優先。

touch　ファイルやディレクトリの最終更新日と最終アクセス日の変更　→p.127

`touch file1`	file1の最終更新日と最終アクセス日を現在の時刻に設定。file1がない場合、サイズ0で新規作成される
`touch -t 202012240000 file1`	ファイルの最終更新日と最終アクセス日を2020/12/24の00:00に設定。file1がない場合、サイズ0で新規作成される
`touch -c file1`	file1の最終更新日と最終アクセス日を現在の時刻に設定。file1がなかった場合は何もしない

▼touchの主要オプション

-t 時刻		最終更新日と最終アクセス日を[[CC]YY]MMDDhhmm[.SS]形式で指定した日時に変更(西暦の上2桁、下2桁、月日時分秒で、MMDDhhmm(月日分)部分は必須で、年や秒を変更したい場合はYYや.SSを追加。年を指定しないと今年、秒を指定しないと00になる)
-A ずらす時間		最終更新日と最終アクセス日を前後にずらす。-A 10で元々の更新日の10秒後に、-A -10で10秒前にする。指定方法は[[hh]mm]SS]であり、秒のみ/分秒/時分秒同時が指定可能※
-r 参照ファイル		最終更新日と最終アクセス日を参照ファイルと同じに設定
-a		最終アクセス日のみ変更(最終更新日は変更しない)
-m		最終更新日のみ変更(最終アクセス日は変更しない)
-h		シンボリックリンクの場合、リンク先ではなくシンボリックそのもののタイムスタンプを変更※
-c		ファイルを作成しない

※ -hと-Aは-cを指定していなくてもファイルの作成は行わない。

file　ファイルの種類の確認　→p.154、p.203

file file1　　　　　　　　　　file1のファイルの形式を表示※

※ ファイルの先頭に書かれている「マジックナンバー」(magic number)と呼ばれる特殊なデータから判定。マジックナンバーが書かれたファイルを別途用意して「file -m マジックファイル 対象ファイル 」のように指定することで、今まで判定できなかったファイルも判定可能になる。

▼fileの主要オプション

-b	ファイル名は表示せず、調べた結果だけを表示
-N	表示を整列(桁揃え)するためのスペースを挿入しない
-i	通常のファイルの場合はそれ以上の区別をしない
-I	結果をMIME形式で表示
-k	すべての可能性を調べて表示
-z	gzipなどによる圧縮ファイルの場合、元のファイルの形式も調べて表示
-h	シンボリックリンクを辿らない
-L	シンボリックリンクを辿る(デフォルト)
-f リスト	調べたいファイルのリストが書かれたファイルを指定。「-」を指定した場合は標準入力から読み込む
-s	特殊なファイルの検査も試みる
-p	最終アクセス日を更新しない(fileコマンドはファイルを読み込んで結果を表示することから、通常は対象ファイルの最終アクセス日が更新されることになる)

A.9　ファイルの操作❷　コピー、削除

mkdir　ディレクトリの作成　→p.87

mkdir dir1	カレントディレクトリ下にdir1ディレクトリを作る
mkdir ~/Desktop/dir1	デスクトップにdir1ディレクトリを作る

▼mkdirの主要オプション

-m パーミッション		作成するディレクトリのパーミッションを設定(chmodコマンドと同じ指定が可能)
-p		必要に応じて指定したパスの途中のディレクトリも作成

rmdir 空のディレクトリの削除 →p.88

`rmdir dir1`	カレントディレクトリ下のdir1ディレクトリを削除
`rmdir ~/Desktop/dir1`	デスクトップのdir1を削除

▼rmdirの主要オプション

`-p`	指定したパスに含まれるディレクトリも含めて削除（rmdir -p dir1/subdir1でdir1とsubdir1を削除。ただし、いずれかのディレクトリにファイルがある場合は削除できない）

rm ファイルやディレクトリの削除 →p.88

`rm file1`	file1を削除
`rm -R dir1`	dir1を中身ごと削除※
`rm -rf dir1`	dir1を中身ごと削除（aliasなどでrm -iが設定されていてもメッセージを表示しない）

※ -Rと-rは同じ意味。

▼rmの主要オプション

`-f`	メッセージを出さずに削除※
`-i`	削除前に確認のメッセージを表示※
`-P`	ファイルを完全に削除（ファイルをいったんすべて0、続いてすべて0xFFで埋めてから削除することで、ディスクにデータの痕跡を残さないようにする）
`-R`、`-r`	ディレクトリを中身も含めて再帰的に削除（p.90）
`-d`	ディレクトリが空の場合、ファイルと同じように削除（rmdirコマンドと違い、rm -d * でファイルとディレクトリを同時に削除できる）

※ -fと-iを指定した場合、後に指定した方が優先となる。

mv ファイルやディレクトリの移動／名前の変更 →p.91

`mv file1 dir1`	file1をdir1へ移動
`mv file1 file2 file3 dir1`	file1、file2、file3をdir1へ移動
`mv file1 file2`	file1をfile2にリネーム
`mv dir1 dir2`	→「dir2」がある場合は、「dir1」を「dir2」の中へ移動 →「dir2」がない場合は、「dir1」を「dir2」にリネーム

▼mvの主要オプション

`-i`	ファイルを上書きする前に確認メッセージを表示※
`-n`	ファイルを上書きしない
`-f`	確認せずに上書き※

※ -iと-fを指定した場合、後に指定した方が優先となる。

cp ファイルやディレクトリのコピー →p.94

`cp file1 file2`	file1をfile2にコピー
`cp file1 file2 file3 dir1`	file1、file2、file3をdir1にコピー

▼cpの主要オプション

-i	ファイルを上書きする前に確認メッセージを表示[1]
-n	ファイルを上書きしない[1]
-f	確認せずに上書き[1]
-a	サブディレクトリや属性等も含めてコピー(-pPR相当)
-p	属性を可能な限りコピー
-X	拡張属性(p.113)をコピーしない
-R	コピー元がディレクトリの場合、ディレクトリの中身ごとコピー(p.96)
-H	-Rオプションを指定しているとき、コピー元として指定したディレクトリのシンボリックリンクのリンク先を対象にする[2]
-L	-Rオプションを指定しているとき、すべてのシンボリックリンクのリンク先を対象とする[2]
-P	-Rオプションを指定しているとき、すべてのシンボリックリンクをシンボリックリンクのままコピー(デフォルト)[2]

[1] -i、-n、-fを一緒に指定した場合、後に指定した方が優先となる。
[2] -H、-L、-Pを一緒に指定した場合、後に指定した方が優先となる。

ln　シンボリックリンクの作成　→p.102

ln -s file1	file1のシンボリックリンクをカレントディレクトリに作成
ln -s dir1	dir1のシンボリックリンクをカレントディレクトリに作成
ln -s file1 file2	file1のシンボリックリンクをfile2という名前で作成
ln -s dir1 dir2	dir1のシンボリックリンクをdir2という名前で作成
ln -s file1 file2 file3 dir1	file1、file2、file3のシンボリックリンクをdir1の中に作成

▼lnの主要オプション

-s	シンボリックリンクを作る(-sを指定しない場合、ハードリンクとなる)
-f	リンクファイルと同じ名前のファイルがあっても強制的に上書きする
-i	上書き前に確認

rsync　ディレクトリの同期　→p.138

rsync -aEv dir1 dir2	dir1をdir2に同期させる
sudo rsync -aEv dir1 dir2	dir1をdir2に同期させる(所有者情報を書き換えたくないなど、root権限が必要な場合)

▼rsyncの主要オプションとロングオプション※

-a	--archive	アーカイブモード(-rlptgoD -no-H相当)
	--no-オプション	オプションをOFFに設定(-HをOFFにするなら--no-Hとする)
-n	--dry-run	実際にはコピーを行わず、実行内容の表示だけを行う(-vオプションと一緒に使う)
-c	--checksum	ファイルに変更があるかどうかを、日付とサイズではなくチェックサム(ファイルの内容から算出した値)で調べる
-u	--update	同期先のファイルの方が新しい場合はコピーしない
	--size-only	ファイルの時刻が違ってもサイズが同じならばスキップ

	--ignore-times	ファイルのサイズと時刻が同じでもコピー
-I	--delete	同期元にないファイルが同期先にあった場合は削除(p.140)
	--list-only	処理対象となるファイルのリストアップだけを行う

※ 本書掲載の表のほか、ネットワーク接続ほか、ほかの環境(リモート環境)との同期用のオプションがある。さらに詳しいオプションについてはman rsyncを参照。

▼rsyncの主要オプション(パーミッション関係)

-E	--extended-attributes	拡張属性やリソースフォークもコピー
-p	--perms	パーミッションを保持
-t	--times	ファイルの時刻を保持
-g	--group	グループを保持
-o	--owner	所有者を保持(rootのみ)

▼rsyncの主要オプション(同期方法関係)

-r	--recursive	サブディレクトリがある場合、その中も対象とする(再帰する)
-d	--dirs	サブディレクトリの内容は対象としない(再帰しない)
-l	--links	シンボリックリンクをシンボリックリンクファイルのままコピー※

※ シンボリックリンクの扱い方については、このほかにも多数のオプションがある(man rsync参照)。

▼rsyncの主要オプション(対象の指定関係)

--files-from=リストファイル	同期対象のファイル名をリストファイルから読み込む
--exclude=パターン	パターンにマッチしたファイルは対象外とする
--exclude-from=リストファイル	リストファイルに書かれているファイルは対象外とする(リストファイル内にパターンを書いても良い)
--include=パターン	パターンにマッチしたファイルは対象とする(--excludeを打ち消す)
--include-from=リストファイル	リストファイルに書かれているファイルは対象とする(リストファイル内にパターンを書いても良い)

▼rsyncの主要オプション(メッセージ関係)

-v	実行時のメッセージを増やす
-q	実行時のメッセージを抑制
-h	メッセージで表示される数値に単位を付けて読みやすくする

A.10 ファイルの操作❸ 検索

find	ファイルの検索	→p.129
find ~ -name str1	自分のホームディレクトリ下にある、名前に「str1」に含むファイルやディレクトリを探す(str1の「str」は文字列(*string*)の意味で使用)	
find ~ -name '*.txt'	自分のホームディレクトリ下にある「*.txt」という名前のファイルやディレクトリを探す	
find /usr -name '*sh' 2>/dev/null	/usr下にある名前の末尾がshであるファイルやディレクトリを探す、エラーメッセージは出力しない	
find /usr -type d -name '*sh' 2>/dev/null	上記と同じだが、ディレクトリに限定する	
find ~ -name .DS_Store -ok rm {} \;	自分のホームディレクトリ下にある「.DS_Store」という名前のファイルやディレクトリを探して、確認しながら削除(見つけたファイルをrmコマンドの引数にして実行)	

▼findの主要オプション※

-f パス	検索の起点となるディレクトリ
-E	拡張正規表現を使用
-x	ほかのファイルシステムにあるディレクトリを検索しない（検索場所が「/」を含む際に「/Volumes」下にマウントされている外付けハードディスクやネットワークディレクトリを対象外にしたいような場合に使用）
-H	コマンドラインで指定したシンボリックリンクを辿る
-L	すべてのシンボリックリンクを辿る
-P	シンボリックリンクを辿らない（デフォルト）

※　-H、-L、-Pは最後に指定したものが優先。

▼ファイル名やファイルの種類を指定する主要な式

式（検索式）	説明
-name パターン	ファイル名がパターンと一致するファイル（-name '*.txt'のような指定が可能）
-iname パターン	-nameと同じだが、大文字/小文字を区別しない
-lname パターン	シンボリックリンクのリンク先ファイル名がパターンと一致するファイル
-ilname パターン	-lnameと同じだが、大文字/小文字を区別しない
-path パターン	パスの部分がパターンと一致するファイル
-ipath パターン	-pathと同じだが、大文字/小文字を区別しない
-regex パターン	ファイル名がパターンと一致するファイル、パターンに正規表現が指定可能
-iregex パターン	-regexと同じだが、大文字/小文字を区別しない
-type 種類	ファイルタイプが種類に一致するファイル（通常ファイルだけを対象としたい場合は-type f、ディレクトリは-type d、シンボリックリンクは-type lと指定）

▼タイムスタンプを指定するおもな式※

式（検索式）	説明
-mmin 数	指定した数（分/minites）より前に更新されたファイル（-mmin 3で3分前、-mmin +3で3分以上前、-mmin -3で3分以内に更新、以下の 数 で同様）
-mtime 数[単位]	指定した時間より前に更新されたファイル（-mtime -3hで3時間以内、単位は「smhdw」で意味は「秒分時日週」、以下の 数[単位] で同様）
-newer ファイル	指定したファイルの更新時刻以降に更新されたファイル

※　-amin、-atime、-anewerで最終アクセス日、-cmin、-ctime、-cnewerで状態（属性など）を変更した日を対象に検索

▼そのほかの属性を指定するおもな式

式（検索式）	説明
-user 名前	所有者の名前が指定した名前のファイル
-group 名前	所有グループ名が指定した名前のファイル
-nouser	所有者に対応するユーザがいないファイル
-nogroup	所有グループに対応するグループがないファイル
-perm モード	パーミッションがモードと一致したファイル（- モード で指定したモードをすべて許可しているファイル、+ モード で指定したモードのいずれかを許可しているファイル）
-flags フラグ	拡張フラグがフラグと一致したファイル
-empty	空のファイルまたは空のディレクトリ

-size `サイズ`	ファイルサイズが指定したサイズに一致したファイル(-size +3kでサイズが3KBより大きなファイル)	
-links `リンク数`	リンク数が指定したリンク数に一致したファイル	
-inum `番号`	指定した番号に、inode番号(p.101)が一致したファイル	

▼主要なアクションとオプション

式(検索式)	説明
-print	見つけたファイルをフルパスで出力(デフォルト)
-ls	見つけたファイルをlsコマンドのロングフォーマットと同様な形式[1]で出力
-exec `コマンド` ;	見つけたファイルを引数にコマンドを実行(オプションも指定可能。以下同)[2]
-execdir `コマンド` ;	見つけたファイルのあるディレクトリでコマンドを実行
-ok `コマンド` ;	見つけたファイルを引数に、確認メッセージを表示しながらコマンドを実行
-okdir `コマンド` ;	見つけたファイルのあるディレクトリで、確認メッセージを表示しながらコマンドを実行する
-and、-a	式と式をANDで結ぶ(デフォルト)
-or、-o	式と式をORで結ぶ
-not	式の結果を否定する
-maxdepth `深さ`	検索するディレクトリの最大の深さ(-maxdepth 0で、コマンドラインで指定したディレクトリのみ検索)
-mindepth `深さ`	検索するディレクトリの最小の深さ(-mindepth 1で、コマンドラインで指定したディレクトリより深いディレクトリを検索)
-depth `深さ`	検索するディレクトリの深さ(-depth 2は-maxdepth 2 -mindepth 2相当)
-prune	ディレクトリに降りない(p.130を参照)

[1] lsコマンドに-l(ロングフォーマット)と-d(ディレクトリそのものの情報を表示)、-g(所有者は表示せずグループのみ表示)、-i(inodeを表示)、-s(サイズをブロック数で表示)を付けて実行したときと同じ形式。
[2] 「;」は「\;」や「';'」のようにする必要がある(基本の使い方を参照)。

mdfind — Spotlightを利用したファイルの検索 →p.272

mdfind str1	ファイル名やディレクトリ名、属性、ファイルの内容などに「str1」を含むファイルを検索
mdfind -name str1	ファイル名に「str1」を含むファイルを検索
mdfind -onlyin . -name '*.txt'	カレントディレクトリ下で、ファイル名が「*.txt」に当てはまるファイルを検索

▼mdfindの主要オプション

-live	検索後もシステムを監視し続ける(`control` + `C`で終了、新たに該当するファイルが見つかると「Query update: 2 matches」のように件数が表示される)
-count	件数だけを表示
-onlyin `ディレクトリ`	指定したディレクトリの中だけを検索
-name `文字列`	一致の判定をファイル名に限定する
-literal	検索文字列をクエリとして解釈せず、そのままの文字列として検索
-interpret	検索文字列をSpotlightの検索画面での入力と同等のクエリ表現として解釈して検索

dot_clean　リソースフォークを削除する

`dot_clean /Volumes/USBDATA`　/Volumes/USBDATAにあるリソースフォーク（._ファイル名という名前のファイル、p.114）を削除

▼dot_cleanの主要オプション

-f	ディレクトリの再帰的な削除は行わない
-m	「._」から始まるファイルを常に削除
-n	「._」から始まるファイルにデータ本体のファイルが存在しない場合、削除
-s	シンボリックリンクを辿る

A.11 ファイルの操作❹　圧縮、展開

zip　ZIP形式での圧縮　→p.131

`zip file1.zip file1 file2 file3`　file1、file2、file3をfile1.zipに圧縮※

`zip -e file1.zip file1 file2 file3`　file1、file2、file3を暗号化してfile1.zipにパスワード付きで圧縮※

`zip -r file1.zip dir1`　dir1をサブディレクトリも含めてfile1.zipに圧縮※

※ file1.zipの「.zip」は省略可能。

▼zipの主要オプション（基本操作）

-f	変更があったファイルの分だけZIPファイルを更新
-u	変更があったファイルの更新または新規ファイルの追加だけ行う
-d	指定したファイルをZIPファイルから削除
-m	ZIPファイルに移動（元のファイルは削除される）
-r	ディレクトリ内のファイルを再帰的に扱う
-T	動作のテストを行う（メッセージなどは出るがZIPファイルは作成/更新されない）
-q	動作中のメッセージを表示しない
-v	動作中のメッセージを詳しくする（-vだけを指定して実行した場合はzipコマンドのバージョンを表示）

▼zipの主要オプション（対象ファイル関係）

-t 日付	ファイルの更新日が指定した日付以降のものを対象とする（日付は「mmddyyyy」で指定）
-tt 日付	ファイルの更新日が指定した日付以前のものを対象とする（日付は「mmddyyyy」で指定）
-@	処理対象のファイル名を標準入力から読み込む
-x ファイル	対象から外すファイル名を指定※
-i ファイル	対象とするファイル名を限定※
-n 拡張子	指定した拡張子は圧縮しない
-R	指定パターンを再帰的に探して対象にする（-R ZIPファイル '*.txt'でカレントディレクトリ下の*.txtを圧縮の対象にする）

※ -xと-iは対象ファイルの後に指定する。

▼zipの主要オプション（保存内容関係）

-D	ディレクトリは格納せず、ファイルだけを格納
-y	シンボリックリンクを辿らずにシンボリックリンクのまま格納
-p	相対パス名も含めて格納（デフォルト）

-j	ディレクトリ名なしで格納
-X	拡張属性は格納しない
-l	改行をLFからCR LFに変換
-ll	改行をCR LFからLFに変換

▼zipの主要オプション(圧縮関連)

-0〜9	圧縮率の調整。-0は圧縮せずZIPファイルに格納するのみ〜-9で圧縮率を最高にする。圧縮率を揚げると処理スピードが落ちる(デフォルトは-6)
-O ファイル名	出力するZIPファイル名を指定(ZIPファイルを元に別のZIPファイルを作るようなときに使用)
-e	暗号化する
-o	ZIPファイルのタイムスタンプを、対象ファイルのうち最新ファイルと同じにする
-F	ZIPファイルを修復(-FFでさらに細かい修復を試みる)

unzip　ZIPファイルの展開　→p.135

`unzip file1.zip`	file1.zipを展開※
`unzip file1.zip file1`	file1.zipからfile1だけを展開※

※ ファイル.zipの「.zip」は省略可能。

▼unzipの主要オプション

-u	更新があったファイルまたは新規ファイルだけを展開
-f	ファイルの更新だけ行い、新規作成はしない
-o	ファイルを確認なしに上書きする
-n	ファイルの上書きをしない
-x	展開しないファイルを指定
-d ディレクトリ	指定したディレクトリに展開
-j	ディレクトリを作成せずに展開
-p	パイプで受け取ったファイルを展開
-C	ファイル指定時の大文字/小文字を区別
-L	展開するファイル名を小文字にする
-l	ZIP内のファイルを一覧表示
-t	ZIPファイルに破損がないかをテスト(どのように展開されるかを確認することもできる)
-q	動作中のメッセージを減らす(-qqでさらに減らす)
-v	動作中のメッセージを詳しくする

tar　アーカイブの作成/展開　→p.136

`tar -cavf file1.tar.gz dir1`	dir1のアーカイブを作成し、gzip形式で圧縮(圧縮形式は拡張子で自動判定)※
`tar -cvzf file1.tar.gz dir1`	dir1のアーカイブを作成し、gzip形式で圧縮(圧縮形式はオプション-zで指定)
`tar -xvf file1.tar.gz`	file1.tar.gzを展開
`tar -tvf file1.tar.gz`	file1.tar.gzの内容を表示

※ -aは圧縮時の形式をアーカイブの拡張子(p.139)から自動で判定するオプション(p.139)。なお、展開はファイル形式から自動で判定される(オプションを指定した場合はオプションが優先される)。

▼tarの主要オプション(基本動作)[※]

-c	新規アーカイブファイルを作成
-r	アーカイブにファイルを追加、アーカイブがなければ作成(アーカイブが圧縮されていない場合のみ使用可能)
-u	アーカイブの更新を行う
-x	アーカイブからファイルを取り出す
-t	アーカイブの内容を表示

※ この表のオプションは同時に指定することはできない。

▼アーカイブファイル作成時(-c、-r使用時)のオプション

-a、--auto-compress	アーカイブファイルの拡張子で圧縮方法を判断(-c使用時のみ)
-l、--check-links	対象ファイルのリンク先がないときにメッセージを表示
-H	コマンドラインで指定したシンボリックリンクだけを辿る(対象ファイルにシンボリックリンクがあった場合はシンボリックリンクそのものを格納)
-L、-h	すべてのシンボリックリンクを辿る
-z	作成するアーカイブをgzipで圧縮(-c使用時のみ)[※]

※ このほかの圧縮形式についてはp.139のコラムの表aを参照。

▼アーカイブファイル作成/更新時(-c、-r、-u使用時)のオプション

--newer 日付	作成日が指定した日時より新しいものだけを対象にする[※]
--newer-mtime 日付	更新日が指定した日時より新しいものだけを対象にする[※]
--newer-than ファイル	作成日が指定したファイルより新しいものだけを対象にする
--newer-mtime-than ファイル	更新日が指定したファイルより新しいものだけを対象にする
-n	再帰処理を行わない(ディレクトリを指定してもその中のファイルは対象にしない)

※ `--newer '2020-03-12 19:14'`や`--newer '5 minutes ago'`のような指定が可能

▼アーカイブファイルからの展開時(-x使用時)のオプション

-k	展開時に既存ファイルを上書きしない
--keep-newer-files	展開時に既存ファイルより新しかったときだけ上書き
-m	展開したファイルの更新時刻を、展開を実行した時刻にする
-p	パーミッションを保持
-T ファイル名、-I ファイル名	展開するファイル名のリストを指定したファイルから読み込む

▼共通オプション

-f ファイル名	アーカイブファイル名を指定
-C ディレクトリ	動作前に指定したディレクトリへ移動
-P	パス名を保存する。デフォルトでは先頭の「/」のみ削除(/usr/fileならばusr/fileとして格納/展開する)
--exclude パターン	対象から外すファイルを指定
-X ファイル名	対象から外すファイルのリストを指定したファイルから読み込む
--include パターン	対象にするファイルを指定
-s パターン	「/ 置換前文字列 / 置換後文字列 /」というパターン指定でファイル名を置き換える
-v	動作中のメッセージを詳しく表示(-vvでさらに詳しく表示)

gzip/gunzip　ファイルの圧縮/伸張　→p.138

コマンド	説明
`gzip file1`	file1を圧縮（file1.gzになる）
`gzip -k file1`	file1を圧縮し、元のファイルも残す（file1とfile1.gzになる）
`gzip *`	カレントディレクトリのすべてのファイルを圧縮
`gzip -r dir1`	dir1にあるファイルをサブディレクトリ内のファイルも含めすべて伸張
`gunzip file1.gz`	file1.gzを伸張（file1になる）
`gungzip -k file1.gz`	file1.gzを伸張、元のファイルも残す（file1.gzとfile1になる）
`gunzip *`	カレントディレクトリにあるすべての圧縮ファイルを伸張

▼gzip/gunzipの主要オプション

オプション	説明
`-1`～`-9`	圧縮レベル（-1が低圧縮率で高速、-9が高圧縮率だが低速となる）
`-c`	結果をファイルではなく標準出力へ出力（おもにパイプで別コマンドに渡すときに使用）
`-d`	伸張を行う（gunzipコマンドのデフォルト）
`-f`	ファイルを上書き
`-k`	圧縮前/伸張前のファイルを残す
`-l`	圧縮率と圧縮前のファイルサイズを表示（圧縮ファイルに対して使用）
`-N`	ファイル名とタイムスタンプを保持（-nで保持しない）
`-q`	エラーメッセージ等を表示しない
`-r`	ディレクトリを再帰的に処理
`-S` 拡張子	圧縮ファイルの拡張子を指定（無指定時は「.gz」）
`-t`	圧縮ファイルをテストする
`-v`	処理内容を表示

A.12 フィルターとテキスト処理

cat　ファイルの表示/複数ファイルの連結　→p.192

コマンド	説明
`cat file1`	file1を表示
`cat file1 file2 > file3`	file1とfile2を連結してfile3に保存

▼catの主要オプション

オプション	説明
`-n`	行番号を付けて表示
`-b`	空行以外に行番号を付けて表示
`-s`	空行が連続していたら1行にする

head　先頭部分の表示　→p.191

コマンド	説明
`head file1`	file1の冒頭部分（10行）を表示
`head -3 file1`	file1の冒頭3行を表示
`ls -l / | head`	`ls -l /`の実行結果の冒頭部分（10行）だけを表示

▼head の主要オプション

-n	行数	表示する行数を指定(デフォルトは10行、-3のような行数指定も可能)
-c	バイト数	表示するバイト数を指定

tail　末尾部分のみ表示　→p.191

`tail file1`	file1 の末尾部分(10行)を表示
`tail -3 file1`	file1 の末尾3行を表示
`ls -l / | tail`	`ls -l /` の実行結果の末尾部分(10行)だけを表示

▼tail の主要オプション

-n	行数	表示する行数を指定(デフォルトは10行、-3のよう行数指定も可能)
-c	バイト数	表示するバイト数
-f	ファイル	表示後も終了せずにファイルを監視(随時追加されるログファイルに対して使用)
-r		逆順に表示

more/less　1画面ごとの表示　→p.188

`more file1`	file1 を1画面ずつ表示し、末尾まで表示したら終了※
`ls -l /bin | more`	`ls -l /bin` の実行結果を1画面ずつ表示表示し、末尾まで表示したら終了
`less file1`	file1 を1画面ずつ表示
`ls -l /bin | less`	`ls -l /bin` の実行結果を1画面ずつ表示

※ 表示の途中でも Q キーを押すと終了できる(表示中に使用できるコマンド、p.191)。なお、macOSにおいてはmoreとlessは実際には同じコマンドで、実行時の名前によって動作が変わる(p.188)。

▼more/less の主要オプション(基本オプション)

+行数	指定行から表示(+10 で10行めから表示)
+/文字列	指定文字列を検索し、見つけた行から表示(文字列は正規表現によるパターン指定が可能)
-s	連続した空行を1行にする

▼more/less の主要オプション(動作関係)

-F	1画面分で表示が終わる場合はコマンド入力を待たずに終了(more コマンドのデフォルト動作)
-q、-Q	ファイル末尾まで表示したときのベル音を鳴らさない※
-f	ファイルを確認せずに表示(通常は、テキストファイルではないと判定されたファイルの場合、表示するかどうかの確認メッセージが表示される)
-k ファイル	less コマンドのキー定義ファイル(lesskey ファイル)を指定
-K	control + C で終了(INTシグナル、p.229)
-L	環境変数 LESSOPEN を無視(LESSOPEN は less コマンドを実行する際の前処理となるコマンドを設定。圧縮されているファイルを表示用に一時的に展開するようなことが可能)
-o ファイル	パイプなどで標準入力から入力した内容を表示する際に、指定したファイルにコピーを保存。既存ファイルを指定した場合、上書きするか追加するかを確認するメッセージが表示される
-O ファイル	-o と同じだが、既存ファイルを指定した場合、確認せずに上書きする

※ ターミナルでベル音を鳴らさない方法については、p.5のコラム「補完機能を積極的に使おう」を参照。

▼ more/lessの主要オプション(検索関係)

-a	検索時に、現在表示している画面以降を対象にする(現在表示している画面はスキップ)
-A	検索時に、現在表示している行から検索
-g	検索時、最初に見つけた分だけをハイライト表示(デフォルトでは見つけた箇所をすべてハイライト表示)
-G	検索時のハイライト表示をしない
-i	検索時に大文字/小文字を区別しない(ただし、検索文字列に大文字を使用した場合は大文字/小文字を区別する)
-I	検索時、常に大文字/小文字を区別しない
-J	画面の左にステータス行を表示(検索時、該当する行に「*」が表示される)
-p 文字列	指定した文字列を検索し、見つけた行から表示(正規表現によるパターン指定が可能)。+/オプションと同じ働き

▼ more/lessの主要オプション(表示関係)

-n	行番号を表示しない
-N	行番号を表示する
-m	プロンプトに現在の表示位置をパーセントで表示
-M	プロンプトにファイル名と現在の表示位置(パーセント)を表示
-r、-R	制御文字をそのまま表示
-S	長い行を折りたたまずに表示
-u、-U	バックスペースの扱いを変更(デフォルトでは下線や文字を重ねて太字で表示するなどで加工される。manコマンドの太字表示部分もこの機能によるもの)
-w	画面単位でスクロールした際に、新しく表示された行の先頭部分をハイライト表示
-W	新しく表示された行の先頭部分を常にハイライト表示
-x 数字	タブストップを設定(-x 2,10)のような指定も可能

say テキストの読み上げ →p.194

say -f file1	file1の内容を音声で読み上げる
say 'こんにちは'	「こんにちは」と音声で読み上げる(引用符は省略可能)

▼ sayの主要オプション

-f ファイル	読み上げ対象ファイル
-v 話者	読み上げる声の名前(「-v '?'」で名前のリストが表示される)
-o ファイル	音声を保存するファイル。デフォルトはAIFF(*Audio Interchange File Format*)形式。ほかの形式は-vで指定した話者によって対応が異なる
-r 単語数	1分間に読み上げる単語数(日本語は未対応)

▼ ファイル出力時に使用できるおもなオプション

--file-format= フォーマット	音声ファイルのフォーマット[※]
--bit-rate= レート	オーディオのレート[※]
--quality= クオリティ	変換のクオリティを0(最低)〜127(最高)で指定

※ --file-format='?'、--bit-rate='?'で指定できる値のリストが表示される。

sort テキストの並べ替え　→p.195

sort file1	file1を並べ替える
sort -u file1	file1を並べ替えて重複を取り除く
ls -l / | sort	ls -l /の実行結果を並べ替える

▼sortの主要オプション

-b	行頭のスペースやタブを無視する
-f	大文字/小文字を区別しないで並べ替える
-n	数字を文字ではなく数値として並べ替える(「1 11 2」ではなく「1 2 11」で並べる)
-g	数字を内部で変換した上で並べ替える(浮動小数点も扱うことができるが速度が遅くなる)
-M	月の省略名で並べ替える(JAN＜FEB……＜DEC)
-r	逆順に並べる
-m	指定したファイルのマージだけを行う(並べ替え済みのファイルを合わせたいときに使用。並べ替えも行う場合は-mを指定せず実行)
-c	ファイルが並べ替え済みであるかどうかをチェック(並べ替えは行わない)
-u	並べ替えと同時に重複を取り除く
-k 数値, 数値,…	並べ替えに使うフィールドを指定(デフォルトは行頭から行全体を見る)
-t 区切り文字	フィールドを選択するときのセパレータを指定(デフォルトはスペース)
-o ファイル	指定したファイルに出力(デフォルトは標準出力)

uniq 重複行の除去/抽出

uniq file1	file1から重複を取り除いた結果を表示
uniq -c file1	file1から重複を取り除いて出現回数とともに表示
uniq -u file1	file1で重複していなかった行だけを表示
uniq file1 file2	file1から重複を取り除いてfile2に保存(file2がある場合、上書きされる)

▼uniqの主要オプション

-c	出現回数も合わせて表示[※]
-d	重複した行だけを表示[※]
-u	重複していない行だけを表示[※]
-i	大文字/小文字の違いを無視して比較
-f 個数	指定した個数分のフィールドを読み飛ばして比較
-s 文字数	指定した文字数分を読み飛ばして比較

※ -c、-d、-uは同時に使用できない。

cut 文字の切り出し　→p.196

cut -c 3-10 file1	file1の各行から3文字め〜10文字めを表示
cut -f 1,3 -d , file1.csv	「,」区切りのfile1から1つめと3つめのフィールドを表示

▼cutの主要オプション※

オプション	説明
-b リスト	切り出す位置のリストをバイト数で指定
-c リスト	切り出す位置のリストを文字数で指定
-f リスト	切り出す位置のリストをタブ区切りのフィールドで指定する(区切り文字は-dオプションで変更可能)
-d 区切り文字	-fオプションで使用する区切り文字
-s	区切り文字を含まない行は表示しない

※ -b、-c、-fのいずれか1つは必ず指定する。

▼位置の指定方法

指定	例	説明
数字	5	5番めの文字または5めのフィールド
数字-	5-	5番めの文字または5番めのフィールド以降
数字-数字	5-10	5番め〜10番めの文字または5番め〜10番めのフィールド
-数字	-5	先頭から5番めまでの文字または5番めまでのフィールド

tr 文字列の置き換え →p.198

コマンド	説明
`cat file1 | tr A-Z a-z > file2`	file1の大文字(文字セット1)をすべて小文字(文字セット2)に変換してfile2に保存
`tr -d '\r' <file1 >file2`	file1の改行コードをCRLFからCRを削除してfile2に保存

▼trの主要オプション

オプション	説明
-d	文字セット1に含まれる文字があったら削除(引数の「文字セット2」は指定しない)
-s	文字セット1に含まれる文字が連続していたら1つにする
-c	文字セット1に含まれない文字すべて(文字セット1の補集合)を対象とする

▼trで使用できるおもな特殊文字※

記号	説明
\b	バックスペース
\f	改ページ
\n	改行(LF)
\r	復帰(CR)
\t	タブ(TAB)
\数字	文字コードを1〜3桁の8進数で指定(\015など)
\\	バックスラッシュ

※ このほか、文字クラス([:alpha:]ですべてのアルファベットを表すなど)での指定も可能。

iconv テキストエンコーディング(文字コード)の変換 →p.201

コマンド	説明
`iconv -f sjis file1`	Shift_JISで書かれたfile1を(デフォルトの)UTF-8にして画面に表示
`iconv -f utf8 -t sjis file1 > file2`	UTF-8で書かれたfile1をShift_JISに変換してfile2に保存

▼iconvの主要オプション

オプション	説明
-f エンコーディング	入力ファイルのテキストエンコーディング
-t エンコーディング	出力ファイルのテキストエンコーディング
-c	変換できなかった文字を出力しない
-s	対応していないなどで変換できなかった場合にエラーメッセージを表示しない
-l	対応しているテキストエンコーディングを表示

wc   テキストファイルの行数/単語数/文字数   →p.202

コマンド	説明
`wc file1`	file1の行数/単語数/バイト数を表示
`ls -l / | wc -l`	ls -l /の実行結果が何行あったか表示

▼wcの主要オプション

オプション	説明
-c	バイト数を表示※
-m	文字数を表示(UTF-8に対応)※
-w	単語数を表示(スペースとタブまたは改行を単語の区切りとしてカウント)
-l	行数を表示

※ -mと-cは同時に使用できず、後で指定した方が優先される。

diff   テキストファイルの比較   →p.203

コマンド	説明
`diff file1 file2`	file1とfile2を比較して異なる箇所を出力
`diff -u file1 file2`	file1とfile2を比較して異なる箇所を出力(異なる箇所を前後関係とともに出力)

▼diffの主要オプション(表示内容関係)

オプション	説明
-c	違いのある箇所をファイルごとに出力し、「!」で変更箇所を示す(context形式)
-C 行数	context形式で出力する行数を指定(デフォルトは3行)
-u	違いのある箇所を1つにまとめて、「-」と「+」で変更箇所を示す(unified形式)
-U 行数	unified形式で出力する行数を指定(デフォルトは前後3行)
-F パターン	context形式とunified形式で、変更箇所の手前で一番近くにある正規表現パターンにマッチした行を出力(関数名や見出しなど目印になる行を指定)
-y	2列で出力
-W 桁数	出力時の桁数を指定(デフォルトは130文字)
-t	タブをスペースに展開(必要な文字数分のスペースに置換)して出力
-T	normal形式やcontext形式で、行頭のスペースをタブにする(タブでインデントしたファイルの桁揃えが整う)
-q	違いがあったかどうかだけ出力
-s	ファイルを比較した結果が同じだったときにその旨表示

▼diffの主要オプション(比較方法関係)

オプション	説明
-i	ファイルの内容を比較する際に大文字/小文字を区別しない
-E	タブと、タブをスペースに展開した状態を区別しない
-b	タブやスペースの数の違いを区別しない
-w	すべての空白文字(タブやスペース、改行など)を無視して比較

-B	空行を無視して比較
-I `パターン`	正規表現パターンにマッチする行を比較
-a	すべてのファイルをテキストファイルとして1行ずつ比較

▼diffの主要オプション(ディレクトリ比較関係)

-r	ディレクトリ指定時、サブディレクトリも処理
-N	ディレクトリを比較する際、片方のディレクトリにだけファイルがあった場合、他方のディレクトリには同名の新規ファイルがあるものとして扱う
-x `パターン`	ディレクトリを比較する際に、除外するファイルを指定
-X `ファイル`	ディレクトリを比較する際に、除外するファイルのリストを読み込む
-S `ファイル`	ディレクトリを比較する際に、比較を開始するファイルの名前を指定(処理を再開するようなときに使用する)

grep 文字列の検索 →p.207

`grep 'abc' file1`	file1の中で、「abc」が含まれる行だけを表示※
`grep -c 1 'abc' file1`	file1の中で、「abc」が含まれる行とその前後1行を表示※
`grep -r 'abc' dir1`	dir1下にあるファイルの中で、「abc」が含まれる行を表示※
`ls -l / | grep 'admin'`	`ls -l` /の実行結果のうち「admin」が含まれる行だけを表示※

※ 'abc'などの部分は正規表現(p.208)を使った指定が可能。通常の文字列のみの場合、引用符は省略可能。

▼grepの主要オプション(結果の表示関係)

-A `行数`	該当する行に続く行を指定した行数分表示
-B `行数`	該当する行の前の行を指定した行数分表示
-C `行数`	該当する行の前後を指定した行数分表示。--contextの場合は行数の指定が省略可能で、省略時は「2」になる(前後2行が表示される)
-o	検索パターンにマッチした箇所だけを出力(デフォルトは行全体を出力)
-n	検索結果に該当する行の番号を表示
-b	検索結果に該当する箇所がファイルの先頭から何バイトめかを出力
-H	ファイル名を常に表示(通常は検索対象ファイルが1つの場合はファイル名を表示しない)
-h	ファイル名を常に表示しない
-l	検索パターンを含むファイルのファイル名だけを表示
-L	検索パターンを含まないファイル名だけを表示
-c	該当する行が何行あったかだけを出力
--color	該当する箇所をカラーで表示。色は環境変数GREP_COLORで指定、デフォルトは暗い赤。--color=always(常に色付きで出力)、--color=auto(画面出力時のみ出力。デフォルト)、--color=never(色を付けずに出力)という指定も可能。neverはエイリアスなどで指定されている--colorオプションを打ち消すのに使用
-q	検索だけ行い、結果を画面に表示しない(シェルスクリプト内で判定をするときなどに使用)
-s	ファイルを読み込めないなどのメッセージを出力しない

▼grepの主要オプション(検索対象関係)

オプション	説明
-R、-r	サブディレクトリの中も再帰的に検索
-O	(-Rオプション指定時)シンボリックリンクはコマンドラインで指定したものだけ辿る(デフォルト)
-p	(-Rオプション指定時)シンボリックリンクを一切辿らない
-S	(-Rオプション指定時)すべてのシンボリックリンクを辿る
--include パターン	検索対象とするファイルを指定(「'*.txt'」のようなパターンによる指定が可能)
--exclude パターン	検索対象から除外するファイルを指定
--include-dir パターン	検索対象とするディレクトリを指定
--exclude-dir パターン	検索対象から除外するディレクトリを指定
-d 動作	ディレクトリを指定した場合の動作を指定。デフォルトはreadでディレクトリ内のファイルを対象とする。ディレクトリは処理したくない場合はskip、サブディレクトリも再帰的に処理したい場合はrecurseを指定(-Rまたは-r相当)
-U	バイナリファイルも検索(該当行は表示しない。複数ファイルを指定した場合、指定した検索パターンを含むファイルの名前だけが表示される)
-a	指定したファイルをASCIIテキストと見なして検索(見つけた行を出力する)
-I	バイナリファイルを無視
-Z、-z	gzipで圧縮されたファイルも対象とする
-J	bzip2で圧縮されたファイルも検索
-m 件数	指定した件数分見つけたら処理を中断

▼grepの主要オプション(検索パターン関係)

オプション	説明
-G	基本拡張表現(p.208)を使用(デフォルト)
-E	拡張正規表現(p.208)を使用
-F	検索に指定した文字列を検索パターンではなく固定文字列として扱う
-e パターン	パターンを指定する。検索パターンであることを明示したい場合や複数指定したい場合に使用
-f ファイル	検索対象パターンをファイルから読み込む。検索パターンは1件1行で記述
-i	大文字/小文字を区別しない
-v	検索結果を逆転させる(該当しない行が出力される)
-w	単語単位で検索する([[:<:]]〜[[:>:]]相当)
-x	行単位で検索する(行全体でマッチするものだけを検索する)

sed　コマンドによるテキスト編集　→p.211

コマンド	説明
sed 編集コマンド file1	「編集コマンド」に従ってfile1を編集して標準出力へ出力[1]
sed -i 編集コマンド file1	「編集コマンド」に従ってfile1を書き換える[2]
sed -i -f file1.sed file2.txt	file1.sedに書かれた編集コマンドに従ってfile2.txtを書き換える[2]

※1 ファイル(入力ファイル)を指定しなかった場合は、標準入力から受け取った内容を処理する。
※2 元のファイルを残したい場合は、「-i.bak」のように接尾辞を指定。

編集コマンドの使い方

コマンド	説明
sed s/`置換前`/`置換後`/	文字列を置き換える（各行で1つめのみ置換）
sed s/`置換前`/`置換後`/g	文字列を置き換える（各行ですべての該当箇所を置換）
sed s/yellow/green/	「yellow」という文字列を「green」に置き換える
sed -e s/yellow/green/ -e s/red/gold/	「yellow」を「green」に、「red」を「gold」に置き換える
sed 1,10d	1行めから10行めを削除
sed -n /start/,/end/p	「start」が含まれている行から「end」が含まれている行までを出力
sed -i.bak s/`置換前`/`置換後`/ file1	ファイルの文字列を置き換える、元のファイルは「`ファイル`.bak」に保存

▼sedの主要オプション

オプション	説明
-E	拡張正規表現（p.208）を使用
-n	出力コマンド以外の出力を行わない（デフォルトでは処理しなかった行はそのまま出力される）
-e `コマンド`	コマンドを指定（コマンドを明示したいときや複数のコマンドを指定したいときに使用）
-f `コマンドファイル`	コマンドが書かれたファイルを指定
-i	ファイルを書き換える※
-i`接尾辞`	ファイルを書き換える、元のファイルは「`ファイル名``接尾辞`」に保存※

※　入力ファイルを指定したときのみ。

▼sedの主要コマンド※

コマンド	説明
a `テキスト`	テキストの追加。指定した位置の後ろにテキスト部分を挿入（挿入するテキストに改行を含める場合は、改行の前にバックスラッシュを置く）
i `テキスト`	テキストの挿入。指定した位置の後ろにテキスト部分を挿入（挿入するテキストに改行を含める場合は、改行の前にバックスラッシュを置く）
c `テキスト`	選択した行をテキスト部分で置換（挿入するテキストに改行を含める場合は、改行の前に「\」を置く）
q	これ以上入力を処理せずに終了（未出力分のものがあれば出力してから終了）
Q	これ以上入力も出力もせずに終了
d	指定した行を削除
p	処理した内容を出力（-nオプション指定時はpコマンドがないと何も出力されなくなる）
=	現在の行番号を出力
s/`置換前`/`置換後`/	置換前部分で指定した文字列にマッチした箇所を置換後部分に置き換える。複数マッチした場合は先頭のみ置換、すべてを置換したい場合は「s/abcd/efghij/g」のようにgオプションを指定（「sコマンドで使用できるフラグ」については次表を参照）
y/`元の文字列`/`対象文字列`/	「元の文字列」にあるものを「対象文字列」の同じ位置にある文字に置換（trコマンド、p.198）のように使用できるが、文字の範囲は指定できないので「y/abcd/ABCD/」のようにすべて書く必要がある
# `コメント`	コメント（「#」以降がコメントとなる）

※　本項の解説で紹介しているのはsedコマンドの一部である。さらに活用するには、sedの独特な用語である「パターンスペース」（pattern space）、「ホールドスペース」（hold space）およびsedコマンドの処理の流れを把握する必要がある。sedコマンドは、❶1行データを読み込み、「パターンスペース」と呼ばれる記憶領域に保存、❷パターンスペースに保存されているデータに対して処理を行う、❸パターンスペースの内容を出力してパターンスペースを空にする、❹に戻り次の行へ、というサイクルで処理を行う（-nオプションが指定されている場合❸で出力せずパターンスペースを空にする）。「ホールドスペース」はデータを保持しておくための待避所のような場所で、sedには、パターンスペースの内容をホールドスペースにコピーするコマンドや、パターンスペースとホールドスペースを交換するコマンド、パターンスペースをファイルに出力するコマンドなどがある。

▼sコマンドで使用できるフラグ

p	置き換えたときだけ出力(-nオプションと組み合わせて使用、p.212の例を参照)
g	繰り返し置き換える(デフォルトは各行で1つ置き換えると次の処理へ移る)
数値	先頭から 数値 番めにマッチしたものだけを置き換える

awk　パターン処理によるテキスト操作　→p.214

`ls -l | awk '/^l/{print $9,$10,$11}'`	lから始まる行だけ、9、10、11番めのフィールドを出力(シンボリックリンクだけを対象に「ファイル名 -> リンク先」を表示)※
`awk -f file1.awk file2.txt`	file1.awkに書かれたプログラム(awkスクリプト)に従ってfile2.txtを処理(結果は標準出力に出力される)

※ awkコマンドは出力の指定などで「$」を多用するため、処理全体を「' '」(シングルクォーテーション)で括っている。記号前後のスペースは省略可能。

▼awkの主要オプション

-F 文字	区切り文字を指定(デフォルトはスペース)
-v 変数名=定義	awkで使用する変数を定義
-f ファイル	プログラムが書かれたファイルを指定

▼awkコマンドで定義済みの主要変数

NR	現在処理しているレコード番号(行番号)
FNR	現在処理しているファイルのレコード番号(処理しているファイルが1つの場合はNRと同じ値になる)
FILENAME	現在処理しているファイルの名前
FS	フィールドの区切り文字(-Fオプションで変更可能、デフォルトはスペース)
RS	レコードの区切り(デフォルトは改行)
OFS	出力時のフィールドの区切り(デフォルトはスペース)
ORS	出力時のレコードの区切り(デフォルトは改行)
ARGC/ARGV	引数の個数/引数(配列)
ENVIRON	環境変数(連想配列。環境変数LANGならばENVIRON["LANG"]で参照可能)

vi(vim)　テキストエディタ　→p.217

`vi file1`	file1を開く(file1が存在しない場合は新規作成)※
`vimtutor`	チュートリアルを起動([return]で開始、[↑][↓]で読み進み、[Z][Z](大文字Zを2回)で終了)

※ 起動直後は「Nomalモード」で、キーボードからの入力はカーソルの移動や検索をするための「コマンド」として扱われる。[i]キーを押すと「Insert(挿入)モード」となり、そこからはキーボードからの文字入力の状態となり、[esc]キーでノーマルモードに戻る。

▼vi/vimの主要オプション(基本オプション)

+行数	指定行から表示する。行数を指定しなかった場合は最終行
+/パターン	指定したパターンを検索し、見つけた行から表示
+コマンド、-c コマンド	最初の行を読んだ後に実行するコマンド
-S ファイル	最初の行を読んだ後に、ファイルに書かれたコマンドを実行
-x	ファイルを暗号化して保存(起動時に暗号化用のキーの入力を促すプロンプトが表示される)
--cmd コマンド	設定ファイルなどを読む前に指定したコマンドを実行

-u	設定ファイル	初期化に使用するファイル(vimrc)を指定
-U	設定ファイル	GUI 初期化に使用するファイル(gvimrc)を指定
-s	スクリプトファイル	vi のコマンドが書かれたファイルを読み込み実行
-w	スクリプトファイル	操作内容をファイルに保存(「vim -s スクリプトファイル 」で同じ操作を繰り返すことができる)
-W	スクリプトファイル	-w と同じだが同名ファイルがあった場合上書き
-y		Easy(簡単)モードで起動。マウスでクリックしてカーソルを移動して入力できる(control + L で Nomal モードに戻る。ZZ(大文字 Z を 2 回)等で終了)

▼vi/vim の主要コマンド(移動、検索関係)

コマンド	説明
k	上へ移動(↑)
j	下へ移動(↓)
h	左へ移動(←)
l	右へ移動(→)
0	行の先頭へ移動
$	行の末尾へ移動
-	上の行の先頭へ移動
+	下の行の先頭へ移動
G	最終行へ移動
行番号 G	指定した行へ移動(「1」に続けて「G」で先頭行へ移動)
/ 検索文字列	指定文字列を検索(「/」で次へ)
? 検索文字列	指定文字列を逆順に検索(「?」で次へ)
n	検索の繰り返し
N	検索を反対方向に繰り返し

▼vi/vim の主要コマンド(削除、その他編集関係)

コマンド	説明
x	カーソルの位置の文字を削除
dw	カーソルの位置の単語を削除
dd	カーソルのある行を削除
d$	カーソルから行末までを削除
u	直前の操作を 1 つ元に戻す
U	行を元の状態に戻す
yy、Y	カーソル行をバッファにコピー(「p」または「P」でペースト)
p	バッファの内容をカーソルの後ろまたは下へペースト
P	バッファの内容をカーソルの前または上へペースト
r	カーソル位置の文字を書き換える(「r」に続いて修正後の文字を入力)
:r ファイル	カーソルの次の行に指定したファイルを読み込む
:r! コマンド	コマンドの実行結果を次の行に挿入
:! コマンド	コマンドを実行
:e ファイル	ファイルを開く(ファイルがない場合は新規編集画面)

▼ vi/vimの主要コマンド(Insertモード)※

コマンド	説明
i	カーソルの左に文字を入力
I	行頭から文字列を入力
a	カーソルの右に文字を入力
A	行末に文字を入力
o	カードルの下に新しい行を追加して文字を入力
O	カーソルの上に新しい行を追加して文字を入力

※ 上記コマンドからは esc を押すまでInsertモードとなる。

▼ vi/vimの主要コマンド(終了関係)

コマンド	説明
ZZ	ファイルが変更されている場合は保存して終了
:x	ファイルが変更されている場合は保存して終了
:w	ファイルに書き出す
:w ファイル	指定したファイルに書き出す(「:w」の後にスペースを1つ入れてファイル名を入力)
:w!	保護を無視してファイルに書き出す
:q	ファイルを閉じて終了
:q!	変更を破棄してvimを終了
:wq	ファイルに書き出して終了

A.13 システムの情報/メンテナンス

sw_vers/hostinfo　macOSのバージョンやシステムの情報の表示　→p.244

sw_vers	OSのプロダクト名(Mac OS X)とバージョンを表示
hostinfo	システムの情報を表示

uname　カーネルの名前やバージョンを表示　→p.244

uname -a	カーネルの名前やバージョン、ホスト名などの情報を表示
uname -r	カーネルのバージョンだけを表示

▼ unameの主要オプション

-a	カーネルの名前、ホスト名(p.261)、リリース番号、バージョン、ハードウェアを表示※
-p	CPUのアーキテクチャを表示(例:i386)

※ それぞれ、-s、-n、-r、-v、-mで個別に表示可能。

date　システム時刻の表示と設定　→p.154、p.169

date	現在の日時を表示
date +%Y-%m-%d	現在の年月日を「2020-04-01」のような書式で表示
ls > filelist_`date +%Y%m%d`	lsの結果を「filelist_年月日」という名前のファイルに保存

コマンド	説明
`date -jv+1y`	1年後(+1y)の今日の日付を表示
`sudo date 0125091019`	システム時刻を2019年1月25日9時10分に変更（過去の時刻のみ）※

※ ネットワークに接続ができなくなるなどのトラブルが起こることがあるので注意。なお、システム環境設定の［日付と時刻］でNTPサーバ（インターネットの時刻管理サーバ）を使って時刻を合わせることができる。

▼dateの主要オプション

オプション	説明
`+書式`	現在の日時を指定した書式で表示
`-u`	現在の日時をUTC（*Coordinated Universal Time*、協定世界時）で表示
`-r 秒`	1970年1月1日 00:00:00（UTC）から指定した秒数が経過した日時を表示
`-v 差分`	差分を指定してシステムの日時を変更
`-j`	-vオプションと併用し、指定に従ってシステムの日時を変更した場合の結果を表示（実際には変更しない）※

※ `date -jv+1y`で1年後、`date -jv-1w`で1週間前の日時を表示。

▼dateコマンドで使用できるおもなフォーマット

書式	意味	表示例※
%x、%X	地域で一般的な日付の表記、時刻の表記	2020/05/03、08時00分35秒
%Y、%y	年（4桁）、（2桁）	2020、20
%m、%b または %h	月（01～12）、（1～12）	05、5
%B	月の名前	5月
%d、%e	日（01～31）、（1～31）	03、3
%j	日（001～366）	124
%A、%a	曜日（長い表記）、（短い表記）	日曜日、日
%u、%w	曜日番号（月曜始まり、1～7）、（日曜始まり、0～6）	7、0
%U	週番号（日曜始まり、00～53）	18
%V	週番号（月曜始まり、01～54）	18
%W	週番号（月曜始まり、00～53）	17
%H、%k	時（00～23）、（0～23）	08、8
%I、%l	時（01～12）、（1～12）	08、8
%p	AMまたはPM	AM
%M	分（00～59）	00
%S	秒（00～60）	35
%s	エポック時間（1970年1月1日 0:00:00 UTCからの経過秒数）	1588460435
%Z	タイムゾーン	JST
%z	UTCからのオフセット	+0900
%n、%t、%%	改行、TAB、%という文字	

※ 表示例は「2020年5月3日 日曜日 8時00分35秒 JST」を表示した結果。

system_profiler　システムの詳細な情報を表示　→p.245

`% system_profiler`　　　　　　　　　　　　　　「システム情報」を表示

`% system_profiler SPApplicationsDataType`　「システム情報」の「アプリケーション」を表示※

※ どのような項目が指定できるかは`system_profiler -listDataTypes`で確認できる。

▼system_profilerの主要オプション

-xml	XML形式で出力[※]
-json	JSON形式で出力[※]
-timeout 秒数	結果を取得するまでの待ち時間を秒数で指定
-detailLevel レベル	詳細さのレベルをmini、basic、fullで指定（デフォルトはfull）

[※] -xmlと-jsonは同時に指定できない。

systemsetup　システムの設定を表示/変更　→p.249

`sudo systemsetup -getdisplaysleep`　　ディスプレイがスリープするまでの時間（分）を表示[※]

`sudo systemsetup -setdisplaysleep 10`　ディスプレイがスリープするまでの時間を10分にする[※]

[※] 情報の取得やsystemsetup -helpによるヘルプの表示も含めて、すべてのサブコマンドの実行にroot権が必要。

▼systemsetupの主要サブコマンド（個別の設定）

項目	取得	設定
日付	-getdate	-setdate mm:dd:yy
時刻	-gettime	-settime hh:mm:ss
タイムゾーン	-gettimezone	-settimezone タイムゾーン [※1]
コンピュータ、ディスプレイ、ハードディスクのスリープ設定	-getsleep	-setsleep 分数 [※2]
ネットワークからのアクセスでスリープから復帰	-getwakeonnetworkaccess	-setwakeonnetworkaccess on/off
停電後に自動で再起動	-getrestartpowerfailure	-setrestartpowerfailure on/off
システムのフリーズ時に自動で再起動	-getrestartfreeze	-setrestartfreeze on/off
SSHによるリモートログインの許可	-getremotelogin	-setremotelogin on/off
リモートApple Eventsの許可	-getremoteappleevents	-setremoteappleevents on/off
コンピュータ名	-getcomputername	-setcomputername 名前
ローカルホスト名	-getlocalsubnetname	-setlocalsubnetname 名前
起動ディスク	-getstartupdisk	-setstartupdisk ディスク [※3]

[※1] -listtimezonesで一覧表示できる。
[※2] それぞれ、-getcomputersleep、-setcomputersleep、-getdisplaysleep、-setdisplaysleep、-getharddisksleep、-setharddisksleepで個別に指定可能。
[※3] -liststartupdisksで一覧表示できる。

launchctl　自動実行/定期実行の設定を行う　→p.253、p.270

`launchctl list`	ロードされているサービスを一覧表示[※1]
`launchctl load file1.plist`	サービスをロード（自動起動が設定されている場合すぐに開始）
`launchctl unload file1.plist`	サービスをアンロード
`launchctl start service1`	サービス「service1」を開始
`launchctl stop service1`	終了（plistでKeepAliveが設定されている場合、すぐに再起動）

`launchctl stop com.apple.Finder`	Finderサービスを終了（すぐ再起動される）
`launchctl print` ターゲット	ターゲットの情報を表示[2]

[1] システム用のサービスの場合はroot権限が必要（sudoを使用）。
[2] ユーザID「501」のGUI環境でロードされている「com.apple.example」というサービスなら、ドメインターゲットは「gui/501/」、サービスターゲットは「gui/501/com.apple.example」となる（p.255）。

▼launchctlの主要サブコマンド[※]

`enable` サービスターゲット	サービスを有効に設定
`disable` サービスターゲット	サービスを無効に設定
`kickstart` サービスターゲット	サービスを強制的に開始させる（実行中のサービスを終了させてから起動したい場合は-kオプションを使用）
`kill` シグナル サービスターゲット	サービスにシグナル（番号またはSIGTERMなど）を送る
`print` ドメインターゲット または サービスターゲット	ターゲットの情報を表示
`print-disabled` ドメインターゲット	無効化されているサービスを一覧表示
`blame` サービスターゲット	実行中のサービスが、どのような方法で実行されているかを表示
`procinfo` プロセスID	プロセスの情報を表示
`dumpstate`	launchd全体の情報を出力
`dumpjpcategory`	メモリ使用を監視するjetsamのプロパティを出力
`error` エラーコード	エラーコードの意味を表示

※ このほか、システムの起動処理の設定や再起動を行うためのサブコマンドがある。

▼launchctlの主要レガシー[1]サブコマンド

`load` plistファイル	サービスをロード（自動起動が設定されている場合すぐに開始される）[2]
`unload` plistファイル	サービスをアンロード
`list`	サービス名[2]を一覧表示
`remove` サービス名	サービスをアンロード
`start` サービス名	サービスを開始
`stop` サービス名	サービスを停止させる

[1] `man launchctl`の記載（LEGACY COMMANDS）による。
[2] load、unloadには、plistファイル内のDisabled設定を上書きする-wオプションと、Disabled設定を無視して強制的にロード/アンロードする-Fオプションがある。

plutil　プロパティリストの表示/操作　→p.99, p.251

`plutil -p Info.plist`	Info.plistの内容を表示
`plutil -p /Applications/Safari.app/Contents/version.plist`	Safariのバージョン情報を表示

▼plutilの主要オプション（コマンドオプション）

`-lint`	plistの文法エラーをチェック（デフォルト）
`-p`	プロパティリストを読みやすい形に整えて表示
`-convert` 書式	プロパティリストを変換。書式はxml1、binary1、jsonが指定可能
`-extract` キー 書式	指定したキーを取り出して出力。書式はxml1、binary1、jsonが指定可能
`-insert` キー -型 値	キーを追加（integer型の60であれば-integer 60のように指定）
`-replace` キー -型 値	キーの値を書き換える
`-remove` キー	指定したキーを取り除く
`-o` ファイル名	-convertや-extractの結果を指定したファイルに保存[※]

※ -oを指定しない場合は上書きされる。

mdutil — Spotlightのインデックスの管理　→p.271

`mdutil -sa`	すべての場所について、インデックスが有効/無効かを表示
`sudo mdutil -i on /`	システム用のボリュームに対するインデックス作成を有効に設定
`sudo mdutil -E /`	システム用のボリュームに対するインデックスを破棄して再構築
`sudo mdutil -d /`	システム用のボリュームの検索を停止(-i on /で再開)

▼mdutilの主要オプション

オプション	説明
-i `on/off`	指定した場所に対してインデックス作成の有効/無効を設定※
-d	指定した場所に対するSpotlight検索を停止させる(再度有効にする場合は-i onで指定)※
-E	指定した場所のインデックスを削除して再構築※
-s	指定した場所でインデックスの有効/無効を表示
-p	ネットワークデバイス用のインデックスを再作成(なお、ネットワークデバイスのインデックスもローカルディスクに保存されている)
-V `ボリューム`	指定したボリュームにコマンドを適用
-a	すべてのボリュームにコマンドを適用

※　-i、-d、-Eの適用にはroot権限が必要。

tmutil — Time Machineの操作　→p.273

`tmutil startbackup`	ただちにバックアップを開始
`tmutil stopbackup`	現在進行中のバックアップを中止
`tmutil listbackups`	バックアップのリストを表示

▼tmutilコマンドで使用するおもなサブコマンド

コマンド	説明
enable	自動バックアップを有効に設定(root権限が必要)
disable	自動バックアップを無効に設定(root権限が必要)
startbackup	バックアップを開始
stopbackup	現在進行中のバックアップを中止
delete	バックアップを削除(root権限が必要)
restore	バックアップから指定したファイルを復元
snapshot	新しいスナップショットを作成
destinationinfo	バックアップ先の情報を表示
isexcluded `ファイル`	指定したファイルがバックアップに含まれているか表示
machinedirectory	バックアップの場所を表示
latestbackup	最新のバックアップを表示
listbackups	バックアップのリストを表示
calculatedrift	それぞれのバックアップで追加/削除/変更されたファイルサイズの合計を表示(tmutil machinedirectoryで表示された場所を指定)
compare	指定したバックアップと現時点の変更内容を表示

softwareupdate	ソフトウェアアップデート	→p.275
softwareupdate -ia	すべてのアップデート対象をインストール（必要なファイルがない場合は自動でダウンロード）	
softwareupdate -l	アップデート対象のリストを表示	
softwareupdate -d	アップデートに必要なファイルをダウンロード	

▼softwareupdateの主要オプションとロングオプション

-l	--list	アップデート対象のリストを表示
-d	--download	ダウンロードだけを行う
-i	--install	インストール（-aまたは-allですべて、-rまたは--recommendedで推奨パッケージのみ。必要なファイルがない場合は自動でダウンロード）
	--ignore 対象	アップデートから除外する対象を指定
	--reset-ignored	除外指定をクリア
	--products	アップデート対象を指定（複数ある場合は「,」で区切って指定）
	--background	バックグラウンドで実行※
	--force	強制的に実行（--backgroundとともに指定）
	--verbose	動作中のメッセージを詳しく表示
	--schedule `on/off`	自動更新の有効/無効を切り替える

※　root権限が必要。

A.14 ネットワーク

scutil	ホスト名の表示/設定	→p.261
scutil --get LocalHostName		ホスト名を表示
sudo scutil --set LocalHostName host1		ホスト名をhost1に変更
scutil		対話モードで起動（helpでヘルプを表示、quitで終了）

▼scutilの主要オプション

-r	`相手`	相手としてホスト名またはIPアドレスを指定して、通信ができるかどうかを調べる（-Wを併用すると監視モードになる）
--get	`選択`	選択（ComputerName、LocalHostName、HostNameのいずれか）に対応する名前を表示
--set	`選択` `新しい名前`	名前を設定

hostname	ホスト名の表示/設定	→p.262
hostname		ホスト名を表示
sudo hostname host1		ホスト名をhost1に変更

▼hostnameの主要オプション

-f	ドメインを含めた名前を表示（デフォルト）
-s	「.」以降を除去してホスト名だけを表示

ifconfig　ネットワーク設定の表示　→p.259

ifconfig	ネットワークの設定を表示する

▼ifconfigの主要オプション[1]

-a	すべてのインターフェイスの情報を表示（デフォルト）[2]
-d/-u	無効(down)/有効(up)になっているインターフェイスの情報だけを表示
-l	使用可能なインターフェイス名を表示[2]
-r	経路に関する追加情報を表示
-v	詳細情報を表示

※1　このほか、ネットワークを設定するためのオプションがある。
※2　-aと-lは同時に使用できない。

networksetup　ネットワーク設定の表示/変更　→p.260

% networksetup -listallhardwareports	デバイス一覧を表示
% networksetup -listallnetworkservices	サービス一覧を表示
% networksetup -getairportnetwork デバイス名	現在接続しているWi-Fiのネットワーク名(SSID)を表示
% networksetup -setairportnetwork デバイス名 ネットワーク名 パスワード	指定したWi-Fiネットワークに接続

▼networksetupコマンドにおける処理対象の指定方法※

hardwareport	インターフェイス(Ethernet、"Thunderbolt 1"など)	networksetup -listallhardwareports
device name	デバイス名(en0、en1など)	networksetup -listallhardwareports
networkservice	サービス名(Ethernet、Wi-Fiなど)	networksetup -listallnetworkservices

※　表の左から「ヘルプの表記」「内容（名前の例）」「名前の取得方法」。名前はsystem_profilerコマンドや［アプリケーション］-［ユーティリティ］の［システム情報］でも確認できる。なお、networksetupコマンドでは［システム環境設定］-［ネットワーク］と同等な操作が可能。

▼networksetupの主要サブコマンド（全体、ハードウェア、サービス※）

-listnetworkserviceorder	システム環境設定で設定されているサービス(Ethernet、Wi-Fiなど)の、デバイスの種類と名称を一覧表示
-listnetworkservices	サービス一覧を表示
-listallhardwareports	デバイスの種類とデバイス名、Ethernet Address(MACアドレス)を一覧表示
-detectnewhardware	新しいネットワークデバイスを認識
-getmacaddress 対象	デバイスポート(Ethernetなど)かデバイス番号(en0など)を指定して、MACアドレスを取得
-getcomputername	コンピュータ名(p.262)を表示
-setcomputername 名前	コンピュータ名を設定
-getinfo サービス名	指定したサービス(Ethernet、Wi-Fi等)の情報を表示

※　このほか、サービスの作成や変更も可能。

▼networksetupの主要サブコマンド（Wi-Fi関係）

-getairportnetwork デバイス名	現在接続しているWi-Fiのネットワーク名(SSID)を表示
-setairportnetwork デバイス名 ネットワーク名 パスワード	指定したWi-Fiネットワークに接続

コマンド		説明
`-getairportpower` [デバイス名]		Wi-Fiの状況(on/off)を表示
`-setairportpower` [デバイス名] [on/off]		Wi-Fiの有効/無効を設定
`-listpreferredwirelessnetworks` [デバイス名]		指定したデバイスで接続できるネットワーク名(SSID)を表示
`-addpreferredwirelessnetworkatindex` [デバイス名] [ネットワーク名] [優先度] [セキュリティタイプ] [パスワード]		Wi-Fi設定を追加する。優先度は0からの整数で指定、0が最高(リストの先頭)になる
`-removepreferredwirelessnetwork` [デバイス名] [ネットワーク名]		Wi-Fi設定を削除
`-removeallpreferredwirelessnetworks` [デバイス名]		すべてのWi-Fi設定を削除

ping — 接続相手の確認　→p.263

`ping www.example.com`	www.example.com から応答があるかを調べる
`ping 192.168.1.20`	192.168.1.20 から応答があるかを調べる

▼pingの主要オプション

オプション		説明
`-s`	[サイズ]	pingで送るパケット(信号)のサイズを指定
`-i`	[秒数]	信号を送る間隔を指定(デフォルトは1秒間隔)
`-t`	[秒数]	pingコマンドを動作させる秒数を指定(指定した秒数が経過したらタイムアウト)
`-c`	[回数]	信号を送る回数を指定(デフォルトは[control]+[C]で終了するまで送り続ける)
`-o`		応答があったらすぐ終了

route/traceroute — ネットワークの「経路」を表示　→p.264

`route get gihyo.jp`	gihyo.jpまでの経路を表示※
`sudo route flush`	すべての経路情報を消去する(ネットワーク接続がうまくいかないときに使用)
`traceroute gihyo.jp`	gihyo.jpまでの経路を表示
`traceroute -n gihyo.jp`	名前解決を行わずIPアドレスのままで経路を表示
`traceroute -m 10 gihyo.jp`	サーバやルーターを10ヵ所経由したら表示を終了

※ このほか、経路の追加や削除用のサブコマンドがある。

▼tracerouteの主要オプション

オプション		説明
`-n`		名前解決を行わない(経路をIPアドレスのまま表示する)
`-m`	[数]	最大のホップ数(*Max Time-To-Live value*)を指定。最大値は255、初期値は30
`-f`	[数]	表示を開始するTTLの値を指定(経路を途中から表示する際に使用)
`-q`	[回数]	1ヵ所ごとのパケット送信回数(デフォルトは3回)
`-w`	[秒数]	応答の待ち時間(デフォルトは5秒)

nslookup — 接続先のIPアドレスとドメインを調べる　→p.264

`nslookup gihyo.jp`	
`nslookup -query=hinfo -timeout=10 gihyo.jp`	

▼nslookupの主要オプション

-query=`レコード`	表示するレコードをmx、ns、soa、hinfo、minfoなどから指定（実際に何が表示できるかは接続状況によって異なる）
-timeout=`秒数`	タイムアウトの値を設定
-debug	問い合わせの内容や応答を表示

arp　　IPアドレスとMACアドレスの対応を調べる　　→p.260

% arp `ホスト名.local`	指定したホストのエントリ（IPアドレスとMACアドレスの対応情報）を表示
% arp -a	すべてのエントリを表示

▼arpの主要なオプション※

-i `デバイス名`	対象とするデバイスを指定（en0、en1などを指定）
-a `ホスト`	指定したホスト（名前またはIPアドレス）のエントリを表示。ホストを指定しなかった場合はすべてのホストのエントリを表示
-n	名前を解決せずIPアドレスやポート番号を数字のまま表示

※ このほか、エントリを設定するオプションがある（実行にはroot権限が必要なのでsudoコマンドを使用）。

netstat　　現在の通信状態を調べる　　→p.264

netstat -a	すべてのソケットの状態を表示
netstat -r	ルーティングテーブルを表示

▼netstatの主要オプション※

-r	ルーティングテーブル情報を表示
-s	各プロトコルに対する全般的な統計情報を表示
-g	マルチキャスト情報を表示
-a	全体の全ソケット接続の状態を表示

※ 上記のオプションは[ネットワークユーティリティ]（Network Utility.app）の[Netstat]画面での選択に対応。このほかにも細かい選択が可能。

ssh　　セキュアな通信によるリモート接続　　→p.265、p.359

ssh user1@host1	host1にユーザ名「usr1」を使って接続
ssh host1	現在のユーザ名で「host1」にログイン
ssh nishi@macmini.local	ユーザ名「nishi」で「macmini.local」にログイン
ssh nishi@192.168.1.1	192.168.1.1にユーザ名「nishi」でログイン
ssh 192.168.1.1	192.168.1.1に現在のユーザ名でログイン

ssh-keygen　　公開鍵と秘密鍵の作成　　→p.266

ssh-keygen	公開鍵と秘密鍵を生成
ssh-keygen -C ""	公開鍵と秘密鍵をコメントなしで生成
ssh-keygen -R host1	host1の鍵をすべて取り除く（接続時に「WARNING」が出たら実施を検討する、p.359）

▼ssh-keygenの主要オプション

オプション	説明
-t 方式	作成する鍵の暗号化形式をrsa（デフォルト）、dsa、ecdsa、ed25519から指定
-b ビット数	作成する鍵のビット数を指定（RSA形式の場合デフォルトは2048bit）
-a ラウンド数	Ed25519で生成する際のKDF（Key Derivation Function）ラウンド数を指定（数が大きい方が耐性が上がるが処理に時間がかかるようになる）
-f ファイル	ファイルを指定（生成または読み込むファイルを指定、併用するオプションによって意味が変化、通常は鍵ファイル）
-p	パスフレーズを変更（対話形式で元のパスフレーズを1回、新しいパスフレーズを2回指定する）。元のパスフレーズは-Pオプション、新しいパスフレーズは-Nオプションで指定可能
-C コメント	コメントを指定（デフォルトは「ユーザ名@ホスト名」）、-C ""でコメントを削除）
-E 形式	鍵の指紋（fingerprint）を表示する際の形式をsha256（デフォルト）かmd5で指定

▼ssh-keygenの主要オプション（known_hosts関連）

オプション	説明
-F ホスト名	指定したホスト名を、鍵ファイルとともに保存されている「known_hosts」ファイルから探して表示（-fオプションでknown_hostsファイルを指定可能、-lオプションで対応する指紋を表示可能）
-H	「known_hosts」ファイルを更新（-fオプションでknown_hostsファイルを指定可能、元のファイルは拡張子.oldで保存される）
-R ホスト名	指定したホストに属する鍵をすべて取り除く（-fオプションでknown_hostsファイルを指定可能）
-r ホスト名	指定したホストに対応する指紋を表示（-fオプションでknown_hostsファイルを指定可能）

▼ssh-keygenの主要オプション（その他※）

オプション	説明
-A	ホスト鍵（/etc/ssh/ssh_host_key、/etc/ssh/ssh_host_dsa_key）を生成（root権限が必要）
-l	鍵の指紋を表示
-B	鍵のbubblebabbleダイジェストを表示

※ このほか、変換や証明書関連のオプションがある。

ssh-copy-id　公開鍵を接続先にコピー　→p.267

コマンド	説明
ssh-copy-id host1	接続先のホスト「host1」にデフォルトの公開鍵を登録
ssh-copy-id nishi@192.168.1.1	「192.168.1.1」にユーザ名「nishi」で接続し、デフォルトの公開鍵を登録
ssh-copy-id host1 -i mykey.pub	host1 公開鍵「mykey.pub」のファイルを指定して登録

▼ssh-copy-idの主要オプション

オプション	説明
-n	実際には実行せずにテストだけ行う
-f	強制的に実行（接続先にすでにキーがあるかなどを確認しない）
-i 鍵ファイル	コピーする鍵ファイルを指定
-o ssh_option	SSH接続時のオプションを指定

scp　リモートマシンとの間でファイルをコピー

コマンド	説明
scp user1@ホスト:パス名1 パス名2	接続先のパス名で指定されたファイルを、ローカルのパス2で指定された場所に保存（同名のファイルがある場合は上書きされる）

scp nishi@macmini.local:/etc/ bash.bashrc ~/Downloads/	ユーザnishiでmacmini.localに接続し、macmini.localにある「/etc/bash.bashrc」をダウンロードフォルダに保存
scp nishi@192.168.1.1:~/ Documents/sample.txt ~/Downloads/	192.168.1.1にあるユーザnishiのドキュメントフォルダにあるsample.txtをダウンロードフォルダに保存する
scp file1 接続先:パス名	ファイルを接続先の指定したパスにコピー(同名のファイルがある場合は上書きされる)

▼scpの主要オプション

-3	リモートマシンから別のリモートマシンへ転送
-p	コピー元のタイムスタンプやパーミッションを保持
-r	ディレクトリを再帰的にコピー
-c 方式	通信の暗号化方式を指定(使用できる暗号化方法はsshコマンドのオプションを参照)
-F 設定ファイル	SSHの設定ファイルを指定
-i 公開鍵ファイル	接続に使用する公開鍵ファイルを指定

curl　ファイルのダウンロード　→p.268

curl http://XXX/download.zip > file1.zip	http://XXX/download.zipをダウンロードしてfille1.zipに保存※
curl http://XXX/download.zip -o file1.zip	http://XXX/download.zipをダウンロードしてfille1.zipに保存※
curl -O http://zsh.sourceforge.net/Doc/zsh_a4.pdf	zsh_a4.pdfをダウンロード(コマンドラインで指定したURLのファイル名を使用する)

※ 保存先を指定しなかった場合は画面(標準出力)に出力される。

▼curlの主要オプション

-O	転送元と同じ名前で保存※
-o ファイル名	保存するファイル名を指定※
--create-dirs	-oでディレクトリを指定したときに、そのディレクトリがない場合は作成
-C バイト数	転送の続きから行うとき、何バイトめから再開するか指定(-C -で自動計算)
-L	転送元から別のURLへリダイレクトされている場合、リダイレクト先からダウンロード(p.269)
-f	失敗した際に何も出力しない(p.270)

※ -Oまたは-oを指定しない場合は画面(標準出力)へ出力される。

A.15 Homebrew

brew　Homebrewの操作を行う　→p.284

brew install package1	パッケージ「package1」をインストール※
brew search keyword1	keyword1というキーワードでパッケージを探す
brew help install	brew helpのヘルプを表示(「brew help サブコマンド」でサブコマンドのヘルプを表示。たとえば、brew help installでのbrew installヘルプを表示)

※ ここでは「パッケージ」としているが、Homebrewの用語としては「formula」であり、brewのヘルプでは「FORMULA」や「FORMULAE」(複数系)と表記(p.282)。

▼brewの主要サブコマンド(パッケージ操作関係)

install `パッケージ`	パッケージをインストール
reinstall `パッケージ`	パッケージを再インストール
uninstall `パッケージ`	パッケージをアンインストール
remove `パッケージ`	パッケージをアンインストール(uninstallと同じ)
outdated	更新対象のパッケージを一覧表示
upgrade `パッケージ`	パッケージを更新
upgrade	すべてのパッケージを更新

▼brewの主要サブコマンド(リンク操作関係)

unlink `パッケージ`	パッケージからインストールしたコマンドを一時的に無効化
link `パッケージ`	無効化したパッケージを有効化
switch `パッケージ` `バージョン`	バージョンを切り替える

▼brewの主要サブコマンド(情報関係)

search `キーワード`	キーワードが含まれているパッケージを一覧表示
info	インストールされているパッケージの数とトータルサイズを表示
info `パッケージ`	パッケージの詳しい情報を表示
cat `パッケージ`	パッケージのFormula(インストール手順)を表示
home `パッケージ`	パッケージの公式サイトを表示
deps `パッケージ`	指定したパッケージが依存しているパッケージを表示
uses `パッケージ`	指定したパッケージを必要としているパッケージを表示
list	インストールされているパッケージのリストを表示
list `パッケージ`	パッケージからインストールされた内容(実行コマンドおよびmanのファイル)を一覧表示

▼brewの主要サブコマンド(メンテナンス関係)

cleanup	古いバージョンのファイルを削除
config	Homebrewの実行環境を確認
update	Homebrew自身をアップデート
doctor	Homebrewの環境に問題がないかチェック

▼brewの主要サブコマンド(その他)

tap `リポジトリ`	パッケージのリポジトリを追加
tap	tapされているリポジトリを一覧表示
untap `リポジトリ`	tapを解除
cask `サブコマンド`	Caskにあるパッケージを操作(ウィンドウアプリケーションを扱う際に使用、概要はbrew cask help、詳細はman brew-cask)

Appendix B
コマンドラインで広がる世界

　Appendix Bではおもにパーソナルユースを想定し、コマンドラインを実際に使う具体例を2つ取り上げ、平易に紹介します。
　B.1節では、Homebrewとpyenvによる Python環境の構築について扱います。Pythonを使いたい人にはもちろん、Pythonを使う予定がなくても、シンボリックリンクやシェルの設定がどのように働いているかを見ていくことで、これまで見てきたさまざまな設定や操作への理解が深まります。
　B.2節では、小型のシングルボードコンピュータ「Raspberry Pi」の環境をmacOSで構築し、macOSから操作しています。コマンドラインであればさまざまな操作ができ、Unix系OSであれば、macOS以外のPCも同じように操作できることが実感できるでしょう。

B.1　Python環境の構築　Homebrew & pyenv
B.2　macOSから簡単接続！Raspberry Pi
　　　 セットアップ、VNC & SSH経由の操作に挑戦

Python環境の構築

Homebrew&pyenv

機械学習（*machine learning*、マシンラーニング）や統計処理、数値解析などの分野で、近年ますます注目を集めているプログラム言語が「Python」です。本節では、第11章で取り上げた「Homebrew」を使ってPythonの開発環境を構築する方法を紹介します。

macOSとPython

PythonはmacOSの中でも使われており、たとえばファイルの拡張属性を操作するxattrコマンド（p.309）はPythonで書かれています。

Pythonは現在バージョン2系とバージョン3系が使われており、macOS Catalina（10.15）にはバージョン2系であるPython 2.7.16に加えて、CLT（「python3」初回使用時に自動でインストールされる）によって、コマンド名「python3」でPython 3.7.3がインストールされます。

```
macOS Catalina (10.15) にインストールされているPython
% python --version
Python 2.7.16
% python3 --version
Python 3.7.3
コマンド名「python」でPython 2.7.16、「python3」でPython 3.7.3が利用可能
```

Pythonのバージョンによる違い

PythonやRuby、Perlなどのプログラム言語では、それぞれの言語用のライブラリを使用することで高度な開発が行えるようになっています。ライブラリは多種多様で、言語ごとに異なるのはもちろん、Pythonのバージョン2系とバージョン3系のように、言語のバージョンが異なると利用できるライブラリが異なってくることがあります。

Pythonのバージョン3.0は2008年に公開され、2020年3月現在の最新版はバージョン3.8.2です。バージョン3系の公開当初は「使いたいライブラリが対応していない」ということもありましたが、公開から10年以上経つ現在ではそのようなこともないでしょう。また、バージョン2系のサポート終了もすでに発表されています。したがって、これからPythonを学習しよう、開発しよう、という方はバージョン3系を使用することになります。

ただし、たとえばmacOSに収録されているxattrコマンドのように、バージョン2系のPythonを前提に作られているプログラムもありますので、バージョン2系もしばらくの間は残されることでしょう。このような場合、異なるバージョンを必要に応じて切り替えられるようにしてあると便利です。バージョンの切り替えには、pyenvやvenv、Pipenvなどが利用されています[注1]。これらは「仮想環境」（Python仮想環境）と呼ばれており、先にPython仮想環境を導入し、そこにさまざまなバージョンのPythonとライブラリを導入し、必要に応じて

[注1] macOS Catalina（10.15）のxattrでは/System/Library下のPython（2.7.16）を使用するように設定されているので、本節で紹介している方法などを用いてPythonのバージョンを切り替えても動作に影響はありません。

バージョンを切り替えて開発を行います[注2]。それぞれの仮想環境にメリットがあり、どれを使えば良いかは一概には言えません。導入を検討した時点で情報が豊富にあるものや、同じような目的でPythonを使用している人や参考書籍に合わせて選ぶと良いでしょう。

Python、pyenv、Anaconda環境のインストール

本節では、Homebrewでpyenvをインストールし、pyenvを使ってバージョンの異なるPythonをインストールして、作業ディレクトリごとにPythonを切り替えて使用する方法を紹介します。

なお、単にバージョン3系のPythonを使うだけであれば、前述のとおり、macOS Catalina（10.15）にインストールされている「python3」を使用するのが手軽です。macOS Mojave（10.14）以前の環境の場合は **brew install python3** でバージョン3をインストールすることで、コマンド名「python」でバージョン2系であるmacOSのPythonを、「python3」でバージョン3系のPythonを使い分けることができるようになります。

pyenvのインストール

はじめに、以下のようにHomebrewでpyenvをインストールしましょう。

```
% brew install pyenv                      pyenvをインストール
Updating Homebrew...
==> Auto-updated Homebrew!
＜中略＞
==> Installing pyenv
==> Downloading https://homebrew.bintray.com/bottles/pyenv-1.2.17.catalina.bottl
==> Downloading from https://akamai.bintray.com/cb/cbb04be64ce7bd342271f5bfe0912
######################################################################## 100.0%
==> Pouring pyenv-1.2.17.catalina.bottle.tar.gz
🍺  /usr/local/Cellar/pyenv/1.2.17: 696 files, 2.5MB
```

pyenvによるPythonのインストール

ここから先はHomebrewではなく、pyenvを使ってPythonをインストールします。pyenvでインストールできるPythonのバージョンは **pyenv install --list** で確認できます。インストールは「**pyenv install バージョン**」で行います。

```
% pyenv install --list           pyenvでインストール可能な環境とバージョンを一覧表示
Available versions:
  2.1.3
  2.2.3
＜中略＞
  3.0.1
  3.1.0
＜中略＞
```

注2　ライブラリなどを含めた環境全体を指して「エコシステム」（ecosystem）と呼ばれることがあります。

```
  3.8.2
  3.9.0a4
  3.9-dev
  activepython-2.7.14
  activepython-3.5.4
  activepython-3.6.0
  anaconda-1.4.0
<中略>
  anaconda3-2019.07
  anaconda3-2019.10
<以下略>
```

たとえば、「Python 2.7.17」と「Python 3.8.2」をインストールするのであれば以下のようにします。

```
% pyenv install 2.7.17          pyenvでPython 2.7.17をインストール
Downloading openssl-1.0.2q.tar.gz...
-> https://www.openssl.org/source/openssl-1.0.2q.tar.gz
<中略>
Downloading Python-2.7.17.tar.xz...
-> https://www.python.org/ftp/python/2.7.17/Python-2.7.17.tar.xz
Installing Python-2.7.17...
<中略>
Installed Python-2.7.17 to /Users/nishi/.pyenv/versions/2.7.17
 Python 2.7.17がインストールされた 
% pyenv install 3.8.2           pyenvでPython 3.8.2をインストール
python-build: use openssl@1.1 from homebrew
python-build: use readline from homebrew
Downloading Python-3.8.2.tar.xz...
-> https://www.python.org/ftp/python/3.8.2/Python-3.8.2.tar.xz
Installing Python-3.8.2...
<中略>
Installed Python-3.8.2 to /Users/nishi/.pyenv/versions/3.8.2
 Python 3.8.2がインストールされた 
```

インストールされているPythonのバージョンは**pyenv versions**で確認できます。

```
% pyenv versions
* system (set by /Users/nishi/.pyenv/version)
  2.7.17
  3.8.2
```

pyenv用の環境設定

続いて、pyenvでバージョンを切り替えて使用できるようにするために、**eval "$(pyenv init -)"** を実行します。

`eval "$(pyenv init -)"`は「`pyenv init -`の実行結果をシェルで実行する」という意味で、どのような内容を実行するかはコマンドラインで`pyenv init -`を実行することで確認できます。ここでは❶PATHの追加と❷pyenvという関数を定義しており、`eval "$(pyenv init -)"`を実行することで、pyenvコマンドで「/usr/local/bin/pyenv」ではなくpyenv関数が呼び出されるようになります。typeコマンドで確認しながら実行してみましょう[注3]。

なお、この状態でも`pyenv install`や`pyenv versions`は同じように使用できます。

```
% type pyenv
pyenv is /usr/local/bin/pyenv …… 「pyenv」で「/usr/local/bin/pyenv」が実行される
% type python
python is /usr/bin/python …… 「python」で「/usr/bin/python」が実行される
% eval "$(pyenv init -)" …… pyenv用の環境設定を行う
% type pyenv
pyenv is a shell function …… 「pyenv」で関数のpyenvが呼び出されるようになった[※1]
% echo $PATH            環境変数PATHにホームディレクトリの「.pyenv/shims」が追加された
/Users/nishi/.pyenv/shims:/usr/local/bin:/usr/bin:/bin:/usr/sbin:/sbin
% type python   「python」でホームディレクトリの「.pyenv/shims/python」が実行されるようになった[※2]
python is /Users/nishi/.pyenv/shims/python
```

※1 bashの場合関数の内容も一緒に表示される。
※2 ホームディレクトリの「.pyenv/shims/python」はpyenvでインストールされたシェルスクリプト。pythonコマンドが「.pyenv/shims/python」経由で実行されるようになる。

シェルの設定ファイルに追加

`eval "$(pyenv init -)"`は、シェルの設定ファイルにも追加しておく必要があります。zshの場合は「~/.zshrc」(p.169)、bashの場合は「~/.bash_profile」または「~/.bashrc」(p.179)に追加すると良いでしょう。

pyenvでPythonのバージョンを切り替える❶

「`pyenv global バージョン`」で、コマンド名「python」で実行されるPythonのバージョンを切り替えることができます。`pyenv global system`でmacOSでインストールされているPythonに切り替わります。`pyenv global`で現在の設定が確認できます。

なお、既存のPythonスクリプト(たとえば/usr/bin/xattr)は、先頭の「#!」行(p.39)でスクリプトを処理するコマンドが指定されているため、pyenvの影響は受けません。

```
% python --version
Python 2.7.16
  システムのPythonが実行されている。macOS Catalina (10.15) の場合はバージョン2.7.16
% pyenv global 3.8.2 …… Python 3.8.2に切り替える
% python --version
Python 3.8.2
  Python 3.8.2が実行されている
% pyenv global 2.7.17 …… Python 2.7.17に切り替える
% python --version
```

注3 zshの場合はwhichコマンドで確認できますが、bashでは実行例のようにtypeコマンドを使用する必要があります(p.47)。

```
Python 2.7.17
 Python 2.7.17が実行されている 
% pyenv global system ················· システムのPythonに切り替える
% python --version
Python 2.7.16
 システムのPythonが実行されている 
% pyenv global ······················ 現在globalでどれが指定されているかを表示※
system
```

※ pyenv versionsでpyenvによってインストールされているPythonのバージョンを表示すると、現在globalで設定されているバージョンに「*」マークが表示される。

pyenvでPythonのバージョンを切り替える❷

複数の開発を行っている場合、プログラムによってPythonのバージョンを切り替えたくなることがあります。

「**pyenv local** `バージョン`」を使うことで、ディレクトリごとにPythonのバージョンを切り替えられるようになります。この操作はディレクトリごとに1回だけ必要です。ちなみに、「**pyenv local** `バージョン`」を実行すると、実行したディレクトリに「.python-version」というファイルが作成されます。「.python-version」には使用したいPythonのバージョンが書かれています。

なお、`pyenv local`が設定されているディレクトリでは、`pyenv local`の設定が`pyenv global`より優先されます。

```
% cd ······························· ホームディレクトリへ移動
% mkdir p2.7.17 ····················· 作業用のディレクトリを作成
% cd p2.7.17 ························ 作業用のディレクトリへ移動
% pyenv local 2.7.17 ················ このディレクトリはPython 2.7.17を使用するように設定
 ~/p2.7.17ではPythonの2.7.17が実行されるようになった（.python-versionが生成された） 
% cd ······························· ホームディレクトリへ移動
% mkdir p3.8.2 ······················ 作業用のディレクトリを作成
% cd p3.8.2 ························· 作業用のディレクトリへ移動
% pyenv local 3.8.2 ················· このディレクトリはPython 3.8.2を使用するように設定
 ~/p3.8.2ではPythonの3.8.2が実行されるようになった（.python-versionが生成された） 
% cd ~/p2.7.17 ······················ 作業ディレクトリへ移動
% python --version
Python 2.7.17
 このディレクトリではPythonの2.7.17が実行される 
% cd ~/p3.8.2
% python --version
Python 3.8.2
 このディレクトリではPythonの3.8.2が実行される 
% cd ······························· ホームディレクトリへ移動
% python --version
Python 2.7.16
 それ以外のディレクトリでは「pyenv global」の設定が効いている 
```

pyenvによるAnacondaのインストール

Pythonの開発環境としてよく使われている**Anaconda**（**図A**）もpyenvでインストールできます。`pyenv global`や`pyenv local`では、インストール時のパッケージ名である「anaconda3-バージョン」（Python 3系）や「anaconda-バージョン」（Python 2系）などを指定します。

Anaconda環境ではライブラリなどのインストールに`conda`コマンドが使われますが、condaもpythonコマンド同様、「.pyenv/shims/conda」経由で実行されるようになります。

デスクトップにAnaconda Navigatorのシンボリックリンクが生成されます[注4]。

```
% pyenv install anaconda3-2019.10       「anaconda3-2019.10」をインストール
Downloading Anaconda3-2019.10-MacOSX-x86_64.sh...
-> https://repo.continuum.io/archive/Anaconda3-2019.10-MacOSX-x86_64.sh
Installing Anaconda3-2019.10-MacOSX-x86_64...
Installed Anaconda3-2019.10-MacOSX-x86_64 to /Users/nishi/.pyenv/versions/anaconda3-2019.10
% pyenv versions             インストール済みのバージョンを表示
* system (set by /Users/nishi/.pyenv/version)
  2.7.17
  3.8.2
  anaconda3-2019.10          anaconda3-2019.10が追加されている
% pyenv global anaconda3-2019.10   コマンドライン環境では「anaconda3-2019.10」を使う
% python --version
Python 3.7.4
% conda --version
conda 4.7.12
```

図A   Anaconda Navigator（[Environments]画面と[About Anaconda Navigator]）

※ Homebrew Caskではなくpyenvでインストールしているので、/usr/local/Caskroomは使用されていない。

注4   Anaconda-Navigator.app、Python2系ではNavigator.app。

macOSで簡単接続！Raspberry Pi

セットアップ、VNC&SSH経由の操作に挑戦

新モデルも発売されて注目を集めている小型のシングルボードコンピュータ「Raspberry Pi」は、macOSと同じ「Unix系PC」として活用できます。本節ではmacOSでRaspberry Pi用のOSを準備し、起動後のRaspberry PiをVNCやSSH経由で操作する方法を紹介します。

Raspberry Piの基礎知識

Raspberry Piは、イギリスのラズベリーパイ財団によって開発された小型のコンピュータです。財団のホームページ[注5]で「Education」のページが充実しているとおり、子供向けの教育用途を主として作られていますが、Unix系OSがインストールできる安価な小型パソコン[注6]として、研究や趣味にとどまらず、IoT（*Internet of Things*）を活用したビジネス、業務など幅広く利用されています。

Raspberry Piはいくつかのモデルが発売されていますが、本節では、Wi-Fi接続が可能なエントリーモデルである「Raspberry Pi Zero WH」を使用にしています。SSHによるリモートログインを行うので、ネットワーク接続が必須です（**図A**）。

図A リモートログインで操作する

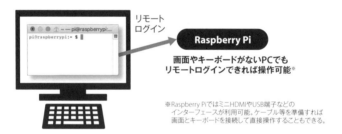

Raspberry Pi用のOS Raspbianなど

Raspberry Pi用のOSはLinux系カーネルを使用したものを中心に、さまざまな種類が開発されています。本節では、公式なOSである「Raspbian」を使用します。Linuxカーネルを用いたDebianベースのOSです。

デスクトップ環境入りのRaspbianであれば、VNC接続による操作も可能です。VNC（*Virtual Network Computing*）では、VNCサーバが動いているコンピュータを、ネットワーク経由で、VNCクライアントソフトから動作することがで可能で、macOSの場合、「画面共有」を利用

注5　URL https://www.raspberrypi.org
　　　・プロジェクトページ（日本語）URL https://projects.raspberrypi.org/ja-JP/projects
注6　本書原稿執筆時点で、最も安いモデルが600円ほど（ケース等を含めたキットが2000円〜5000円程度）、上位機種もケース等を含めたキットが1万円台で入手可能です。

することで、Raspberry Piの画面を操作することができます（**図B**）。

図B macOSからRaspberry Piに接続

Raspberry PiへのOSのインストール

Raspberry Piは、ストレージとしてmicroSDメモリーカード（**SDカード**）を使用します。

OSをインストール状態のファイル群を1つのファイルにまとめた「インストールイメージファイル」を公式サイト（後述）からダウンロードして、SDカードに転送し、Raspberry PiにSDカードを装着する、という手順でRaspberry PiでRaspbianを起動できるようにします。最低4GB、フルバージョンのRaspbianを使う場合は8GB以上の容量が必要です。

■1 インストールイメージのダウンロード　curl

Raspbianのインストールイメージ（ファイル）をダウンロードします。公式サイト[注7]には、3種類のインストールイメージが用意されています（**図C**）。

- **Raspbian Buster with desktop**
  デスクトップ環境が含まれている。ごく標準的な環境

- **Raspbian Buster with desktop and recommended software**
  デスクトップ環境やScratchなどのプログラミングツール、オフィスツールLibreOfficeなど

- **Raspbian Buster Lite**
  デスクトップ環境なしの軽量版

注7　URL https://www.raspberrypi.org/downloads/raspbian/

図C　Raspbianダウンロードページ（[Downloads] - [Raspbian]のアイコン）※

※  https://www.raspberrypi.org/downloads/raspbian/

　それぞれ、ダウンロードページの [Download Zip] アイコンからダウンロードできます。[Download Zip] からリンクされている URL は「latest」となっており、Webブラウザでリンクをクリックすると、実際のZIPファイルのURLに自動転送されるようになっています。
　curl コマンドでダウンロードする場合は、転送先のリンクを使用する **-L** オプションと、出力ファイル名を指定する **-o** オプションを使い、**curl -L https://downloads.raspberrypi.org/raspbian_latest -o raspbian.zip** のようにします注8。
　Webブラウザでダウンロードした場合は、「年-月-日-raspbian-buster.zip」という名前のファイルが保存されます。

```
リンク先にあるRaspbian Buster with desktopを「raspbian.zip」という名前でダウンロード
% curl -L https://downloads.raspberrypi.org/raspbian_latest -o raspbian.zip
  % Total    % Received % Xferd  Average Speed   Time    Time     Time  Current
                                 Dload  Upload   Total   Spent    Left  Speed
100   374  100   374    0     0    336      0  0:00:01  0:00:01 --:--:--   336
100 1122M  100 1122M    0     0  3545k      0  0:05:24  0:05:24 --:--:-- 3585k
ダウンロード完了（100%でTotalとReceivedのサイズが一致している）
```

注8　転送先のURLを確認する方法はp.269の実行例を参照してください。

[参考] ダウンロードが中断された場合

ネットワーク回線やサーバの状況によっては「`curl: (18) transfer closed with〜bytes remaining to read`」のようなメッセージが出て、ダウンロードが中断されることがあります。❶`-C -`オプションを付けて再実行することで、ダウンロードを❷再開（*resume*、レジューム）できます。`-C`は再開するためのオプション、「`-`」は`-C`オプションに対し、再開箇所を自動で探すための引数です。

```
% curl -L https://downloads.raspberrypi.org/raspbian_latest -o raspbian.zip
  % Total    % Received % Xferd  Average Speed   Time    Time     Time  Current
                                 Dload  Upload   Total   Spent    Left  Speed
100   374  100   374    0     0    374      0  0:00:01 --:--:-- 0:00:01   374
  3 1122M    3 37.0M    0     0   771k      0  0:24:48 0:00:49  0:23:59 31809
curl: (18) transfer closed with 1138165866 bytes remaining to read
```
（残り1138165866バイトある状態でダウンロードが中断された）

```
% curl -C - -L https://downloads.raspberrypi.org/raspbian_latest -o raspbian.zip
```
　　　　　　　　　　　　　　　　　　　　　　　　　　　❶ダウンロードを再開

`** Resuming transfer from byte position 38805504` ……❷続きから再開した

```
  % Total    % Received % Xferd  Average Speed   Time    Time     Time  Current
                                 Dload  Upload   Total   Spent    Left  Speed
100   374  100   374    0     0    383      0 --:--:-- --:--:-- --:--:--   383
  0 1085M    0 5976k    0     0  62155      0  5:05:11 0:01:38  5:03:33  397k
curl: (18) transfer closed with 1132046442 bytes remaining to read
```
（再び、中断されている（`curl -C - -L`……を繰り返すか、別の手段を検討する））

転送がなかなか終わらない場合は、ミラーサイトの利用も検討してください[注9]。イメージファイルは「年-月-日-raspbian-buster.zip」、「年-月-日-raspbian-buster-full.zip」または「年-月-日-raspbian-buster-lite.zip」で、（busterの後に「-full」または「-lite」）、後述するSHA-256のファイルは「ZIPファイル名.sha256」で配布されています。

2 ダウンロードファイルの照合　shasum

Raspbianのダウンロードページには、「SHA-256」の値が掲載されているので、正しくダウンロードされているか照合することができます。これは、ファイルの「メッセージダイジェスト」（*Message Digest*、**MD**）と呼ばれる値で、ファイルの内容が同じであれば常に同じ値が算出されます。照合に用いる値はハッシュ関数によって算出されるので「ハッシュ値」と呼ばれたり、古くはチェックサム（*checksum*）と呼ばれる計算方法が用いられていたため、「チェックサム」と呼ばれることもあります。

「SHA-256」の値は**shasum**コマンドを使って、以下のように求められます。

```
% shasum -a 256 raspbian.zip
a82ed4139dfad31c3167e60e943bcbe28c404d1858f4713efe5530c08a419f50  raspbian.zip
```
（ファイル名の前に表示される値がダウンロードサイトに掲載されている値と一致しているかを確認）

注9　Raspbianの国内ミラーサイト例 [with desktop] http://ftp.jaist.ac.jp/pub/raspberrypi/raspbian/images/ [Full] http://ftp.jaist.ac.jp/pub/raspberrypi/raspbian_full/images/ [Lite] http://ftp.jaist.ac.jp/pub/raspberrypi/raspbian_lite/images/

shasumコマンドで値を比較したい場合は、「`値`　`検証したいファイル名`」という行が書かれたテキストファイルに作成し、`-c`オプションで「`shasum -c` `テキストファイル`」のように指定します。テキストファイルの名前は任意で、値とファイル名の間はスペース2つで区切ります。

以下の実行例では、echoコマンドを使い、ターミナルのコマンドラインで「`SHA-256:`」欄の値をコピーしてテキストファイルを作成しています。値とファイル名をスペース2つで区切るため引用符が必要です。テキストエディットなどで作成しても良いでしょう。

```
（照合用のファイルを作成してから照合）
% echo 'a82ed4139＜Webサイトから値をコピー＞30c08a419f50  raspbian.zip' > chk.txt
% shasum -a 256 -c chk.txt ………… chk.txtを使って照合
raspbian.zip: OK                「値  ファイル名」をchk.txtというファイルに保存
（正しくダウンロードできている）
```

一致しない場合は「`FAILED`」と表示されます。なお、そもそも照合用のファイルの書式が違う場合は「`no properly formatted 〜`」というメッセージが表示されます。

```
（参考：一致しない場合）
% shasum -a 256 -c chk.txt
raspbian.zip: FAILED
shasum: WARNING: 1 computed checksum did NOT match
```

```
（参考：ファイルの書式が異なる場合）
% shasum -a 256 -c chk.txt
shasum: chk.txt: no properly formatted SHA1 checksum lines found
（chk.txtの書式が間違っているので修正（区切りがスペース2つではない、値が正しくコピーされていないなど）
```

3 ダウンロードしたZIPファイルの展開　unzip

ディスクイメージはZIP形式で圧縮されているので、「`unzip` `ファイル名`」で展開します。Finderで表示してダブルクリックで展開することも可能です。

```
（ダウンロードしたZIPファイルを展開）
% unzip raspbian.zip
Archive:  raspbian.zip
  inflating: 2020-02-13-raspbian-buster.img
```

4 デバイス番号の確認とデバイス間のファイルの転送　diskutil list、dd

OSイメージの転送には**dd**コマンドを使用します。ddは、ファイルをブロック単位で読み込んでそのまま出力することができるコマンドで、デバイス間のコピーなどでよく用いられています。

Raspberry Piでは、SDカードから起動できるように、やや特殊なパーティションが作られています。したがって、ファイル単位のコピーではなくブロック単位で、起動イメージをそのままSDカードに転送する必要があります。このためにddコマンドを使用します。

diskutil listによるデバイス番号の確認

まず、`diskutil list`で転送先のデバイス番号を確認して、「`diskutil unmountDisk /dev/disk番号`」でデバイス全体のマウントを解除します。

```
% diskutil list ················· デバイスの一覧を確認
/dev/disk0 (internal, physical):
   #:                       TYPE NAME                    SIZE       IDENTIFIER
   0:      GUID_partition_scheme                        *251.0 GB   disk0
   1:                        EFI EFI                     314.6 MB   disk0s1
   2:                 Apple_APFS Container disk1         250.7 GB   disk0s2

/dev/disk1 (synthesized):
   #:                       TYPE NAME                    SIZE       IDENTIFIER
   0:      APFS Container Scheme -                      +250.7 GB   disk1
                                 Physical Store disk0s2
   1:                APFS Volume Macintosh HD - Data     20.2 GB    disk1s1
   2:                APFS Volume Preboot                 86.9 MB    disk1s2
   3:                APFS Volume Recovery                528.5 MB   disk1s3
   4:                APFS Volume VM                      2.1 GB     disk1s4
   5:                APFS Volume Macintosh HD            10.7 GB    disk1s5

/dev/disk2 (external, physical): ········ これがSDカード
   #:                       TYPE NAME                    SIZE       IDENTIFIER
   0:     FDisk_partition_scheme                        *16.1 GB    disk2
   1:               Windows_NTFS 名称未設定              16.1 GB    disk2s1
```
「SDカードは/dev/disk2であることがわかった」
```
% diskutil umountDisk /dev/disk2 ········ disk2全体のマウントを解除
Unmount of all volumes on disk2 was successful
```
「アンマウントできた」

ddコマンドによる転送

「`dd bs=1m if=イメージファイル of=/dev/rdisk番号 conv=sync`」でイメージファイルの内容をSDカードに転送します。ここでは、公式サイト[注10]の説明と同じオプションを使っています。

デバイスの指定は「`/dev/disk番号`」ではなく「`/dev/rdisk番号`」を使用しています。どちらも物理的には同じデバイスを指していますが、「`/dev/disk番号`」はランダムアクセスが可能、「`/dev/rdisk番号`」は連続アクセス（シーケンシャルアクセス）のみで、ddコマンドでブロック単位でデータを転送する場合は「`/dev/rdisk番号`」を用いた方が処理が高速になります。転送先のファイルはすべて削除されるので、ddコマンドを実行する前に必ず`diskutil list`で番号を確認しましょう。同じ環境でも、SDカードやほかのメディアを接続したタイミングや順番によってディスクの番号は変化します。

`bs=`は転送する際のブロックサイズで`1m`は1MiB（1024×1024バイト）です。最後の`conv=sync`は同期の際に使われるオプションで、読み込んだデータがブロックサイズに満たない場合はNULL（`\0`）で埋めるというものです。

注10 https://www.raspberrypi.org/documentation/installation/installing-images/mac.md

```
% sudo dd bs=1m if=2020-02-13-raspbian-buster.img of=/dev/rdisk番号  conv=sync
3612+0 records in ························ この3行は転送が完了すると表示される
3612+0 records out
3787456512 bytes transferred in 203.570366 secs (18605147 bytes/sec)
```
(書き込み完了)　ddコマンドでimgファイルをSDカードに書き込む。番号 の部分は「diskutil list」で調べたSDカードの番号（今回の例では「2」）を指定

ddの途中経過を確認する

　ddコマンドは経過が表示されないため、動いているかを確認したくなるかもしれません。そのようなときは、別のターミナルからINFOシグナル（**SIGINFO**）を送ってみると様子がわかります。シグナルは、killまたはkillallコマンドで送信できます（p.228）。

　シグナルについて、多くのコマンドはTERMシグナル（**SIGTERM**）を受け取ると終了するようになっていますが、ddコマンドはTERMシグナルで終了するほかに、INFOシグナルを受け取るとその時点でのin/out（入出力）の情報を画面に出力するようになっています[注11]。

(ddとは異なる端末（ターミナル）からSIGINFOを送信)
```
% sudo killall -INFO dd ············ ddのプロセスにSIGINFOを送る※
Password: ································ パスワードを入力
```
※ SIGを省略して-INFOあるいは-sオプションで-s SIGINFOのような指定も可能。

　ddを実行しているターミナルではINFOシグナル（**SIGINFO**）を受け取ったタイミングで、「in、out、これまでの転送量と速度」の3行が表示されます。

(ddを実行している端末での表示)
```
% sudo dd bs=1m if=2020-02-13-raspbian-buster.img of=/dev/rdisk番号  conv=sync
522+0 records in ···················· SIGINFOを受け取ると、現在のin/outを表示
521+0 records out
546308096 bytes transferred in 38.692014 secs (14119402 bytes/sec)
1072+0 records in ··················· SIGINFOを受け取ると、現在のin/outを表示
1071+0 records out
1123024896 bytes transferred in 78.916373 secs (14230569 bytes/sec)
3612+0 records in ··················· 完了すると、最終的なin/outが改めて表示される
3612+0 records out
3787456512 bytes transferred in 203.570366 secs (18605147 bytes/sec)
```
(転送完了)

どのような状態で書き込まれているか

　ddで書き込みが終了すると、/Volume/bootにSDカードのbootパーティションが自動でマウントされます。ここには、Raspbianの起動用のファイルが配置されています。

　[ディスクユーティリティ]で確認すると外部ディスクとして「boot」が表示されますが、元のSDカードの容量よりもかなり少ない300MB未満のサイズになっているでしょう（**図D**）。[表示]-[すべてのデバイスを表示]で、パーティションが2つあることがわかります（**図E**）。

注11　SIGINFOは29番のシグナル（man signalを参照）で、いわゆる標準シグナルではないのでOSによって割当が異なります。たとえば、Linux系のCentOSやUbuntuにはSIGINFOと定義されたシグナルは存在しません。ddコマンドは「SIGUSR1」と名付けられた10番のシグナル（kill -USER1で送信できる）を受け取ると、現在のin/outを表示するようになっています。

図D　　　［ディスクユーティリティ］で表示

図E　　　［ディスクユーティリティ］-［表示］-［すべてのデバイスを表示］

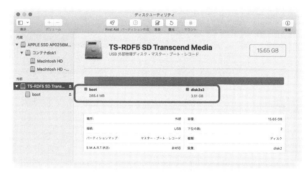

　改めて`diskutil list`で表示してみると、1つめのパーティションはFAT32（❶）で、2つめのパーティションがLinux用の形式（❷）になっていることが確認できます。

```
% diskutil list
/dev/disk0 (internal, physical):
<中略>
/dev/disk2 (external, physical):
   #:                       TYPE NAME                    SIZE       IDENTIFIER
   0:      FDisk_partition_scheme                       *16.1 GB    disk2
   1:             Windows_FAT_32 boot                    268.4 MB   disk2s1    ❶
   2:                      Linux                         3.5 GB     disk2s2    ❷
```
SDカードが2つのパーティションになり、片方はLinux用のファイルシステムになっている様子がわかる。
自動でマウントされたのはFAT32のパーティション

❺設定ファイルの追加　vi(vim)、touch

　これで、Raspberry Piが起動できるSDカードができましたが、さらに設定ファイルを追加してSSHによるリモートログインを可能にしておくことで、本体にディスプレイやキーボードがつながっていない状態でRaspberry Piを使用することが可能になります。

まず、起動ボリュームにWi-Fi用の設定ファイル「wpa_supplicant.conf」を配置しておくことで、起動とともにWi-Fi接続が可能になります。また、同じく起動ボリュームに「ssh」という名前のファイルがあると、初回の起動時からSSH接続が有効になります。

なお、これらの設定はRaspbian起動後に、メニュー選択で操作できる環境設定用のコマンド(**sudo raspi-config**)から行うこともできるので、Raspberry Piを直接操作可能な環境がある場合は不要です。

Wi-Fi用の設定ファイル

bootパーティションの直下(macOSでマウントしている際は「/Volume/boot」ディレクトリ直下)に「**wpa_supplicant.conf**」というテキストファイルを作成し、次の内容を記述します。「**ssid=" "**」には接続したいWi-FiのSSIDを、「**psk=" "**」部分にはSSID用のパスワードを入力します。ちなみに、macOSで現在使用しているSSIDは「**networksetup -getairportnetwork** ネットワークデバイス」でターミナルに表示できます(p.260)。

> viコマンドでファイルを作成

```
% vi /Volumes/boot/wpa_supplicant.conf
```
viの画面が開いたら、下記のcountryからの7行を入力して、Esc に続けて :wq、return または Esc に続けて ZZ (大文字のZを2回)を入力して終了。テキストエディットで作成しても良い(標準テキストで保存、p.31)

> wpa_supplicant.conf

```
country=JP
ctrl_interface=DIR=/var/run/wpa_supplicant GROUP=netdev
update_config=1
network={
    ssid="接続したいSSID"
    psk="パスワード"※
}
```

※ psk=の行は、平文パスワードの場合引用符付き、ハッシュ値(暗号化された値)の場合は引用符なしで記述。パスワードのハッシュ値はRaspbianにインストールされている「wpa_passphrase」コマンドで生成できる(p.364)。

SSH接続を有効化するファイル

bootパーティションの直下(macOSでマウントしている際は「/Volume/boot」ディレクトリ直下)に「ssh」という名前の空のファイルを作成しておくことで、SSHが有効になります。

```
% touch /Volumes/boot/ssh
```
………touchコマンドで「ssh」という名前の空のファイルを作成

⑥ SDカードのイジェクト　diskutil eject

編集が終わったら、「**diskutil eject デバイス**」でSDカードをイジェクトします。

```
% diskutil eject /dev/disk2
Disk /dev/disk2 ejected
```
SDがイジェクトできたので、取り外してRaspberry Piに装着

7 Raspberry PiにSSHでリモート接続

Raspbianを書き込んだSDカードをRaspberry Piに装着し、電源を入れるとRaspbianが起動します[注12]。

ここでは、起動後のRaspberry PiにmacOSのターミナルからSSHでリモートログインし、環境設定を行う方法を紹介します。SSHでうまく接続できなかった場合は、そもそもネットワークが接続できていない可能性があります。無理せず、Raspberry Pi本体で操作すると良いでしょう。この場合はp.360「VNCによる接続のための設定」の`sudo raspi-config`の実行部分を参考にしてください。デスクトップ環境の場合は初回起動時に後出のp.363の図Jのような設定画面が表示されるので、そのまま環境設定を行います[注13]。

SSHによる接続

「`ssh` ユーザ名@ホスト名」で、Raspbianが動作しているRaspberry Piにリモートログインします。デフォルトのホスト名は「raspberrypi.local」、ユーザは「pi」なので`ssh pi@raspberrypi.local`で接続できます。初期パスワードは「raspberry」です。

```
raspberrypi.localにユーザ「pi」でログイン
% ssh pi@raspberrypi.local
The authenticity of host 'raspberrypi.local (IPアドレス)' can't be established.
ECDSA key fingerprint is SHA256:e0w7zOJk<中略>Sgu4+1E0.
Are you sure you want to continue connecting (yes/no)? yes ………yesと入力
Warning: Permanently added 'raspberrypi.local' (ECDSA) to the list of known hosts.
Warning: the ECDSA host key for 'raspberrypi.local' differs from the key
                                              for the IP address 'IPアドレス'
Offending key for IP in /Users/nishi/.ssh/known_hosts:2
Are you sure you want to continue connecting (yes/no)? yes ………yesと入力
pi@raspberrypi.local's password: ……………………………………パスワードを入力
Linux raspberrypi 4.19.75+ #1270 Tue Sep 24 18:38:54 BST 2019 armv6l
<中略、ユーザpiのパスワード変更を促すメッセージなどが表示される>
pi@raspberrypi:~ $ ………………………………raspberrypi.localのプロンプトが表示される
ログイン完了
```

SSH接続時のWARNING（警告）が表示された場合

セットアップを何度も試しているなどで、Raspbianを転送し直した後のraspberrypi.localに接続したような場合、SSH接続時に「`WARNING`」（警告）が表示されることがあります。

これは、同じ接続指定であるにもかかわらず、接続先で生成される「指紋」（*fingerprint*）が変化してしまったために表示されています。接続先のPCが改ざんされたり、想定していない相手に接続しようとしているときなどに表示されますが、今回の場合はOSを書き換えているので接続して問題ないはずです。`ssh-keygen -R raspberrypi.local`で、以前raspberrypi.localに接続したときに残したfingerprintを削除することで、警告が出なくなり接続できるよ

注12 画面が接続されていない場合はアクセスランプの様子から起動を判断します。上位機種はデスクトップ環境でも高速に起動できますが、エントリーモデルのRaspberry Pi Zero WHの場合はそれなりに時間がかかります。

注13 デスクトップ環境がない(Lite)の場合は「raspberrypi login:」というプロンプトが表示されているので、ユーザ名「pi」、パスワード「raspberry」でログインし、`sudo raspi-config`を実行します。

うになります。

```
% ssh pi@raspberrypi.local
@@@@@@@@@@@@@@@@@@@@@@@@@@@@@@@@@@@@@@@@@@@@@@@@@@
@    WARNING: POSSIBLE DNS SPOOFING DETECTED!    @
@@@@@@@@@@@@@@@@@@@@@@@@@@@@@@@@@@@@@@@@@@@@@@@@@@
The ECDSA host key for raspberrypi.local has changed,
and the key for the corresponding IP address ＜IPアドレス＞
has a different value. This could either mean that
DNS SPOOFING is happening or the IP address for the host
and its host key have changed at the same time.
Offending key for IP in /Users/nishi/.ssh/known_hosts:2
@@@@@@@@@@@@@@@@@@@@@@@@@@@@@@@@@@@@@@@@@@@@@@@@@@
@   WARNING: REMOTE HOST IDENTIFICATION HAS CHANGED!   @
@@@@@@@@@@@@@@@@@@@@@@@@@@@@@@@@@@@@@@@@@@@@@@@@@@
IT IS POSSIBLE THAT SOMEONE IS DOING SOMETHING NASTY!
Someone could be eavesdropping on you right now (man-in-the-middle attack)!
It is also possible that a host key has just been changed.
The fingerprint for the ECDSA key sent by the remote host is
SHA256:KLWN1Ejy＜中略＞ViOy4c0
＜中略＞
ECDSA host key for raspberrypi.local has changed and you have requested strict checking.
Host key verification failed.
%
```
（接続できずmacOSのプロンプトに戻る）

（記録をいったん削除して再接続）
```
% ssh-keygen -R raspberrypi.local       raspberrypi.localの記録を削除
% ssh pi@raspberrypi.local              raspberrypi.localに再接続
```

8 VNCによる接続のための設定　raspi-config

ここからは、Raspbianの操作です。プロンプトは「`pi@raspberrypi:~ $`」で示します[注14]。
`sudo raspi-config`で設定画面が開きます。図Fのようなメニューが表示されるので、画面に従って矢印キーで操作します。デスクトップ環境入りのRaspbianの場合はVNCの有効化だけ行います（図G）。

（macOSからSSHで接続した状態で実行。「`pi@raspberrypi:~ $`」はRaspbianのプロンプト）
```
pi@raspberrypi:~ $ sudo raspi-config       設定プログラムを実行
```
（VNCだけでよい（ほかはVNC接続後Raspbianの画面で行う））

注14　macOSのターミナル経由ではなく、Raspberry Pi本体の端末画面で操作した場合も同じ実行画面になります。

図F sudo raspi-configの画面[※]

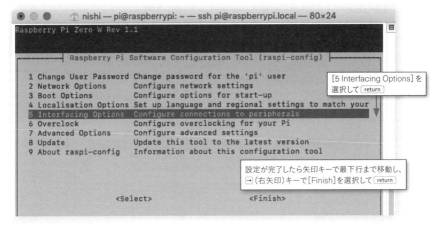

[※] Raspberry Piに画面を接続していない場合、VNC接続時の解像度が低くなっていることがあるので、[7 Advanced Options] - [A5 Resolution]で解像度を選択しておくと良い。GUIベースの環境設定を行わない場合、[1 Change User Password]（初期パスワードの変更）や[4 Localisation Options]（言語設定）も行う。

図G sudo raspi-configの[5 Interfacing Options]

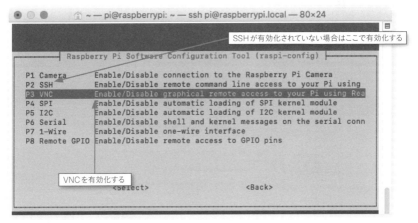

VNC用のパスワードの設定　vncpasswd

続いて、`sudo vncpasswd -service`でVNC用のパスワードを設定します。`-service`は、画面共有でRaspberry Piのデスクトップを操作できる「サービスモード」用のパスワードを設定するためのオプションです。

```
（raspi-configを終了するとプロンプトに戻る）
pi@raspberrypi:~ $ sudo vncpasswd -service ……… VNC用のパスワードを設定
Setting "Password" VNC parameter for Service Mode server
Password: ……………………………………… パスワード（6文字以上）を入力
Verify: ……………………………………… 確認のため再入力
Successfully set "Password" VNC parameter in /root/.vnc/config.d/vncserver-x11
```

VNCの認証方法の変更　systemctl

　macOSの「画面共有」で接続する場合、認証方法を「VncAuth」に変更する必要があります。/etc/vnc/config.d/common.customファイルに「**Authentication=VncAuth**」の行を追加します。最初に起動した段階ではこのファイルはないので新規作成します（root権限が必要）。

　認証方法を変更したら、VNCサーバを再起動します。ここでは、まずRaspbianの**systemctl**コマンドで実行中のサーバプログラム（サービス）を一覧表示し、grepコマンドでサービス名にvncを含む行を表示しています。**-i**は大小文字を区別しないというオプションです。systemctlはLinux系OSで使われているコマンドで、macOSの「launchctl」に相当します。

　サービスの再起動は「**systemctl restart** サービス名」で行います。

```
VNCの認証方法を変更
pi@raspberrypi:~ $ sudo vi /etc/vnc/config.d/common.custom
/etc/vnc/config.d/common.customファイルに「Authentication=VncAuth」という行を入力して保存、終了
pi@raspberrypi:~ $ systemctl | grep -i vnc ─────── VNCのサービス名を確認
  vncserver-x11-serviced.service ─── 「vncserver-x11-serviced.service」だとわかった
         loaded    active running   VNC Server in Service Mode daemon
pi@raspberrypi:~ $ sudo systemctl restart vncserver-x11-serviced.service ─ サービスを再起動
```

画面共有でVNC接続

　ここからはmacOSの操作です。「**open vnc://**ホスト名」で画面共有を開きます。SSHでRaspberry Piに接続しているのとは別のターミナル（2.1節）で実行します。認証方法が「VncAuth」で有効化されている場合、パスワード入力画面（**図H**）が開き、Raspberry Piに接続できます。

```
% open vnc://raspberrypi.local ─── 画面共有でVNC接続※
```

※ Finderの[移動]-[サーバへ接続]で、「vnc://raspberrypi.local」を入力しても良い。

図H　　画面共有の開始画面（パスワード入力）

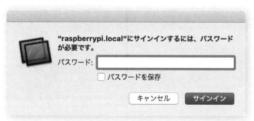

　VNCサービスが起動できていない場合や、認証方法が「VncAuth」になっていない場合、**vncpasswd -service**でパスワードが設定されていない場合は、**図I**ようなメッセージが表示されます。VNCの認証方式はRaspbianのデスクトップからも変更できます（後述）。

図I　　設定がうまくいっていない場合のメッセージ例

Raspberry Piに接続すると、初回はRaspbianの初期設定用の画面（**図J**）が表示されているので、画面に従って順次設定します。

図J Raspbianの初期設定画面

SSHを有効にしてあった場合、パスワードを変更しないと危険である旨の警告メッセージも表示される。設定を進めるとパスワード変更の[Change Password]画面が出るのでパスワードを変更する

RaspbianのデスクトップでのVNCの認証方式の変更方法

Raspberry Pi本体の操作でVNCの認証方式を変更したい場合は、デスクトップ右上のVNCアイコンをクリックして[VNC Server]の設定画面を開き、[Options…]の[Security]にある[Authentication]で[VNC password]を選択します（**図K**）。

図K RaspbianのデスクトップでVNCの認証方式を変更

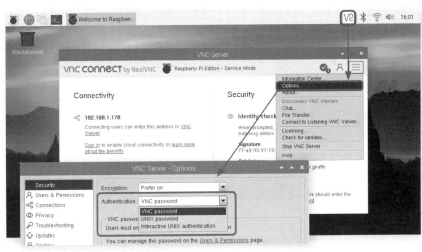

❾ Wi-Fiパスワードの書き換え　wpa_passphrase

　macOSで作成した「wpa_supplicant.conf」ファイルに、パスワードが平文で保存されるのが気になる場合は、Raspbian起動後にハッシュ値を生成して書き換えると良いでしょう。
　「**wpa_passphrase** `接続したいSSID` `パスワード`」を実行すると、wpa_supplicant.confで記述する「**network={ }**」部分が出力されます。ハッシュ値は「**psk=**」部分に出力されます。Raspbian起動後の設定ファイルが「/etc/wpa_supplicant/wpa_supplicant.conf」です。平文パスワードには引用符が必要ですが、ハッシュ値は引用符なしでwpa_supplicant.confに書き込みます。

```
pi@raspberrypi:~ $ wpa_passphrase  接続したいSSID  パスワード             Raspbianで実行
```

　以下は、wpa_passphraseの結果を、teeコマンドの **-a** オプションで /etc/wpa_supplicant/wpa_supplicant.conf ファイルに追加してから、viコマンドで編集しています。前述のとおり「**pi@raspberrypi:~ $**」はRasbian環境でのプロンプト（bash）です。
　teeコマンドは、標準入力からの入力を画面に表示しながらファイルに保存するというコマンドで、「/etc/wpa_supplicant/wpa_supplicant.conf」への追加にroot権限が必要なため、sudoコマンドとともに使用しています。**-a**オプションを忘れると追加ではなく上書きになってしまうので注意してください。

```
編集操作例（SSID：MY-HOME、パスワード：MY-PASS）
pi@raspberrypi:~ $ wpa_passphrase MY-HOME MY-PASS ←
                   | sudo tee -a /etc/wpa_supplicant/wpa_supplicant.conf
network={
        ssid="MY-HOME"            ……… SSID
        #psk="MY-PASS"            ……… パスワード
        psk=f19d9e0bc753d1＜中略＞aadc4d44f5
}
```
❶wpa_passphraseの結果を、設定ファイルに追加（実際は1行）

設定行が/etc/wpa_supplicant/wpa_supplicant.confの末尾に追加され、画面にも表示された

```
pi@raspberrypi:~ $ sudo vi /etc/wpa_supplicant/wpa_supplicant.conf
```
❷viで設定ファイルを開き、不要な行を削除する

```
（viの編集画面）：矢印キーで行を移動してから、不要な行を削除）
country=JP
ctrl_interface=DIR=/var/run/wpa_supplicant GROUP=netdev
update_config=1
network={           ……… この行を削除（ d d （小文字のdを2回）で1行ずつ削除できる）
    ssid="my-home-net01"  ……… この行を削除
    psk="＊＊＊＊＊"        ……… この行を削除
}                    ……… この行を削除
network={
        ssid="my-home-net01"
        #psk="＊＊＊＊＊"    ……… この行を削除
        psk=b0f39c716c18＜中略＞6769a5986a7
}                       ……… （編集後に、 Z Z （大文字のZを2回）を入力してviを終了）
```

10 sudoでパスワードの入力を求める設定

Raspbianの初期設定では、ユーザ「pi」はパスワードなしでsudoコマンドが使用できるようになっています。sudoの設定ファイル/etc/sudoersでは、「**#includedir**」で「/etc/sudoers.d/」ディレクトリのファイルを読み込むよう設定されていますが、この「/etc/sudoers.d/010_pi-nopasswd」で、ユーザpiに対し**NOPASSWD**が設定されているためです。

/etc/sudoers.d/010_pi-nopasswdを変更することで、ユーザ「pi」でもsudoコマンド実行時にはパスワードの入力が求められるようになります。

```
sudoでパスワードの入力を求める設定
pi@raspberrypi:~ $ sudo vi /etc/sudoers.d/010_pi-nopasswd
                    viが開くので「pi ALL=(ALL) NOPASSWD: ALL」の行頭に「#」を入力して保存
pi@raspberrypi:~ $ sudo vi /etc/sudoers.d/010_pi-nopasswd

We trust you have received the usual lecture from the local System
Administrator. It usually boils down to these three things:

    #1) Respect the privacy of others.
    #2) Think before you type.
    #3) With great power comes great responsibility.

[sudo] password for pi:  …パスワードを入力
```
sudoでパスワードの入力が求められるようになった（上記のメッセージは初回のみ表示される）

11 suコマンドでrootユーザになる設定　passwd

Raspbianでは、セキュリティのため、rootユーザではログインできないようになっており、suコマンドでrootになることもできません。

passwdコマンドでrootユーザにパスワードを設定することで、rootユーザでログインできるようになります。ただし、これは学習用に試してみるに留めて、元に戻しておくことをお勧めします。

```
rootでログインできるように設定
pi@raspberrypi:~ $ sudo passwd  …rootユーザにパスワードを設定
New password:
Retype new password:
```
rootユーザにパスワードを設定することでrootでログインできるようになった

```
pi@raspberrypi:~ $ sudo passwd root -l  …rootユーザのパスワードをロック
[sudo] password for pi:
passwd: password expiry information changed.
```
rootでログインできないようになった

＊　＊　＊

本節では、macOSのターミナルからRaspberry Piの設定を行いました。ここで使用したOSはRaspbianというLinux系OSで、デフォルトのシェルはbashです。macOSと同じUnix系OSなので、同じように操作することが可能です。

Column

GPLとBSDライセンス

コマンドの世界あるいはUnix系OSの世界に親しむと、「GNU」という単語を目にすることが多くなるはずです。GNUとは、FSF（*Free Software Foundation*/フリーソフトウェア財団）が進めているUnix互換OSおよびソフトウェア群の開発プロジェクトの総称です。動物のgnu（ヌー）と同じ綴りですが、こちらのGNUは「グヌー」または「グニュー」のように「G」も発音します。なお、GNUは「GNU's Not Unix!」の略で、再帰的頭字語（正式名称の中にそれ自身が含まれている略語）となっています。

GNUのソフトウェアには**GNU GPL**（*GNU General Public License*、**GPL**）と呼ばれるライセンスが付いています。GNU GPLにはいくつかの種類がありますが、原則としてGNU GPLが定められているソフトウェアは、開発者と利用者の自由が守られているという意味のフリーソフトウェア（*Free software*）です。利用者はソフトウェアのソースコードを参照することができ、そのソースコードを元に新たな開発ができます。さらに、GNU GPLのソフトウェアを改変、あるいはこのソフトウェアを元に開発したソフトウェアもまたフリーソフトウェアとなる（「自由」が引き継がれる）のを基本理念とします。したがって、GNU GPLのソフトウェアを元に新しいソフトウェアを開発した場合、利用者が求めればソースコードが参照できるようにしておく必要があります。

世の中にはGNUソフトウェア群を使わずに開発されたフリーウェアもたくさんあります。一般にはフリーウェアと言うと、無償で使用できるというだけでソースコードの公開の有無は含めません。

Unix系OS、特にBSD系（p.8）のシステムの多くで使われているのは**BSDライセンス**（*BSD License*）です。UCB（*University of California, Berkeley*）によって策定されたライセンスで、種類がいくつかありますが、概要としては、❶「無保証」であることの明記、❷著作権およびライセンス条文自身の表示を再頒布の条件としています。

macOSに収録されているターミナル用コマンドの多くは、BSDライセンスによるものです。これらはマニュアルやヘルプの表示で確認できます。

BSD版とGNU版のコマンドの存在

ライセンスや開発の経緯から、同じコマンド名でも「BSD版」と「GNU版」が存在することがあります。もちろん主要機能は同じですが、使用できるオプションが違っていたり、独自の機能が新たに追加されていたり、開発が止まっていたりといったこともあります。GNU版のコマンドを使ってみたい場合は、Homebrewでインストールすることができます（第11章を参照）。

索引

記号／数字

`command` + `shift` + `.`
 .... 85, 112, 152
`control` + `C` 165, 229, 238
`control` + `D` 38, 165, 193
`control` + `Z` 165, 234, 240
`delete` 40
!/!!(ヒストリ番号) 157, 164, 285
"(ダブルクォーテーション) 164
#(コメント) 37
#(プロンプト) 38, 57
#! 39
$(正規表現) 208
$(プロンプト) 38
$(変数の参照) 38, 164, 168, 208, 285
$( )(コマンド置換) 154
$USER 38
%(プロンプト) 38
&(バックグラウンドジョブ) 153, 237
&& 153
&&|/&-(パイプとリダイレクト) 151
&>(リダイレクト) 148, 151
'(シングルクォーテーション) 164
( )(拡張正規表現) 213
( )(サブシェル) 155
*(パス名展開) 42, 86, 160
*(ワイルドカード) 86
**/ 166
-(オプションのハイフン) 47, 227
-h 294
.(カレントディレクトリ) ... 45, 82, 85, 102
.(コマンド) 171, 179
.(ドットファイル) 85
.*(正規表現) 213
..(親ディレクトリ) 80, 81
...(SYNOPSIS) 53
.app(ディレクトリ) 29
.DS_Store 86, 237
.plist 251
/(ディレクトリ末尾) 177
/(ルートディレクトリ) 24, 34, 77
/Applications 34, 77, 99
/bin 34, 46
/cores 34
/dev 34, 156, 257
/dev/disk 67, 70, 156, 305, 355
/dev/null 127, 129, 149, 156, 159
/dev/rdisk 305, 355

/etc 34, 86, 117
/etc/shells 37, 185
/etc/sudoers 57
/home 34
/Library 30, 34, 77
/net 34
/private 34
/sbin 34, 46
/System 34, 64, 77
/System/Volumes/Data 64, 67
/tmp 34, 126, 294
/Users 34, 67, 77
/usr 34, 63
/usr/local 58, 279
/var 34
/var/root 38, 56
/Volumes 34, 64
; 152
<(リダイレクト) 148, 268
>>(リダイレクト) 44, 149, 151
>(リダイレクト) 44, 148, 151
>(セカンダリプロンプト) 38
?(パス名展開) 42, 160
[ ](パス名展開) 160, 161
\(エスケープ) 158, 164
\(バックスラッシュ) 18, 158
_(アンダースコア) 167
__MACOSX 114, 132
`(バッククォート) 154, 164
``(コマンド置換) 154
{ }(ブレース展開) 161
|(SYNOPSIS) 53
|(パイプ) 43, 147, 150, 151
~(ホームディレクトリ) 24, 78, 82
~(チルダ展開、名前付きディレクトリ) 161
~/.bash_profile 178, 347
~/.bash_history 86
~/.bash_sessions 86
~/.bashrc 179
~/Library/Preferences 252
~/.profile 179
~/.zprofile 169, 173
~/.zsh_history 86
~/.zshrc 169, 173, 347
¥(円マーク) 18
1>(リダイレクト) 148, 151
1>>(リダイレクト) 149, 151
2>&1(リダイレクトとパイプ) 150, 155
2>/dev/null 129, 159

2>(リダイレクト) 148, 151
2>>(リダイレクト) 149, 151
022(パーミッション) 124

A

ABRT 229
ACL 113, 124, 310
admin(グループ) 56, 109
alias 152, 158, 295
 -g/-s 159
Anaconda 349
APFS 60
AppleScript 186
AppleShowAllFiles 112, 128, 152
App Store 275, 278
arp 260, 339
ARP 260
AUTO_CD 163, 175
AUTO_REMOVE_SLASH 177
autoload 168
awk 214, 329
awk(GNU版) 218

B

basename 155
bash 17, 37, 280, 365
 〜の設定 178
BASH_AUTO_LIST 177
BASH_SILENCE_DEPRECATION_WARNING 184
bg 236
Bonjour 261
Boot Camp 12
BRE 208
brew 279, 281, 341
 --cache 285
cask 288
cat 290
cleanup 288
help 283
home 290
info 290
install 284, 341
link 287
outdated 286
remove 286
search 290
switch 287

367

tap 289
uninstall 286
unlink 287
upgrade 286
BSD 8, 49, 112, 366

C
Cask 283, 289
cat 38, 192, 320
cd 79, 295
Cellar 282, 289
chflags 112, 125, 308
chgrp 310
chmod 39, 109, 122, 309
chown 109, 127, 310
Chrome 77, 288
chsh 3, 185, 231
Classic Mac OS 9
clear 44
CLI 11
CLT 280, 291, 344
com.apple.rootless 58
conda 349
Configure 292
context形式 205
CORRECT 177
cp 94, 312
　-R 96
CRLF 198
cron 270
csh 37
csrutil 58, 67
CSV 197, 218
CUI 11
curl 268, 341, 352
cut 196, 323

D
Darwin 7, 10, 244
Dataボリューム 63, 64, 67
dash 37
date 154, 169, 331
dd 305, 355
Debian 8, 279, 350
defaults 28, 152, 249, 294
df 72, 304
diff 203, 325
dirname 155
diskutil 61, 67, 69, 303, 355
　eject 71
　info 70
　list 69, 355
　mount/umount 71

dot_clean 114, 317
Drop Box 112
dscl 121
dseditgroup 121
du 116, 141, 304

E
echo 38, 83, 93, 162, 298
EFI 69
en0 257
env 168, 298
EOF 165, 193
ERE 208
EUC-JP 20, 188
eval 172, 297, 346
everyone .... xii, 121
exec 231
exFAT 60, 63
expand 206
export 168, 299
ext2/ext3/ext4 60

F
failglob 163
FAT/FAT32 .... 60, 63
fc 296
fg 236
file 154, 203, 311
find 129, 192, 314
Finder 22, 27, 30, 77, 99, 105
　～とターミナルとの連携 24
Fink 279
Firmlinks 64, 67, 77
Formula 282, 289
fsck 69

G
GB/GiB 73
GID　➡グループID
Git 206
GitHub 268
globstar 166
GNU 49, 366
GPL 366
grep 55, 207, 326
groups 121, 302
GUI 11
GUID 69
gunzip 138, 320
gzip 138, 320

H
halt 241, 302

hash 298
　-r 287
head 191, 234,320
help 54, 295
HFS+ 60
hidden（属性） 112, 125
HISTCHARS 161, 168
HISTFILE 168, 185
history 157, 296
HISTSIZE 157, 168, 185
HOME 167
Homebrew 278
hostinfo 331
hostname 262, 336
HUP 229

I
ICMP 260
iconv 201, 324
id（コマンド） 110, 121, 144, 302
ifconfig 259, 337
IFS 168
IGNORE_EOF 165
INFO（シグナル） 356
init 270
inode 62, 101, 275, 316
INT 229, 238
Intel Mac 10
iOS 6
IoT 350
ip（コマンド） 259
IPv4 258
IPv6 258

J
ja_JP.UTF-8 21
JavaScript 186
jobs 234

K
Keg 289
kill 228, 301
KILL 229
killall 152, 228, 301, 356
ksh 37

L
LANG 21, 167, 168
LANG=C 21, 169
Last login: 3
launchctl 253, 265, 270,
　　　　　　　　　　　　333, 362
launchd 253, 270

Launchpad	2
less	188, 321
LF	198
libc	279
Linux	8, 37, 350
ln	102, 313
LOGNAME	167
ls	115, 306
-a/-A	85
-d	117
-F/-G	119
-l	108, 113, 116, 117
-t(-lt)	120
-R	119
lsof	264
lv	188

M

Mac	iv
Mac OS X	10
MACアドレス	260
Macintosh	iv, 9
Macintosh HD	23, 64, 65
macOS	iv, 6, 10
MacPorts	279, 280
make/Makefile	291
man	50, 55, 295
MBR	69
MD	353
mdfind	272, 316
mdls	272
mds	272
mdutil	271, 335
mdworker	272
mkdir	87, 311
more	188, 321
mount	73, 74, 303
mv	91, 312

N

netstat	264, 339
networksetup	260, 337
NFD	201
nkf	201
noclobber	44, 183
NO_CLOBBER	175
nohup	239
NOMATCH	163
nslookup	264, 338
NTFS	60
Nullデバイス	129, 149, 156

O

OLDPWD（環境変数）	83
on console	3
open	30, 32, 247, 294
Operation not permitted	58, 130
OS	6
OSA/osascript	186
OS X	10

P

passwd（Raspbian）	365
PATH（環境変数）	45, 167, 287
pbcopy	128, 268
pbpaste	128
Perl	39
PHP	39
PID ➡ PID	
ping	260, 263, 338
PIPE（シグナル）	192, 229
Pipenv	344
plutil	99, 251, 334
POSIX	8
PowerPC	10
printenv	36, 168, 298
ps	224, 227, 233, 300
PS1	18, 84, 168
PS2	38, 168
pstree	284
pwd	80, 295
PWD（環境変数）	83, 167
pyenv	344
Python	39, 344

R

randomart	266
Raspberry Pi	350
Raspbian	350
raspi-config	360
reboot	241, 302
ReiserFS	60
rm	88, 312
-f	90
-R	90
rmdir	88, 312
root（ルートユーザ）	56, 57, 110
rootless	58, 67
route	264, 338
rsync	138, 287, 313
Ruby	39, 282

S

say	194, 322
scp	340
scutil	261, 336
SDカード	63, 351
sed	200, 211, 327
set	175, 183, 299
setopt	175, 299
SGID	126, 144, 308
Shared（ディレクトリ）	112
shasum	353
sh（Bourneシェル）	37
shebang	39
SHELL	167
Shift_JIS	20, 188
shopt	183, 299
shutdown	241, 302
SIP	58, 67
sleep	239
softwareupdate	275, 336
sort	195, 323
source	171, 179, 297
Spotlight	2, 271
SSD	60
ssh/SSH	265, 339, 359
ssh-add	268
ssh-copy-id	267, 340
ssh-keygen	266, 339
staff	121
stat	120, 308
stderr ➡ 標準エラー出力	
stdin ➡ 標準入力	
stdout ➡ 標準出力	
sticky（属性）	112, 126
su	57
sudo	56, 79, 302, 365
SUID	126, 144, 308
SUS	8
sw_vers	244, 331
System	9
systemctl（Raspbian）	362
systemd（Unix系OS）	270
system_profiler	245, 332
systemsetup	249, 333

T

tail	191, 321
tar	136, 318
tcsh	37
tee	150
TERM（環境変数）	167
TERM（シグナル）	228, 229
TERM_PROGRAM	167
textutil	143
Time Machine	60, 101, 273
tmutil	273, 335

top 223, 272, 301	XQuartz 12	起動ボリューム.............................64
touch 89, 127, 170, 310	X Window System/X 11	基本正規表現............................208
tr 198, 200, 324		クリップボード......................, 128
traceroute 264, 338	**Z**	グループID...................................110
tree 282, 291	zip 131, 317	グローバルIPアドレス.............259
tty(コマンド)..............................226	zsh..3, 37	グローバルエイリアス..........159, 174
TTY 226	〜の設定 167	クローン...61
ttys000 .... 3, 5, 226, 239	〜の設定ファイル 169	検索 129, 190, 207, 272
type.................................... 47, 297		公開鍵方式................................266
	ア行	子プロセス................................226
U	アーカイブ.................................136	コマンド....................................1, 2
uchg(属性) 112, 125	アカウント名 .... x, 23, 76	コマンドエイリアス ➡エイリアス
UDF 60	空き領域 72	コマンド置換............................154
UFEI..69	アクセスしようとしています.............26	コマンドプロンプト(Windows)...162
UID ➡ユーザID	アクティビティモニタ............222, 272	コマンドライン.......................2, 36
uimmutable(属性) 112	圧縮 131, 136	コマンド履歴.............................157
umount............................. 74, 304	アップデート 278	コンテナ(APFS)..........................64
unalias 159, 296	アンインストール 278	コンパイル...................................291
uname.............................244, 331	依存関係 279	
unexpand................................206	インストール...............................278	**サ行**
Unicode....................................20	〜ソースコードからの〜 291	サービス/サービスプロセス........270
Unicode正規化.........................201	インターフェイス 11	再起動 241
unified形式 205	インタラクティブシェル................173	サブコマンド 49
uniq..323	ウィンドウアプリケーション 30,	サブディレクトリ...76, 119, 133, 141
UNIX 8	226, 240, 288	差分 203
Unix系OS......................................7	エイリアス(Finder) 105	シェル 5, 9, 14, 36
〜全般で使用するおもなディレクトリ...34	エイリアス(コマンドエイリアス)	シェルオプション.................175, 183
unsetopt............................175, 299	.... 33, 152, 158, 174, 181	シェルスクリプト.............36, 38, 180
unzip.........................135, 318, 354	エージェント 253, 270	〜の切り替え.......................231
USBメモリ 63	大文字/小文字(ファイルシステム).. 61, 62	〜の種類.................................37
USER 167	オブジェクトファイル....................291	シェル変数 167, 168, 184
UTF-8 .... 17, 20, 188, 201	オプション 4, 47	シグナル 228, 238, 356
	親プロセス................................226	システム環境設定....................248
V		システムボリューム.....................67
venv 344	**カ行**	指紋(公開鍵) 266
vi/vim 217, 329	改行コード........................198, 201	ジャーナリング 61
VNC 350	外部コマンド..............................47	シャットダウン 241
	拡張正規表現...........................208	修復 69
W	拡張属性 58, 113	使用量 141
wc 202, 325	仮想環境 12	ジョブ 233, 234
wget 269, 286	仮想端末 5, 9	ジョブコントロール 234
wheel 109, 110	カーソル 3	伸張 136
whence......................................297	カーネル 6	シンボリックリンク 100, 109, 142
where 297	画面共有 350, 362	スナップショット 61
which 47, 154, 297	カラータグ 113	スーパーユーザ 56
whoami.............................144, 302	空のディレクトリ 88	スペース 206
Wi-Fi 261, 358	グループ .... xii, 109, 121, 122, 127	スマート引用符 170
	カレントディレクトリ 45, 79, 82, 84	スリープ 241, 249
X	カレントワーキングディレクトリ 79	スレッド 233
X11...11	環境変数 36, 37, 38, 45, 167, 168	正規表現 43, 207, 211, 213
xattr........................ 154, 309, 344	管理者(ユーザ) .... x, 56, 109, 121	セカンダリプロンプト......................38
Xcode........................... 6, 7, 280	起動スクリプト 36	セッション..................................233
XFS...60		絶対パス 81

370

接尾辞エイリアス............159, 174	パス............................24, 45, 80	ホーム...................................23
相対パス..................................81	Finderに～を表示..................27	ホームディレクトリ.............24, 76
属性......................................108	パスバー................................28	ボリューム............................63
ソースコード........................291	パス名展開.................42, 86, 160	ボリュームラベル...................63
ゾンビプロセス....................230	パターン........................207, 211	
	バックアップ............60, 140, 274	**マ行**
タ行	バックグラウンドジョブ........236	マウント..........................63, 69
タイムスタンプ....................109	パッケージ管理システム......278	マウントポイント...................64
タスク...........................7, 233	ハッシュテーブル.........287, 298	マーク(ターミナル)................21
タブ(制御文字)....................206	パーティション......................63	マスク値.............................123
タブ幅..................................206	ハードリンク................100, 274	マニュアル...........................50
タブ補完........................25, 40	パーミッション............109, 123	マルチIO.....................150, 189
ターミナル...........................2, 5	特別なパーミッション......126	マルチカラム......................115
Finderと～との連携..........24	～の変更........................122	マルチタスク.........................7
～の起動と終了................14	バンドル/バンドルディレクトリ.....29	マルチバイト文字................20
～の設定...........................15	引数...............................4, 47	マルチユーザ.........................7
複数の～...........................14	ヒストリ..............3, 152, 157, 296	メッセージダイジェスト......353
端末..............................5, 226	標準エラー出力....................147	メンテナンス......................271
チェックサム.......................353	標準出力..............................146	文字コード...................19, 201
チルダ展開...................83, 161	標準テキスト......................170	
通常(ユーザ).....................x, 56	標準入力....................128, 146	**ヤ行**
ディスク使用量...................141	ビルド.................................291	ユーザ...............................x, 9
ディスクユーティリティ........65	ビルトインコマンド...............46	ユーザID............................110
ディストリビューション..........8	ファイル	ユーザ名.........................x, 23
ディレクトリ...................22, 76	空の～..............................127	ユニキャストアドレス.........259
macOS独自のおもな～.....34	～の作成........................127	読み込み専用......................63
Unix系OS全般で使用するおもな～....34	ファイルシステム..................60	
～の作成...........................87	ファイルフラグ...........111, 112	**ラ行**
～を表す記号...................83	～の変更........................125	ライブラリ.........................279
ディレクトリサービス..110, 121	フィルターコマンド.............147	リソース.............................222
テキストエディット.....31, 170, 294	フォアグラウンドジョブ......236	リソースフォーク........114, 132, 317
テキストエンコーディング.....17, 19, 201	フォーマット........................63	リダイレクト...........44, 148, 151
データフォーク...................114	フォルダ...........................4, 22	リッチテキスト..............31, 143
デバイスノード......................70	不可視ファイル....86, 112, 152, 250	リポジトリ.........................283
デーモン...................8, 253, 270	ブックマーク(ターミナル)......21	リモート接続............265, 359
展開(アーカイブファイル)......135, 136	プライマリグループ.............121	リンク................................291
展開(シェル).......................161	フルディスクアクセス..........26	ルーター............................259
同期(ディレクトリ)..............138	フルパス..............................81	ルートディレクトリ......24, 34, 76, 77
ドットファイル...........85, 88, 118,	ブレース展開......................161	レジューム(curl)................353
162, 169	プロセス....................222, 233	連結..................................192
ドラッグ&ドロップ............34	プロセスID................225, 228	ローカライゼーション..........99
	プロセスグループ................233	ローカルIPアドレス............258
ナ行	ブロックサイズ..................116	ローカルスナップショット...275
名前付きディレクトリ.........161	プロバイダ........................259	ログイン................................9
日本語EUC ➡EUC-JP	プロパティリスト..........249, 251	ログインシェル............37, 173
日本語名表示(フォルダ).........99	プロンプト.............3, 84, 174, 181	ロケール........................21, 194
ネスト.................................155	macOSのデフォルトの～.....38	
ネットワークインターフェイス....257	ページャ..............................188	**ワ行**
ノンインタラクティブシェル...173	ベル音............................5, 41	ワイルドカード...............42, 43
	変更禁止.............................125	ワンライナー......................148
ハ行	変更不可....................111, 112	
パイプ.................43, 147, 151, 229	変数....................................167	
バージョン.....................11, 49	補完(機能)....3, 5, 40, 95, 106, 177	

371

著者＆技術監修者プロフィール

西村 めぐみ
Nishimura Megumi

1990年代、生産管理ソフトウェアの開発およびサポート業務／セミナー講師を担当。書籍および雑誌での執筆活動を経て㈱マックス・ヴァルト研究所に入社、マーケティングリサーチの企画および実査を担当。その後、PCおよびMicrosoft OfficeのeラーニングᲒ材作成／指導、新人教育にも携わる。おもな著書は『図解でわかるLinuxのすべて』（日本実業出版社）、『シェルの基本テクニック』（IDGジャパン）、『Accessではじめるデータベース超入門［改訂2版］』（技術評論社）など。

新居 雅行
Nii Masayuki

ライフマティックス㈱勤務、システム開発、コンサルティング、トレーニングを主業務とする。iOS、macOS、サーバ、データベース、FileMaker、Webアプリケーションがおもなフィールド。DB連動Webアプリケーション向けのフレームワーク「INTER-Mediator」の開発者。代表的な著作は1990年代の『Macintoshアプリケーションプログラミング』（上下巻、ディ・アート）など。電気通信大学大学院修了。博士（工学）。

装丁・本文デザイン	西岡 裕二
図版	さいとう 歩美
本文レイアウト	高瀬 美恵子（技術評論社）

WEB+DB PRESS plusシリーズ

［新版 zsh&bash対応］macOS×コマンド入門
ターミナルとコマンドライン、基本の力

2020年 5月 1日　初版　第1刷発行
2021年 4月28日　初版　第2刷発行

著者	西村 めぐみ
技術監修	新居 雅行
発行者	片岡 巌
発行所	株式会社技術評論社 東京都新宿区市谷左内町21-13 電話　03-3513-6150　販売促進部 　　　03-3513-6175　雑誌編集部
印刷／製本	日経印刷株式会社

●本書の一部または全部を著作権法の定める範囲を超え、無断で複写、複製、転載、あるいはファイルに落とすことを禁じます。

●造本には細心の注意を払っておりますが、万一、乱丁（ページの乱れ）や落丁（ページの抜け）がございましたら、小社販売促進部までお送りください。送料小社負担にてお取り替えいたします。

©2020　Nishimura Megumi
ISBN 978-4-297-11225-7 C3055
Printed in Japan

●お問い合わせ

本書に関するご質問は記載内容についてのみとさせていただきます。本書の内容以外のご質問には一切応じられませんのであらかじめご了承ください。なお、お電話でのご質問は受け付けておりませんので、書面または小社Webサイトのお問い合わせフォームをご利用ください。

〒162-0846
東京都新宿区市谷左内町21-13
㈱技術評論社
『［新版 zsh&bash対応］macOS×コマンド入門』係
URL https://gihyo.jp（技術評論社Webサイト）

ご質問の際に記載いただいた個人情報は回答以外の目的に使用することはありません。使用後は速やかに個人情報を廃棄します。